Best wishes for the future of your work with animation students

Gay Mairs

祝愿动画学生的作品拥有美好的未来!

盖瑞·梅尔斯

美国籍。美国加州艺术学院电影学院院长、电影导演工作坊创办人之一。在电影界有多年的创作经验。曾导演和监制电影短片《醒梦》(2007)、《说出它》(2008)、《海明威的夜晚》(2009),担任官方纪录片《出神入化:电影剪辑的魔力》(2004)的艺术指导。在线上专业杂志包括《摄影机的低架》、《烂番茄》。发表多篇专业论文,著作有《被控对称性:詹姆斯·班宁的风景电影》。

盖瑞·梅尔斯(Gary Mairs)

携中国动画精英

孙立军

孙立军

北京电影学院动画学院院长、教授。

现任国家扶持动漫产业专家组原创组负责人、中国动画学会副会长、中国电视艺术家协会卡通艺术委员会常务理事、中国成人教育协会培训中心动漫游培训基地专家委员会主任委员、中国软件学会游戏分会副会长、中国东方文化研究会漫画分会理事长、国际动画教育联盟主席、微软亚洲研究院客座研究员、北京电影学院动画艺术研究所所长。

主要作品有：漫画《风》，动画短片《小螺号》、《好邻居》，动画系列片《三只小狐狸》、《越野赛》、《浑元》、《西西瓜瓜历险记》，动画电影《小兵张嘎》、《欢笑满屋》等。

曾担任中国中央电视台少儿频道动画片、"金童奖"、"金鹰奖"、"华表奖"、汉城国际动画电影节、2008奥运吉祥物设计、世界漫画大会"学院奖"等奖项的评委。曾获中国政府华表奖优秀动画片奖、中国电影金鸡奖最佳美术片奖提名等奖项。

with head and
hands ...
all the best to
Animation Students
keep animating!
Robi Engler

祝愿所有学习动画的学生，用你们的
头脑和双手，创作出优秀的作品！

罗比·恩格勒

瑞士籍。1975年创办"想象动画工作
室"，致力于动画电视与影院长片创作，
并热衷动画教育，于欧、亚、非三洲客
座教学数年。著有《动画电影工作室》
一书，并被翻译成四国语言。

罗比·恩格勒（Robi Engler）

THE FUTURE OF
ANIMATION IN CHINA
IS IN THE HANDS
OF YOUNG TALENT
LIKE YOURSELVES.
TOMORROW'S LEGENDS
ARE BORN TODAY!
CHEERS,

KEVIN GEIGER
WALT DISNEY
ANIMATION

中国动画的未来掌握在年轻人手中，就如同你们自己。今天的你们必将成为明天的传奇！

凯文·盖格

美国籍。现任北京电影学院客座教授。曾担任迪斯尼动画电影公司电脑动画以及技术总监、加州艺术学院电影学院实验动画系副教授。在好莱坞动画和特效产业有将近15年的技术、艺术和组织方面的经验，并担任Animation Options动画专业咨询公司总裁、Simplistic Pictures动画制作公司得奖动画的制片人、非盈利组织"Animation Co-op"的导演。

凯文·盖格（Kevin Geiger）

Maya 角色建模与动画

[美]特瑞拉·弗拉克斯曼　**编著**

訾舒丹　张星海　**译**

孙立军　**审译**

中国科学技术出版社

·北　京·

图书在版编目(CIP)数据

Maya 角色建模与动画/(美)弗拉克斯曼编著;訾舒丹等译.
—北京:中国科学技术出版社,2010
(优秀动漫游系列教材)
ISBN 978 - 7 - 5046 - 4969 - 0

Ⅰ.M… Ⅱ.①弗…②訾… Ⅲ.三维 - 动画 - 图形软件,Maya - 教材 Ⅳ.TP391.41

中国版本图书馆 CIP 数据核字(2009)第 170000 号

著作权合同登记号:01 - 2009 - 4847

编　　著　[美]特瑞拉·弗拉克斯曼
译　　者　訾舒丹　张星海
审　　译　孙立军

策划编辑　肖　　叶
责任编辑　胡　萍　徐姗姗　梁军霞
责任校对　张林娜
责任印制　安利平
封面设计　阳　光
法律顾问　宋润君

中国科学技术出版社出版
北京市海淀区中关村南大街 16 号　邮政编码:100081
电话:010 - 62173865　传真:010 - 62179148
http://www.kjpbooks.com.cn
科学普及出版社发行部发行
北京盛通印刷股份有限公司印刷
*
开本:700 毫米×1000 毫米　1/16　印张:26.5　插页:4　字数:470 千字
2010 年 6 月第 1 版　2010 年 6 月第 1 次印刷
ISBN 978 - 7 - 5046 - 4969 - 0/TP·369
印数:1 - 5 000 册　　定价:89.00 元(配 DVD 一张)

献辞

谨以此书献给我的父母——Edu-
ardo 和 Helena，他们给了我生命；也献
给我的丈夫——Mike Flaxman，在我的
整个职业生涯和写作本书的过程中，他
一直是我最好的支持者和朋友。

鸣谢

我要谢谢我的所有学生，是你们鼓励并协助我完成了这本书。在这里我要特别感谢 Michael Melo，他将他的角色 Henry 赠予本书，为面部表情章节提供建模实例，还检验了教程的正确性。Aharon Charnov 编写了简单人物那部分的教程。Meng‐Yang Lu 做了角色 Henry 的模型搭建，并创作了表现他高兴和悲伤情绪的动画。Jason Fredman、Steve Gagne 和 Ezra Schwepker 则订正了原稿以确保令本书思路清晰，技术正确。

还有以下几个学生让我使用他们的课程作业作为范例：Aaron Walsman 贡献了他做的跳跃动画；David Suroviec 做了举重动画；还有 Marcos Romero 做了推物动作的动画。William Robinson 提供了他的动画"Strobucks"的分镜头样本。Brittany Lee 为布袋跳跃的场景创作了分镜头。Jiunnfu Su 提供了由他制作的优美的鲤鱼动画。

感谢你们为本书所做的贡献。

关于作者

Tereza Flaxman 现在在哈佛扩建学校和东北大学教授 3D 建模和动画，迄今已教了七年为本科生和研究生所开设的动画课程，而且她是一位 Alias Maya 认证教师。此外，她还在罗彻斯特理工学院电影动画学校和纽约州立大学授课。她拥有 15 年以上的高端 3D 软件应用经验，早在 Maya1.0 版本时就已开始使用这个软件。她的作品被刊印在数本书籍和杂志上，有些还在全美范围的展览中展出。她还拥有纽约视觉艺术学院计算机动画专业的艺术硕士学位以及俄勒冈大学的美术学士学位。

简　　介

　　《Maya 角色建模与动画》是一本入门到中级程度的教材，专门针对想学习使用 Autodesk Maya 软件进行 3D 角色建模、绑定和动画的读者而写。而且在写作本书时考虑兼顾课堂教学以及自学目的的使用者。

　　这本书的编写方式是基于我过去 7 年的课堂教学经验而来。因为之前的课本内容中缺乏将动画原理与 Maya 操作技术的有效结合，我在这本书里的每一章都以一个或多个小节相关原理的描述作为开始，这些内容大都独立于软件操作之外，虽然有时也包括举例或使用 Maya 的迷你教程来示范其中的概念。每章的第二部分是由一个或多个详细教程组成。这些教程引导你逐步完成一个实例，并且可以在随书光盘里找到实例操作所需的附加素材。

　　本书并不想取代或者照搬 Maya 软件的说明手册，也不会把软件中每个可用的功能都通讲一遍，我们默认读者已经对 Maya 的界面有了一定程度的了解。

　　此外，本书是由一系列项目组成的，从这些项目你可以学到如何给自己的角色建模、绑定骨骼以及制作动画。所以章节按阅读顺序被设计为难度逐步递进的，每个项目都有赖于对前文所教技术的理解。

　　我认为，角色建模、骨骼和动画是如此紧密结合，所以它们的内容应该放在一起。这样一来，你就能学到怎样建立更适合做动画的模型。不过使用这本书的时候跳过部分章节也是可以的。例如，建模课程可以跳过动画章节部分。而动画课程则跳过描述建模和骨骼搭建的章节，只用提供的已搭建绑定骨骼的角色模型。

目　录

第一章

动画制作流程

本章内容

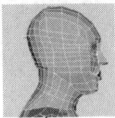

在 本章中将会向你介绍角色动画制作流程。本章的第一部分将从头到尾概述整个制作过程并介绍基本的术语。然后是介绍电影学的基本概念和布光。最后给出两个教程，教你在 Maya 界面中应用这些概念。

一、制作概述

整个制作流程分为三个主要阶段：前期、中期和后期。

前期

前期是制作动画时进行的计划、统筹、研究和完善细节的过程。虽然跳过它直接到制作环节的想法很诱人，但有经验的动画师都知道，充分的前期工作不仅能提升总体质量，实际上还能加快制作过程。在建模上花了大量时间，到头来却发现它在镜头画面内根本看不到或者只出现在不起眼的地方，那还不如把这时间和精力花在更重要的细节上。用在不必要的动画镜头上的时间不仅是浪费，而且在剪辑镜头时会干扰你的取舍决定。

动画都起源于一个创意点子，然后才逐渐发展成一个故事。通常在动画制作者的头脑中有很清晰的思路，然而，为了使故事更完整，还需要精心设计和与观众的沟通。如果制作涉及的人员不止一个，那么在前期过程也要组织讨论并达成对最终成片的共识。

前期工作是如此重要，以至于大型工作室通常会为它花费整个制作周期的至少三分之一时间。而独立动画制作者则比较幸运，在这个阶段只需要有观察力以及一个简单画板就足矣。

基本过程开始于创造性的头脑风暴，之后是细致和有选择性的观察和探讨。由此收集来的点子和意见逐渐会以对动画制作有帮助的形式派上用场。例如，一个角色的概念可以从故事里特定角色的需要，发展实现为能引起观众共鸣的切实存在形态。

对于节奏和情绪表现的大致想法，会落实为电影拍摄中对于布光和摄影机设置的决定。而当各种元素齐备，要把它们组织成一个段落，就要用到被称为"分镜头脚本"的技术了。有了分镜头脚本，又可以制作出"电子分镜"，它是一部粗略的影片，包括有对白、音乐等元素。当电子分镜通过反复检验和琢磨完善后，动画制作者才会对完成片将向观众传达的效果有充分

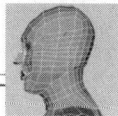

信心。

中期

对动画中期过程的最简单看法，就是把它当成一系列的步骤，逻辑上必须先完成上一步才能进行下一步。中期的第一步，是数字化的场景、道具和角色的创建。这些都是从表面模型开始，不过其中数字角色还必须做骨骼搭建。骨骼搭建，就是创建一个给角色造型做动画用的骨骼，然后把这骨骼连接到表面模型（这个过程被称为绑定）。

在数字角色的绑定完成后，下一步就是舞台调度，也就是在布景中放置角色，在时间点上加关键帧。然后是预演调度，联系摄影机布置，布局角色、场景和道具的位置。到这时，整个影片片段就数字化地初具雏形了，这个过程通常和电子分镜一同被归类为预览。完成了预览后，角色动画制作就开始了。事实上，它通常是按照序列编号来实现的，如第一帧、第二帧等等。动画制作结束，计时也就完成了，声效工作就可以开始了。与此同时，材质贴图和布光也可以开始实行了。最后，所有元素添加完毕，就可以进行渲染生成了。

后期

虽然动画制作中大多数必要的工作通常已经在中期阶段完成了，但常常还是会有之后这个被称为后期的阶段。如果中期完成得好，那么动画片的后期会比其他影片的后期制作简略得多。例如，在动画里不需要大量剪辑，因为大部分的镜头剪接很早就已经定下来了。不过，细节的调整总是需要的，所以最好给它们留出时间。

动画后期里最艰巨的任务通常是合成——集合所有制作元素。特别是动画制作者通常将动画渲染为一系列层通道（注意这里是动画术语的第二种含义）。色彩层通道只包含基本色彩信息，以及用于阴影、粒子、尘土和污垢甚至汗滴的独立分层。

这样渲染的原因是可以在最后的合成过程中更灵活。例如，可以单独调整光来加强镜头连贯感。在所有渲染图层合成后，再加上最后的混音效果，动画片在技术上就算是完成了。

本章侧重讨论前期制作的重点。而书中其他章节大多是关于中期制作内容。后期一般是用专门的剪辑、合成和音效软件制作的，内容不在本书讨论

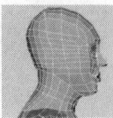

之列。

二、前期流程

你已对整个制作流程有了一个概括的了解，现在让我们对前期制作的更多具体步骤深入了解。

故事的概念和发展

优秀的动画故事始于一个好的故事创意，你要多进行一些联想和构思再定下一条故事线索……即使你的第一个想法也许不是最好的，或者要求实现的前期要素可能会超出了进度要求和预算。首先通过头脑风暴的方式激发出十个故事创意，再从它们之中选择五个，最后从五个中挑出一个。多征求他人对你故事创意的意见将是非常有益的。

在进行头脑风暴时，要记住好故事是戏剧化的现实。观众对故事的反应取决于他们能否被打动。如果你的角色非常讨人喜欢，而又在达成他的目标过程中遭遇阻碍，这会使观众对他的遭遇产生共鸣。戏剧化的真实比现实生活有更强的结构感。

对于这点的做法之一，是角色需要一个目标引领着他的行动。不过为了让故事更有趣，总是会给他设置一两个障碍，使他在实现目标的过程中经历一些波折。最后，按传统故事结构，会有个情节的高潮时刻，之后就是故事的结局。

在你向朋友说明故事时，应使用简略的句子来总结你的故事创意。在影视业中，这被叫做"电梯间行销"的推销策略。你不需要点出故事的结局，实际上，你最好能描述得稍模棱两可些来引起对方的好奇心。例如：

这个故事是关于一只燕子如何爱上了一只恶猫。燕子想要和猫结婚，而猫却另有打算。

克拉伦斯是个极其害羞的家伙，但是学校里来了个新孩子，克拉伦斯帮他摆脱麻烦。不久克拉伦斯发现通过帮助他的新朋友，他也帮助了自己。

现在你需要多考虑一点点故事的细节了。比如对每个故事创意，找出故事在哪里发生、角色的动机、角色在达成目标时遇到的障碍以及最终的结局（如表1.1）。

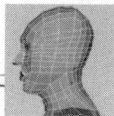

表 1.1

构思	地点	动机	障碍	结局
1	郁郁葱葱的松树林	鸟爱上猫	猫想吃掉鸟	几次侥幸脱险后，爱情圆满
2	学校操场	克拉伦斯渴望同伴	极度腼腆	新的好朋友

在这个环节你还需要设想制作动画时的实际问题。需要多少个角色？要讲清故事需要多长时间？这个情节是否真的要用到特效技术？例如，前面那个故事中要给鸟做羽毛、给猫做毛皮，这些都会增加渲染时间。

当你决定要把哪个故事做成动画后，写两三段情节描述。在这里，你要戏剧性地思考，想方设法加大障碍和制造故事高潮。你想让观众紧张、吃惊或者大笑，对吧？

三、角色设计和角色草图

如下图所示，在视觉和概念上很有趣的角色是动画故事的一大亮点。

图 1.1　一个老人和一个男孩
（承蒙 Michael Melo 赠送）

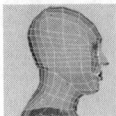

这方面工作的乐趣之一就是你可以运用自己的想象，设计大胆的讽刺画和幻想生物。不过，建立一个可爱有趣的角色要求的不光是形体设计。有人发现从头脑风暴开始，提炼角色的理念后再把它画出来，要容易些。还有人更喜欢拿起铅笔，在画草图的过程中直观地考虑，他们会设计角色的形体特征和其他出现在动画或故事展开时的内容。

要设计一个角色的经历，试着对以下问题做出创造性的回答。这些问题可能并不适用于所有的角色，但即使你的角色是个没有父母的克隆机器人，那也要或多或少地涉及故事的背景。

- 你的角色是男是女？
- 他多大年纪？健康状况如何？
- 他叫什么名字？名字是角色的重要部分，因为它会给观众留下角色到底是什么人的第一印象。
- 他在哪里长大？这地方的情况及其对角色造成的影响远比指定地点重要得多。
- 他受的教育和工作经历如何？他是否从小是奴隶，在矿坑里干活？
- 他和父母关系如何？他比较叛逆还是比较乖巧？
- 他嘴馋吗？
- 他是否会为了喜欢的事物不择手段？
- 他休闲时喜欢做什么？可以是体育运动、打游戏、读书、旅行等等。
- 他的性格腼腆还是外向？或者是介于两者之间？
- 什么样的情况会让这个角色感觉受到威胁抑或是信心满满？
- 什么事让他高兴？他是想交朋友，还是迫切地要赚钱，或者渴望冒险？
- 这个角色最大的弱点和恐惧的事是什么？他是否怕掉牙？还是会恐高？
- 他最大的能力是什么？他自己认识到了吗？或者是只会在某种特定的情形下发现？
- 他的作风和蔼可亲还是咄咄逼人？
- 他是个伪君子还是家里的害群之马？

这些问题的答案不分对或错，只要能避免创造出乏味的角色就是了。

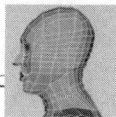

开始制作项目报告或蓝图。这些工作可以采用任何便捷的形式来做，不过要能够清楚地展示给朋友、同事或同学以获取反馈意见。给你的角色外形设计拼贴画草图，收集资料并加注释。例如，你可能会发现其他角色的设计元素包含了你想借鉴的东西，把它剪切下来，将细节的重要部分圈出。然后粘贴到自己的笔记里。确保你的角色外形特征符合背景环境。例如，一个住在山洞里的女人很可能有着乱糟糟的长发和长指甲，穿着兽皮制的衣服，用植物或种子做装饰。

还要大致描述对于角色举止样式的初步想法。常见且有用的技巧就是想象什么样的姿势会最有特点。姿势是角色在动作中关键时刻定格时的样子。例如，如果你的角色是个 25 岁的书记员，你就可以把他画成坐在办公室工作、遛狗、理发或者看电视的姿势。通过把角色的几种状态视觉化，你将能看出其中浮现的角色个性（如图 1.2 和 1.3 所示）。

图 1.2　角色在办公室工作或在家看电视

（承蒙 Michael Melo 赠送）

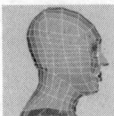

图 1.3　角色在遛狗或理发

（承蒙 Michael Melo 赠送）

　　这个角色狂暴还是轻松？自信抑或紧张？什么样的体态姿势最能表现出这些特点？用什么样的机位角度可以强调它？

　　你的角色的外表应根据故事需要而改变。确保将角色的性别和大致年龄表现清楚。女性不只是外表上不同于男性，行为上也大不相同，不论对"真实的"角色还是卡通人物都是如此。开始着手时不要害怕夸张表现这些特点。表现过头了就再收敛回来，这要比开始时表现得不鲜明而后再夸张要容易得多。

　　请牢记永远不要让一个角色看起来无聊。如果你在这个领域需要灵感，认真观察那些著名演员所演的角色在不说话时所作的表演。你会发现就算演员当时的动作只是在倾听或者等待，他看起来仍然在积极地表现。他在特定时刻如何表现是由他的动机所决定的。表现的一部分是他在做什么，还有一部分是他怎么想的以及怎么决定的。

　　你作为动画师的职责就是要让观众对你的角色产生反应。通常你需要让他们对角色产生共鸣，要让角色讨他们欢心。在其他剧情中你又需要让观众憎恨或害怕某个角色。你基本上总是在制作有感情非常外露张扬的角色，很少会想让角色中立或闲散。

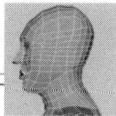

要创造一个有缺陷的角色。其缺陷可以是生理上的也可以是心理上的。生理上的缺陷，比如你的角色可能少了颗牙、缺条胳膊或者独眼等等。心理上的缺陷，比如他可能有多动症、害羞、咄咄逼人或懒惰。有趣的角色总会有些他们自己意识到或没意识到的小毛病，一个典型的例子就是印第安纳·琼斯也会怕蛇。

环境和场地设定

不同于实拍影片的制作，动画故事发生在完全由动画师创造出的环境里。场地设定无论是简单还是精致，都在对故事提供必要的视觉支持。场地设定与照明和道具设计一起被用于营造角色所处的历史背景和情绪气氛。例如，破旧、阴森的房间里的景象表达出的感觉，截然不同于阳光灿烂、景色优美的室外景。

场地设定也会表现出角色生活的地理环境，甚至是角色的个性。设置一个角色家中的场景，就能通过背景的细节表现出角色的个人喜好。例如，一个小男孩的房间可能有棒球队的海报，标志着他热爱体育。如果对故事有帮助，有时代特点的装饰也能清楚表现故事发生的历史时代。

拍摄方法

摄影是通过摄影机镜头讲故事的艺术。用摄影机讲故事和用文字讲故事在某些地方是共通的。你读书的时候，文字在你头脑中由其写作风格和构成留下的印象。当你看电影时，摄影镜头也会留下类似的印象。

在电影中，导演使用机位运动向观众示意。观众理解这些含意并作出情绪上的反应，有时甚至没意识到这个趋向。例如，如果两个角色在一场戏里争吵，摄影机给一把刀特写镜头，那么观众就会意识到这把刀会被用上。

导演和摄影师通过一系列摄影镜头构建出动作发生的时间、地点以及角色的反应和感受。在动画中，观者就像透过摄影机去看一样——这种现象叫做"移情"。基本上当摄影机移动时，观众感觉在和它一起移动。

实拍电影中，导演要在现实世界中工作，总是和大群剧组成员在一起。制作队伍必须要找到适宜拍摄的地点，搭布景，选合适的时间得到最理想的

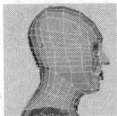

拍摄光线，如此等等。而在动画中，默认的背景世界就是一片乏味的空白平面。

基本上动画师对这个世界有完全的控制力。这既是一个巨大的优势，也是一个艰难的责任。幸运的是，动画片和实拍影片在摄影时的很多元素是共通的，动画师可通过观摩电影和电视节目学到很多。

在动画的其他方面，观察也是你最好的老师。然而，我们太习惯于观赏影片和电视节目了，以至于要把注意力从故事进展脱离出去转而认真地观察拍摄方法会有难度。一个简单但有用的技巧是直接关掉声音，反复观看其中一个段落或一场戏。

这么做之后，你会发现很容易观察到摄影机运动、布景设计以及其他摄影元素。如有必要，使用秒表并做笔记。这种镜头分解会让你明白那些导演如何对待素材，明白这种做法如何极大程度地基于事物和媒体手段。很多DVD都有专门的评论音轨用于收录导演对各种镜头的阐述。这些也将对你很有助益。

摄影要素

摄影的基本要素有视角、摄影机距离和运动、色彩选择、转场、镜头节奏和布光。

导演可以选择的两个基本的位置（视角）是画面正中或画面一侧。如果摄影机正对着角色动作拍摄，观者会被置于场景正中，这样可以很容易看到包括角色面部表情在内的细节。但这需要拍很多个镜头或摄影机跟随动作移动很多次。导演也可以选择画面一侧的视角，这样做易于让观众注意到场景的大背景以及产生距离感。

"取景"指的是摄影机与场景中物体的相关位置。这方面的摄影术语和原理很大程度上源自艺术界。例如，场景中的物体在置于前景、中景或背景时有不同的特点。镜头画面也以此方法来构图以避免对称。重要元素在取景时进行戏剧性的布置。

在绘画构图中，经常用到三分法。三分法是指假想你在画面上横竖各画了三根等分线，这些线产生了四个交叉点，这些点就是放置角色和要素的锚点（如图 1.4 所示）。

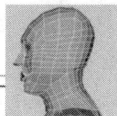

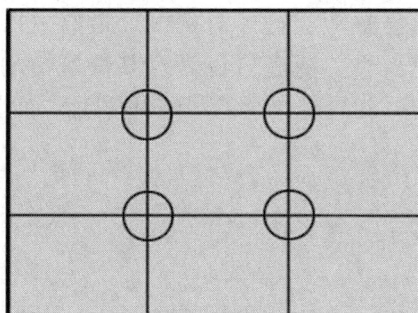

图 1.4　三分法图形

基本摄影镜头

有很多种摄影镜头，但最常用的是特写镜头、过肩拍镜头、中景镜头、远景镜头和定场镜头（如图 1.5 所示）。

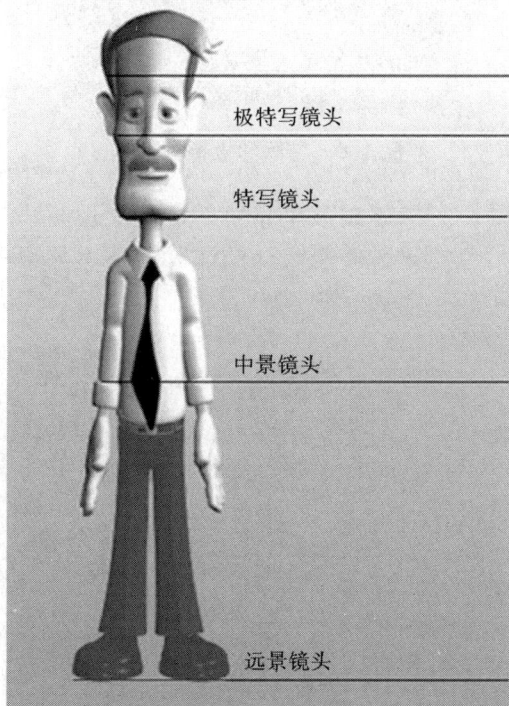

极特写镜头

特写镜头

中景镜头

远景镜头

图 1.5　镜头景别

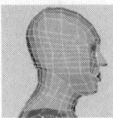

特写镜头：是从角色脸部或物体对象很近距离拍摄的。用来展现角色的面部表情，表示物体重要性，或者告诉观众某件事情的重要性。偶尔，也会用极特写镜头，展示的可能只是角色的眼睛和眉毛（如图1.6所示）。

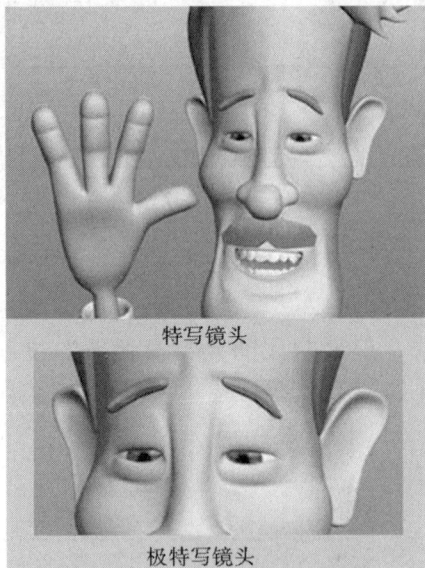

特写镜头

极特写镜头

图1.6　特写和极特写镜头

过肩拍镜头：是摄影机越过某个角色的肩膀展现另一个角色的脸。这种镜头用来表现两个角色的对话并使观众的注意力每次只集中在其中一个角色身上（如图1.7所示）。

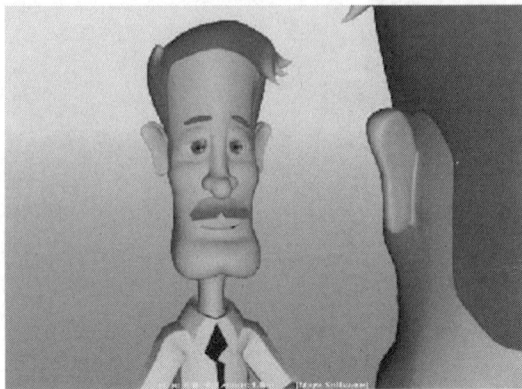

图1.7　过肩拍镜头

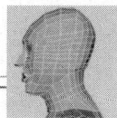

中景镜头：展示的是角色腰部以上的部分（如图1.8所示）。这种镜头常用来展示两个角色间的谈话、拥抱、争吵等等互动。

图1.8　中景镜头

远景镜头：从较远但不是定场镜头那么远的距离拍摄角色。在室内景中它一贯是被用来展现房间以及角色的全貌（如图1.9所示）。

图1.9　远景镜头

定场镜头：是从远距离或鸟瞰角度拍摄的镜头（如图1.10所示）。这种镜头常用在电影开场或显示故事发生地点的局部片段中。定场镜头之后可以接远景镜头，例如，你可以用一个鸟瞰镜头交代一间房子和它周围的环境，然后切到房间内的远景镜头，显示角色正在起居室里。

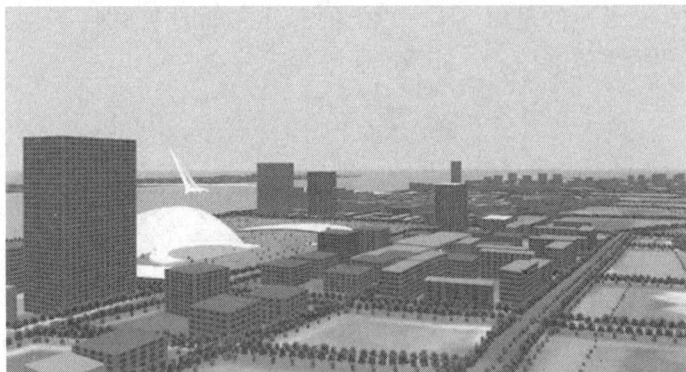

图 1.10　定场镜头

机位角度

改变机位角度能帮助导演加强或减弱拍摄对象的重要性，它向观众传达了关于角色身份地位的视觉线索。

主要机位角度如下所列。

低角度：这个镜头的摄影机是被放在视平线以下，向上仰拍对象。这种拍摄角度让对象看起来比实际更高大，向观众表现这个角色重要、强有力并且有气势。

高角度：这个镜头的摄影机从高于视平线的地方向下俯拍对象。这种拍摄角度让对象看起来比实际更矮小，向观众表现这个角色处于劣势、弱小以及次要境地。

视平角度：这种镜头的摄影机被放在与对象视平线相同的高度，这对观众来说是一个很舒适的角度，而且基本上是中立的角度，因为我们平时就是从视平角度看世界的（如图 1.11 所示）。

图 1.11　低角度、高角度和视平角度摄影镜头

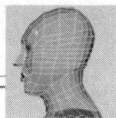

摄影机运动

镜头类型只是导演基本描述能力的表现。然而，镜头并非总是要保持不动的。以下是常被用来描述摄影机运动的术语和技术。

横摇：指的是摄影机从一边转动到另一边。有两种横摇镜头：跟摇镜头和环视镜头。跟摇是指镜头跟随角色运动。环视镜头则是寻找场景内某个特定物体的摄影机运动。例如，摄影机可以越过桌子，停在一块面包上。

纵摇：指的是摄影机跟随镜头内某个动作向上或向下。虽然通常是在跟拍一个动作时这么做。纵摇也可以用于强调高度和深度。例如，你可以从一个角色的脚部向上摇到他的脸，这样通常是用来表现和强调角色的高度。

变焦：指的是摄影机原地不动，镜头焦距改变，令物体看起来更远或更近。重要的是要明白镜头焦距的改变不会统一地放大所有元素——它是基于物体和摄影机之间的距离相对地改变画面内物体的大小。当你使用变焦推进镜头时，背景元素相对于前景元素变大了。

移动拍摄：指的是摄影机朝向或者离开某个物体的移动。这个术语来自于实拍时所用的真实机械装置。摄影机和摄影师会在拍摄中用摇臂向前推或者向后拉。表面上，移动拍摄的镜头和变焦镜头没什么不同，然而这是两种不同的活动，移动拍摄的镜头里物体间的相对大小的变化要比变焦拍摄里的变化微弱些（如图 1.12 所示。）

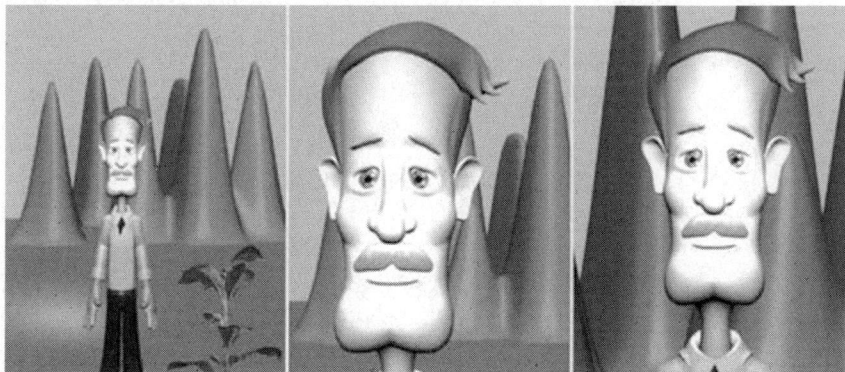

图 1.12　变焦镜头（中）和移动镜头（右）的比较

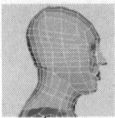

推轨拍摄：是指摄影机在拍摄时从旁移动，保持相同的景深。这种摄影机运动通常是用来保持角色透视不变时跟拍对象。

镜头次序和屏幕方向

如果拍摄角度太随意的话，可能会把观众看得晕头转向。当你开始计划一个镜头的前后次序时，你需要让观众保持空间一致感（除了故意设计得恐怖或让人迷惑的镜头次序）。180°假想线法则有助于让观众保持方向感。从平面图的角度来考虑你的场景，在两个角色之间画一条直线，如果你始终保持摄影机位于线的同一侧，场景中的角色和物体就会在镜头画面里看起来始终方向一致了。你可以根据角色的表演将这条假想线画在场景中任何合适的地方，不过如果要保持方向感一致的话，你还是要避免采用两者之间角度超出180°的镜头（如图1.13所示）。

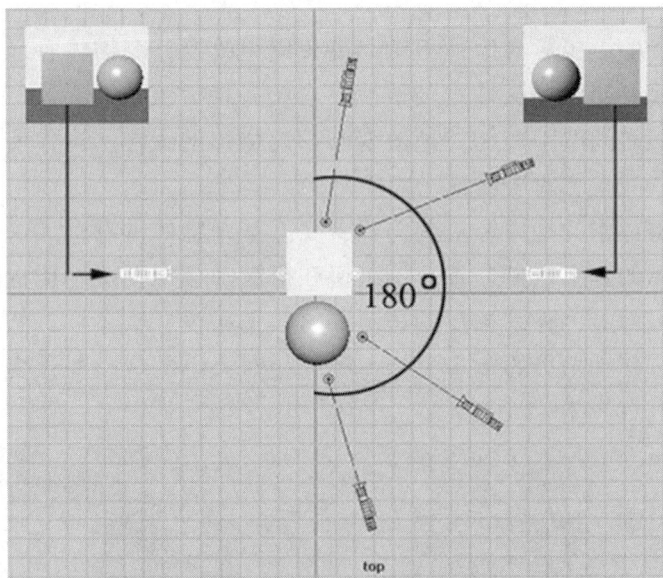

图1.13　摄影机放置的180°假想线法则

转场

电影是由一系列镜头组成的，而镜头与镜头之间，是用转场来衔接的。转场被用来从一个镜头变换到下一个镜头。大多数转场时间短而且极力避免引起观众注意。不过，这是由电影的总体风格决定的。个别转场也会持续时

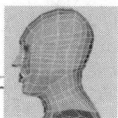

间长点或看起来较明显。这种形式的转场通常是用来表现时间和地点的变化的。最常用的转场如下所列。

切换：是指镜头突然变换。这是迄今为止最常用的转场方式。例如，切换镜头常用于对话场景，先表现说话的人，然后切到倾听和作出反应的人。

叠化：是指镜头画面淡出到另一个镜头。这用在打破镜头画面的持续指示时间的流逝上。叠化惯例会有 50 到 120 帧这么长。

淡入/淡出：是指一个镜头画面逐渐变换到固定的某种颜色。通常是黑或白。淡化镜头的目的和切换以及叠化完全不同。切换和叠化是用来衔接镜头的。而淡化则是用来分离镜头的。淡化镜头通常用来指示时间的流逝，例如，当镜头结束于角色关上灯的时候。

> 淡化可以从任何颜色的画面变换到任何颜色。这取决于想要达到什么效果。淡出到白色通常用来表现耀眼的白光，比如阳光照进窗户时。从白色淡入一般是打算展示明亮的光线或者某物体淡入画面。

划接：是指当前一个镜头还在屏幕上时就逐渐（揭示）新的镜头。划接镜头就像掀起帘幕一样。而划接可以从任何方向开始移动：水平方向、垂直方向或者对角线方向、穿过画面、从中心向外等等。新的揭示镜头可以采用各种形状，包括三角形、长方形、圆形、锁眼形等等。划接效果在 20 世纪三四十年代的好莱坞很流行，不过现在很少有人用了。这种转场方式的过分卖弄也是无聊的，所以尽可能少用它。

聚焦/模糊：是指镜头以图像失去焦点并且叠化到下一个镜头的模糊画面之后在重新聚焦。这种转场要是做得恰到好处，叠化就会看不出来，因为镜头画面模糊一片。这种效果常用来表现角色失去知觉。例如，可以用在角色在手术中被麻醉的时候。

动作衔接：是指当两个镜头共有同一个角色但是各在不同地点的时候，角色从一个镜头到下一个镜头都是在同一个动作的过程里。用动作衔接转场可以用切镜头但大部分时间使用叠化方式。

动作衔接可以用来表现空间的改变。例如，想象一个角色日复一日在沙漠里行走。一系列角色不断行走的镜头可以用来动作衔接。不过镜头之间沙漠背景变化了。在镜头里聚焦的是角色的动作，地点只有在和角色相关的时候才重要。

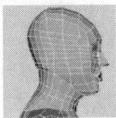

跳切：类似于动作衔接，只是变化的是时间而不是地点。在跳切时，两个镜头里是同一个演员在不同的时间的相同动作。例如，想要表现角色从早走到晚，两个镜头里都是同一个角色在走路，但是光线变化了。

定格：是指在动作中立即定格画面，展示角色的视点。通常用于在说到相片时从拍摄者的角度展示。

声音提示：是指当声音和画面转场时不声画同步。在大多数常见的情况下，由声音引导画面转场——在剪辑中的预期形式。较少见的，是声音从一个镜头延续到下一个镜头。

声音提示可以用于任何画面转场。例如，一个从某种颜色淡入时声音（音乐、对白、笑声等等）会先于画面出现。

尽管转场方式多种多样，很多最优秀的电影甚至只用过一种转场方式。所以，别以为应该把所有的转场方式都用上。好导演就像好作家一样，他的编排方式能很好地讲故事却又不引起观众对讲述方法的注意。根据你自己的叙事连贯能力以及观众对时间地点的感觉来考虑转场方式。

镜头节奏

即使是动画短片一般也是由多个镜头组成的。这些镜头的时间长度以及它们长度的不同，经常是为了营造效果而刻意控制的。例如，很慢的节奏可能被用于表现慵懒的感觉，正如快速的镜头变换可能被用来添加刺激感。

色彩选择

在摄影方面，色彩的选择经常是经过审慎考量的。通常电影会有一个总体的色调，但在具体的镜头或地点中，这个基调会被加上些变化。这些色彩选择既包括对物体颜色和纹理的选择，也包括对灯光色调的设置。选择色调时，你首先应考虑的是透过镜头看到的主要颜色而不是某个单独的物体上部分的颜色。

系统地组织这个过程的方法是首先确定你要通过色调达到的效果。色彩给人的心理感受会因不同地域文化而略有差别，不过以下几种是常见且共通的。

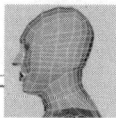

红色： 热情，刺激，侵略性。

绿色： 自然，放松。

蓝色： 稳定，安全（可联想到海洋和天空）。

橙色或黄色： 愉悦，快乐。

白色： 无辜，纯洁。

黑色： 优雅，肃穆，死亡。

在你有了想要设置的整体气氛之后，你可以基于中心色调选择主要颜色或者配色方案。为了这个目的，你也许要考虑阅读几本关于配色并且包括有用的色调搭配和变化的书。例如：Bride M. Whelan 的《色彩和谐：创造性颜色混合指南》（Rockport 出版社，1994）中包含了一组实用的图片场景与颜色搭配方案。

布光

灯光在摄影中扮演着重要角色。光的设计、强度和颜色都将对讲故事有影响。灯光可以营造气氛，表达时间或季节，突出或淡化镜头里的某些元素。

在真人影片中，灯光是拍摄中的重要元素，它必须是在影片前期制作中就设计和计划好的。影片开始制作后，灯光布置是完全遵循计划的。不过，在计算机 3D 动画里，灯光照明是个独立的元素。经常在中期制作或后期才详细考虑。

灯光总体上最重要的方面就是场景内的曝光率。把这个看作是画面内最亮和最暗的部分之间的差别程度。当场景里只有微弱的总体光并且对比度很低时，它被称为"暗调"。"亮调"场景特点正好相反——它们总体很亮，有阴影和很强的反差。暗调场景被用于营造阴沉黑暗的气氛，亮调场景则总是关联到愉悦的情景。

灯光导演可以用几种类型的灯光来调整场内气氛。根据本书的学习目标，只介绍三种最重要的灯光类型：基调灯、补光灯和背光灯（如图 1.14 所示）。

基调灯： 应该是场景中最强的光源。它应该能让观众立即识别出光源的方位。因为它的强度要比其他场景内的灯光高。它会形成投影，阴影的

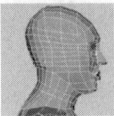

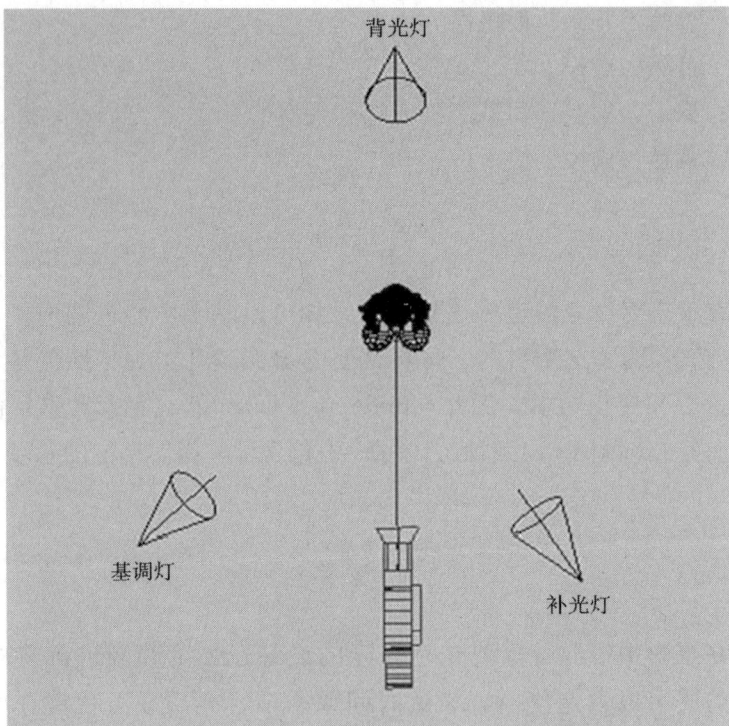

图1.14　人物上的基调灯、补光灯和背光灯

角度和密度就能给出线索让观众推定光的方向。在室外景中，基调灯通常代表太阳。在给人形生物打光时，最具美感的基调灯布置是从角色上方的一侧向下照明。灯光从一定角度照明脸部要比正对着照明更能突出脸部的特色和立体感。

补光灯：是为了柔化基调灯投射的阴影，以及照亮基调灯没照到的物体而布置的灯光。补光灯一般定位在基调灯的对面。如果基调灯在角色的左侧，那么补光灯应该放在角色的右侧。它应该比基调灯高度略低，大约是照射对象的高度。补光灯的强度应该是基调灯的一半左右。电脑图形中的补光是用来模拟真实环境中从地面和周围墙壁或物体反射到角色身上的光线的。因此，它的颜色通常反映着环境。

背光灯：被用来将前景物体从背景中区分出来。背景灯一般放在前景物体和背景物体之间，朝向摄影机。背光强度通常要比补光还弱，除非是想要得到清晰剪影的情况。一般照明的技巧是使用一个基调光、一个补光和一个背光——这就是被称为"三点照明法"的布光策略。

分镜头

在你有了一个故事并设计好了角色后，下一步要做的就是创作分镜头脚本。在分镜头脚本里，影片的每个镜头都对应一幅样本图画，在图片的旁边或下方会有对该镜头内容的简单描述，以及对拍摄时将出现的包括对白在内的所有声音的说明（如图 1.15 所示）。

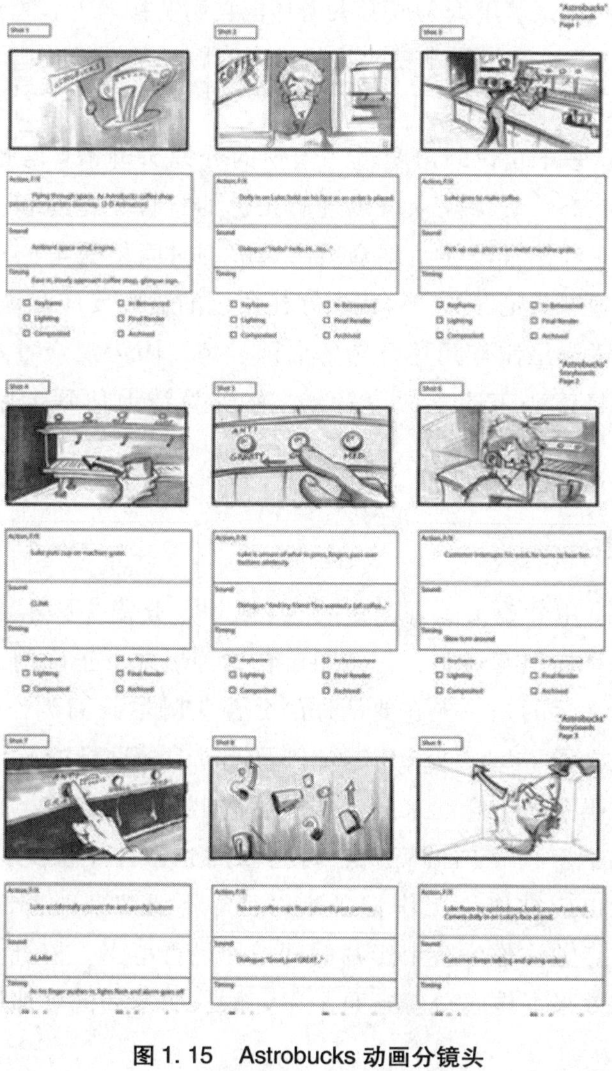

图 1. 15　Astrobucks 动画分镜头

（承蒙 William Robinson 赠送）

分镜头脚本可以用手绘、其他电脑软件或者是 Maya 本身来创作，如果你画得不好也别担心，分镜头脚本的目的不是制作艺术品而是组织镜头。目的是将电影的镜头次序在纸上有效地组织起来。它是一个很重要的筹划工具，即使是独立制作动画的人也会觉得它有用。对团队项目而言，分镜头脚本是全体成员用以参考的关键工作记录。

分镜头基本是按时间顺序安排的。如果你对整个叙事顺序不是很确定（这是常有的事），试着用纸条或者大卡片把它们贴在墙上。等到你对顺序的合理性有信心之后，给场景和镜头编号，再回顾你的分镜头脚本，开始估算镜头和场次的时间。

最后，再从每个角色的角度过一遍你的分镜头脚本。考虑他们在每个镜头里的情绪状态，确保观众可以理解角色的打算、举动和反应。一个常见的问题是制作者经常没能给观众留出足够的时间接受角色对某件事的反应。而且，应确保给足够的特写镜头好让角色的这些反应能被观众看清楚。没必要在远景镜头里制作角色复杂的面部表情，因为观众看不到这些。反之，应该用远景镜头来建立故事背景，然后简洁地切到卡紧角色反应的镜头。

电子分镜

电子分镜是用分镜头图画创建的 2D 影片。分镜头脚本是种很好的组织手段，但就算你很有经验，仍然很难在这种形式下正确判断镜头时间和衔接的情况。幸运的是，现在要从你的分镜头脚本画面创作一部 2D 影片相对容易得多。像 Adobe AfterEffects 以及 Premiere 这样的软件让你可以将扫描图像和数码图像结合起来排定次序后输出为数码影片。你还可以录制一条粗糙的包括对白在内的音轨，将它添加到影片中。类似于分镜头脚本，电子分镜也应被作为工作记录来对待。不要浪费时间对细节吹毛求疵，而是应重点关注你的整个影片时间把握是否得当，检查你的线性叙事结构是否达到效果。电子分镜还是个很好的从朋友和同事那里征求反馈的手段。

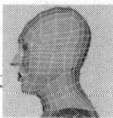

声音设计

做电子分镜是动画制作过程中你第一次要考虑到声音的时候。不过这个课题非常重要，值得专门考虑。声音是影片的一个关键组成部分。开始时动画师一般不会充分认识到它的重要性。在中等到大型的制作中，声音设计是一个独立的专业部门。在小制作中，动画师通常会招募友人来帮忙配音和做音效。在所有的制作中，动画师都应该对声音有足够的了解，至少要能提出些自己在声音方面的初步设想。

一般来说，前期制作时的配音能做到电子分镜的水平，让人对之后阶段要做的工作有个大致了解就可以了。配音的三个主要必须考虑到的组成部分是对白、音效和音乐。

对白

对白不单是用来讲故事的，还能给观众提供关于角色的背景、感受和情绪方面的重要线索。所以大制作的动画影片会找好莱坞一流明星给动画角色配音并不是临时起意的。即使因为预算请不起艾迪·摩菲来配音，仔细考虑下你想让谁来演你的角色也是很有用的。你尽可以让自己的角色比如一只兔子在言谈举止上模仿詹姆斯·迪恩。这在你写对白以及初步表现和把握节奏方面都很有帮助。

如果你找朋友们或业余演员配音，建议你别让没经验的人演一个和他本身个性截然不同的角色。专业演员当然不必如此。但别指望你举止斯文的朋友可以演个咄咄逼人的大嗓门。你在要求他做力所不及的事，结果就很可能非常不理想。

另一个重要的考量是对白在故事和角色动作中的时间长度的影响。录制对白一般是在前期阶段，在分镜头脚本和剧本完成之后。不过，你该记住原始录制可以提供宝贵的反馈意见。

很明显，你会录制音频，但你也应考虑摄录这部分的视频录相。演员的表情和身体语言对动画制作是很有价值的参考。观察这些参考片段对调整镜头时间和拍摄方法是很重要的。录制时是个好时机，比如你可以寻找合适的特写和切换镜头。

音效

音效可以用两种方法来分类。这两种方法都突出了动画中要考虑的重要方面。

第一种方法区分音效是同步的或非同步的。同步性指的是和屏幕上显示的动作同步。例如，如果角色被一块石头绊倒，你按惯例会用同步的音效来突出这一动作。非同步音效一般包括环境声音，比如森林场景里的鸟叫或交通噪音。不过，非同步音效可能也包含发生在画外的重要情节元素。

第二种主要的考虑是外景音和突出声音。要达到合成效果，一个好策略就是把声音像图像合成里的图片一样也进行分层，布置有背景和前景还有中景。而且，要考虑到你希望在什么时候让观众意识到声音。通常你需要控制声音出现的时间略微比观众看到发生的事情之前早一点。经典恐怖片在这方面充满了良好（但是暴虐）的例证。

有两种常用的生成音效的技术，一种是购买音效库；另一种是自行创造。音效库的好处是能分门别类地提供大量有授权的音效，缺点是这些音效就像是拼贴出来的，太常见而且容易被认出来。不过在前期制作时它通常是不错的起步。在中期或后期制作中，你总是可以找许多便宜的音效程序来调整这些库存音效的。

不过你经常还是想要或者需要自己创造音效。要这么做的时候，丰富的创造力和一些声音编辑软件就必不可少了。人类的声音可以制造出很多惊人的效果。通常只要通过声音的快放、慢放或和其他声音混合就可以创造出独特的音效。例如，试着录下把纸团成一团的声音，再以很慢的速度循环播放。

音乐

电影配乐本身就是很多书介绍的对象。这里我们只考虑一些动画制作中经常出现的特定问题。首先就是，你所熟悉的大部分音乐都是有版权的，很难获得它的使用许可。所以，做前期电子分镜的时候，只管用你最喜欢的乐队的哪首歌——但别假设你在最终成片里也能用它做配乐。

另外，你还要留意音乐的版权既包括编写也包括表演。让你的小兄弟弹奏"爱之舟"的主题曲做你的配乐音轨意味着你是不用担心对演奏者侵权了，

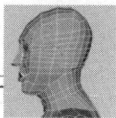

但仍得向作曲者付版税。类似地，你也不能免费使用伦敦交响乐团演奏的莫扎特的交响乐。这种情况下虽然作曲者的版权已到期失效了，但演奏者的表演仍在有效版权期，要用就得先谈判。另一方面，要是你能哄着你弟弟给你弹奏莫扎特的音乐，那你就可完全合法地使用了。

如果你想要咨询了解这方面的情况，一个重要来源是 ASCAP（美国作曲家、作家和出版商协会）的网站：http：//www.ascap.com。网站上有可供搜索的数据库，你输入曲名或者歌和曲谱的作者名字，就能找出是谁做的曲，谁拥有版权。网站也提供版权拥有者的链接信息。

即使你能得到合适的使用授权，在把已有音乐用于动画配乐时，第二个常见问题就是大多数作品都是为了其他目的而创作的，对于动画短片来说可能会太长。这不是简单地截一段来用就行的，这涉及小节的长度以及对音乐所表现的情绪的营造。建议你回到开场的定场镜头，用音乐作引入。这样你的配乐甚至可以在画面出现之前就营造出气氛。同样地，在结束时你也有机会重新播放主题曲。

不过在动画中重复利用已有音乐仍然是非常困难的。作为解决办法之一，你可以认真地考虑雇一个作曲家或有创作能力的乐手，让他们为你的动画定制配乐。

考虑到大多数动画的简单程度，这绝对没有你想象的那么贵，而且它可以极大地提高作品的水平。如果你不认识合适的音乐家，你所在地的大学的音乐系里应该可以找到很好的作曲家和音乐家。

动作研究

动作研究之于动画师就像速写之于画家。它们是捕捉角色区别于其他人的最典型特色的简捷小实验。要创造一个动作研究，你必须能迅速地观察动作。直到几年前，任何视觉动画师还没法得到这方面的设备。现在任何便携摄影机或 DVD 播放机都可以提供给你需要的参考。有两种普遍的参考片段来源，且大多数上述产品两种来源都兼容。

第一种是其他的电影或视频，其中的一些你可能已经在角色构建的时候用过了。如果你还没这么做，就找个跟你的角色比较相像的电影角色。再从一两部电影里找出能展示你角色本质的参考片段。挑选含有你希望角色能表

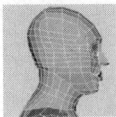

现出的抒情内容的场景。在笔记本上写一段话描述参考片段中演员采用的重要举动。他的面部表情、身体姿态、手势、嗓音腔调都是什么样的？还有，影片的导演和摄制导演如何组织镜头？如何布光？

第二种动作研究的参考来源是要靠你自己创造。如果可以摄录你要用的动作会对研究非常有利。困难的是你需要找合适的对象来拍摄。对小制作来说，最可能的拍摄对象包括你自己和你的朋友们，但就算是大制片厂，动画师也要表演自己的角色动作。

如果你自己演不好也别担心，表演自己的角色对于学着感受角色的情绪和他们的身体语言是非常有帮助的。如果你的角色不是人类，那么问自己如果这角色是个人类它会有怎样的举动？并赋予角色一些人类情感。表演一下你的角色处于不同状态下的样子，比如他饥饿、害怕、高兴、悲伤或受威胁的时候。

四、教程1.1：摄影机和拍摄方法

因为摄影在动画中是基础，所以第一个教程就是让你从简单的已有场景开始，像导演一样工作。故事主线是：角色 Henry 在一天辛苦工作之后回家，他打开大门，走进起居室，穿过房间到吧台前，他因为沮丧而摇头，并用手捶打吧台桌面。你要运用基本摄影知识，创建并放置 Maya 摄影机，视觉化地讲述这个小故事。

创建远景镜头

你要从远景镜头开始。在这里，远景的运用是出于两个目的，首先，它要介绍角色所处的环境——一个有门和吧台的房间。其次，它能展现角色行动时的全身，使观众有机会从角色的走路姿势中看出他的情绪。要做到这点，我们要让运动轨迹线穿过屏幕正中，在屏幕左上角和右下角各三分之一处各有个聚焦点。

在展现动作的同时也展现房间环境，摄影机的焦距要从默认的 35 更改到 65，动作大约在第 70 帧开始，从第 70 帧到第 250 帧（6 秒），我们看到角色打开门走向吧台。

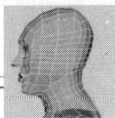

1. 打开随书光盘里第一章文件夹下名为"Maya 工作文件"的子文件夹，找到文件"摄影机_ 镜头_ 教程1. mb"并打开。
2. 选择 创建→摄影机→目标摄影机（如图1.16 所示）。

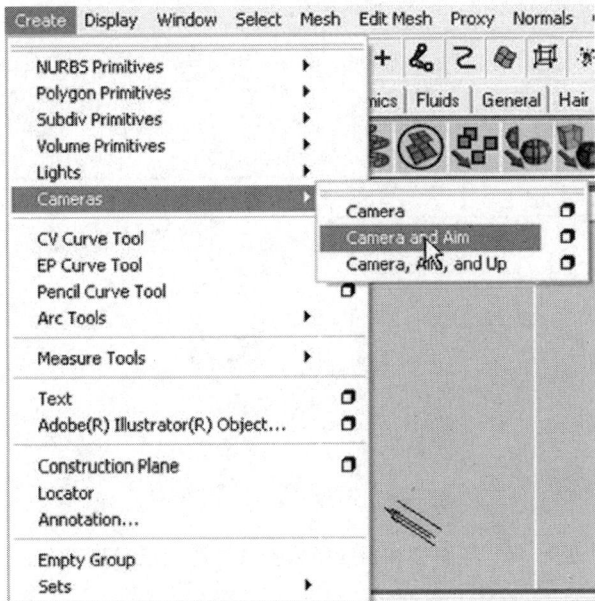

图1.16　创建摄影机菜单，Maya 默认在原点位置创建摄影机

3. 在顶视图中，选择 面板→面板→框架图 。
4. 在"框架图"窗口向下滚动直到你看到"摄影机1_ 组"。
5. 点击"摄影机1_ 组"的" ＋ "标志，就会看到"摄影机1"和"摄影机1_ 目标"。
6. 双击"摄影机1_ 组"，将它改名为"远景组"。
7. 双击"摄影机1"，将它改名为"远景摄影机"。
8. 双击"摄影机1_ 目标"，将它改名为"远景摄影机目标"。
9. 选中远景摄影机，在通道栏输入 X 轴平移 = 86.5、Y 轴平移 = 35、Z 轴平移 = 150。摄影机会从角色上方移动到房间后部。
10. 在通道栏"形状"部分，将"焦距"值改为65。
11. 选择远景摄影机目标，在通道栏输入 X 轴平移 = 21、Y 轴平移 = 10、Z 轴平移 = 13.5。你会看到摄影机和目标如图1.17 所示。

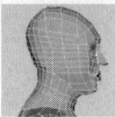

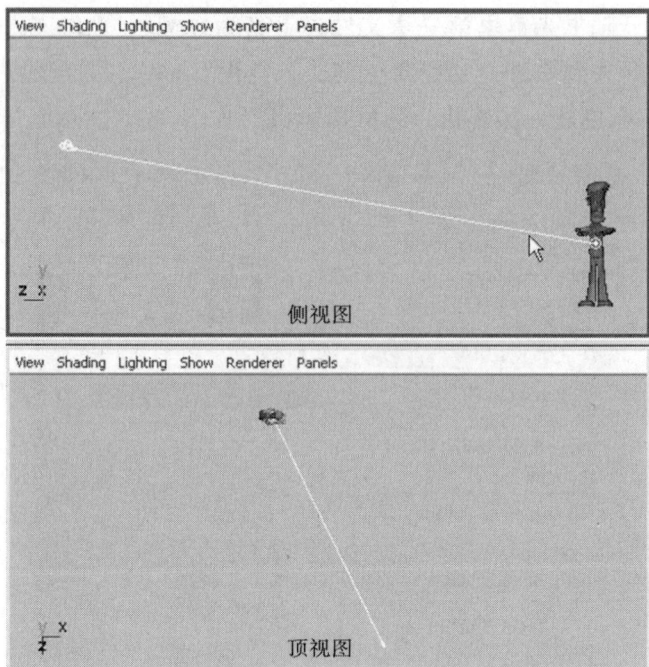

图 1.17　摄影机和摄影机目标位置的侧视图和顶视图

12. 在透视图中，选择 面板→透视→远景摄影机 。
13. 播放动画。

创建中景镜头

使用中景镜头的目的是要在角色走到吧台时展示他的上半身，并突出他沮丧地捶打桌面的动作。因为在动作开始时，摄影机是从角色的右侧面拍摄的，根据180°假想线规则，之后的动作过程中也要从这一侧拍摄。再次，要创建一个最终构图让动作线延伸穿过屏幕，结束在画面三分之二处的结果，并避免画面对称。这个镜头从第 250 帧开始到第 400 帧结束（5 秒）。

1. 选择 创建→摄影机→目标摄影机 。
2. 重复之前小节里的步骤 3 到 8 给摄影机改名的部分。将"摄影机 1_组"改名为"中景组"，"摄影机 1"改名为"中景摄影机"，"摄影机 1_ 目标"改名为"中景摄影机目标"。

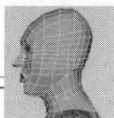

3. 选中中景摄影机，在通道栏输入 X 轴平移 = 64、Y 轴平移 = 12、Z 轴平移 = 44。

4. 选择中景摄影机目标，在通道栏输入 X 轴平移 = 48、Y 轴平移 = 14、Z 轴平移 = 28.5。你会看到摄影机和目标如图 1.18 所示。

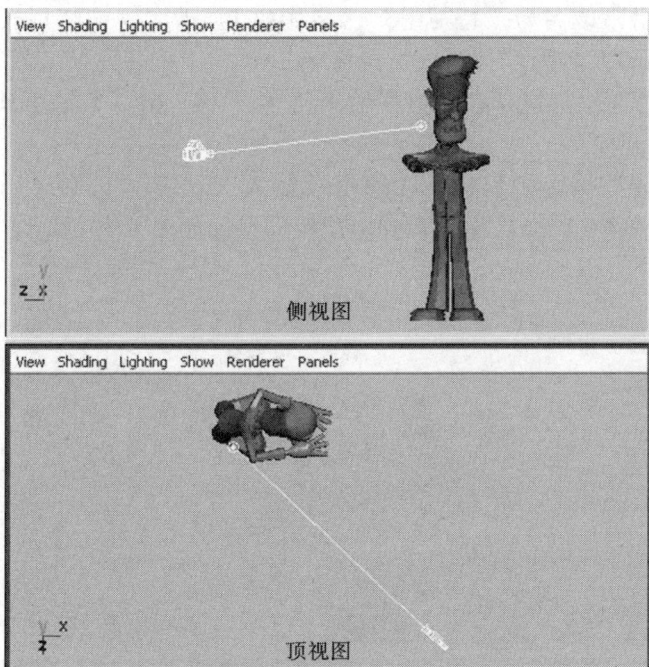

图 1.18　摄影机和摄影机目标点位置的侧视图和顶视图

5. 在透视视图中，选择 面板→透视→中景摄影机 。
6. 播放动画。

创建特写镜头

这个镜头的目的是集中表现角色的面部表情（这里是苦恼）。你已交代清楚了角色所处的位置，并通过他走路时的摇头和捶打桌面的身体语言表现出了他的沮丧，你想要让这个场景以尽可能戏剧性的方式结束。保持在同样的相对角色的位置（展示他的右侧）。设置构图让观众可在背景中看见门框（在最终渲染中它可能会因为景深而变模糊，且角色的面部可能会因为光照而过亮）。这个镜头从第 400 帧开始到第 490 帧结束（3 秒）。反应镜头通常比动

Chapter 1 The Animation Production Process

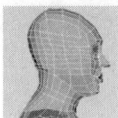

作镜头要短，不过这个镜头是这一场的结尾，所以在切换到下一场之前，我们需要给观众足够的时间反应。

1. 选择 创建→摄影机→目标摄影机 。

2. 重复"创建远景镜头"小节里的步骤 3 到 8 给摄影机改名的部分。将"摄影机 1_ 组"改名为"特写组"，"摄影机 1"改名为"特写摄影机"，"摄影机 1_ 目标"改名为"特写摄影机目标"。

3. 选中特写摄影机，在通道栏输入 X 轴平移 = 61、Y 轴平移 = 18、Z 轴平移 = 33。

4. 选择特写摄影机目标，在通道栏输入 X 轴平移 = 49.6、Y 轴平移 = 16.53、Z 轴平移 = 27.6。你会看到摄影机和目标如图 1.19 所示。

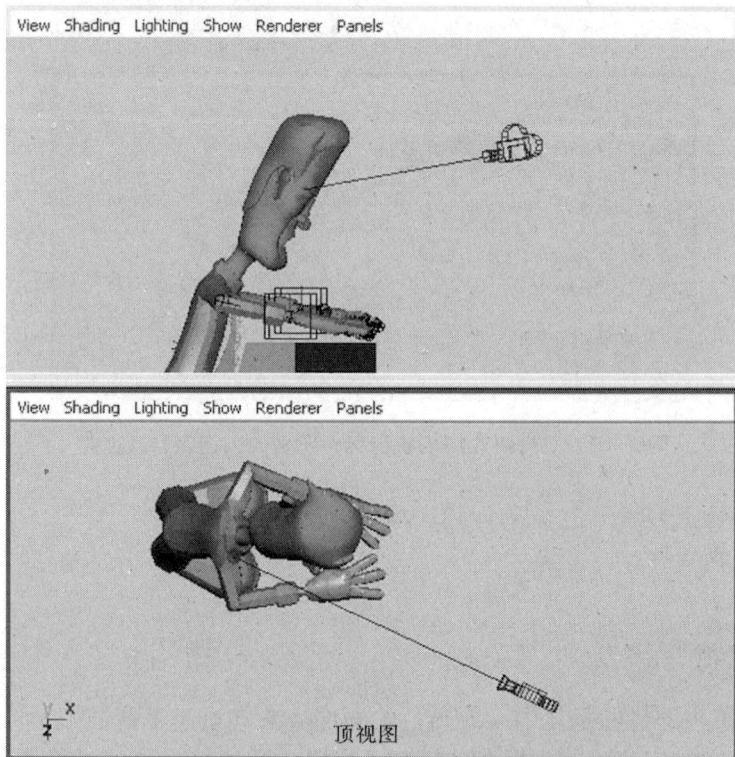

图 1.19　摄影机的特写镜头和目标位置的前视图和顶视图

5. 在透视图中，选择 面板→透视→特写摄影机 。

6. 播放动画。

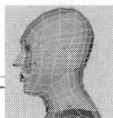

五、教程1.2：三点照明

让我们给场景做一个简单的灯光设计。像之前所描述的，给最简单的场景作初级的灯光安排最好用三点照明，因为这样只要用三个灯：一个基调灯、一个补光灯以及一个背光灯（如图1.20所示）。有了基本照明设置后，你可能还要创建场景内额外的环境光。

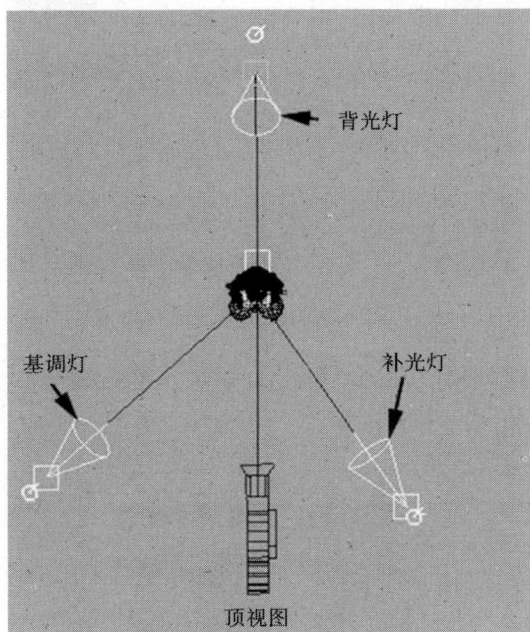

图1.20　基调灯、补光灯和背光灯

创建基调灯

按照如下步骤创建基调灯。

1. 打开随书光盘里的文件夹"第一章"下的子文件夹"Maya 工作文件"，找到文件"灯光_ 教程.mb"并打开。

2. 选择 创建→灯光→聚光灯 。

3. 将灯命名为"基调灯"。

4. 在顶视图中，将基调灯大致移动到摄影机左侧20°到45°方位。

5. 按 T 键激活"显示操纵器"工具，你会看到灯光操纵器和灯光关

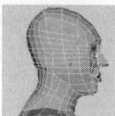

注点的操纵器。

6. 在侧视图中，将灯移动到比角色高的地方。点击灯光关注点，将它移动到角色的鼻子处（如图1.21所示）。

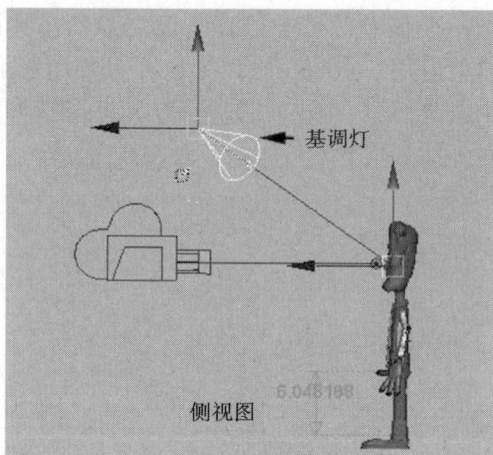

图1.21 从侧视图看基调灯位置

7. 在通道栏向下滚动到"强度"通道。确认强度值为1。

8. 渲染一帧画面以测试基调灯的效果。角色的脸应该被照亮了。他的脸右侧应该比左侧亮一些（如图1.22所示）。

图1.22 用基调灯照明的脸部

如果你想要角色身上带投影，那么在灯光属性编辑器的"阴影"部分将"使用深度贴图阴影"设为"可用"。

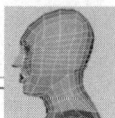

创建补光灯

按照如下步骤创建补光灯。

1. 选择 创建→灯光→聚光灯 。
2. 将灯命名为"补光灯"。
3. 在顶视图中，将补光灯移动到摄影机右侧大致20°到45°方位。
4. 在侧视图中，将灯移动角色的大致高度。补光灯应比基调灯略低些。
5. 将灯光关注点移动到角色的鼻子处（如图1.23所示）。

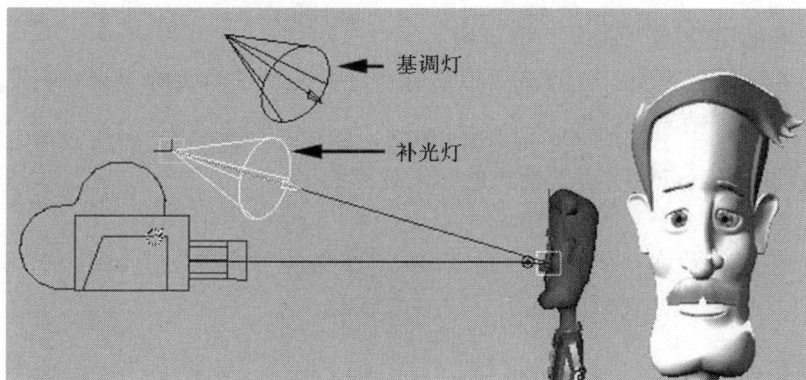

图1.23 从侧视图看补光灯位置

6. 在通道栏向下滚动到"强度"通道。
7. 将强度值更改为0.5。
8. 点击颜色区，会看到 Maya 的色板。将颜色选为 H = 219、S = 0.030、V = 1.0（很浅的蓝色），点击"接受"。
9. 渲染一帧测试画面。角色脸右侧应该比刚才亮些。

创建背光灯

按照如下步骤创建背光灯。

1. 选择 创建→灯光→聚光灯 。
2. 在顶视图中，将灯移动到角色背后。
3. 在侧视图中，将灯移动比角色大致高些的地方。
4. 将灯光关注点移动到角色的头部之下（如图1.24所示）。

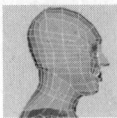

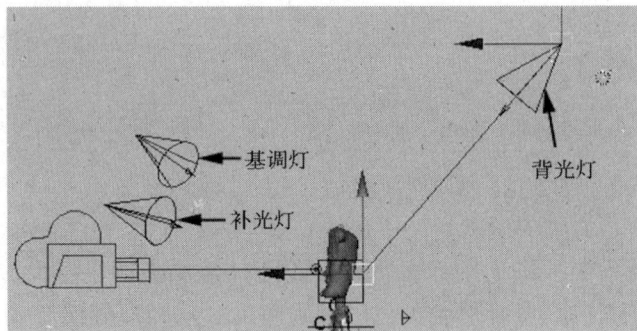

图1.24　从侧视图看背光灯位置

5. 在通道栏将"强度"值更改为5。

6. 在侧视图调整灯光直到可以看见有道光照亮了角色的肩膀和头发。

7. 渲染一帧测试效果。

你可以用三点照明法来给角色和道具照明。

在随书光盘中的"第一章 Maya 工作文件"文件夹里包含一个有三点照明灯光的场景文件。

六、小结

本章介绍了角色动画从头到尾的整个制作流程。其中对前期制作进行了详细的论述，包括摄影和灯光。还用两个教程演示了建立镜头次序和三点照明的必要技术步骤基础。

在下一章，你将学到动画的科学与艺术。

七、挑战作业

角色和故事发展

第一部分　角色理念

使用在本章"角色设计和角色草图"小节里描述的背景故事法来设计一个新角色。尽量就角色的情况回答那一节里提出的问题。挑出一个合适扮演

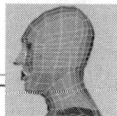

这个角色的真人演员并说明原因。然后用一段话总结你的角色以及他（她）的周围环境，也就是以下这种"5W"描述。

是什么（what）：指角色是什么身份？（一只鸟、一条鱼、一匹马、女人、男人、女孩、男孩）

在哪里（where）：指他（她）生活的环境。

什么时候（when）：指角色生活的时代。

是谁（who）：指角色的脾气和个性。

为什么（why）：指你这样设计的原因。为什么角色少了颗牙？为什么角色有对招风耳？

第二部分　故事理念

将故事梗概发展成只有一个主角的动画短片。尽量将内容总结为一两句话（不需要叙述整段情节）。

例如：

这是个关于一头生活在猪城里的时髦的猪想要成为溜冰明星的故事。

这个故事讲的是一头难看的猪仔梦想成为乡村集会上的小猪选美比赛中的冠军。通过几位朋友的帮助，她成功了。

第三部分　角色外形设计

有了在第 1 部分中完成的角色概念设计和第 2 部分中做的故事梗概，制作一系列角色外形的初步草图，再从中筛选出一个合适的角色造型设计。

首先，用手绘或数码技术创建角色的剪贴本，从网络、杂志、快照以及视频片段中收集你觉得有趣和适用于角色的插图设计元素作为参考素材。

第二，将你设计时的想法以各种方式混合快速绘制多张简单的角色草图，例如，你可能会试验角色身体各部分在不同比例时的效果，或者给角色设计几种不同的衣饰。

第三，从你的草图里挑一张最喜欢的，把它拓展成更精细绘制的角色图，至少画两张全身图：一张整面，一张侧面。

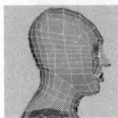

第四部分　分镜头

给第 2 部分发展完善的故事创建一个分镜头脚本。每个镜头画在一张索引卡片上，把它们排列到桌上或者墙上，做成一个 15～30 秒长的分镜头片段。这个故事会将你角色设计中的优点和缺点都展现出来。

确保你的拍摄能让观者看到角色预计到的情况以及角色的反应，比如说你可以适时地使用卡紧镜头。每个镜头/卡片要有一段或一句话总结发生的情况，还有一幅图片或镜头运动的文字标记。对画面内运动的角色或物体，最好还是将其动作在开始和结束的地方画出来，并在两者之间画一个箭头。

在你的片段定下来之后，给镜头编号，在两个有转场的镜头之间做标记。

第五部分　影片制作提案

对你提交的动画制作构想进行拓展并做提案。如果你是在班级里制作的，那就把提案的内容向同学介绍。如果你是个自学者，找帮朋友来，让他们玩执行制片的角色扮演。

想象你的观众只能保持很短时间的注意力。时刻记住以下几点并准备亲身表演关键情节，比如在故事的高潮处。在开始的提案里不要讲你为什么要创作这个动画或者制作的技术、摄影镜头的决定，又或者是任何其他多余的无关内容。还要鼓励人们在听你阐述提案的时候多提问。

提案元素要求

故事理念：从故事理念陈述开始给观众一个关于故事走向的基本认识，并且不泄漏故事的高潮和结局。

角色介绍：因为分镜头不能很容易地表达角色的精髓，应在开始讲故事提案之前给观众简单地介绍一下主要角色。告诉观众你用哪个演员作参考设计角色，也可以让他们对角色有所了解。

分镜头逐步解说：在构建了整个故事梗概和角色情况之后，带领你的观众一个画面一个画面地过一遍所有镜头。

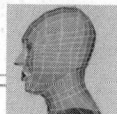

拍摄和灯光设计

第一部分　增加戏剧性

打开随书光盘中名为"镜头_练习.mb"的场景文件。这是教程 1.1
所用的同一个场景，想象你的导演看了你的第一轮拍摄，说要"更戏
剧化"一些。最简单的办法是加入更多的角色反应镜头，并让摄影机
离角色更近。使用教程场景文件，首先，在 Henry 刚进门时创建一个
中景镜头，让观众有机会更早看到 Henry 脸上的表情。在插入简洁的
中景镜头后，可以回到已有的远景镜头，显示 Henry 穿过房间，下一
步，创建拍摄极特写镜头的摄影机，并把极特写镜头插到最后一个镜
头之前。

第二部分　创建聚光灯

在你的摄影场景里创建 3 个聚光灯。摆放和调整灯光参数为基调灯、背
光灯和补光灯。对你的挑战是作为灯光设计者，怎样通过灯光反映并强调角
色的沮丧和愤怒情绪。格外留意让镜头最后以 Henry 坐在吧台结束。

第二章

计算机动画基础

本章内容

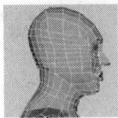

一、动画的科学与艺术

我过去一直认为动画师移动的是物体。后来，我才知道动画师触动的是观众。

——匿名

动画这个词来自于拉丁文"Animus"，意指活着的状态。要让角色活灵活现，就要考虑到动画的科学和艺术两方面。

科学帮助动画师理解动作在现实世界中发生的原理。人类已经对现实世界中的物体观察了数千年，并且看到物体运动时会作出预期判断。动画师只能按照人们对动作的预期制作动画，但并不一定非要完全仿造现实世界中的情形，而是可以出于艺术目的扭曲或中止现实情况。例如，在动画片里常可以见到卡通角色跑过房顶的边缘，之后向下一看，开始惊慌起来，然后才因为重力掉下去。这很有趣，因为它表现了我们对现实情况的预期。然而，如果让角色一直飘在稀薄的空气里，会破坏观众对现实的幻想。

在这一章中，你将创建一个简单的动画。你将通过观察来学习如何呈现物体，并利用科学原理来概括观察结果。最后，你将应用艺术原理制造更丰富的动画效果。

二、动画基本原理

动画原理有一些与技术无关的规则，还有被半个多世纪的动画实践证明有效的经验法则。它们不同于牛顿定律那样的科学描述，而是根源于人们的感官知觉。它们也包括在实拍电影中被证明很重要的一些问题。因为你在创作动画时，多多少少也是在创作一部影片。所以你需要了解在电影中切实有效的惯用手法。两个应考虑的重要概念是时间掌握和重量。

时间掌握

当动画师提到时间掌握，他们所指的既包括动画的整体节奏也包括特定角色动作。动画师可以通过时间掌握来把握对物体的重量和大小、角色的情感、个性和心情等等的表现。例如，表现角色高兴时的动作比他悲伤时的要略快一些，表现物体沉重时的运动就比其轻时来得要迟缓些。

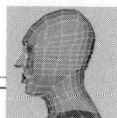

在动画场景中表现物体的重量

重量可以通过时间的把握来表现。沉重的物体运动时比轻的物体冲力要大，移动得也更缓慢。物体的大小和质感也可以表现其重量。例如，一个金属质感的大球看起来就比橡胶质感的小球重得多。

牛顿定律：物体运动的物理学

早在数个世纪前，伊萨克·牛顿系统地研究了重力和机械运动的基本作用。直到今天，他的研究成果，牛顿定律仍对动画有重要的指导意义。包括 Maya 在内的一些动画程序都带有动力学功能，可以计算一些物体之间的这种作用。然而，大多数时候，动画师必须自己动手计算这些物理作用。

牛顿第一运动定律通常表述如下：

> 一切物体在任何情况下，总保持静止或匀速直线运动状态，直到受外力作用发生改变。

这也是动量的基本概念表述。物体会一直保持状态不变，直到有力的作用让它变化。这条定律看起来很清楚，但刚读到它的时候，很容易忽略物体运动中一个被普遍观察到的特点：在现实情况中大多数物体不会无休止地运动下去。没有外来的动力源，物体运动会逐渐变慢并最终停止下来。在牛顿之前，大多数科学家认为物体总是趋向于回到固有的静止状态。为什么现实世界中的物体运动总是会慢下来呢？

根据牛顿的观点，原因是作用力的不平衡。特别是空气阻力和摩擦力。一本书在桌面上只能滑行很短的距离，但同一本书在冰面上可以滑行得远得多。因而阻止书的运动的，不是书的本身特性，而是它周围环境的作用。

牛顿第二定律更进一步详细描述了作用于物体的力不平衡时会发生的情况。这条定律最常见的描述如下：

$$f = ma \quad （f 代表力，m 代表质量，a 代表加速度）$$

出于动画制作的目的，它也可以表达为：

$$a = f/m$$

换句话说，物体的加速度取决于两个因素：作用于物体的力和物体本身的质量。如果其他的因素相同，则同样的力作用于质量是其一倍的物体时，

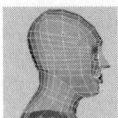

该物体的加速度慢一倍。

所以，要加速度变快，就需要更大的作用力、更小的质量，或者两者皆有。

在仿真动画中对这些定律最常见的应用是物体重量差异的表现。比如，观众要看到角色动作开始和停止都很迟缓，才会相信它很重。

最后，牛顿第三定律称每一个运动中都包含作用力和反作用力，并且它们通常是对称的。例如，当你坐在沙发上时，你对沙发给出一个向下的作用力，力的大小与你的质量乘以坐下时速度的加速度的结果成正比。沙发也对你给出一个向上的反作用力（如果这个力不存在，那你就该穿过沙发掉下去了）。鸟类能在空中飞，也是因为它们用翅膀向下压空气的同时，空气也给出向上的反作用力托起它们。

在实践中，动画师会非常重视作用力和反作用力。例如，如果你要制作一艘船划过水面的动画，那你就要考虑到划船者对桨施力（作用力）以及船向前前进（反作用力）之间的平衡。

三、关键帧动画基础

在过去电脑还没出现之前，动画由原画师和中间画师一起创作。原画师绘制动画中的主要动作和关键画面，中间画师则绘制这些原画之间的中间画。随着计算机技术的出现，创作动画的过程发生了本质上的改变。现在，计算机替代画师完成绘制中间画的工作，而原画师的工作更像是数字化的玩偶师，他们创建主要动作或关键帧，然后由电脑生成动作与动作之间的连贯动画。

在 Maya 中制作动画的基本过程包括两步：首先，动画师选择一个物体，根据情况设置它的一个或多个属性。然后，对这些属性在特定时间点上设定关键帧。例如，动画师将角色坐下的状态设定为时间点 1 并设置关键帧，然后调整角色到站立状态设为时间点 2 并设置关键帧。计算机是用一种叫做插值法的流程计算出两者位置和旋转的中间值。

大多数时候，Maya 的插值加动画做得很好，动画师也就不需要知道整个过程进行时的细节。然而，偶尔地你会得到一些意料之外的效果，所以你应该了解 Maya 在所显示的场景画面后台做了什么工作。关于插值，首先要了解的就是它在 Maya 中是默认固定的。这就意味着关键帧包含的数值变化在 5% 以上的是按照曲线来取值的，变化在 5% 以下的是按照直线来取值的。让我们通过设置一个简单小动画来演示这个过程。

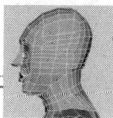

1. 选择 文件→建立新场景。
2. 按 F2 键进入"动画"模式。
3. 选择 创建→多边形基本物体，不要勾选"交互式创建"。
4. 选择 创建多边形基本物体→立方体。
5. 将播放范围的终止帧和动画时间线的终止帧都设定为 120。
6. 确认时间滑块上的时间指示栏设定为 1（如图 2.1 所示）。

图 2.1　时间指示栏

7. 选中立方体，在通道栏面板中，输入 X 轴平移 = −7、Y 轴平移 = 0.5、Z 轴平移 =0（如图 2.2 所示）。

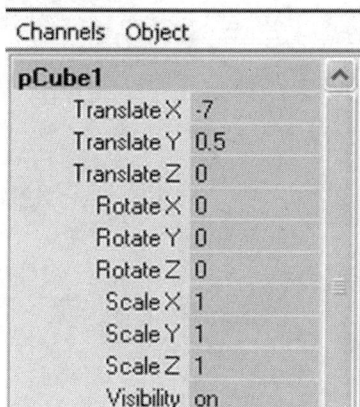

图 2.2　通道栏

8. 选中 动画→设置帧 的选项对话框（如图 2.3 所示）。

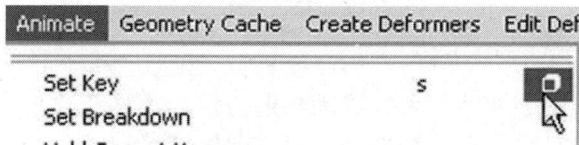

图 2.3　设置帧菜单

9. 在选项窗口中选中 编辑→重置设定。这让你可以对所有控制手柄和属性的键入操作设置关键帧。
10. 点击设置帧按钮，设置第 1 个关键帧。

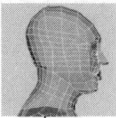

11. 在时间指示栏输入 30，指示当前帧为第 30 帧。

12. 在通道栏输入 X 轴平移 =0、Y 轴平移 =7、Z 轴平移 =7。

13. 选中 动画→设置帧 或者按键盘上的 S 键来设置第 2 个关键帧。

14. 移动时间指针到 60 帧，输入 X 轴平移 =7、Y 轴平移 =0.5、Z 轴平移 =0。

15. 按 S 键设置第 3 个关键帧。

16. 移动时间指针到 90 帧，输入 X 轴平移 =0、Y 轴平移 =7、Z 轴平移 = −7。

17. 按 S 键设置第 4 个关键帧。

18. 移动时间指针到 120 帧，输入 X 轴平移 = −7、Y 轴平移 =0.5、Z 轴平移 =0。

19. 按 S 键设置第 5 个关键帧。

20. 回放你制作的动画。你会看到立方体以恒定速度逐帧移动，不过它在关键帧之间的运动非常流畅（如图 2.4 所示）。

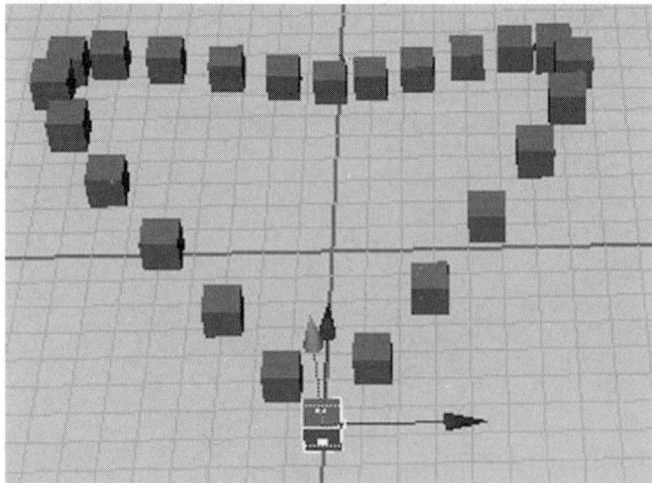

图 2.4　立方体线性移动

图形编辑器

图形编辑器提供了另一种查看动画的方法。不同于之前查看的是物体在各个时间点的不同位置和属性设置。图形编辑器可以让你看到一个属性在全时段上的数值。作为举例，我们就来试试用它调整上一节里的简单动画。

1. 打开图形编辑器，首先选择你做了动画的立方体，然后选择 窗口→动画编辑器→图形编辑器。编辑器有两个面板，左边的框架图里有层级树状图（如图 2.5 所示），代表选中物体各个通道的动画。

物体运动曲线图

目录栏

工具栏

大纲视图　　　　　　　　图形窗口

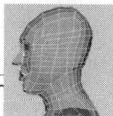

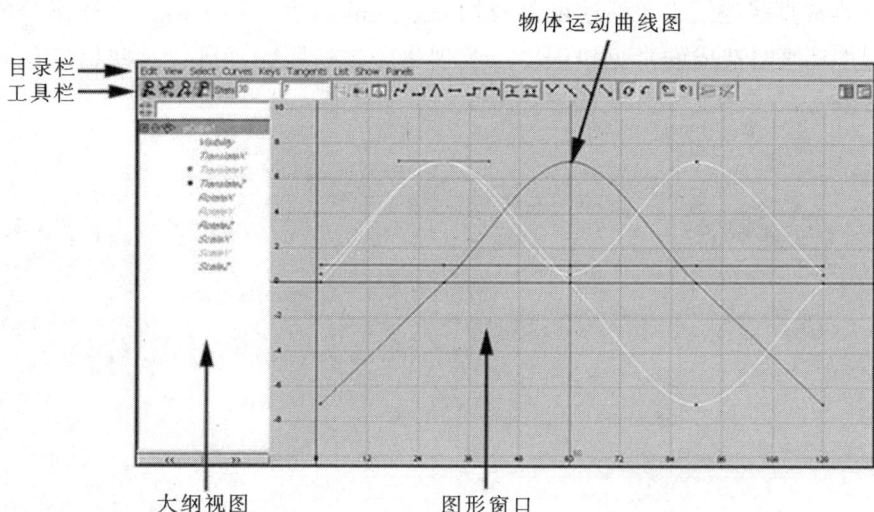

图2.5　图形编辑器

要使用图形编辑器，也可以在四个视图窗口上方的菜单里选 面板→
面板→图形编辑器 打开。

2. 从图形编辑器的菜单中选择 查看→自动框架（这会增加你的曲线可
见度）。

3. 通过点击编辑器左侧的框架图里的 Y 轴平移，选择立方体的 Y 轴平移
通道，在编辑器右侧就可以看到一个图形，其中那条动画曲线代表立方体在
整个时间段内的位置（如图 2.6 所示）。在图形编辑器中，时间值作为图形底
部的横轴，纵轴则代表所选属性的数值。在这里，曲线的数值范围是 0.5（第
1 帧）到 7（第 30 帧和第 90 帧）。

注意当时间增加时（沿曲线从左到右），Y 轴平移的数值也在增加。曲
线持续向上直到横轴上代表第 30 帧的位置，然后曲线又向下延伸直到第 60
帧的位置。在这种图里，如果动画曲线是水平直线，则表示整个时间段内
物体在这个方向上的位置没有改变。因此，所有没有动画的通道的图形显
示为水平直线。相反地，如果曲线起伏很大则表示数值变化得很剧烈。垂
直线代表瞬间变化。

你可能要花些时间才能适应图形编辑器的显示方式，但它的好处在于

可以非常直观地给出包括速度以及加减速度的指示。对于纠正在透视图窗口中制作动画时造成的常见错误，以及创建令人信服的动画，这些信息是非常重要的。

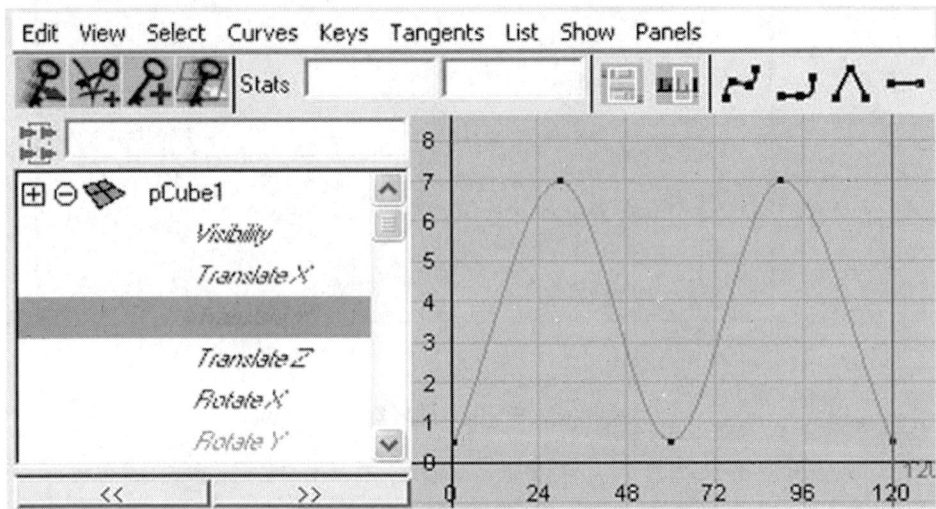

图2.6　动画曲线表示立方体在所有时间的位置

　　图形编辑器的更常见用途可能是添加运动的慢入慢出。当物体开始移动时，它通常不是瞬间就达到运动速度的。这取决于它的重量以及作用于它的力。在人们的习惯看法中，物体从开始的静止状态到移动要花一点时间（慢入），这个效果也可以夸张一些，使人感觉物体很重。对于有意识的运动，相反的效果出现在运动范围的结尾处。例如你伸手去拿玻璃杯，你会在手就要碰到杯子时放慢动作（慢出）。无意识的物体运动则正好相反，会一直保持同样的速度直到被迫停止或改变方向。撞向墙面的小球不会自己事先慢下来——但如果换作是人去撞墙就会。

　　让我们把这些原理应用到简单的实例中来。首先，想象你要创造一种很"重"的印象，你要让运动开始得很慢，然后速度缓缓提升，也就是说，你会让 Y 轴平移的动画曲线开端扁平并且持续向上延伸。

　　1. 确认选中了移动工具。然后通过在 Y 轴平移曲线的第 1 个关键帧上拖动矩形框选中它，或者点击选中它（如图 2.7 所示）。

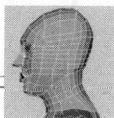

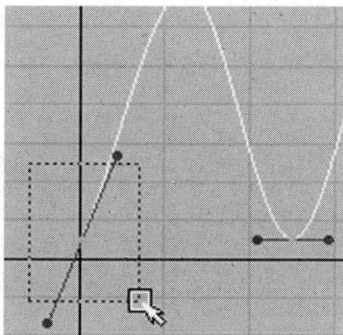

图 2.7　选择第一个关键帧

2. 在图形编辑器里，选中 曲线→加权切线（如图 2.8 所示）。这样就能改变曲线以使你能使用不对称切线。

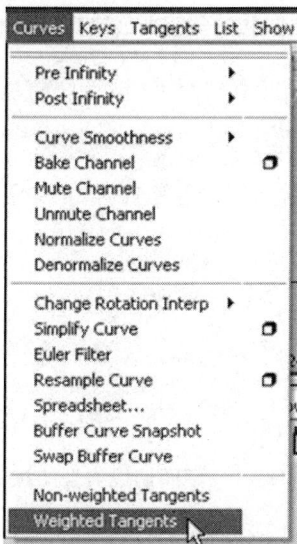

图 2.8　加权切线的菜单选择

3. 点击曲线切线的右抓取手柄，然后点击自由切线权重工具栏按钮（如图 2.9 所示）。这样可以让非对称编辑操作中的特定手柄自由可调。而抓取手柄的末端点应该会变成空心方块。

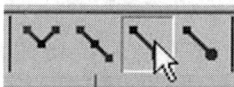

图 2.9　自由切线权重按钮

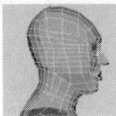

4. 确认你选用了移动工具。用鼠标中键点击，然后向右下方拖拽手柄，直到令曲线的起始段变得扁平（如图 2.10 所示）。

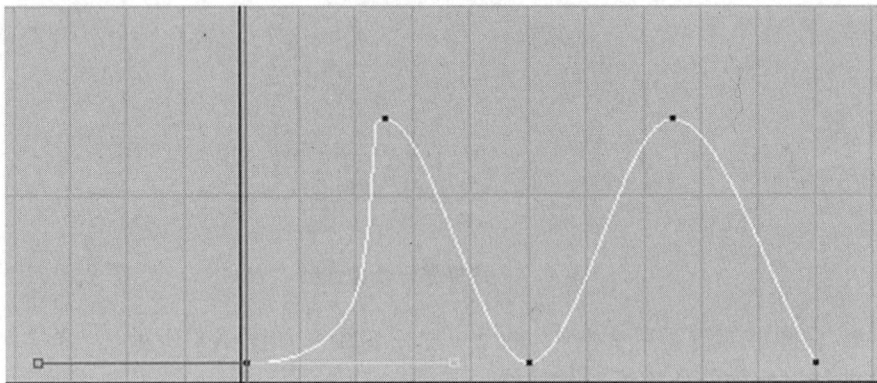

图 2.10 弄平曲线来实现慢出

5. 现在放大画面，在接近立方体的起始位置，开始播放动画。你会看到运动开始时变得相对较慢，然后明显加速。

在图形编辑器右侧工具栏还排列有各种曲线切线模式的图标（如图 2.11 所示）。

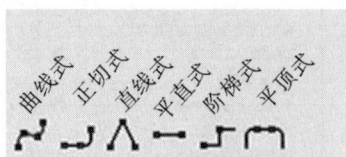

图 2.11 不同切线类型的按钮

把这些看作是调整曲线连接关键帧的半自动方式，最简单的切线形式是直线（从左数第三个图标）。这就是之前所讲到的无意识运动，比如一个物体撞击另一个。此外另一种常见模式是样条切线，它可以在曲线到达关键帧时最大程度地使其平滑，不过它也会在曲线超出需要位置的时候造成问题。平顶式切线模式在各种情况下都很好用，特别是在足迹动画中你希望制作脚着地动作时，它能使脚和地面的接触恰到好处。把第 3 帧的切线（第 60 帧）改为直线。注意立方体改变方向时是沿着一条棱角锐利的曲线（如图 2.12 和 2.13 所示）。

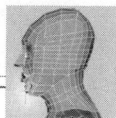

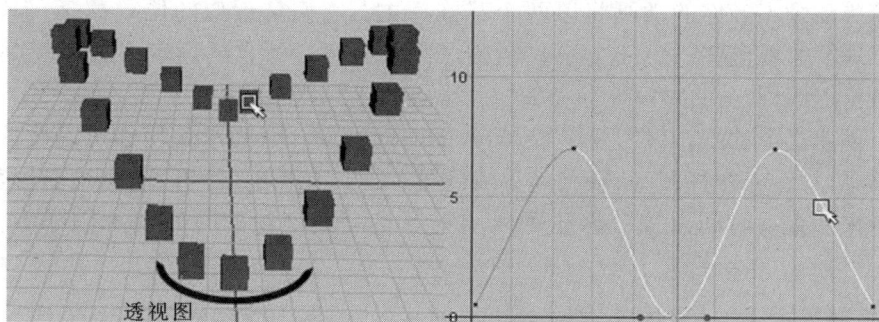

图 2.12 第 60 帧的样条切线

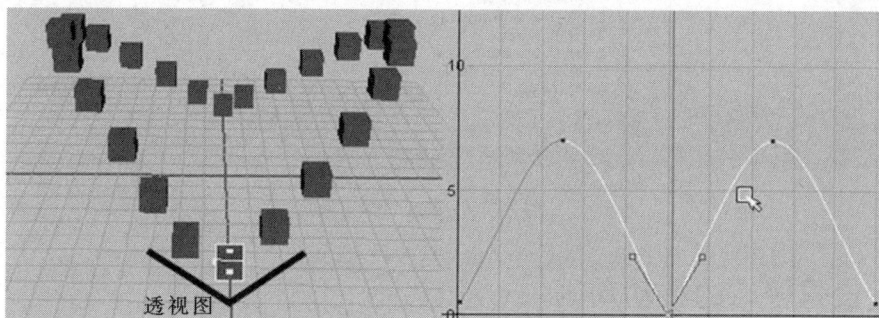

图 2.13 第 60 帧的线性切线

断帧

断帧是一种特殊的关键帧，你可以将它设置在普通关键帧之间。它们和其两边的关键帧是嵌套的关系，移动两端的关键帧位置，断帧也会自动跟随着移动。你可以把断帧看作是将其时间制定关联到周围关键帧的关键帧。如果你正好将一个断帧放置在两个普通关键帧之间正中的位置，那么之后它会一直保持处于两者的正中间。

例如，在一个两足角色的行走动画中，当两只脚同时着地（触地姿势）时，对每只脚各设一个关键帧，当脚处于迈步姿势时，就对迈出的脚设一个断帧。你将在之后的章节里学习如何设置断帧。

四、教程 2.1：轻重不同的小球的弹跳动画

现在你已掌握了一组物理原理以及动画技术。你可以结合两者来创作一

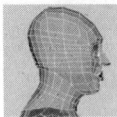

部简单动画了。你的动画将以两个球体为主，它们从近似的位置掉落，其中一个球要大些重些，另一个小些轻些。你要用两者各自的运动方式来反映它们自身的区别。

创建这个动画，你需要了解 Maya 的时间滑块。时间滑块使你可以设置整段动画以及播放时的起始帧和终止帧位置。通过在当前时间区键入当前帧数，或者来回拖动时间滑块，你还可以用它来指定关键帧的时间（如图 2.14 所示）。

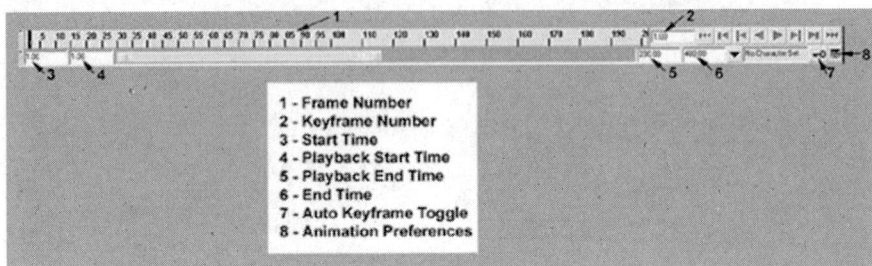

1 - Frame Number
2 - Keyframe Number
3 - Start Time
4 - Playback Start Time
5 - Playback End Time
6 - End Time
7 - Auto Keyframe Toggle
8 - Animation Preferences

图 2.14　时间滑块

设置轻球的移动动画

按照以下步骤来制作轻球的移动动画：

1. 选择 文件→创建新场景。

2. 按 F2 键切换到动画模式。

3. 用默认设置创建一个 NURBS（非均匀有理 B 样条曲线）球体。

4. 在通道栏点击 NURBS 球体1，输入"轻球"作为名称。

5. 确认时间滑块上的时间指示设定为 1。在通道栏，输入 X 轴平移 = −10和 Y 轴平移 = 10。

6. 在选中球体的状态下，按 W 键切换到移动工具。

7. 选择 动画→设置帧 右侧的选项按钮，勾选"所有操纵手柄"和"当前时间"项。勾选"所有操纵手柄"，你就能对所选控制器的所有手柄设置关键帧，在这里，移动工具就是所选的控制器（如图 2.15 所示）。

8. 点击"设置帧"按钮。

9. 现在你将在 X 方向和 Y 方向上平移球体，并按照表 2.1 所列的情况来设置关键帧和断帧。在时间滑块上的当前时间窗口输入帧数，然后选择 动画→设置断帧。

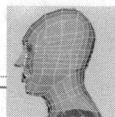

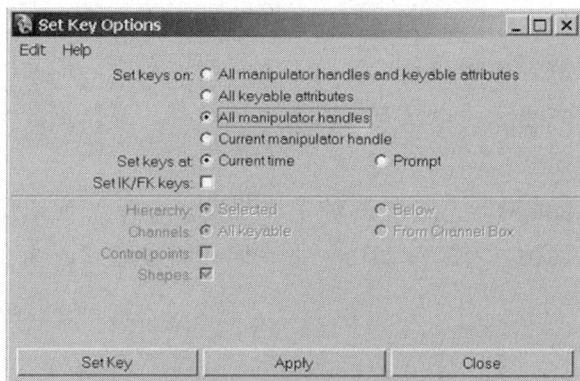

图 2.15　设置帧选项对话框

表 2.1　将小球在 X 和 Y 轴向上平移并设置关键帧和断帧

帧	X 轴平移	Y 轴平移	关键帧/断帧
1	−10	10	设置关键帧
34	−3.17	1	设置关键帧
60	0	5.65	设置断帧
82	1.68	1	设置关键帧
102	4.25	3.21	设置断帧
115	5.94	1	设置关键帧
126	7.26	2.46	设置断帧
141	9.08	1	设置关键帧
155	10.48	2.08	设置断帧
165	11.46	1	设置关键帧
178	12.31	1.79	设置断帧
185	12.77	1	设置关键帧
194	13.246	1.55	设置断帧
202	13.66	1	设置关键帧
211	14	1.295	设置断帧
217	14.14	1	设置关键帧
223	14.28	1.23	设置断帧
227	14.39	1	设置关键帧
233	14.51	1.13	设置断帧
235	14.55	1	设置关键帧
241	14.7	1.035	设置关键帧
245	14.79	1	设置关键帧
247	14.83	1.015	设置关键帧
249	14.87	1	设置关键帧
251	14.91	1.003	设置关键帧
253	14.93	1	设置关键帧

10. 在你完成了球体运动的所有关键帧和断帧的设置之后，播放动画。球体会从左向右弹跳并缓慢减速。注意，此时球体在撞击地面时形状不变，并且弹跳的加速和减速运动也没有慢入慢出的效果。要修正这个问题，就要改变关键帧的切线模式。

11. 打开图形编辑器，点击 Y 轴平移通道，选择 Y 通道所有值为 1 的关键帧，除了最后两帧（253 和 251），把它们的切线模式改为"直线"（如图 2.16 和 2.17 所示）。

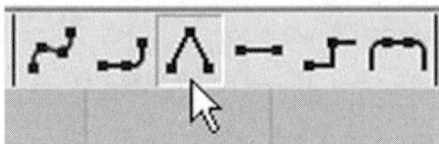

图 2.16　线性切线图标

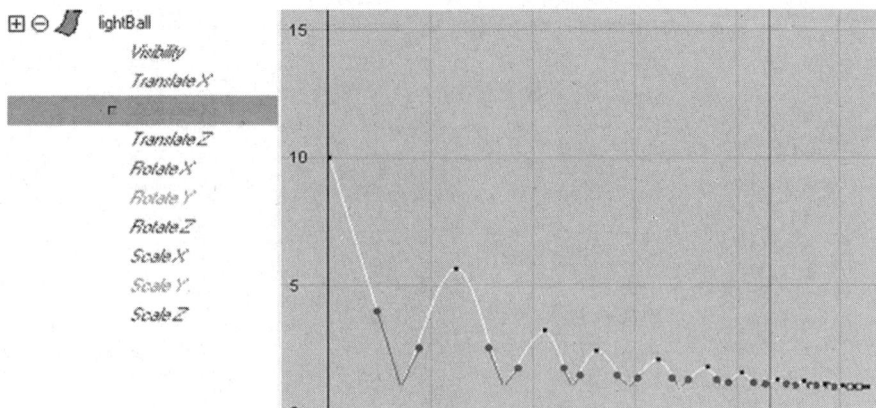

图 2.17　有关键帧的线性切线

12. 在 Y 轴平移通道选择所有的断帧，把它们的切线改为"扁平"（如图 2.18 和 2.19 所示）。

图 2.18　平直切线图标

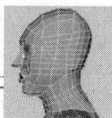

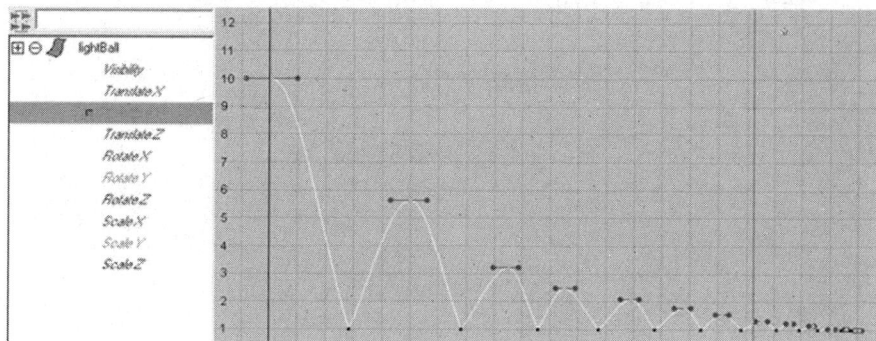

图 2.19　有平直切线的断帧

13. 播放动画。
14. 保存文件，将它命名为"轻球.mb"。

设置轻球的旋转动画

到现在为止，你已经设置了球体的所有位移关键帧，然而，当球体运动时，它还会旋转。现实中，球体在弹跳时会沿 X，Y，Z 三个轴向上旋转。不过，这个练习中只需要你设置 Z 轴向上的旋转即可。

1. 到第 1 帧，确认 X 轴旋转、Y 轴旋转和 Z 轴旋转的数值为 0、0、0。
2. 在通道栏中点击"Z 轴旋转"，选中它（如图 2.20 所示）。

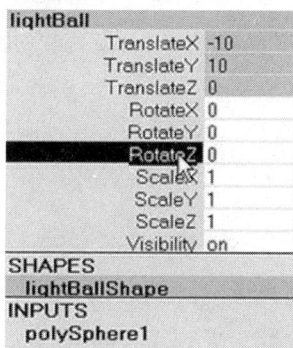

图 2.20　在通道栏选中 Z 轴旋转

3. 右键点击通道栏里的"Z 轴旋转"。从出现的菜单里选择"所选关键帧"，对"Z 轴旋转"参数设置关键帧（如图 2.21 所示），注意这是设置关键

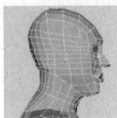

帧的另一种方法。这种方法使你能够只对指定参数设置关键帧。

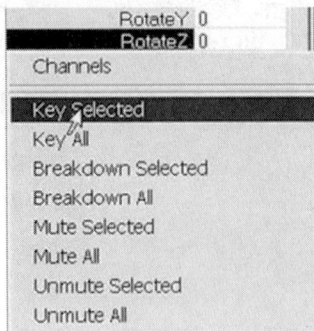

图2.21　通道栏的所选关键帧

4. 到第253帧。

5. 输入Z轴旋转＝－1107。对"Z轴旋转"设置关键帧。

6. 在图形编辑器中，选择Z轴旋转的第1帧和第253帧。将切线模式改为"扁平"，令球体旋转动作的起始和终止处有慢入和慢出效果（如图2.22所示）。

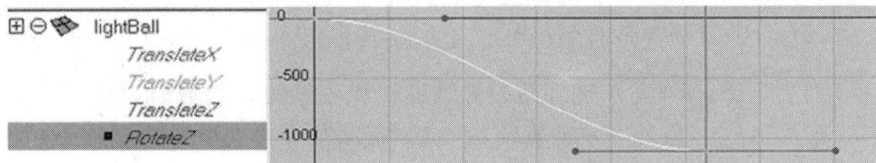

图2.22　轻球的"Z轴旋转"动画曲线

7. 播放动画。

8. 保存文件。

重球的动画

根据之前的讨论，重物移动通常比轻物缓慢，并且加速和减速也更慢。在现实世界里，物体具有质量，受到重力的影响。在关键帧动画中，你只能操纵时间来仿造这种属性，创建真实可信的运动效果。

创建重球的动画，假设重球的质量几乎是轻球质量的两倍，根据牛顿定律，$f = ma$，也就是$a = f/m$。如果作用力恒定不变，这就意味着双倍质量的物体加速度减半。记住这个练习代表了在近似真实的情况下表现重量的概念。

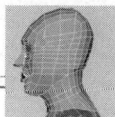

设置重球的移动动画

按照以下步骤来设置重球的移动动画：

1. 打开你创建的轻球动画的文件，隐藏轻球。创建一个新图层。点击该图层，将它命名为"轻球层"。右键点击新图层，选择"添加所选物体"（如图 2.23 所示）。按 V 键隐藏图层。

图 2.23　添加所选物体到图层

2. 创建一个 NURBS 球体，将它命名为"重球"。
3. 在通道栏中选择"输入"下的"建立 NURBS 球体"，将"半径"改为 2。
4. 在 X 轴和 Y 轴方向上平移球体，按照表 2.2 所列的情况来设置指定关键帧。

表 2.2　在 X 轴和 Y 轴向上平移球体

帧	X 轴平移	Y 轴平移
1	− 10	10
32	− 3. 57	2
81	− 0. 26	4. 73
104	0. 8	2
132	1. 81	3. 1
156	1. 97	2
179	3. 92	2. 7
202	4. 86	2
389	11. 61	2

5. 当你完成对所有关键帧的设置后，播放动画。注意，此时重球的移动比轻球慢得多。

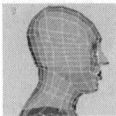

设置重球的旋转动画

按照如下步骤来设置重球的旋转动画：

1. 到第 1 帧，确认 X 轴旋转、Y 轴旋转和 Z 轴旋转的数值为 0、0、0。

2. 在 Z 轴旋转的第 1 帧处设置关键帧。

3. 到最后一帧（389），输入 Z 轴旋转 = −448。

4. 播放动画。此时球体的旋转看起来是线性的。选择关键帧 1 和 448，将它们的切线模式改为"扁平"（如图 2.24 所示）。

图 2.24　重球的"Z 轴旋转"动画曲线

5. 保存文件，将文件命名为"轻_ 重球 . mb"。

你可以在随书光盘第二章的文件夹下的 MayaWorkingFiles 子文件夹里找到一个名为"轻_ 重球 . mb"的文件，打开它即可看到这个练习的范例。

五、物体的关系

Maya 有两种物体间的基本组织关系：父子关系和组群关系。这些关系可以在 Maya 的"超图"窗口中建立和查看。要打开超图窗口，选择 窗口→超图：层级。

在 Maya 中创建的所有物体都有两种独立的表述形式。第一种是几何体，它是我们迄今为止的学习中所关注的焦点。第二种看起来更抽象，每个物体由示意图中的节点表示，并且物体间的关系用连接物体的线来表示。例如，创建一个新场景，在其中添加一个多边形立方体，在超图：层级窗口中，出现了一个单独的矩形方块，这就是代表多边形立方体的节点（如图 2.25 所示）。

图 2.25　一个多边形立方体节点

如果你在层级关系中选中该节点，则作为几何体的物体也将被选中，反之亦然。超图提供了一种在复杂场景中快速选择物体的方法。另外要注意，如同在其他视图窗口中一样，普通的放大和平移命令键在超图窗口中也可以使用。

节点包含了物体的所有信息，诸如半径、高度、宽度、截面、段数、材质等等。一组关联的节点被称为一个层级。Maya 有两种类型的层级关系。一种叫做依赖图，另一种叫做场景层次。依赖图是一种内在层级，它有输入和输出连接。如果要看到依赖图，选择节点，点击超图窗口中的输入/输出连接按钮（如图 2.26 所示）。你就可以看到如下所示（如图 2.27 所示）。

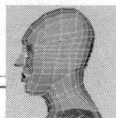

图 2.26   输入/输出连接按钮

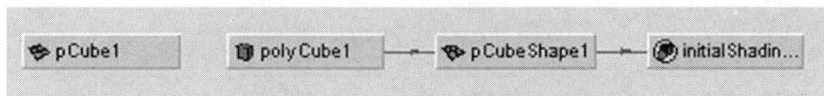

图 2.27   多边形立方体的依赖图

依赖图也可以通过选择物体，再选择 窗口→超图：连接 来显示。场景层次是由一组父子关系的节点组成的。上方节点为下方节点的父物体或祖父物体。例如，要创建人的臂部关节，你也会创建肩部、肘部和腕部关节，这些关节将显示为如下层级连接（如图 2.28 所示）。

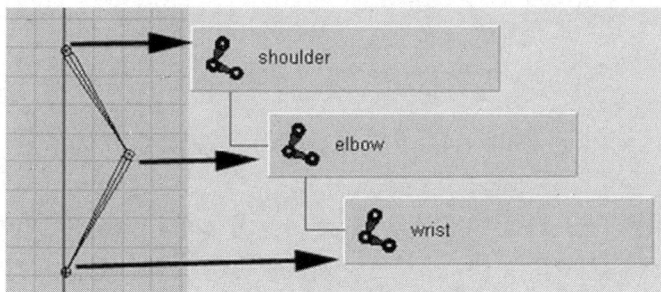

图 2.28   手臂关节的层级

肩关节就是肘关节的父物体，也是腕关节的祖父物体。如果你移动肩关节，肘关节和腕关节也会跟着移动。然而，当你移动腕关节时，它之上的节点则不会受影响。

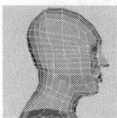

理解父子关系

在 Maya 中，父子关系这个术语有着特殊含义。你可以在 Maya 中创建两个或两个以上物体之间的关系，位于高级别的物体也叫做父物体，控制着低级别物体也就是子物体的变换。它们之间的关系并不是对称的。移动父物体可以令子物体跟着一起移动。然而，移动子物体并不能令父物体移动。物体的变换可以包括位移、旋转和缩放。在超图中子物体用一个关联到父物体的节点表示。要创建父子关系，首先要选中一个或多个将要被设为子物体的物体，然后选中将作为父物体的物体，接着可以选择菜单命令 编辑→父子关系或者只是简单地按下快捷键 P 就可以完成了。下面让我们创建一个简单场景。

在这个新场景中，创建一个立方体和一个球体并排放置。在这个实例中，将立方体作为父物体，球体将作为子物体。

1. 选择球体（子物体）。

2. 按 Shift 键选择立方体（父物体）。

3. 按下键盘上的 P 键，在超图中，立方体和球体的节点将如图 2.29 所示。

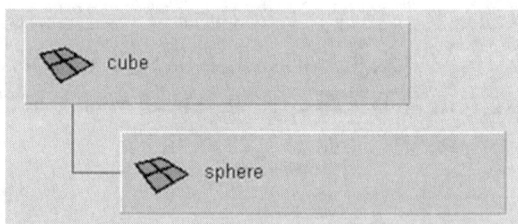

图2.29　父子关系物体的节点

4. 现在，切换到移动工具（快捷键 W），移动立方体，则球体会跟着移动。

5. 切换到旋转工具（快捷键 E），旋转立方体，球体会围绕着球体旋转。

6. 切换到缩放工具（快捷键 R），缩放立方体，球体会按照球体缩放的比例进行缩放。

7. 作为对比，试试对球体执行以上三种操作中的任意一种，球体会发生变换，但立方体不会。

父子关系让你能够创建逻辑化的物体组群，并且通过操纵父物体在一步之内同时改变它们。

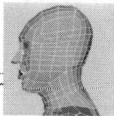

理解组群关系

在 Maya 中组群关系和父子关系略有不同。当你将两个或以上的物体打组，Maya 会在物体节点之上创建一个新的节点（如图 2.30 所示）。

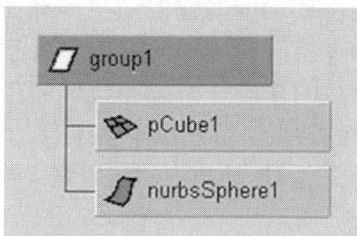

图 2.30　组节点

这个节点没有自己的几何体，但确实有自己的变换信息，比如移动、旋转和缩放。想要看到它们，首先创建一组物体，选择它们，再把它们打组（选择编辑→组群 或者按 Ctrl + G 键）。当你创建了一个组群，Maya 会保持物体的位置不变。

不过，一旦成组，你可以选择组节点而不是组中单个物体，一次移动组中的所有物体。最好是在超图里这样做，因为 Maya 的默认情况下，在屏幕中点选都只能选中单独的物体，即使它是成组的。

在 Maya 中你也可以对单个的物体打组。这会在原物体之上创建一个新的变换节点，却对原物体有别的影响。虽然现在看来这么做似乎没有必要，但你很快就会发现它的用处。

六、教程 2.2：提炼关键帧动画

教程 2.1 的目标是要做一段动画，并符合基础物理学原理。不过，制作动画的乐趣之一，来自于你创造夸张艺术效果的能力。在这个教程中，我们会加入一些对原始动画的改良。运用动画中挤压和拉伸的传统原理，要让旋转球体的动画达到效果，你得在原先制作的动画基础上做一些技术上的改变。这些操作要求你对一些计算机图形技术的内容有所了解，也就是层级和动画赋值的顺序。知道了这些，你就能做出更有趣、更富戏剧性的新版弹跳小球动画了。

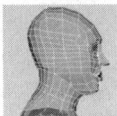

挤压和拉伸

挤压和拉伸是动画制作中最重要的原理之一。凡是生物——即使不是全部，也是绝大多数——都会在运动中发生挤压和拉伸的。只有刚体材质比如金属或木头等物体才不会在移动的时候发生挤压和拉伸。比如，橡胶球撞击地板时会发生挤压和拉伸。挤压和拉伸的程度取决于它自身以及它所撞击的物体的材质。在地毯上弹跳的橡胶球挤压和拉伸的程度就小于在木地板上弹跳的橡胶球。挤压和拉伸的效果也可以出于艺术目的进行夸张。这是传统 2D 动画中最常用的艺术技巧，在 3D 动画中使用夸张手法时必须要处理得更微妙和仔细（如图 2.31 和 2.32 所示）。

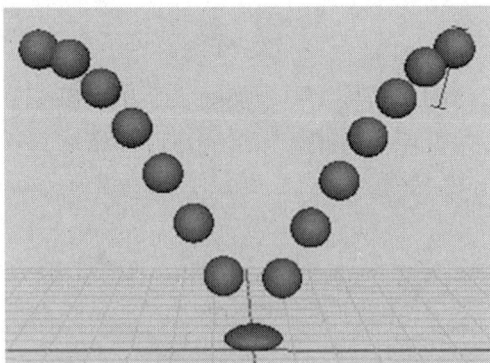

图 2.31　球体运动实际的挤压和拉伸

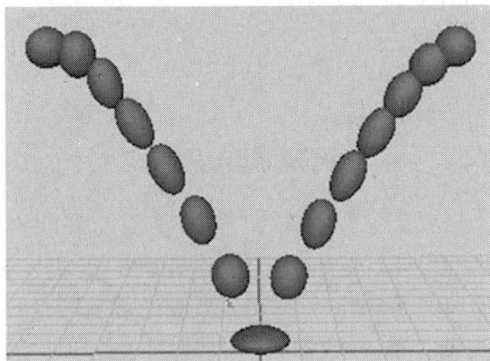

图 2.32　球体运动的夸张的挤压和拉伸

当你用 Maya 制作挤压和拉伸效果前，你需要再多了解几点技术内容。

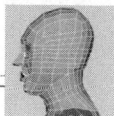

将挤压和拉伸应用到已有的球体场景中

现在你已经了解了父子关系的概念，让我们来将这个技术概念和动画中的挤压和拉伸概念一起应用到之前的动画中去。父子关系不仅可以用于各种几何物体之间，还可以确保各种变换以及控制物体一起移动。在这里，你要给球体创建一个挤压变换，并需要挤压动作和控制器与球体一同移动。

挤压和拉伸在 Maya 里是用同一工具实现的。这个工具不仅能沿着某一轴向缩放物体，还可以通过向其他两个轴向拉伸物体，造成物体质量不变的视觉效果。

1. 打开在教程 2.1 中制作的文件"轻_ 重球 . mb"。

2. 使用图层或者选中球体执行 显示→隐藏→隐藏所选物体 命令来隐藏重球。你还可以使用快捷键 Ctrl + H。

3. 到第 1 帧。

4. 选择轻球。

5. 选择 变形→创建非线性→挤压 。一个挤压手柄会出现在轻球物体上。

6. 向下移动挤压手柄，直到移动工具手柄到达球体底部（如图 2.33 所示）。

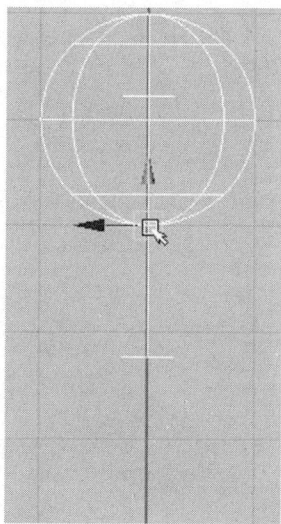

图 2.33 将挤压手柄向下移动

7. 缩放挤压的 Y 轴手柄，直到它达到球体的顶端（如图 2.34 所示）。

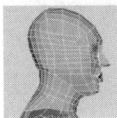

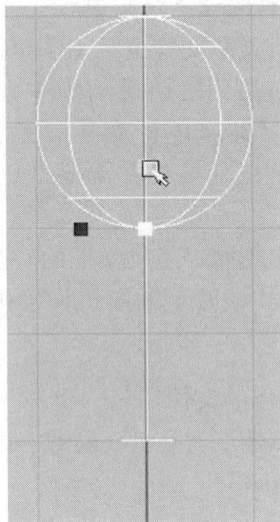

图2.34　将挤压手柄在Y轴向缩放

8. 选择 窗口→超图：层级 ，打开超图窗口。

9. 选择挤压1手柄作为子物体，选择轻球作为父物体，按P键将手柄变为球体的子物体。

10. 向右移动球体，挤压手柄会随着球体一起移动。

11. 撤销操作，确保球体回到X轴平移＝－10。

12. 到第82帧，在通道栏里点击"挤压1"。

13. 输入系数值为－0.5，球体发生挤压。

14. 注意：球体不是从撞击地面的底部被挤压的，原因是球体旋转了－138.62°，挤压手柄也旋转了这么多（如图2.35所示）。

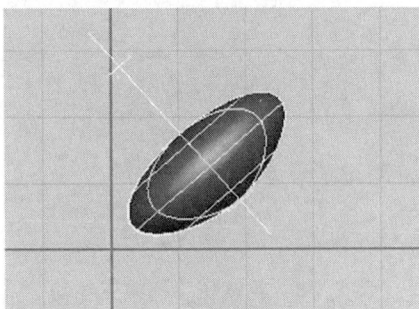

图2.35　球体和旋转后的挤压手柄

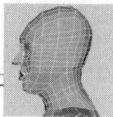

这里出现的问题是挤压变形的效果没有被应用到你需要的方向。其实，一个更深更常见的问题潜伏其中。让我们利用这个机会来纠正刚出现的问题，并学习如何纠正之后可能出现的其他类似问题。这个棘手的问题肯定与物体先移动和旋转之后进行挤压有关。你希望运动的顺序是移动、挤压，然后是旋转。然而 Maya 没有直接的界面支持对这个顺序的改变，你需要了解 Maya 中用来控制赋值顺序的层级关系，这样才能操控它。

轻球的挤压和拉伸

现在你已经了解了如何在 Maya 里组织层级关系。让我们回到在讨论中提示的问题：你怎样控制球体先挤压变形再旋转？答案是肯定要利用 Maya 的层级关系，物体变换的赋值顺序是从层级关系的顶层节点开始，然后自动向下。换句话说，赋值顺序总是从父物体到子物体。

要改变 Maya 中的赋值顺序，需要创建一系列节点，按你想要的变换应用顺序，在几何体上使用组群操作创建几个组群节点。这样就能取代原本移动和旋转直接作用于几何体的方式，可以在顶层节点上做移动，在其下的节点上设置旋转，当用这种方法把变换分成小组进行时，你终于可以控制变换的赋值顺序了。

1. 确认你在时间滑块的第 1 帧。

2. 隐藏重球。

3. 选中轻球，选择 编辑→组群 或者按 Ctrl + G 键，并将它分入两个组群（如图 2.36 所示）。

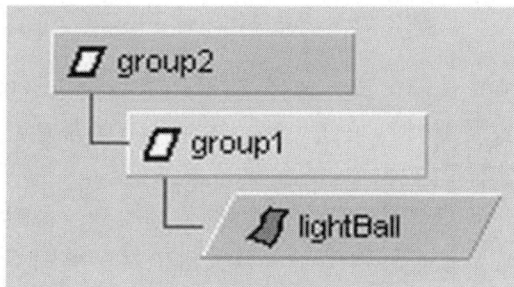

图 2.36　把轻球分入两个组群

Chapter 2　Fundamentals of Computer Animation

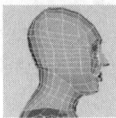

4. 将组群 1 命名为"旋转",组群 2 命名为"移动"（如图 2.37 所示）。

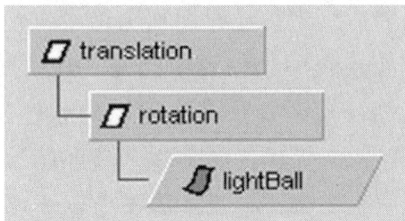

图 2.37　被命名为"平移"和"旋转"的轻球组群

5. 选择 窗口→动画编辑器→图形编辑器。

6. 确认选中轻球,在图形编辑器中选中"X 轴平移"通道,现在应该只能看到 X 轴移动的动画曲线。

7. 选中所有 X 轴平移的关键帧。

8. 在图形编辑器窗口,选择 编辑→剪切 。确认"所有"选项被选中（如图 2.38 所示）。

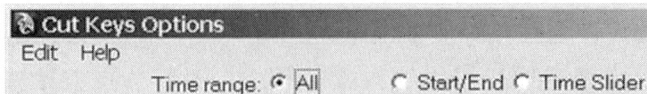

图 2.38　"剪切帧"选项窗口

9. 点击"剪切帧"按钮。

10. 在超图里选择移动节点。

11. 在图形编辑器中,选择 编辑→粘贴（如图 2.39 所示）。

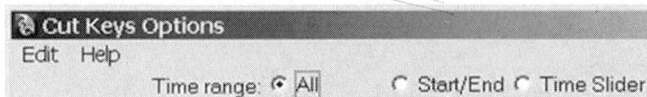

图 2.39　"粘贴帧"选项窗口

12. 在"粘贴帧"选项窗口,选择 编辑→重设设定,确保你使用的是默认设置。点击"粘贴关键帧"按钮。你会看到所有帧都粘贴到图形编辑器。

13. 在图形编辑器里选择轻球的 Y 轴平移通道。

14. 重复步骤 7 至 11,粘贴 Y 轴平移的关键帧到"移动"节点。

15. 你可以看到 X 轴平移和 Y 轴平移关键帧都粘贴到了"移动"节点。

16. 选择轻球。

17. 在图形编辑器中,点击 Z 轴旋转通道,可以看到它的动画曲线。

18. 在图形编辑器里选中 Z 轴旋转的所有帧，选择 编辑→剪切。

19. 在超图里选择"旋转"节点。

20. 在图形编辑器里选择 编辑→粘贴 。

21. 现在，移动节点有 X 轴和 Y 轴移动的关键帧，旋转节点有 Z 轴旋转的关键帧。

22. 删除球体多余的通道关键帧。轻球上应没有任何关键帧了。

23. 在通道栏点击球体，把 X 轴平移、Y 轴平移和 Z 轴旋转的数值设为 0、0、0。确认小球的节点无移动和旋转。

24. 在选中球体的情况下，选择 变形→非线性挤压。

25. 通过先选中挤压手柄，再选中移动节点，再按 P 键建立父子关系，令挤压手柄成为移动节点的子物体。

26. 可在超图中看到挤压手柄成为移动节点的子物体（如图 2.40 所示）。

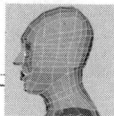

图2.40　挤压手柄和平移节点建立父子关系

27. 到第 30 帧。

28. 选择挤压手柄，点击通道栏下的"输入"下的"挤压 1"，可以看到"挤压 1"通道（如图 2.41 所示）。

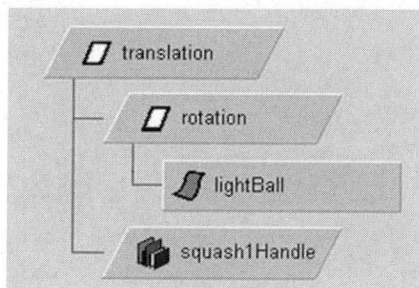

INPUTS	
squash1	
Envelope	1
Factor	0
Expand	1
Max Expand Pos	0.5
Start Smoothness	-0.08
End Smoothness	-0.08
Low Bound	-1
High Bound	1

图2.41　"挤压 1"通道

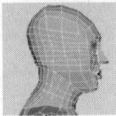

29. 点击选中"系数",右键点击并选中"所选关键帧"。

30. 到第34帧,更改系数的数值为 -0.3,右键点击设置关键帧。

31. 到第38帧,更改系数的数值为0,右键点击设置关键帧。

注意球体是在第34帧中撞击地面,在撞击地面之前4帧的位置和撞击地面之后4帧的位置分别设置系数为0的关键帧。这并不是还原现实情况,因为球体在撞击地面之前就已开始轻微变形。这是一种传统的艺术夸张手法。额外的挤压、拉伸的关键帧令观众有时间注意到这些变形,而在现实运动中,则往往因为发生得太快而看不清。

对表2.3中的关键帧重复上述操作。

表2.3 为添加帧改变数值的表格

帧数	元素数值
78	0
82	-0.25
86	0
111	0
115	-0.20
119	0
137	0
141	-0.15
145	0
161	0
165	-0.10
169	0

现在你已学会了基础设置,尝试了夸张的挤压和拉伸效果。试想象每个球体不是机械运动的物体而是有着内在活力和独特行为模式的角色。

渲染动画

渲染动画是生成每帧动画图像的过程。首先你要在渲染设置窗口中设定渲染参数。要打开渲染设置窗口,进行如下操作(首先要按F6键切换到渲染工作模式)。

1. 选择 窗口→渲染编辑器→渲染设置 ,或者点击状态栏中的渲染设置按钮(如图2.42所示)。

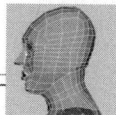

图 2.42　渲染设置按钮

2. 渲染设置窗口打开后显示如图 2.43 所示。

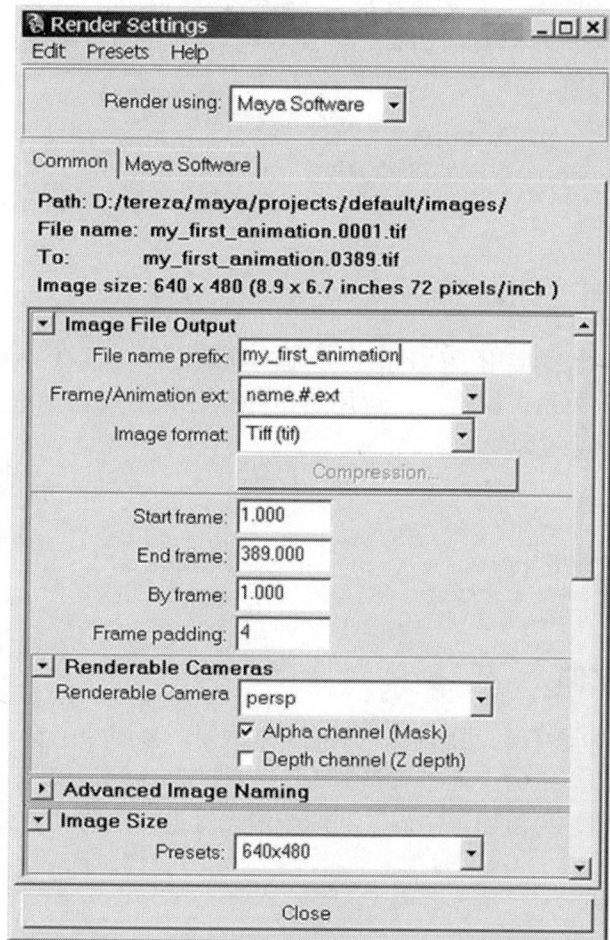

图 2.43　渲染设置窗口

3. 确认"渲染使用"下拉列表设定为使用"Maya 软件渲染"。然后在文件名前缀栏输入"我的第一个动画"。如果你不命名，Maya 会给生成的文件使用默认名。

4. 更改"帧/动画 扩展名"为"名称 . #. 扩展名"。

Chapter 2　Fundamentals of Computer Animation

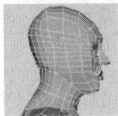

5. 在图像格式列表中，选择 JPEG 或者 TIFF 格式。默认的 Maya 文件格式是 TIFF。不过，其他软件不一定能识别这个格式。如果你要把这一帧放到如 AfterEffect、FinalCut Pro、Premiere 之类的编辑软件里使用，确保你渲染的序列帧使用的文件格式可以被该软件兼容。

6. 在起始帧栏里输入 1，在终止帧栏里输入 389（动画的最后一帧）。

7. 确保"帧间隔"被设定为 1。

8. 更改"帧填充"数值为 4，这会让 Maya 在生成序列帧的编号中加 0。点击"关闭"按钮。

9. 选择 渲染→批渲染。

10. 查看命令行，观察渲染的进度。

七、小结

本章我们了解了应用于动画的力学基本物理定律，学习了 Maya 中的层级父子关系和组群关系，以及如何运用挤压和拉伸来表现艺术夸张效果，最后还学习了如何渲染动画。

八、挑战作业

挤压和拉伸

创建一段 10 秒长的动画来演示挤压和拉伸。参照一个自己的玩具建模，并制作它在凹凸不平的表面上弹跳的动画。给这个模型以及场景中出现的其他物体赋予材质，再给场景中加一到两个聚光灯进行照明。最后渲染动画。

牛顿定律

创建两个球体，一个中空，另一个实心。创作一段 5 到 10 秒长的动画来表现牛顿第三定律。展现两个球体在受相同作用力时怎样做出不同运动。利用运动的时间掌握和碰撞反应来模拟营造物体的质量感。确保对所有物体运动使用慢入慢出效果。给球体赋予材质。再给场景添加两到三个聚光灯作为照明。最后渲染动画。

第三章

简单造型的建模和纹理贴图

本章内容

本　章向你介绍 Maya 的多边形建模，你会学到如何创建和使用纹理贴图。本章最后的教程会带着你一步一步完成一个简单角色的建模和贴图操作。

一、使用多边形建模

多边形是指由三条或三条以上的边构成的几何形。在 Maya 中有不同的工具可供你操纵多边形几何体的四个组成部分（如图 3.1 所示）。

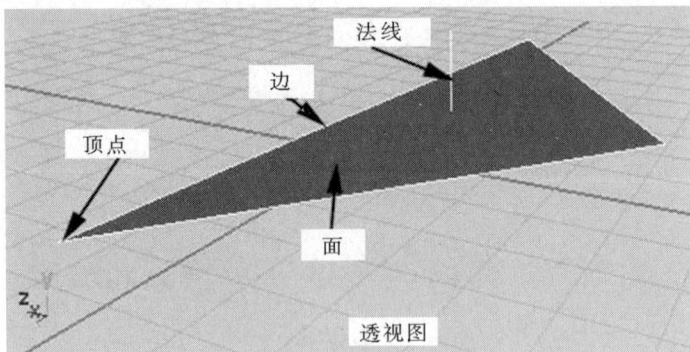

图 3.1　多边形组成

面： 多边形的表面可以被平移、旋转、缩放以及挤压。它们也是可以用来放置模型的材质。

边： 表现为直线的面边缘，而且可以移动、旋转、缩放和挤压。

顶点： 面边缘的连接点。可以移动和挤压。

法线： 表面法线，简称法线，是一个三维空间矢量，它垂直于表面。在 Maya 中，表面法线可以指示出面的哪一边是默认的被照明的外表面。

为了加速光的运算，通常会仔细渲染物体正对前方的表面。如果你将物体表面当成背面来渲染，那么最终会导致视觉效果不佳，不过，这也取决于照明模式，它可以导致模型被渲染成单调的平面甚至消失。

注意 Maya 实时渲染的屏显环境在处理表面的背面时可以得出和其他渲染器不同的效果。在绘制多边形时，Maya 会根据"右手原则"决定哪一边是正面。如果你看看自己的右手，想象按顺序从食指到指尖画顶点，那么面的法

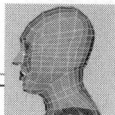

线方向就是你的拇指指向。另一个判断方法是，如果你按照逆时针方向画顶点得出多边形面，那么这个面的法线方向指向你。相反，如果你按顺时针方向画顶点得多边形，那么它的法线指向背对你。你还可以在任何时候"翻转"法线方向，或者使用双面渲染功能。

多边形建模是一个创建、挤压和连接多边形创造物体的过程。有三种基本的多边形建模方法。第一种是使用创建多边形工具创建平面几何体（如图3.2所示）。

图3.2　一个平面多边形

第二种多边形建模方法是先创建一个多边形基本物体，然后再从它逐步提炼出模型（如图3.3所示）。

图3.3　多边形立方体

第三种多边形建模方法是使用轮廓曲线。你先画一系列轮廓曲线，然后使用放样命令根据曲线轮廓创建多边形几何体（如图3.4所示）。

轮廓曲线4

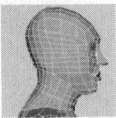

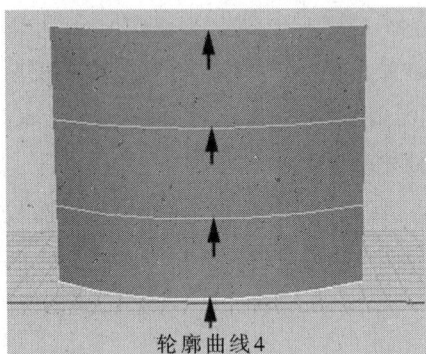

图3.4　放样表面

练习：从平面开始多边形建模

一个简单的多边形建模方法是从创建平面开始。

1. 选择 文件→创建新场景。
2. 按 F3 键到多边形菜单。
3. 选择 网格→创建多边形工具（如图3.5所示）。

图3.5　选择"创建多边形工具"

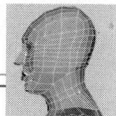

4. 在前视图中，在三个不同的地方点击，创建一个三角形（如图 3.6 所示）。

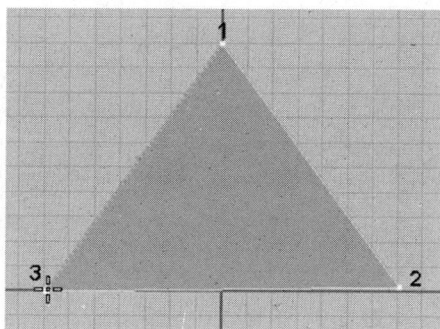

图 3.6　三角形

5. 按回车键退出创建多边形工具。
6. 右键点击多边形，选择"面"模式（如图 3.7 所示）。

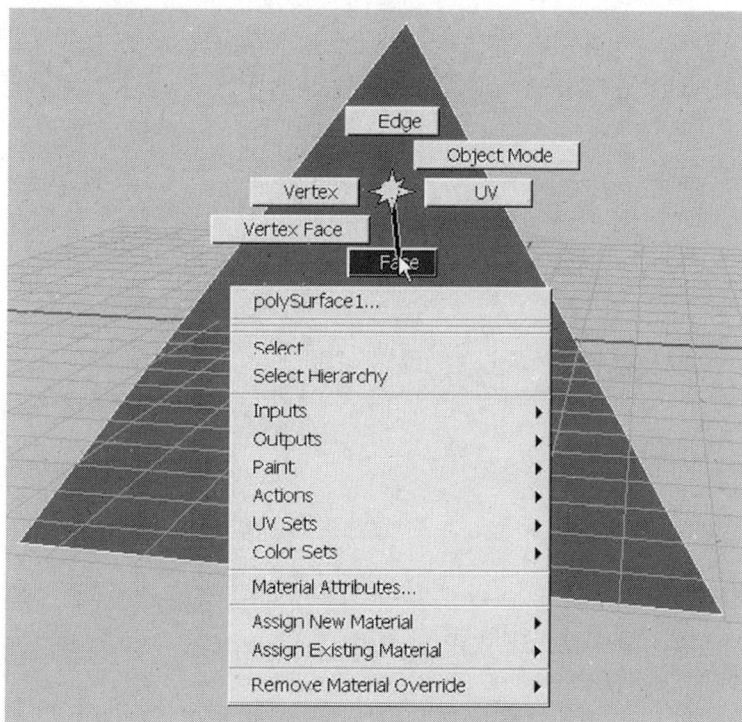

图 3.7　多边形"面"标记菜单

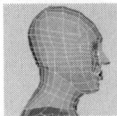

7. 点击多边形面的中心选中它。

8. 选择 编辑网格→挤压（如图 3.8 所示），三个挤压操纵器出现。

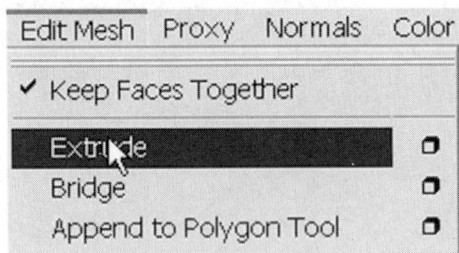

图 3.8　选择"挤压面"命令

9. 点击蓝色的挤压操纵器（如图 3.9 所示），将它向外拖动 5 个单位距离。这样物体就会发展成一个立体。

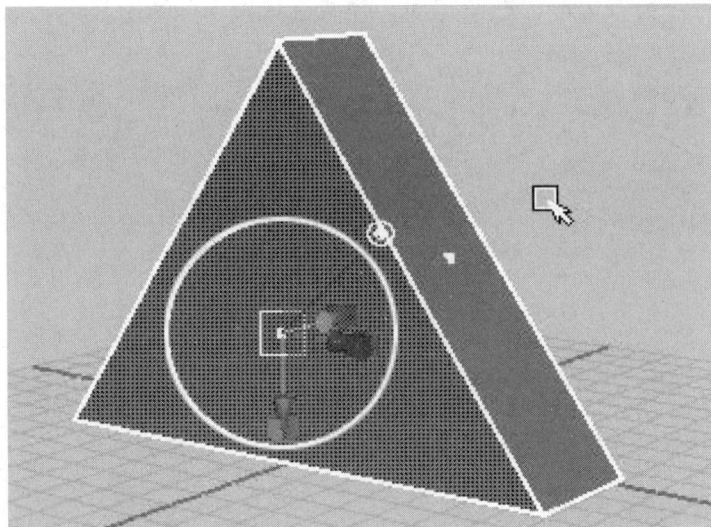

图 3.9　"挤压面"手柄

10. 右键点击多边形，选择"边"模式（如图 3.10 所示）。
11. 点击选择多边形物体的其中一条边。
12. 选择 编辑网格→挤压。
13. 向右拖动蓝色的挤压控制器，创建一个新的面（如图 3.11 所示）。
14. 保存文件。

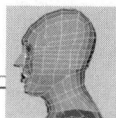

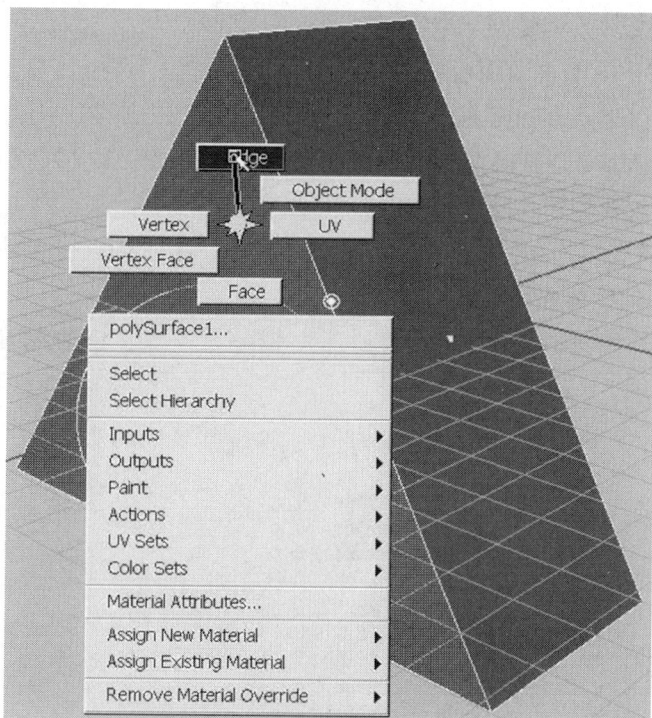

图 3.10　多边形"边"标记菜单

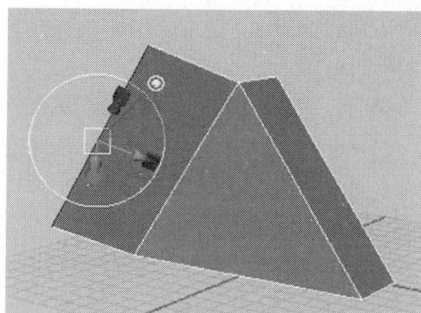

图 3.11　多边形边的挤压

练习：从多边形基本物体开始建模

第二种重要的多边形建模方法是从一个多边形基本物体开始。当你想要建立的模型形状与可用的基本物体相似时，这是最好用的方法。你可以选择创建→多边形基本物体 就可以看到可用的多边形基本物体了。

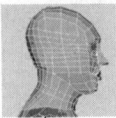

1. 选择 文件→创建新场景。

2. 选中 Maya 前视图面板。

3. 选择 创建→多边形基本物体，取消"交互式创建"的勾选。当这一选项被取消，Maya 会直接在原点位置创建物体（X＝0，Y＝0，Z＝0）。

4. 选择 创建→多边形基本物体→立方体 。

5. 在透视图窗口中，选择 着色→平滑显示所有对象，或者使用键盘快捷键5，你会看到物体显示为立方体。

6. 在通道栏里，输入如下数值：X 轴缩放 ＝ 5，Y 轴缩放 ＝ 5，Z 轴缩放 ＝ 5（如图 3.12 所示）。

pCube1	
Translate X	0
Translate Y	0
Translate Z	0
Rotate X	0
Rotate Y	0
Rotate Z	0
Scale X	5
Scale Y	5
Scale Z	5
Visibility	on

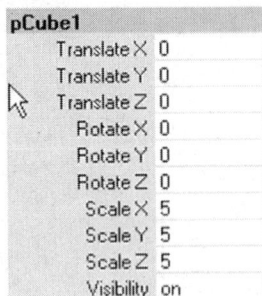

图 3.12　通道栏的缩放值

7. 右键点击立方体，选择"面"模式。

8. 选中立方体左右的面。

9. 选择 编辑网格→挤压，三个挤压操纵器出现在选中的面上。你还会在通道栏看到"多边形挤压面 1"（如图 3.13 和 3.14 所示）。

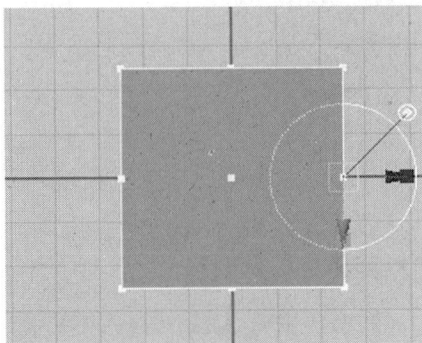

Channels　Object	
pCubeShape1	
INPUTS	
polyExtrudeFace1	
polyCube1	
Translate X	0
Translate Y	0
Translate Z	0

图 3.13　挤压面操纵器　　　　　图 3.14　多边形挤压面 1

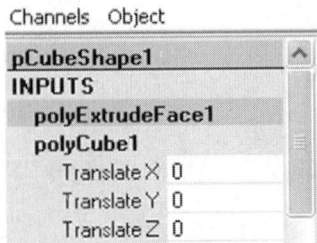

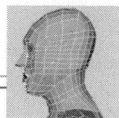

10. 向下滚动通道栏，直到看到"多边形挤压面1"下的局部平移和局部缩放属性。

11. 输入如下数值：Z轴局部平移 = 4（左右两边的面应同时被拉伸4网格距离），X轴局部缩放 = 0.2，Y轴局部缩放 = 0.2（两边的面应同时发生缩放）（如图3.15所示）。你还可以通过点击和拖动挤压操纵器的缩放工具来缩放和挤压平面（如图3.16所示）。

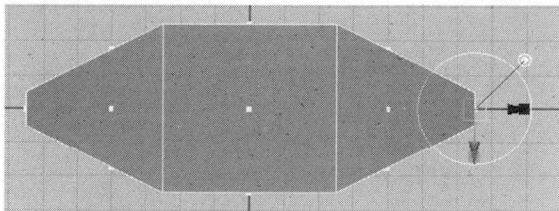

图 3.15　挤压和缩放后的立方体表面

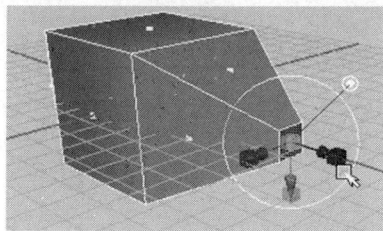

图 3.16　挤压操纵器的缩放图标

12. 选择 编辑网格→分割多边形工具 。

13. 在立方体的顶面上，先在靠后的边正中间点击，再在靠前的边正中点击来分割顶面。

14. 按回车键完成分割多边形的操作。现在在立方体的顶部应该有两个面（如图3.17所示）。

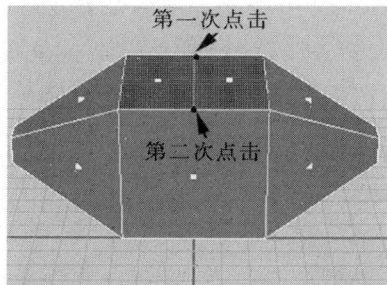

第一次点击

第二次点击

图 3.17　挤压操纵器的缩放图标

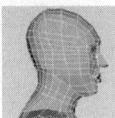

15. 选择 编辑网格→保持面连接 。确保"保持面连接"选项被勾选。当这个选项被勾选时，挤压出来的几个面相邻的边是合并在一起的，如果取消这项勾选，则 Maya 在挤压面时会给它们创建独立分离的边。这个选项在默认设置中是不勾选的。

16. 挤压并缩放新生成的面（如图 3.18 所示）。

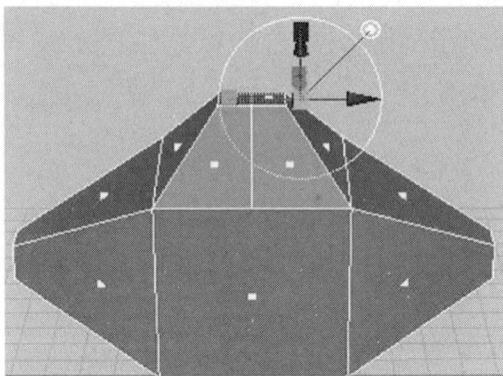

图 3.18　挤压和缩放后的立方体顶部的面

17. 保存文件。

你可以通过同时按住 Ctrl + Shift + RMB 键（鼠标右键）对是否勾选"保持面连接"进行切换。

练习：使用轮廓曲线进行多边形建模

第三种多边形建模方法和过去建造木船的方法有着共通之处。首先，你要创建一组横截面。然后再将一个面适用于这些横截面。横截面是用曲线创建的，被称为样条线。由于最后建立的几何体是多边形物体，构建横截面的既可以是直线也可以是 NURBS 曲线。在这里我们使用 NURBS 圆环作为横截面，因为只有 NURBS 形式的基本物体包含圆环。

1. 选择 文件→创建新场景。
2. 选中前视图面板。
3. 选择 创建→NURBS 基本物体→圆环。
4. 在通道栏输入如下数值：X 轴缩放 =3，Y 轴缩放 =3，Z 轴缩放 =3；X 轴旋转 =90，Y 轴旋转 =0，Z 轴旋转 =0。你会看到圆环（如图 3.19 所示）。

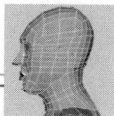

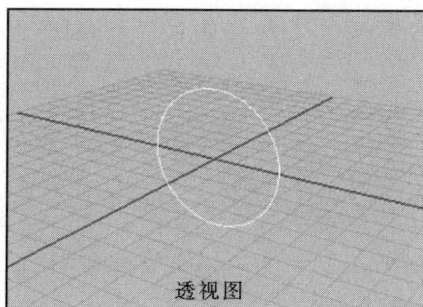

图3.19 NURBS（非均匀有理B样条曲线）圆环

5. 选择 编辑→特殊复制 右侧的选项栏，输入如下数值：拷贝数 =6，Z轴平移 =3。

6. 点击特殊复制按钮，就可以看到六个圆环排成一列（如图3.20所示）。

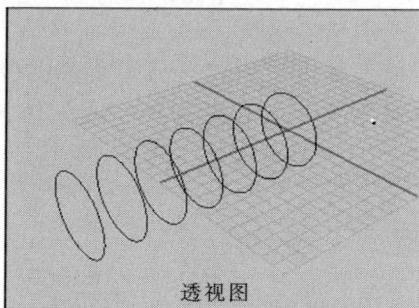

图3.20 复制的NURBS圆环

7. 从左到右依次点击圆环。

8. 按F4键切换到表面菜单设定。选择 表面→放样（如图3.21所示）。

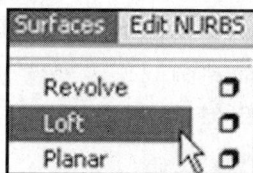

图3.21 放样菜单

（Maya按照圆环被选中的顺序进行放样，
要想得到平滑的放样表面，你就必须依次选中圆环）

9. 你会看到一个新生成的名为"放样表面1"的表面（如图3.22所示）。保存文件。

透视图

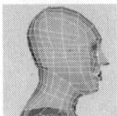

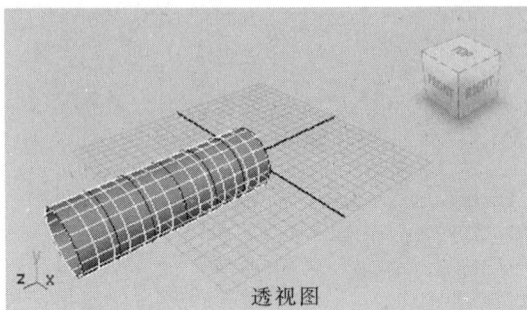

图 3.22　NURBS 圆环放样

如果你的构建历史功能可用（Maya 默认设置如此），那么即使是在物体依它们而建立之后，你仍可以移动、旋转和缩放这些构建物体的曲线。例如，如果用移动工具选中其中几个作为构建曲线的 NURBS 圆环，令它们的位置略微偏移，就可以令创建的圆柱体变成弯扭的虫形。

你可以使用以上任何一种方法建立自己的角色模型，有的时候几种方法还能混用。对方法的选择取决于要建立的模型的整体形状及其部件的形状，也根据你的使用偏好而定。

平滑多边形模型

多边形表面是带硬边的，这就使得多边形物体的形状也有棱角。这对于那些造型本来就有棱角的物体倒是可取的，比如说家具的模型。但对于轮廓更圆滑的有机体形状，比如人体，就不太合适。幸运的是，你可以在两个或更多的层通道中建模。首先使用带棱角的多边形建立近似整体形态的模型，然后用 Maya 平滑模型表面。平滑表面会造成多边形的面数数倍增加，令编辑模型的难度增加，并且减慢了动画和渲染的速度。所以，平滑操作通常被放到最后进行，而动画制作者经常使用未平滑的模型来设置动作和关键帧。要看到这个过程怎样进行，我们先来平滑一个有棱角的形体——立方体。

1. 选择 文件→创建新场景。

2. 选择 创建→多边形基本物体→立方体 。确认未勾选"交互式创建"项。

3. 立方体仍被选中时，按下 F3 键到多边形菜单，并且选择 网格→平滑右侧的选项栏（如图 3.23 所示）。

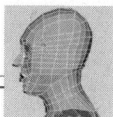

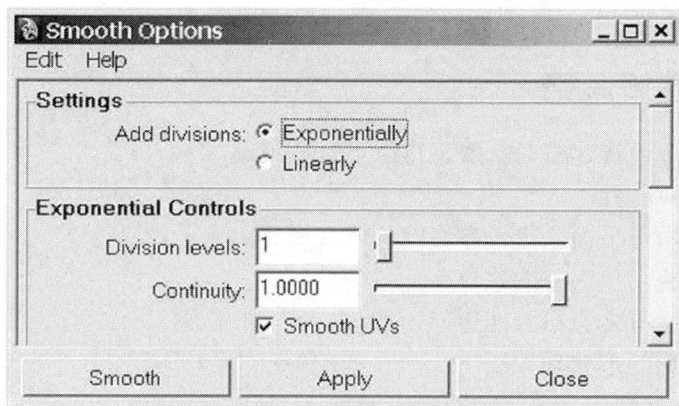

图3.23　多边形平滑选项窗口

4. 在细分级别区输入2。

5. 点击平滑按钮（如图3.24所示）。

平滑前　　　　　　　平滑后

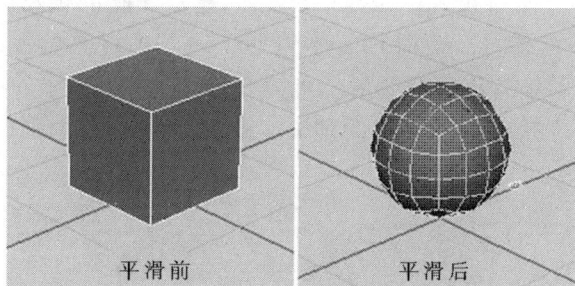

图3.24　立方体平滑前和平滑后的效果

6. 保存文件。

通过适度平滑，模型上的各个多边形很快变得难以区分彼此了。然而，你马上会发现，要完成一次良好的平滑操作，必须要使用一个未反复平滑过的基本模型。在使用多边形平滑功能之前，保存你的基本模型。

在Maya里可以用如下键盘热键操作预览模型平滑后的效果。

1. 显示模型时关闭平滑预览。

2. 显示模型时以架构模式添加显示平滑预览。

3. 显示模型时关闭架构模式，只显示平滑预览。

上翻页和下翻页：增减模型平滑预览的平滑细分级别。

Chapter 3 Modeling and Texturing a Simple Character

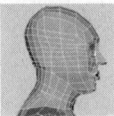

二、建模策略

当你用多边形建模时，要记得以下这些策略。

· 使用对称性
· 利用图像平面来带入参考图片或肖像
· 物体或角色的框图建模
· 保持所有多边形为四边形
· 多边形的形状和大小

使用对称性

很多天然物体和人造物品基本上是形状对称的。在用计算机建模时，你可以轻松地"镜像"几何体。这样可以在最初建立模型时省时间，并且有助于在编辑几何体时保持正确的形状。例如，建立人脸的模型时，你应该先只建立半张脸。当完成后，镜射几何体到另一边。不过人脸不是完全对称的，所以在你对脸的整体外形满意之后，可以在脸的每一侧再作一些略微的扭曲。找出物体的对称之处或近似对称的地方，是你应该注意加强的重要观察技巧（如图3.25所示）。

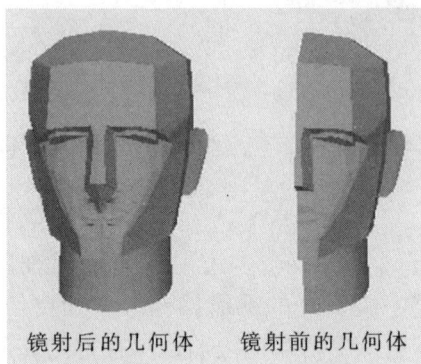

镜射后的几何体　　　镜射前的几何体

图3.25　镜射几何体前后的头部模型
（由 Michael Melo 设计并建模）

理解镜像与合并多边形顶点

当你对一个多边形表面做镜像时，Maya 在你所选定的轴向上进行表面的复制和翻转。新表面上的顶点也会复制并放置到面的相应顶端。由于这种情

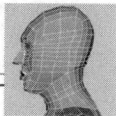

况有时是不需要的，因此 Maya 提供自动合并顶点的选项。交迭在一起的未合并顶点会令几何体更复杂，且更难进行编辑和照明。

1. 打开随书光盘中的文件夹"第三章 Maya 工作文件"下的子文件夹"Maya 工具文件"，找到名为"环_ 放样 . mb"的文件。
2. 选中"放样表面 1"。
3. 选择 网格→镜射几何体 右侧的选项栏。
4. 在多边形镜像选项窗口，选择 – Z，与原物体合并及合并顶点（如图 3. 26 所示）。

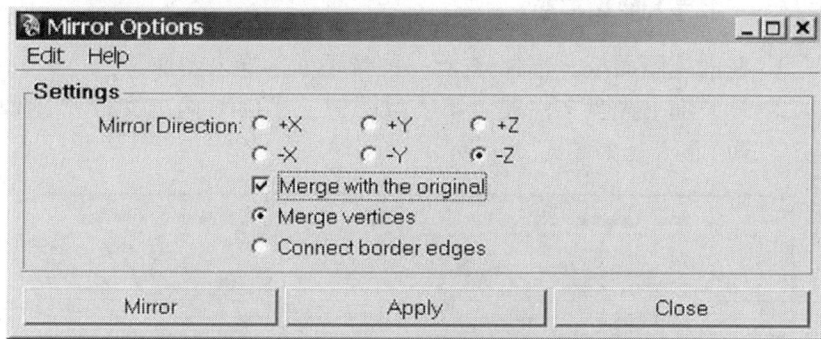

图 3. 26　多边形镜像选项窗口

5. 点击镜像按钮，可以看到放样几何体被镜射（如图 3. 27 所示）。

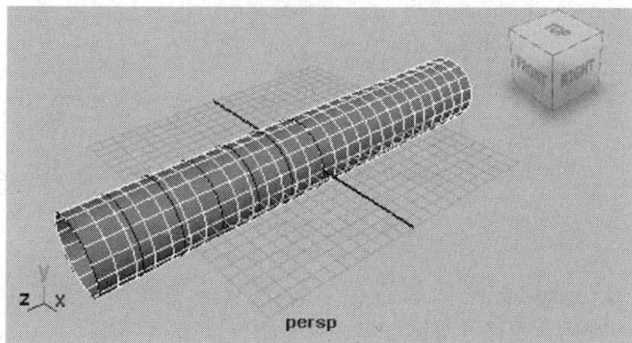

图 3. 27　在 – Z 轴向上镜像的放样几何体

利用图像平面来带入参考图片或肖像

在 Maya 中你可以带入 2D 肖像作为建立 3D 模型的基础。有赖于你的手绘

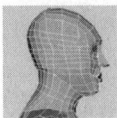

能力以及有否合适的肖像图参考，2D肖像通常是个好起点。在拍照片或者创作草图时，你要尽可能制作出两幅图像：一张是物体的正面，另一张是物体的正侧面。这些图被称为"正交图像"，获取或创作这类视角的图非常重要，因为Maya不能根据图像进行准确透视（虽然四分之三侧的肖像看起来更有艺术趣味，但是做建模参考时几乎没用，因为受角度限制被遮挡的部分会由于透视角度的关系很难确定其位置）。如果必需，你可以在Photoshop或其他图像处理软件中修除微小的透视失真。

在 Maya 中导入图像平面

1. 在前视图面板，选择 查看→图像平面→导入图像。
2. 打开随书光盘文件夹"第三章图像_平面"内的文件"图像_平面.jpg"（如图3.28所示）。

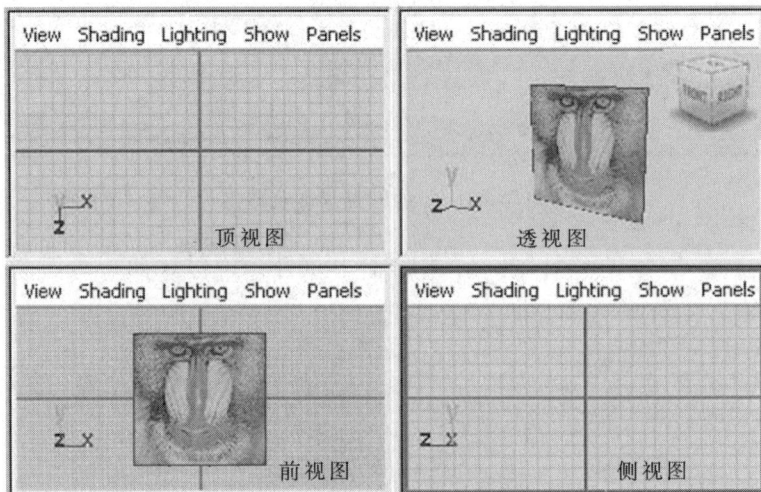

图3.28　图像平面

你可以通过在通道栏更改属性值来缩放或移动图像平面。图像平面的属性也可以通过 查看→图像平面→图像平面属性菜单 找到。

物体或角色的框图建模

建立角色模型最高效的方法是先勾勒出它的大致形状，然后添加必要的细节。例如，建立人头模型时，你可先创建一个人头的整体外形，然后在上面创建眼窝、耳朵、嘴唇等等（如图3.29所示）。

前视图

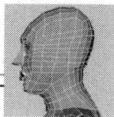

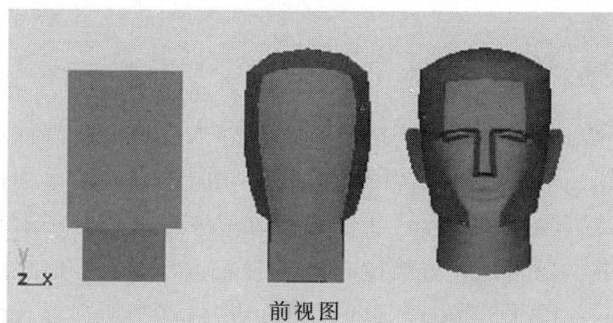

图 3.29 头部模型建模过程中的不同阶段
（由 Michael Melo 设计并建模）

保持所有多边形为四边形

如同大多数模型软件一样，Maya 可创建任意边数的多边形表面。然而，将你的模型多边形限制为四边会是很好的建模锻炼。这是因为 Maya 还有其他系统在平滑多边形模型时，会试图在各个面的顶角间均匀拉伸，对于矩形的面，中心点总是相应的拉伸中心，而对于非四边面，不能保证平滑会按照这个几何原理完成，且可能导致平滑的结果很难看。就算你没打算平滑所建立的模型，也要记住在普通照明下的模型，在渲染器细化模型表面计算多边形的分段表面上的光照时，细化过程基本上和平滑过程一样，所以任意边数的多边形也就可能导致相似的问题（如图 3.30 所示）。

图 3.30 四方多边形

Chapter 3 Modeling and Texturing a Simple Character

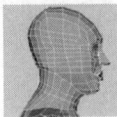

多边形的形状和大小

类似但较轻的问题出现在多边形的形状和大小上。虽然你可以在一个模型中混合很大和很小的多边形，因为要制作动画的缘故通常不推荐在模型设计里这样做。类似地，一个极其细长的多边形体容易在贴图赋材质和其后的动画制作过程中出现问题。虽然没有硬性规定，不过，好的模型一般都是由彼此大小差异不会超过 3 倍的多边形组成，并且这些多边形很少宽高比超过 3∶1。

现在我们已经通览了一些基本技术、策略和小窍门，让我们来考虑一些更高级的内容。首先，我们来看看两个工具，它们可以用来一次操作迅速改变多个多边形：多边形雕刻工具和晶格。然后我们会看到 Maya 强大的构建历史系统并学习如何管理它。

三、进阶建模技术

Maya 提供了多种高级建模工具，现在我们来探究其中最强大也最常用的几种：变形器、用"画笔"编辑以及通过编辑历史进行操控。

晶格变形器

塑造物体时最有用的工具之一就是"晶格"。Maya 中的晶格就是一个用来控制物体变形的 3D 点阵列。

先选定一个或多个要进行变形的物体，然后指定 X 轴、Y 轴和 Z 轴方向上的晶格密度。

然后就可以通过移动、旋转和缩放选定的一个以上的晶格点来改变物体的形状。

用这个技术，你可以通过指定晶格点的密度控制物体变形的细致级别。例如，用一个 $2 \times 1 \times 1$ 的晶格你就可以修改物体一侧的所有多边形而不影响到另一侧。

你也可以对同一个物体指定 $20 \times 20 \times 20$ 的晶格，产生对物体能达到亲手雕琢般程度的精细控制（如图 3.31）。

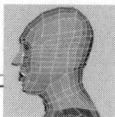

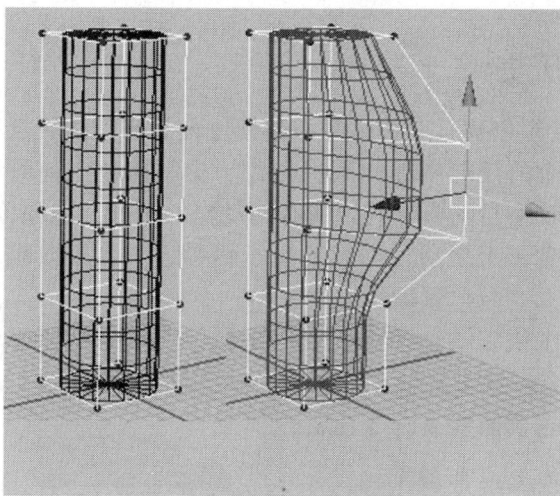

图 3.31　用晶格实现的物体变形

雕刻几何体工具

使用雕刻几何体工具可以通过用笔刷在其上绘画来编辑这个表面。不像普通的笔刷只能改变表面的外观，雕刻几何体工具是根据笔刷的特点移动物体的顶点，因为这个笔刷可获得所编辑表面的朝向，你可以指定位移的最大值，用笔刷推或拉表面上的顶点。当你把表面的凹凸程度调得过头了，又或者是令凹凸边缘太尖锐时，一个有用的方法是再用笔刷平滑表面。你可以灵活控制笔刷的大小，轻松地大范围塑形然后集中处理细节（如图3.32 所示）。

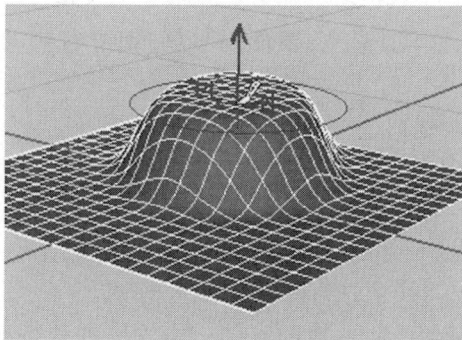

图 3.32　用雕刻几何体工具雕刻物体表面

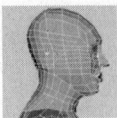

理解构建历史

当你在 Maya 里创建一个物体时，建模过程的操作历史会被记录下来，你可以在建模过程中的任何步骤使用"构建历史"修改之前的设计，当你更改了原始参数，改动会自动影响其后所有的动作。例如，想象你做了个三脚凳，在把凳子腿接到凳子上之后，你发现凳子腿看起来太短太粗。与其把凳子腿删除了重做，不如在原位置适当缩放它们。

为了在实践中认识构建历史，我们来做个简单的例题。用一根轮廓曲线绕轴旋转成面创建一个花瓶。使用构建历史，即使在旋转成面操作完成之后，你仍能通过修改轮廓曲线来改变花瓶的形状。

1. 选择 创建→CV 曲线工具。
2. 在前视图面板中，创建一根花瓶形状的轮廓曲线（如图 3.33 所示）。

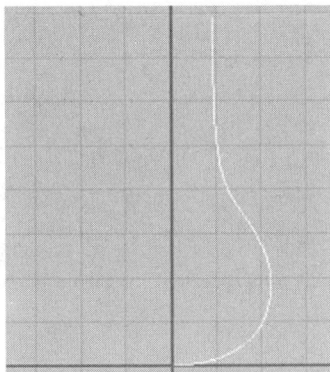

图 3.33　花瓶形状的轮廓曲线

3. 按 F4 到表面菜单，选择 表面→旋转成面 右侧的选项栏（如图 3.34 所示）。
4. 确认轴向预设为 Y。
5. 点击"旋转成面"按钮，会看到一个新生成的几何体（如图 3.35 所示）。
6. 选择轮廓曲线。
7. 右键点击轮廓曲线，选择"控制点"模式。
8. 选中任意控制点，左右拖动它们，由轮廓曲线旋转成面生成的几何体也会自动跟着改变形状（如图 3.36 所示）。

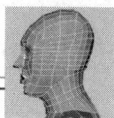

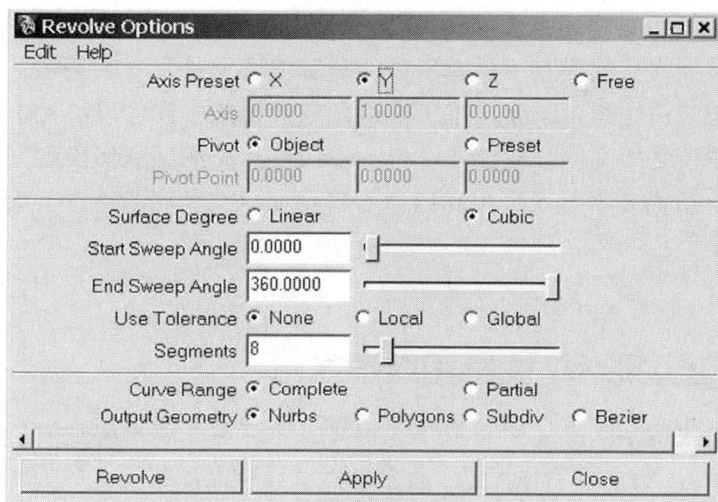

图 3.34　旋转成面选项窗口

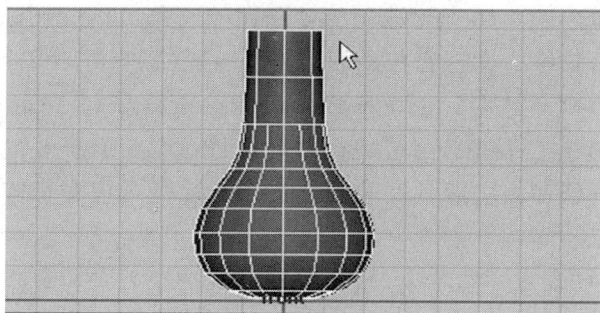

图 3.35　旋转成面几何体

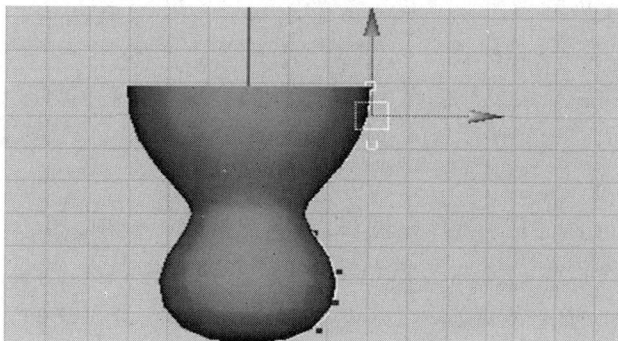

图 3.36　通过构建历史修改形状

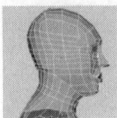

构建历史功能如此强大好用，却也有不便之处。巨大、复杂，经过多次变形的反复操作后的模型，构建历史会显著增大文件尺寸。所以，有时暂时关掉历史记录功能或者删除构建历史也是有必要的。你可以给每个主要模型保留一个建模版的文件，再创建一个不带构建历史的独立版模型文件，用它来做动画。后面在教程 3.1 中我们会了解到如何在利用晶格进行编辑之后删除构建历史。

四、多边形 UV 坐标和纹理贴图

当你把纹理贴图应用到简单基本物体，你不是非要恰好地放置纹理贴图的，因为 Maya 为这些物体界定了合理的默认纹理贴图行为。然而当你创建了自己的几何体时，就需要自行控制贴图过程。

当你把纹理贴图应用于 3D 表面，Maya 必定会做类似于包裹礼物的事情，Maya 选择表面的一点，在其上应用纹理贴图的一角，然后它肯定会从某个方向用纹理贴图绕物体一圈把它包裹起来。当纹理绕物体一圈时必定会在它转回到起点的地方留下接缝。很可能你会希望这接缝是在不引人注目的地方，你想要纹理和物体的某些部分平行，而不是贴得歪歪斜斜。最后，如果你要包裹一个复杂几何体，可能会发现用几片包装纸每张包裹物体的一部分，要比用一整张容易得多。

在 Maya 里和在大多数现代 3D 图形软件里一样，表面上的每个顶点都可以携带附加信息来界定纹理的哪个部分应该被这个顶点"卡住"。这个信息以一对坐标的形式显现。坐标叫做 U 和 V，它们的数值范围是从 0.0 到 1.0，U 坐标表示的是纹理贴图沿水平尺寸上的距离，V 坐标表示的是纹理贴图沿垂直尺寸上的距离。纹理贴图一贯从 UV 坐标为（0.0，0.0）的点开始对应，这个顶点显示的是纹理贴图的左下角。随着 U 和 V 的数值增长继续寻找相应点贴图，直到达到（1.0，1.0）的 UV 坐标，这个坐标表示纹理贴图的右上角（如图 3.37 所示）。

在所描述的情况中，纹理贴图被以能让它在物体朝向摄影机的部分最大程度地可见方式覆盖物体（也就是说"2D 纹理放置属性"的"覆盖"值小于 1.0）。不过，指定覆盖值大于 1.0，就只能使用纹理贴图的一部分。例如，如果将两个尺寸上的覆盖值都设定为 2.0，那么纹理的尺寸相当于乘以 2 的效果。则只有全贴图的一部分可见（如图 3.38 所示）。

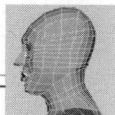

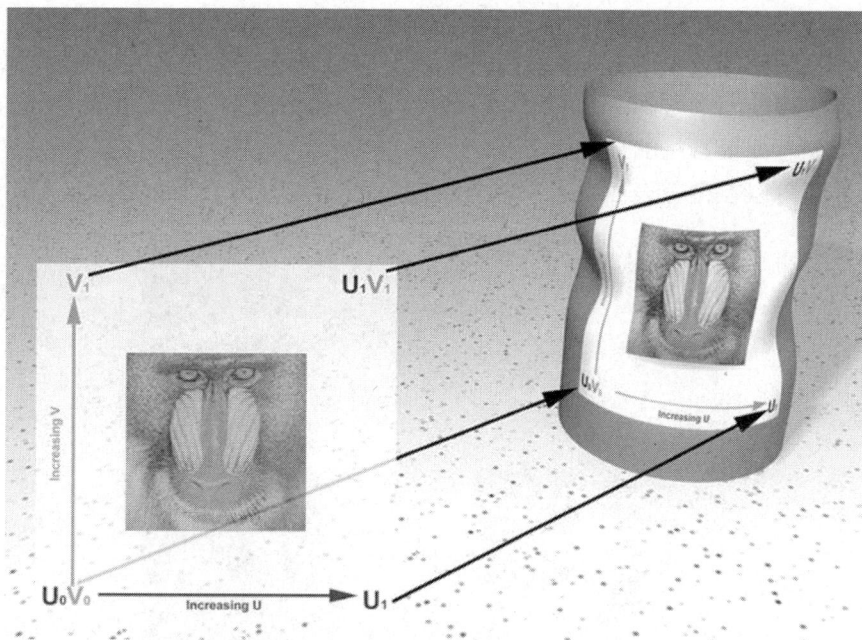

图 3.37 纹理贴图坐标示意图

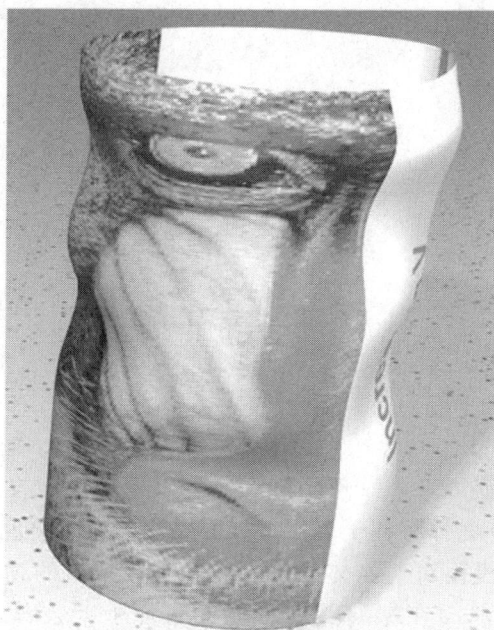

图 3.38 使用纹理放置覆盖属性放大表面纹理

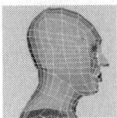

纹理贴图的应用总是开始于目标物体上的 UV 坐标原点。在贴图放大的情况下，部分贴图超出了 UV 坐标的最大值，在物体上显示时简单地被截掉了。在物体纹理贴图的接缝处你就看得到它。大多数情况下，你要把贴图的接缝设法放到背朝摄影机的地方去。

你还可以在覆盖表面时多次重复纹理贴图（如图 3.39 所示）。

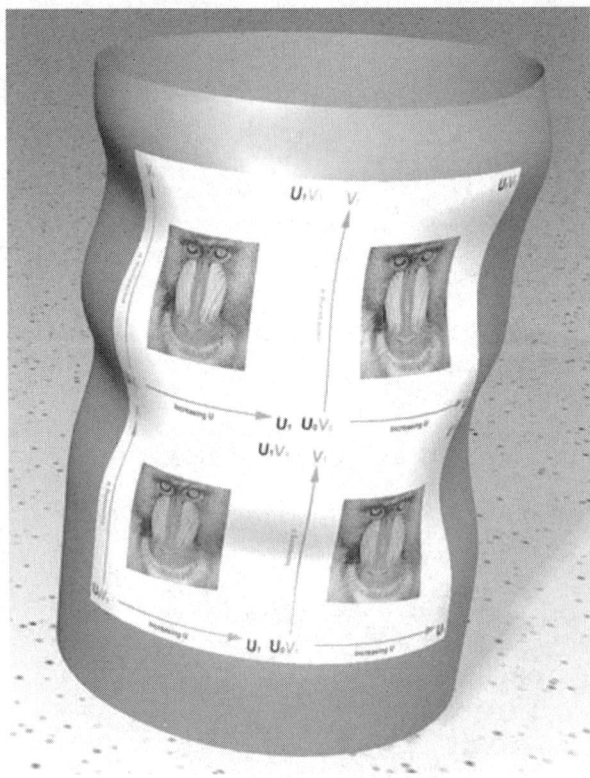

图 3.39　重复纹理贴图覆盖表面

投射纹理坐标

相对于手动指定每一个纹理坐标，你可以更便捷地投射纹理坐标于物体表面。想象你的 3D 物体存在于真实世界，表面被涂成白色。而你用纹理贴图作为幻灯片的投影机正对着物体投射。在朝向投影机的物体表面，可以看到相对清晰的图像，然而在朝向其他方向的表面上，会看到图像发生了扭曲（如图 3.40 所示）。

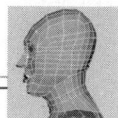

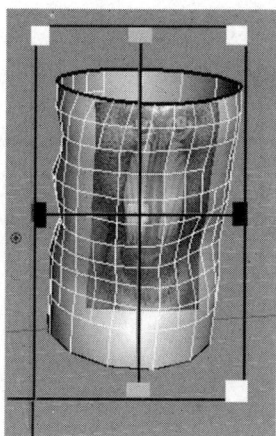

图 3.40 发生扭曲的纹理贴图平面投射

　　这个方法本质上就是 Maya 的"平面投射"方法，不过，投射纹理坐标的方法在相对扁平的物体上效果较好，但其他的则不然。

　　幸运的是，还有几种其他的方法可用。取决于模型物体的基本形状。例如，圆柱形贴图明显在圆柱形上效果好，不过用在像四肢这类大致是圆柱形的物体上也不错。类似地，立方体贴图更适用于有明显的正面、背面和侧面的物体。最后，还有种自动贴图方法，对于人体之类的复杂物体是最好的选择。这个方法就像在一个包裹上使用多个纸片来包它，你指定片数，软件会尽量适应纹理贴图来最小化扭曲（如图 3.41 所示）。

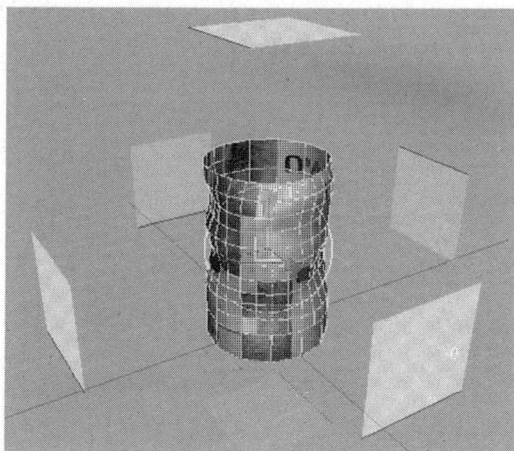

图 3.41 自动贴图投射

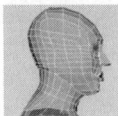

缝合纹理贴图

在对同一物体贴一张以上的纹理贴图时，你会发现纹理扭曲失真的情况少了，但是纹理的接缝却多了，对复杂的物体，有多个接缝是不可避免的，窍门是把它们最小化并放到不引人注目的地方。这在 Maya 里是个常见问题，所以 Maya 里设有被称为"纹理编辑器"的整个界面，专门用来扭扯纹理贴图。

使用纹理编辑器可以看到如何在 UV 空间里应用纹理贴图（如图 3.42 所示）。

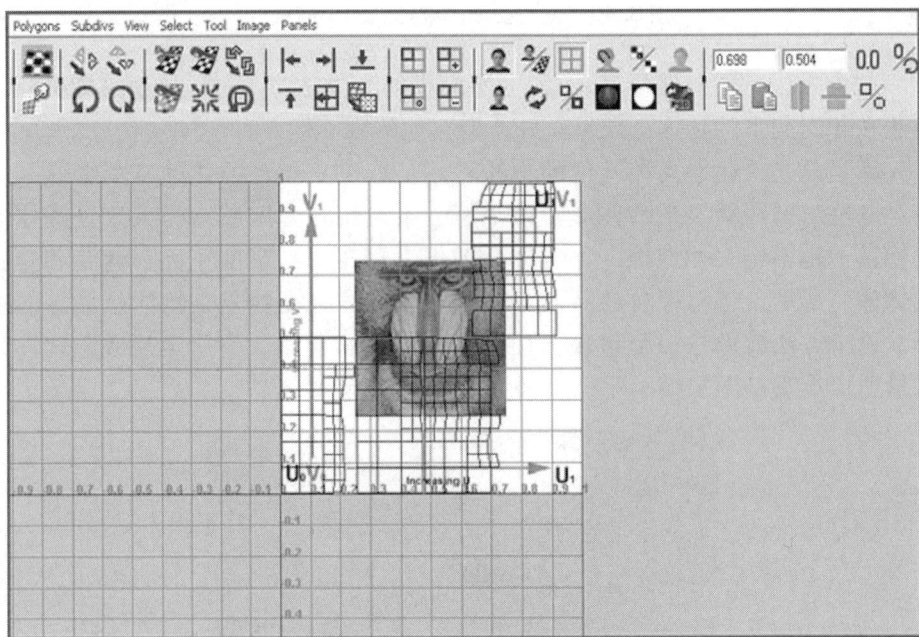

图 3.42　纹理编辑器窗口

习惯使用纹理编辑器

使用纹理编辑器可以查看和操纵 UV 点和纹理贴图使贴图可以恰到好处地覆盖物体。按照以下步骤来进行一次热身练习。

1. 点击 Maya "透视视图/框架图"双窗口布局按钮（如图 3.43 所示）。

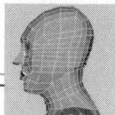

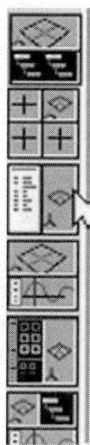

图 3.43　透视视图/框架图按钮

2. 在左侧面板（框架图）中，选择 面板→面板→UV 纹理编辑器 。让两个面板大小大致相同（如图 3.44 所示）。

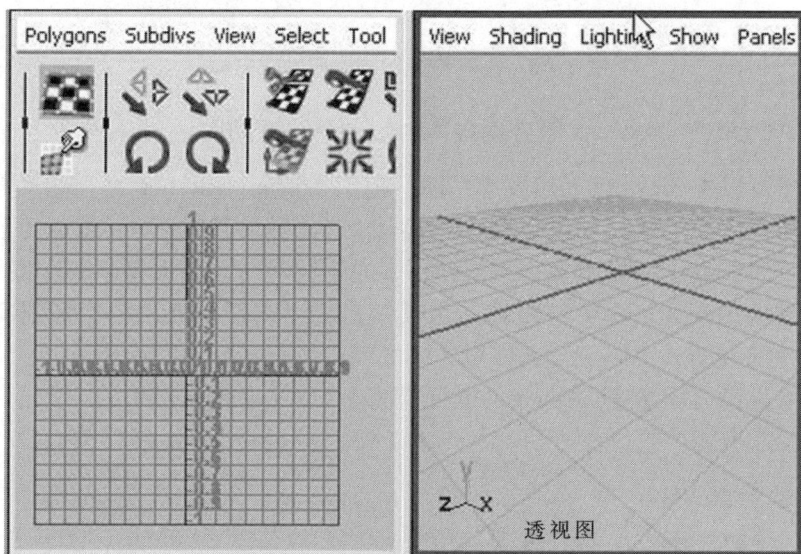

图 3.44　纹理编辑器和透视视图面板

3. 选择 创建→多边形基本物体→立方体 ，确认未勾选"交互式创建"。

4. 在 Y 轴上移动立方体到 0.5，在仍选中立方体的情况下，注意你能在 UV 纹理编辑器看到立方体的 2D 情形（如图 3.45 所示）。

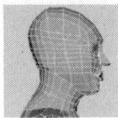

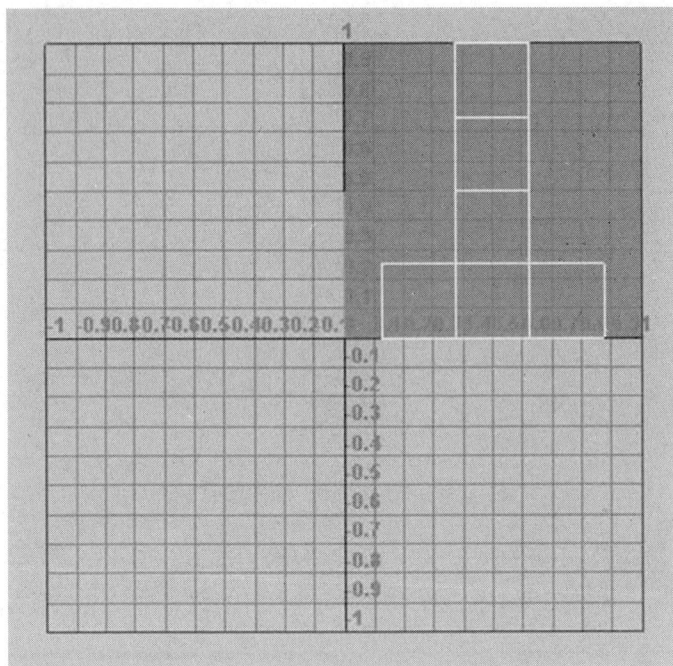

图 3.45　在 0 到 1 纹理空间的立方体

在 Adobe Photoshop 里为立方体创建一个纹理贴图

虽然可以在 Maya 里创建纹理贴图，但是 Adobe Photoshop 之类的外部图像编辑器用起来更灵活，功能更强大。虽然在本章只会制作一个简单的示范纹理贴图，但在真正的模型项目中，使用多通道纹理贴图是很普遍的。将 Photoshop 图层应用到大量各类型纹理图像属性，就可以轻松地从一个通道得到另一个，并把它们放在同一个文件里。

如果你没有安装 Photoshop，也可以使用 Maya 说明文件里的 3D 绘制工具教程。

1. 选中立方体。

2. 右键点击立方体，选择 材质→指定新材质→布林（如图 3.46 所示）。材质（或材质球）是 Maya 组织表面属性的方式，包括纹理贴图和渲染属性。

3. 将新材质命名为"立方体_ 材质"，立方体应仍处于选中状态。

4. 在 UV 纹理编辑器中，选择 图像→创建 PSD 网络（如图 3.47 所示），PSD 网络在 Maya 纹理贴图和 Photoshop 中间创建一个链接。

Maya Character Modeling and Animation

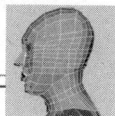

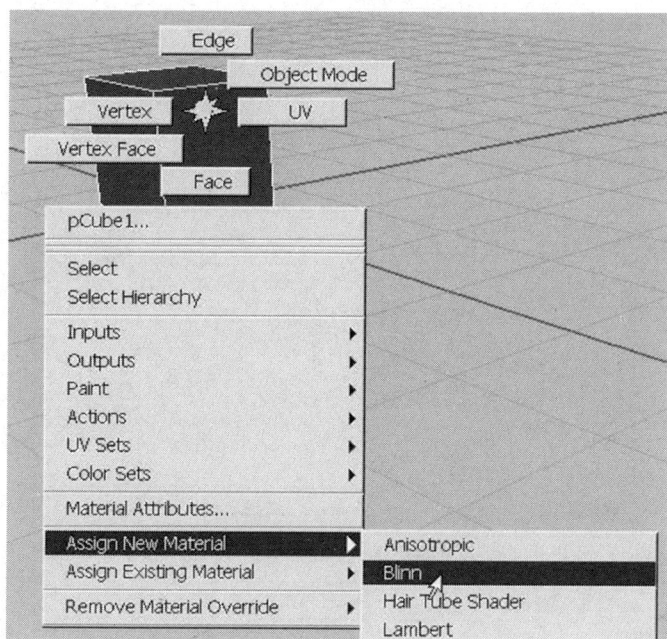

图 3.46　赋于新材质的标记菜单

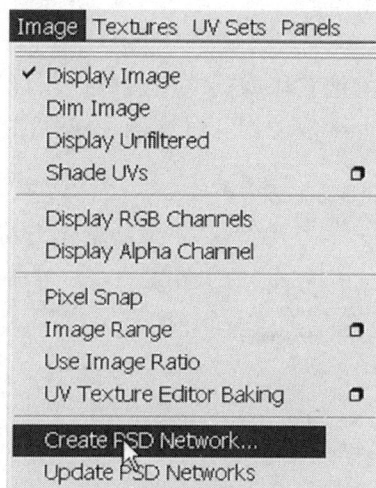

图 3.47　创建 PSD 网络选项菜单

5. 在"创建 PSD 网络选项"窗口里，确认选中"打开 Adobe Photoshop"
和"包括 UV 快照"（如图 3.48 所示）。

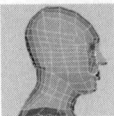

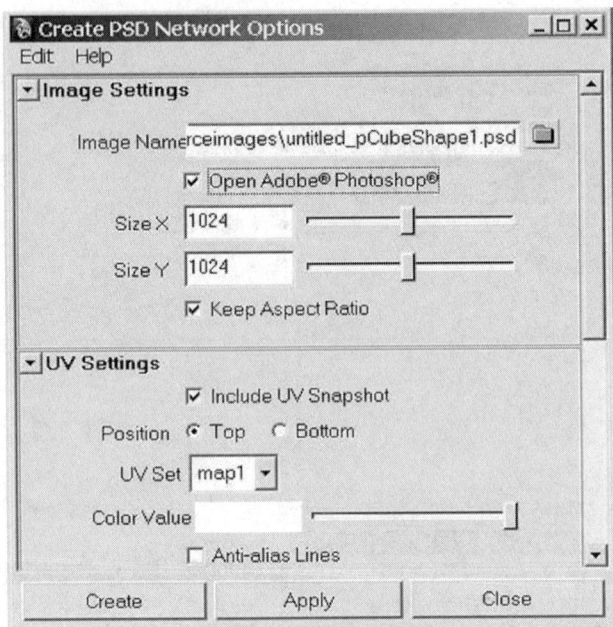

图3.48　创建 PSD 网络选项窗口

6. 在"PSD 网络"窗口的"属性选择"区域向下滚动直到看到"布林材质球"。

7. 双击文字"颜色"把它移动到"所选属性"区（如图 3.49 所示）。通过选择颜色属性你在 Photoshop 图像和材质颜色属性之间创建了一个链接。

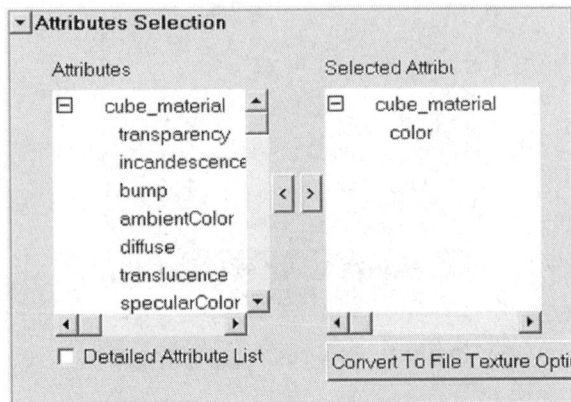

图3.49　PSD 网络窗口的所选属性布林材质

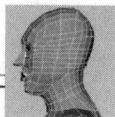

8. 在"图像设定"下的"图像名称"区，指定你准备放图像的地方，给它命名。点击"创建"按钮，你会在 Photoshop 里看到 UV 快照。

9. 绘制图像，保存。

将 Photoshop 纹理贴图导入 Maya

按照如下步骤将 Photoshop 纹理贴图导入到 Maya。

1. 在顶视图中，选择 面板→面板→超链接材质编辑器 。双击"立方体_ 材质"打开属性编辑器。

2. 到"普通材质属性"部分，点击"颜色"右边的黑白格按钮（如图 3.50 所示），PSD 文件纹理属性编辑会被打开。

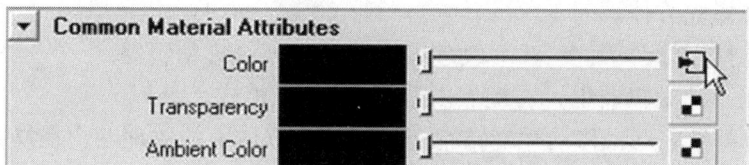

图 3.50　材质贴图颜色按钮

3. 在 PSD 文件纹理属性编辑器里的文件属性部分，将"图层链接设定"更改为"合成"（如图 3.51 所示）。选中这个选项，Maya 就能支持 Photoshop 图层和文本。

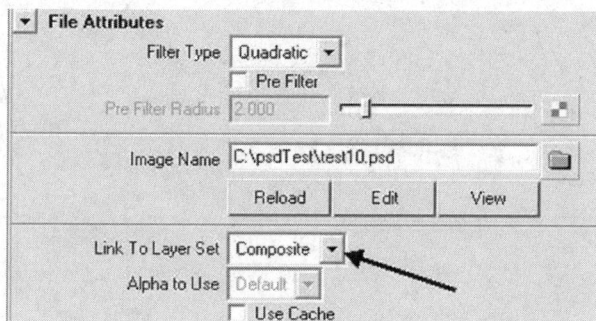

图 3.51　"图层链接设定"更改为"合成"

4. 在超链接材质编辑器中，选择立方体阴影组节点（也称为材质球），选择 图形→输入/输出连接。你会看到你的画变成了材质球网络的一部分（如图 3.52 所示）。

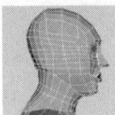

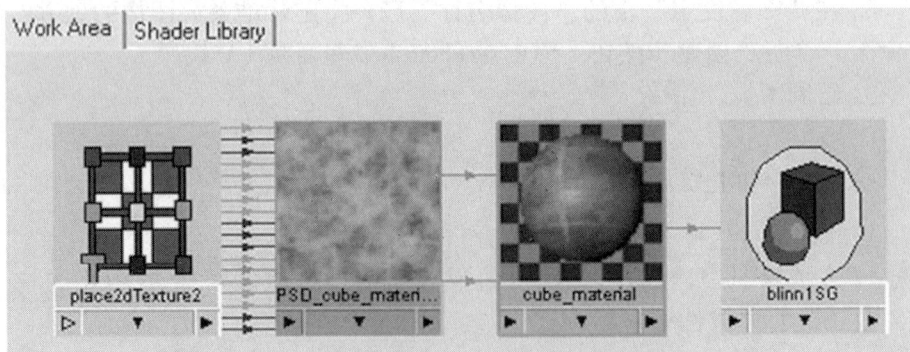

图3.52　把快照图作为材质球网络的组成部分

5. 选择立方体。

6. 选择 面板→面板→UV 纹理编辑器，打开纹理编辑器。

7. 在纹理编辑器里，右键点击选择"UV"模式。

8. 选择 UV 点，移动并旋转它们，注意立方体上的纹理贴图在操纵 UV 点时发生了变化（如图 3.53 所示）。

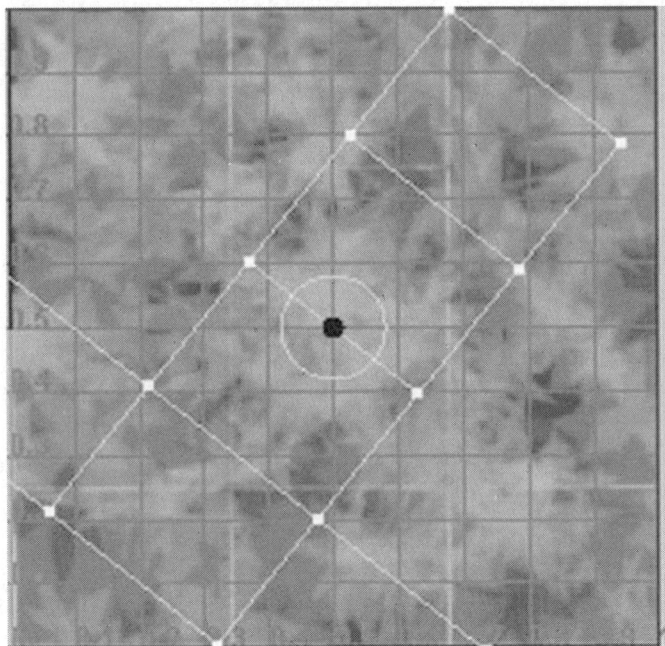

图3.53　旋转立方体 UV 点

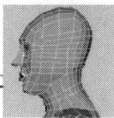

五、教程 3.1：布袋建模

通过布袋的建模和贴图，你会熟悉 Maya 多边形建模和纹理贴图的基本工具。

布袋建模

按照以下步骤建立布袋模型：

1. 创建一个新项目，命名为"布袋"。
2. 按 F3 键切换到多边形模式。
3. 选择 面板→已保存布局→四视图 。
4. 你会发现在顶视图、前视图、侧视图和透视视图中观察模型对操作非常有帮助。
5. 在前视图中，选择 查看→图像平面→导入图像 。
6. 打开随书光盘中的文件夹"第三章图像_平面"里的文件"布袋_正面.tif"（如图 3.54 所示）。

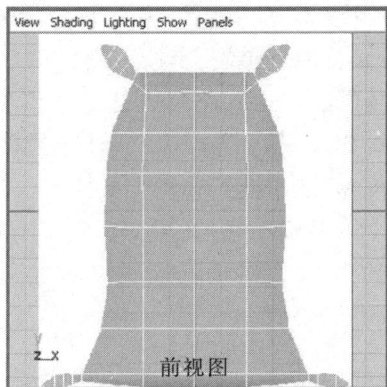

图 3.54　前视图中的布袋图像平面

7. 在侧视图中，选择 查看→图像平面→导入图像 。
8. 打开随书光盘中的文件夹"第三章图像_平面"里的文件"布袋_侧面.tif"。注意图像平面位于坐标轴正中，要移动和缩放它。
9. 在透视视图选择这两个图像平面。
10. 在通道栏中，向下滚动直到看到"输入"下的"图像平面"。
11. 输入如下数值：X 轴偏移 =0，Y 轴偏移 =0，X 轴中心 =0，Y 轴

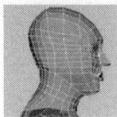

中心 =7.6，Z 轴中心 =0，宽 =15，高 =15（如图 3.55 所示）。

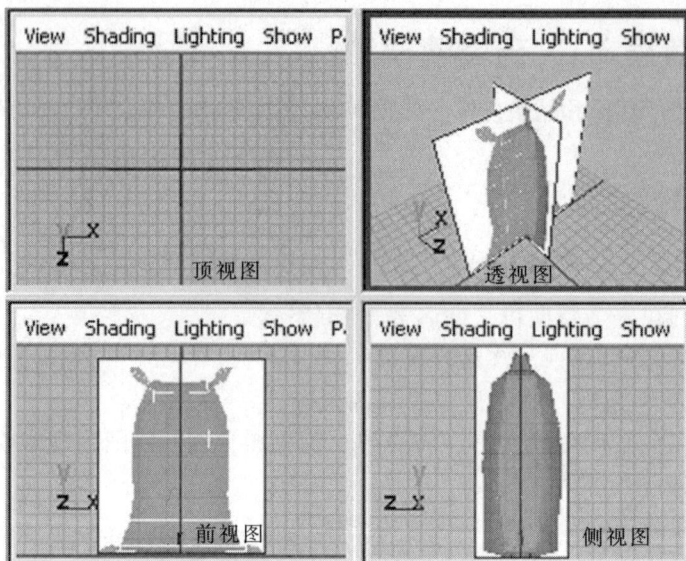

图 3.55　从所有视图看到的图像平面

12. 选择 创建→多边形基本物体→立方体 。确认未勾选"交互式创建"项。Maya 在原点位置创建立方体。

13. 在通道栏或超图窗口中，将立方体的名字改为"布袋"。

14. 在通道栏的 Y 轴平移区输入 0.5，让布袋移动到地面高度。

15. 选中布袋，按 W 键切换到移动工具。

16. 按插入键，可以看到布袋的轴心点。

17. 按住键盘上的 X 键，将轴心点移动到布袋底部的轴心原点位置（如图 3.56 所示）。

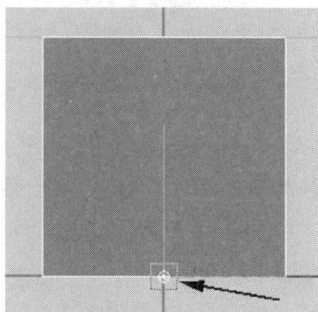

图 3.56　把布袋的轴心点移动到原点

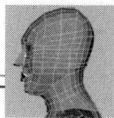

18. 按插入键关闭轴心点模式。

19. 选中布袋，按 R 键改换到缩放工具。

20. 在前视图中，分别在 X 轴向和 Y 轴向上缩放立方体来吻合图像平面上布袋的大小。

21. 按 5 键切换到平滑显示所有对象模式（如图 3.57 所示）。

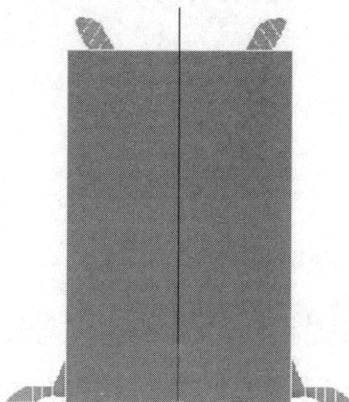

图 3.57 缩放多边形布袋到吻合参考图像

22. 在前视图中，选择 阴影→X 射线 ，让立方体变得透明。

23. 选择 编辑网格→切面工具 。

24. 在前视图中，按住 Shift 键，按住鼠标左键拖动切分布袋。把布袋切分为水平的四等分和垂直的六等分（如图 3.58 所示）。

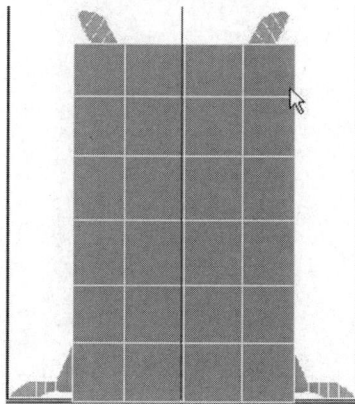

图 3.58 被细分的多边形布袋模型

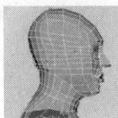

25. 按 Q 键切换到选择工具。

26. 右键点击布袋，选择"面"模式。

27. 选择中轴左侧所有面（如图 3.59 所示）。

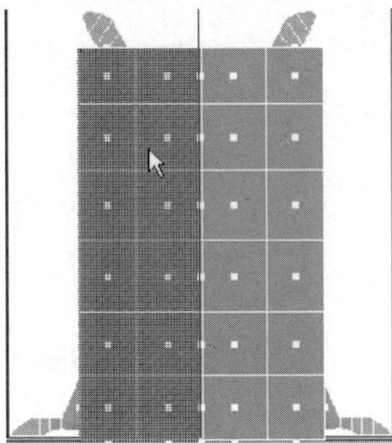

图 3.59　选中的布袋位于中轴左侧的面

28. 按删除键，这样就只剩半边布袋了。因为布袋的形状是对称的，你可以只制作半边模型（如图 3.60 所示），在之后的建模过程中镜像复制它。

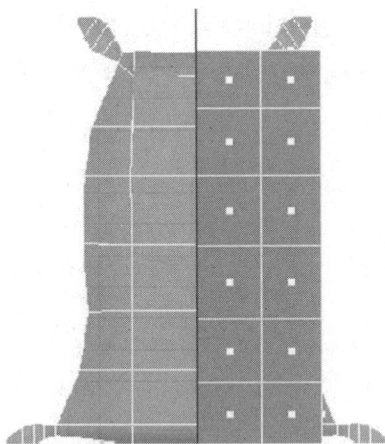

图 3.60　布袋的半边模型

29. 右键点击布袋，选择"面"模式。

30. 在侧视图中选择布袋的侧面顶端的面（如图 3.61 所示）。

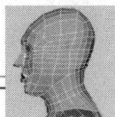

图 3.61　选中布袋侧面的顶部面

31. 选择 编辑网格→挤压 右侧的选项栏。

32. 在细分区中输入 3，点击"挤压面（如图 3.62 所示）。

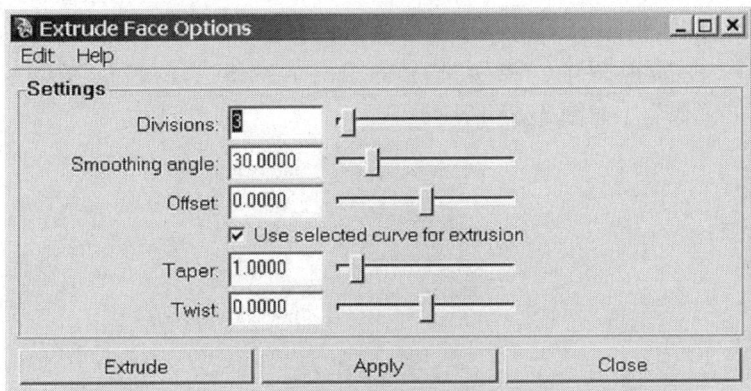

图 3.62　挤压面选项窗口

33. 在顶视图中，按住鼠标左键选中蓝色手柄，然后向右拖动大约 3 个单位创建布袋的"手臂"（如图 3.63 所示）。

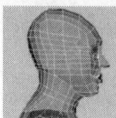

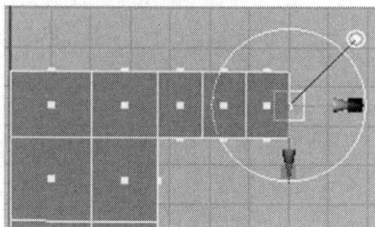

图 3.63 创建布袋的手臂

34. 在前视图中，向右拖动绿色手柄大约 3 个单位距离（如图 3.64 所示）。

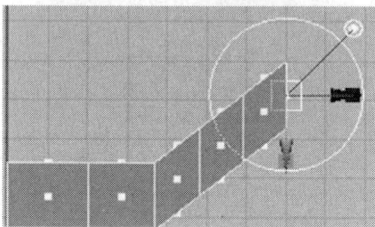

图 3.64 向上拉拽挤压面

35. 如果图像平面遮挡了布袋，选择视图面板上的"显示"菜单，取消勾选"摄影机"。这会隐藏图像平面（再次勾选摄影机即可显示图像平面）。

36. 在侧视图中，选中布袋一侧的底面。

37. 在前视图中，将所选面挤压出大约 3 单位长度来创建布袋的"脚"（如图 3.65 所示）。

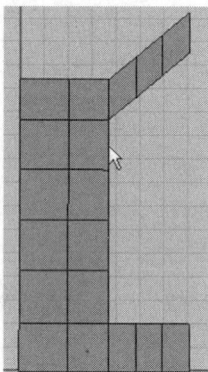

图 3.65 挤压布袋侧面的底部面

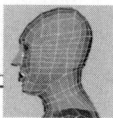

38. 按 F2 键切换到动画模式。

39. 按 F8 键切换到"物体"模式。

40. 选择 变形→创建晶格 ，可以看到晶格包裹住布袋（如图 3.66 所示）。

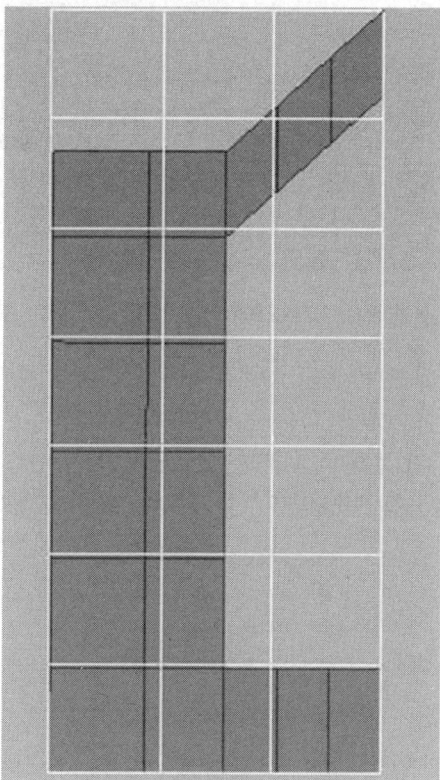

图 3.66 晶格包裹的布袋模型

41. 在通道栏的"形状"项下找到名为"ffd 1 晶格形状"的节点。可以看到 S 细分、T 细分和 U 细分。这些是晶格的空间坐标。

42. 输入如下细分数值：S 细分 =4，U 细分 =8，T 细分 =2。

43. 在透视图中，右键点击晶格，选择"晶格点"模式。

44. 在前视图中，按住 Shift 键，点击"手臂"和"脚"之间的两排晶格作用点。

确认你选中的只是前面的点，取消对其他晶格作用点的选择（如图 3.67 所示）。

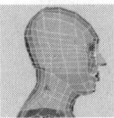

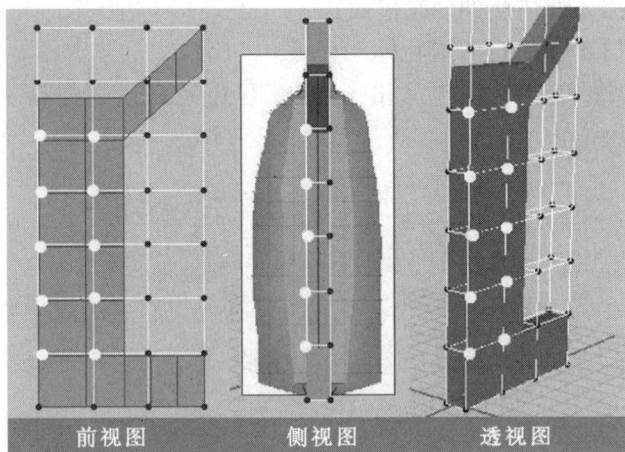

图 3.67　从前视图、侧视图和透视图选择前面的晶格作用点

45. 确认视图是在平滑显示所有对象模式下。在侧视图中选择 阴影→
    X 射线。可以看到布袋之后的参考图。

46. 按 W 键，在 Z 轴向上向左拖动选中的晶格作用点大约两个单位距
    离。将这些单独的晶格点拖动到布袋的边缘（如图 3.68 所示）。

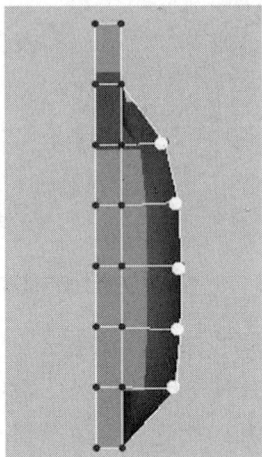

图 3.68　调整晶格作用点让模型吻合图像平面

47. 在透视图中，通过点击选择布袋背面的晶格作用点，确认它们是
    位于布袋"手臂"和"脚"之间的两排点，并将其他误选的点取
    消（如图 3.69 所示）。

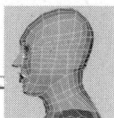

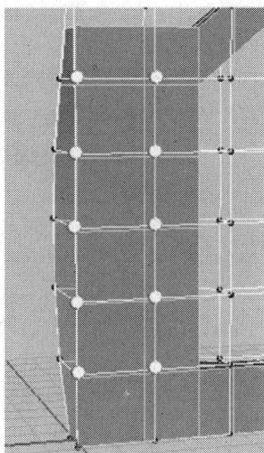

图 3.69 选用后面的晶格作用点

48. 在侧视图中，沿 Z 轴向拖动选中的点大约两个单位的距离，吻合布袋的另一边（如图 3.70 所示）。

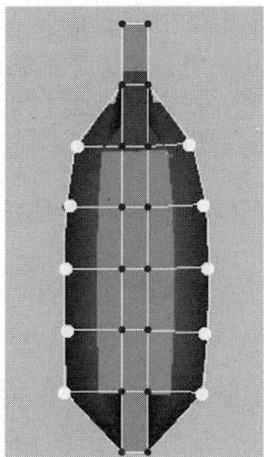

图 3.70 拖动到布袋两侧的晶格作用点

49. 选中布袋然后选择 编辑→根据类型删除→历史。这样就删除了晶格同时又保留了布袋的变形。

50. 确认立方体处于"阴影"模式。

51. 在顶视图中，选中布袋顶端的两条外围边，将它们略向内移动来收窄布袋顶部（如图 3.71 所示）。

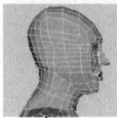

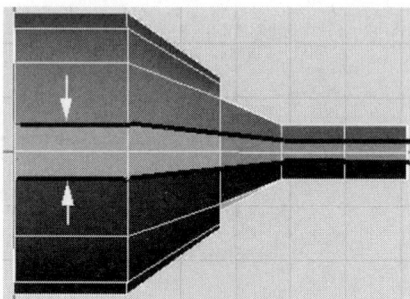

图3.71 布袋外围边向内收窄

52. 选中布袋，然后选择 网格→镜射几何体 右侧的选项栏。

53. 点击镜射方向－X，确认选中与原物体合并以及合并顶点项，点击镜像按钮。

54. 保存文件。

布袋艺术特点

现在你已建立了一个外形中规中矩的布袋。要让这个布袋的外形更为艺术化，可使用几何体雕刻工具来塑造多边形网格的形状。这个工具能让你通过用笔刷绘制来对多边形顶点进行推、拉和平滑的修改。按照以下步骤使用这个工具。

1. 选中布袋，选择 网格→几何体雕刻工具 右侧的选项栏。

2. 将工具属性编辑器在屏幕右侧打开。

3. 将鼠标光标放到布袋上，光标周围会有一个圈。这个圈表示当前所用的笔刷的大小（如图3.72所示）。

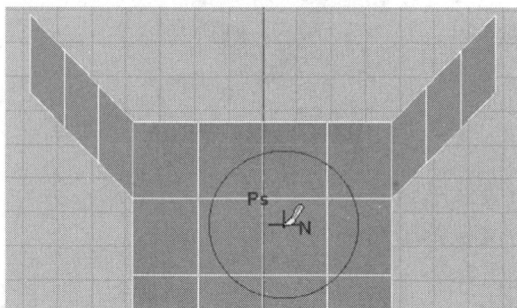

图3.72 雕刻多边形笔刷

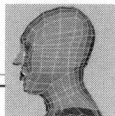

4. 按住 B 键同时按住鼠标中键，左右拖动鼠标即可调整笔刷的大小。你还可以在几何体雕刻工具的笔刷设定里对笔刷大小进行数值调整。

5. 在雕刻参数里，选定推或拉操作，在布袋上绘制观看效果。你在布袋上绘画时，控制顶点会发生移动。

6. 继续在布袋上绘画，赋予它一些特色。

7. 当雕刻完成后，关闭雕刻工具。

8. 右键点击布袋，选择"边"模式。

9. 点击选中布袋右"手臂"中间的边（如图 3.73 所示）。

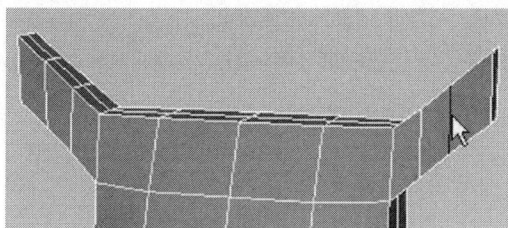

图 3.73　选择右臂中间的边

10. 按住 Ctrl 键在边上用右键点击。

11. 选择 循环边共用→到循环边 。这样就选中了环绕布袋一圈的所有边（如图 3.74 所示）。

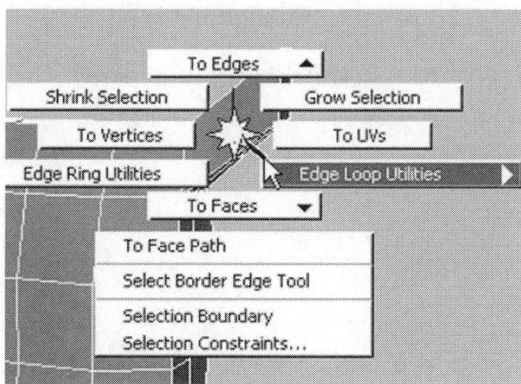

图 3.74　循环边共用标记菜单

12. 重复同样步骤，选中左"手臂"中间的循环边。

13. 按 R 键切换到缩放工具，沿 Y 轴缩放选中的循环边（如图 3.75 所示）。

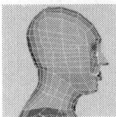

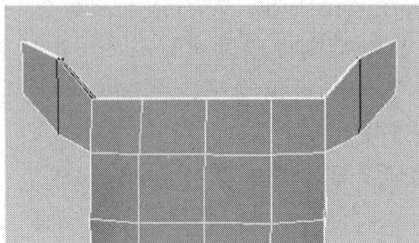

图 3.75　缩放手臂边缘的循环边

14. 右键点击布袋，选择"面"模式。

15. 选中右"手臂"末端的面，略微缩小（如图 3.76 所示）。

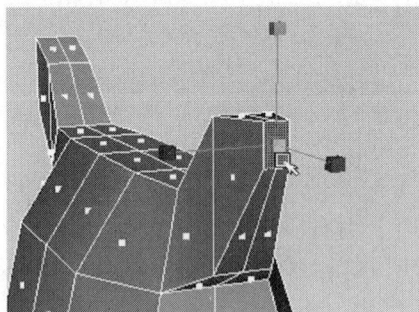

图 3.76　缩放右臂的末端面

16. 对布袋的左右"脚"重复步骤 6 到 10 的操作。

17. 继续雕刻布袋，直到得到一个满意的外形。

平滑布袋模型

按照如下步骤平滑布袋。

1. 选中布袋。

2. 选择 网格→平滑 右侧的选项栏。

3. 确认选中"添加细分：指数"，细分级别 =1（如图 3.77 所示）。

4. 点击平滑按钮，注意布袋现在的表面更平滑了。

5. 在通道栏的"输入"项下，找到"多边形平滑面1"，点击。你会看到包括"细分"在内的一系列属性。

6. 在细分区输入数值 0。

Maya Character Modeling and Animation

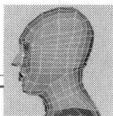

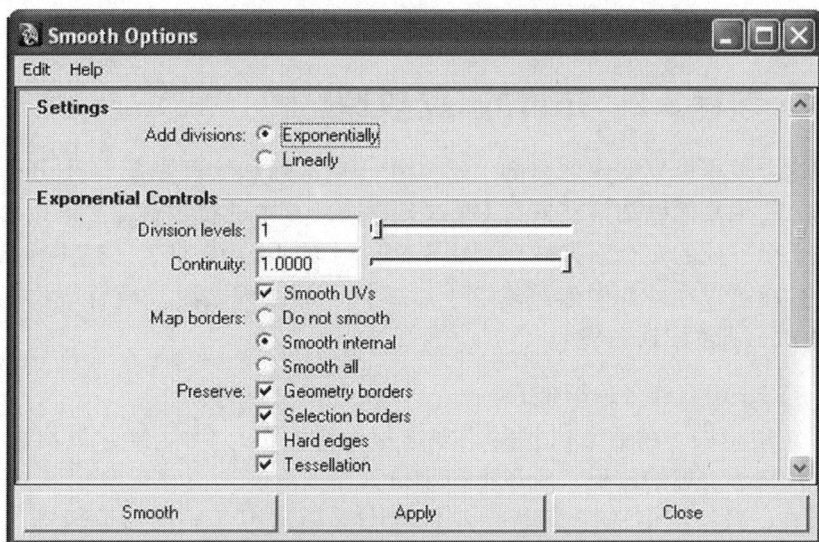

图 3.77　多边形平滑选项窗口

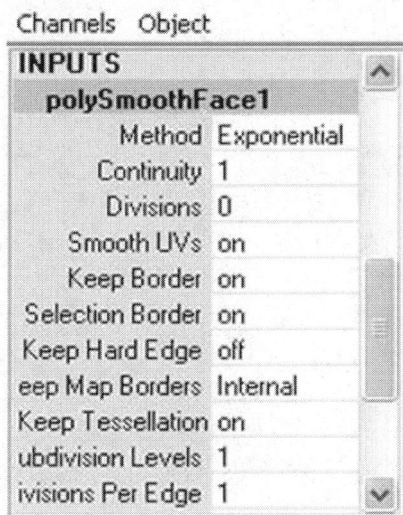

图 3.78　多边形平滑通道栏参数

　　注意布袋表面变回非平滑表面了。你可以通过更改"细分"数值来切换表面的平滑和非平滑状态。

　　当细分数值被设为 0，表面就是非平滑模式的，当细分数值被设为 1，表面就是平滑模式的。

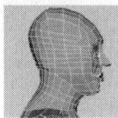

六、教程3.2：布袋的 UV 纹理贴图

在这个教程里你要像之前的"多边形 UV 坐标和纹理贴图"小节里描述的那样，使用平面贴图策略进行 UV 纹理贴图。基本的技术就是手动选择大致能组成一个平面的多个面，然后利用平面投射创建 UV 坐标。一旦 UV 点设定好了，你就可以在外部图形编辑器上编辑自己的纹理贴图，最后把纹理贴图应用到 Maya 里的 3D 布袋上。

1. 按 F3 切换到多边形模式。

2. 选中布袋，在通道栏找到"多边形平滑面 1"。确认细分数值设为 0。为了简化赋予纹理的过程，应该把布袋设为非平滑模式。

3. 在任意视图中选择 面板→已保存布局→透视/UV 纹理编辑器（如图 3.79 所示）。

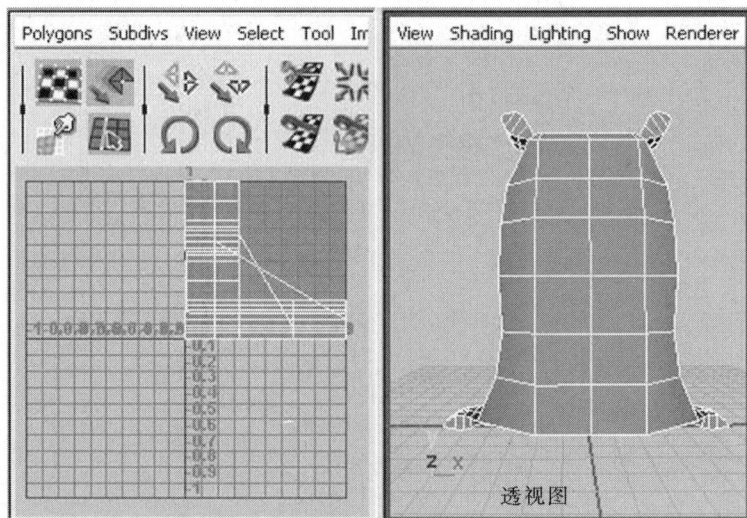

图 3.79　透视视图/UV 纹理编辑器布局

4. 用鼠标中键点击左边的透视视图面板激活它。

5. 按住空格键，用鼠标左键或右键点击，选中顶视图（如图 3.80 所示）。按空格键显示热盒，这是进入 Maya 菜单的快捷方法。

6. 选择 编辑→笔触选择 。通过这个工具可以在多边形对象上绘制选中它们。

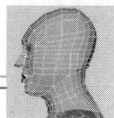

7. 在顶视图中，右键点击布袋，选择"面"模式。

8. 只在布袋顶部的两排面上绘制。确认你只是在这些面上绘制而没有误选中其他面（如图 3.81 所示）。按住 Ctrl 键取消其他误选。

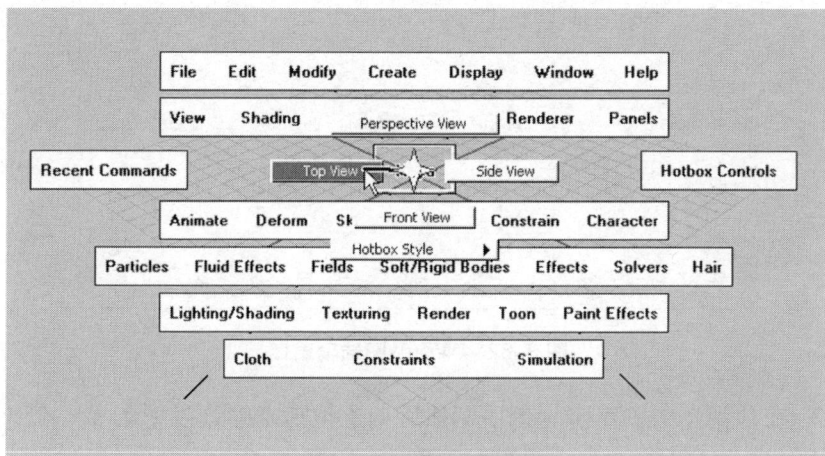

图 3.80 激活顶视图

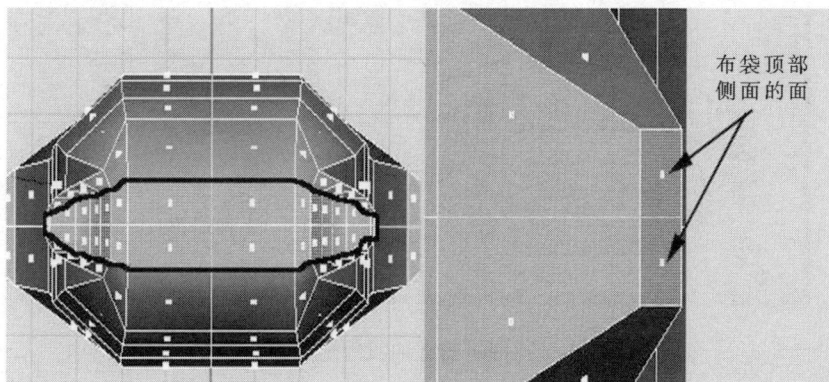

图 3.81 使用笔触控制工具选中顶部面

9. 选择 创建 UVs→平面贴图 右侧的选项栏。

10. 选择 编辑→重置设定 ，然后点击摄影机选项。这样就会从摄影机视角投射 UV 点。

11. 在多边形平面贴图选项窗口，点击"投射"按钮（如图 3.82 所示）。

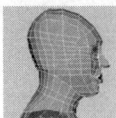

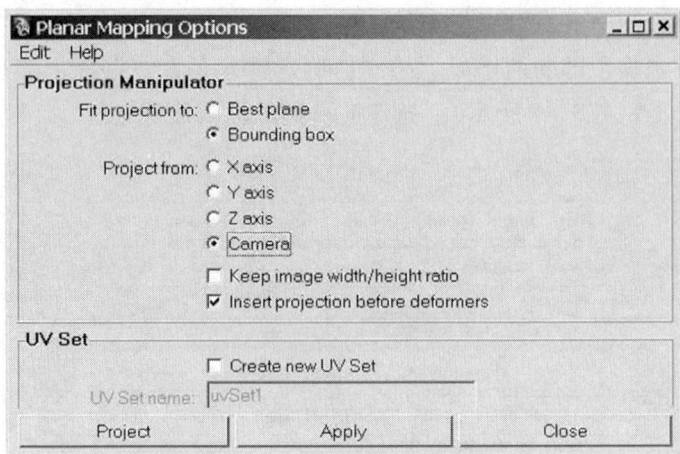

图 3.82　平面贴图选项窗口

12. 在顶视图中，点击绿色手柄然后向上拖拽来缩放投射的 UV 点（如图 3.83 所示）。

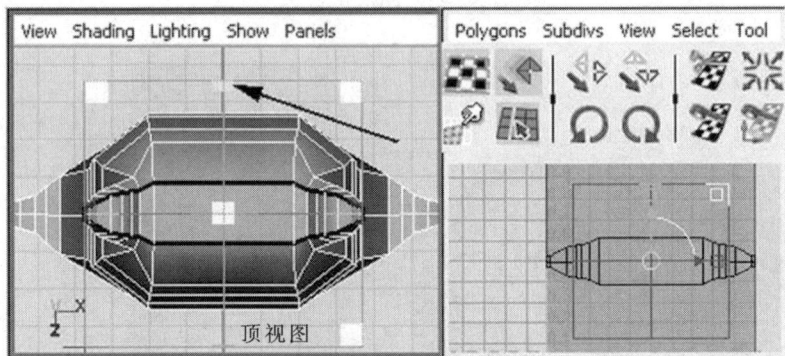

图 3.83　用操纵器缩放投射出来到 UV 点

13. 在纹理编辑器窗口里，右键点击，选择"UV"（如图 3.84 所示）。

14. 在纹理编辑器窗口里，拖拽一个矩形框选所有投射的 UV 点。

15. 按 W 键切换到移动工具。

16. 移动 UV 点到左侧的 0～1 灰色材质方格之外，（如图 3.85 所示）（这个移动只会暂时分离 UV 坐标）。

17. 在顶视图中，选择 查看→预定义视图标签→底部（如图 3.86 所示）。

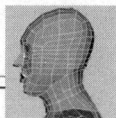

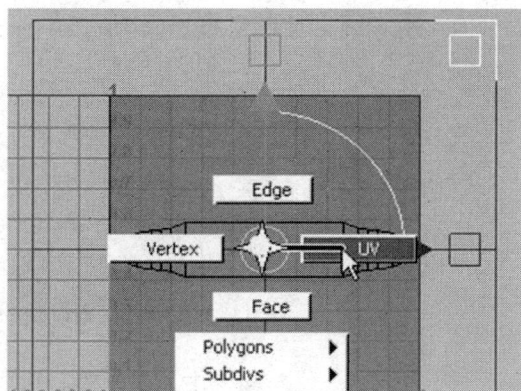

图 3.84　在纹理编辑器选择"UV"选项

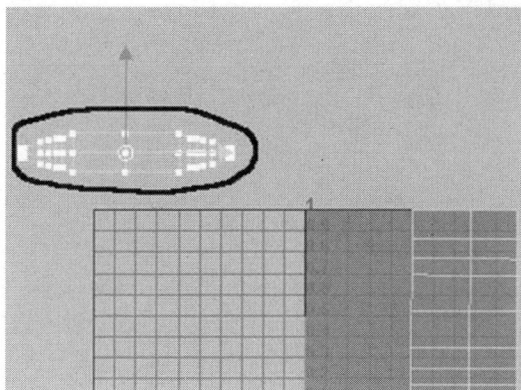

图 3.85　在纹理编辑器移动 UV 点

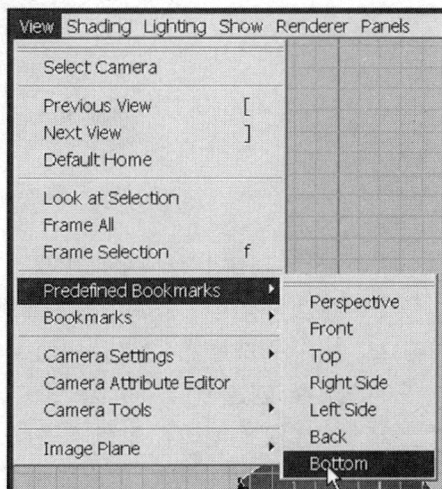

图 3.86　选择底部的平面图

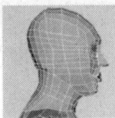

18. 用笔刷工具选定布袋底部的面（如图3.87所示）。

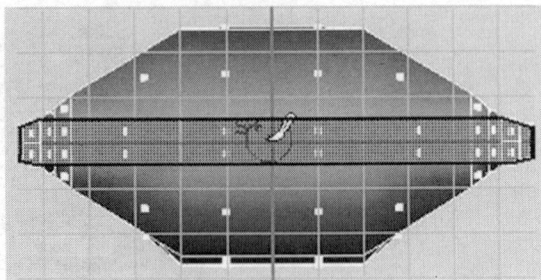

图3.87　使用笔触控制工具选中底部面

19. 重复步骤9至12来缩放投射UV并在纹理编辑器里移动UV。需要时缩放UV点。

20. 选择前视图，用笔刷选中布袋正前方的面，包括"手臂"和"脚"的正前方的面（如图3.88所示）。

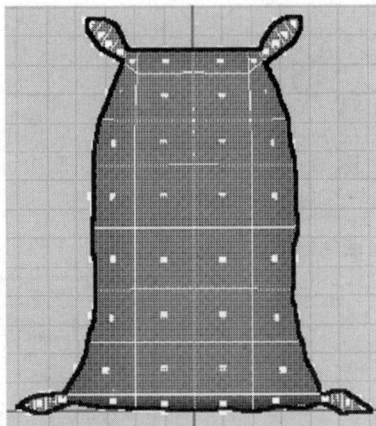

图3.88　使用笔触控制工具选中前面

21. 选择 创建UVs→平面贴图（如图3.89所示）。

22. 在底视图中，选择 查看→预定义视图标签→背面 。

23. 用笔刷选中布袋背后的面，包括"手臂"和"脚"背后的面。

24. 选择 创建UVs→平面贴图 。

25. 选择纹理编辑器里的UV点，把它们移动到0~1灰色纹理方格之外。

26. 选择 查看→预定义视图标签→右侧 。

27. 用笔刷选中布袋右侧的面。

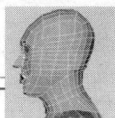

28. 你可能需要放大视图好看清"手臂"底下和"脚"上方的面（如图 3.90 所示）。

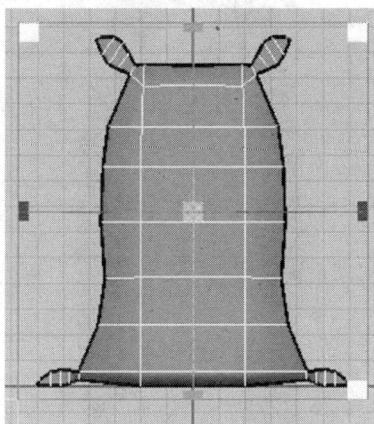

图 3.89　前视图里的平面贴图操纵器

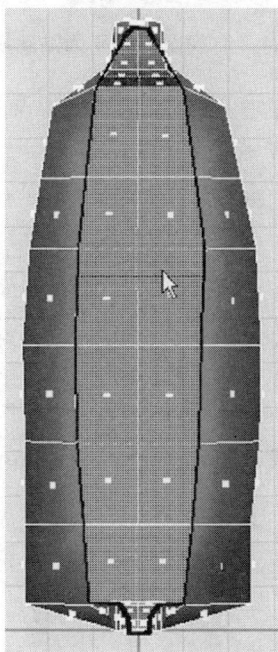

图 3.90　使用笔触控制工具选中右侧面

29. 选择 创建 UVs→平面贴图（如图 3.91 所示）。

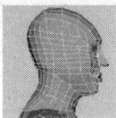

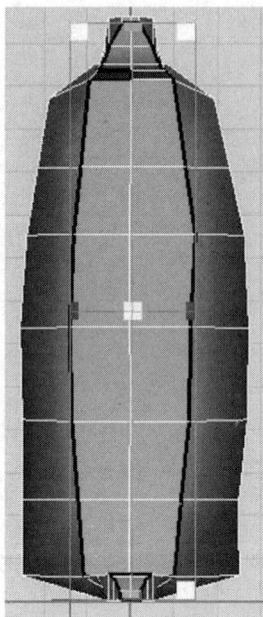

图 3.91　右视图里的平面贴图操纵器

30. 选中红色手柄，然后拖动它来缩放 UV 点（如图 3.92 所示）。或者你可以在纹理编辑器里缩放 UV 点。

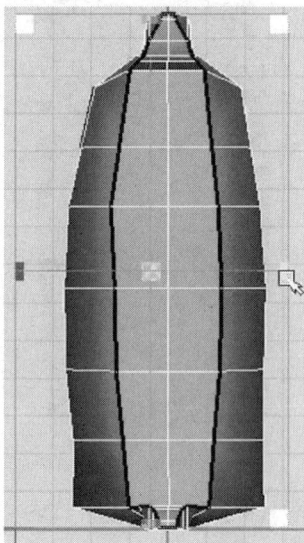

图 3.92　在右视图缩放平面贴图操纵器

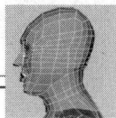

31. 选择纹理编辑器里的 UV 点，把它们移动到 0 ~ 1 灰色纹理方格之外。

32. 选择 查看→预定义视图标签→左侧 。

33. 使用你在右侧用过的同样方法用笔刷选中布袋左侧的面。

34. 选择 创建 UVs→平面贴图 。

35. 拖动绿色方块缩放 UV 点，如果必要的话，还可选择红色方块缩放。

36. 选择纹理编辑器里的 UV 点，把它们移动到 0 ~ 1 灰色纹理方格之外。

现在在纹理编辑器的暗灰方块区应该已经没有 UV 点了，如果你在这个区间看到任何 UV 点，就意味着你在笔刷选取时遗漏了某个面。要纠正这个错误，选择纹理编辑器里的 UV，查看它们对应布袋上什么地方。找到 UV 点所属的位置后，再用笔刷整个选择布袋的这部分，重新进行平面贴图。例如，如果你遗漏的 UV 点位于布袋的背面，那么就用笔刷选择布袋的整个背面再对它做平面贴图。

37. 右键点击纹理编辑器选择"UV"。

38. 在所有平面贴图的部分上拖一个方形框选所有。确认你没有漏掉任何 UV 点，只有被选中的 UV 点会被命令所影响。

39. 在纹理编辑器窗口，选择 多边形→规则化 UV 点 右侧的选项栏。规则化的 UV 点 U 和 V 的数值在 0 ~ 1 范围内缩放。

40. 在多边形规则化变换 UV 选项窗口，确认选中"全体"和"保持宽高比"，点击应用和关闭"按钮（如图 3.93 所示）。

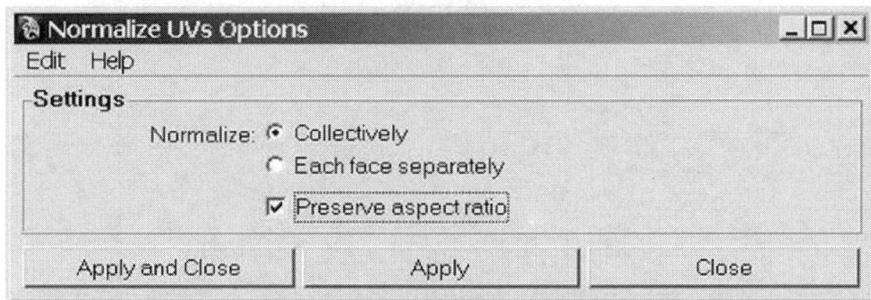

图 3.93　在多边形规则化变换 UV 选项窗口更改设定

41. 你会看到所有选中的部分都分布在纹理编辑器的 0 ~ 1 灰色方格内（如图 3.94 所示）。

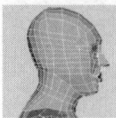

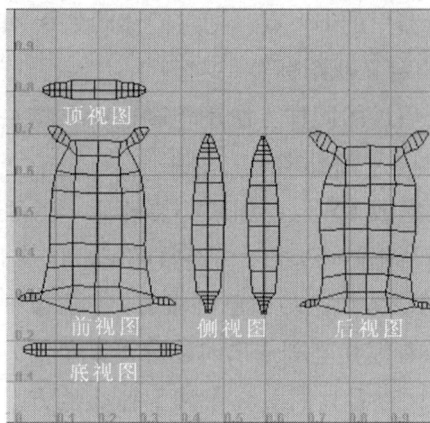

图3.94　在纹理编辑器0到1网格区间的所有部分

42. 拖拽出一个方块再次框选所有的 UV 点，确认没有遗漏任何 UV 点。

43. 在纹理编辑器中，选择 多边形→展开 UVs 选项栏（如图 3.95 所示）。

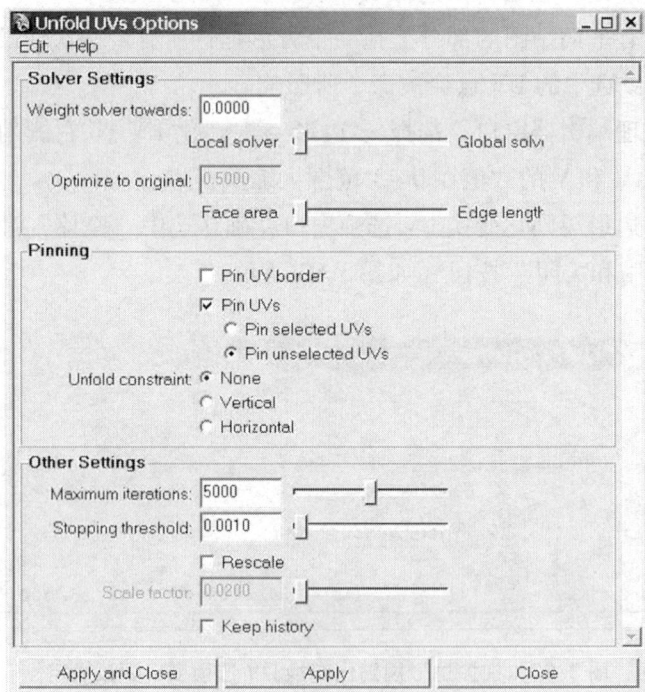

图3.95　展开 UV 选项窗口

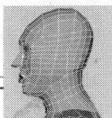

44. 在展开的 UV 选项窗口中，选择 编辑→重置设定 并点击"应用"和"关闭"按钮。这会展开网格中的所有交迭着的 UV 点。

在 Photoshop 中绘制布袋的纹理贴图

按照以下步骤在 Photoshop 中绘制布袋的纹理贴图。

1. 右键点击布袋，选择 材质→应用新材质→朗伯材质（如图 3.96 所示）。朗伯材质是一种不反光的单色材质。现在朗伯材质的属性编辑器应已打开。

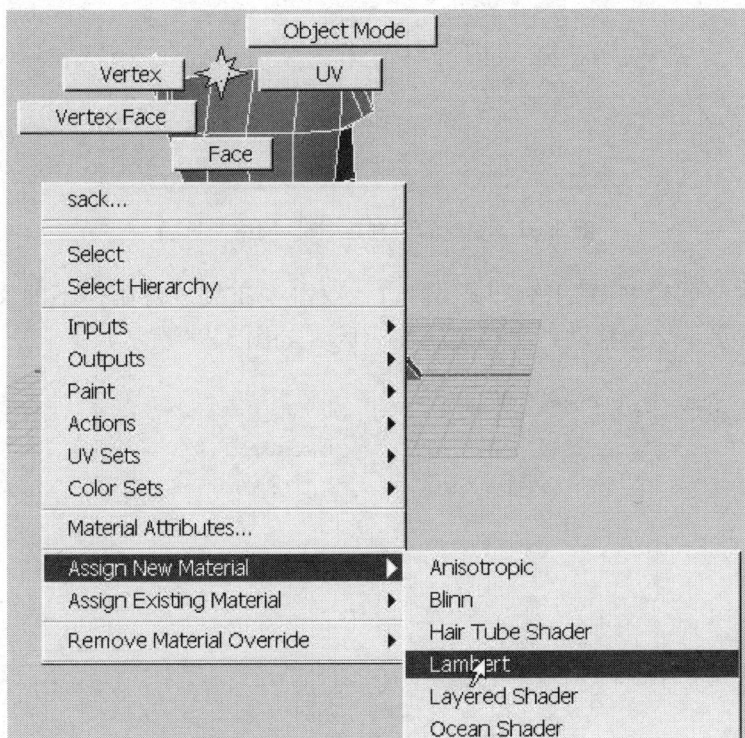

图 3.96　赋予朗伯材质到布袋

2. 将材质命名为"布袋_ 材质"。

3. 选中布袋，在纹理编辑器窗口中，选择 图像→创建 PSD 网络 。

4. 给 UV 快照命名，确认选中"打开 Adobe® Photoshop®"和"包括 UV 快照"（如图 3.97 所示）。

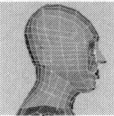

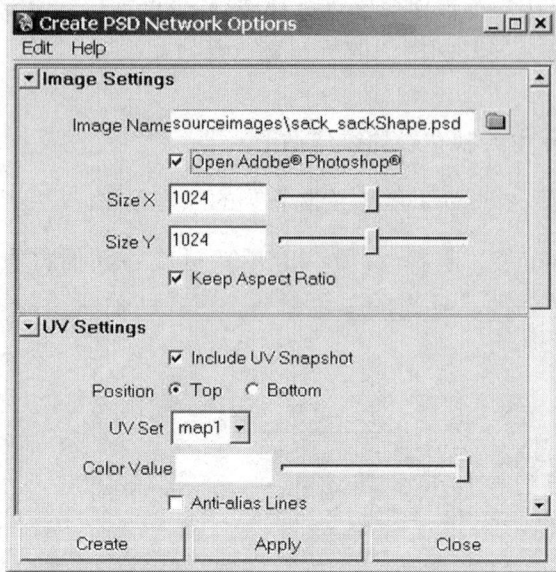

图 3.97　更改的"创建 PSD 网络"选项

5. 在"创建 PSD 网络选项"窗口，双击"布袋_ 材质"下的文字"颜色"。"文字"会被移动到"所选属性"区（如图 3.98 所示）。

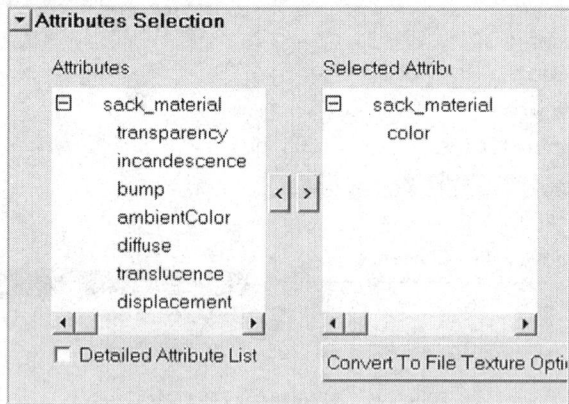

图 3.98　在"创建 PSD 网络选项"窗口所选的颜色属性

6. 点击"创建"按钮，Photoshop 就会打开并显示你的图片。Photoshop 图像要包含三层：背景、布袋_ 材质的颜色和 UV 快照。

7. 为图像创建一个新层，命名为"布袋纹理"。

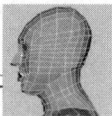

8. 打开随书光盘里的"第三章 纹理贴图"文件夹，找到"布袋．psd"文件。

9. 将文件"布袋．psd"复制粘贴到新建的"布袋材质"层。或者，你可以自己创建一个布袋纹理贴图。

10. 将 UV 快照作为参考，在布袋前面三次键入"低咖啡因"字样（如图 3.99 所示）。

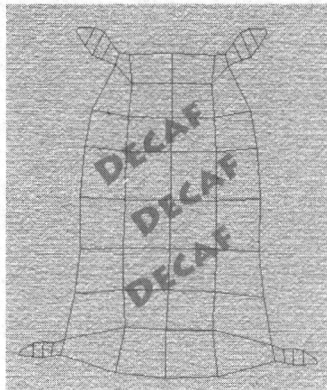

图 3.99　布袋正面带"低咖啡因"字样的 UV 快照

11. 隐藏快照图层，保存为 PSD 格式，在保存图像时应不显示快照参考。

将 Photoshop 文件导入 Maya

按照以下步骤将文件导入 Maya。

1. 在 Maya 的任意视图中选择 面板→布局→左三分面板（如图 3.100 所示）。

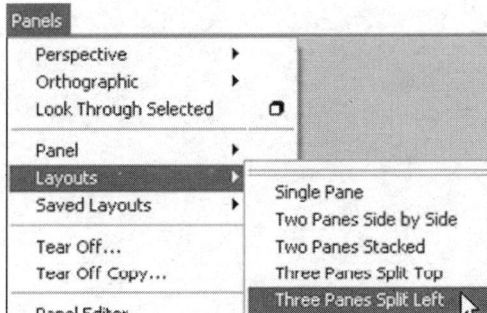

图 3.100　选择左三分面板布局

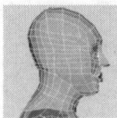

2. 选择如下三个面板：在左上方面板里，选择 面板→面板→UV 纹理编辑器，设定左下方的面板为超链接材质编辑器，右边面板为透视视图。

3. 双击"布袋_ 材质"，打开属性编辑器。

4. 点击"颜色"属性旁的黑白格按钮（如图 3.101 所示），打开 PSD 文件纹理属性编辑器。

Common Material Attributes

Color

Transparency

Ambient Color

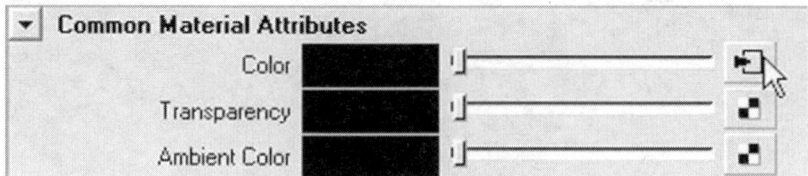

图 3.101　颜色属性的纹理栏

5. 在 PSD 文件纹理属性编辑器里的文件属性部分，将"图层链接设定"更改为"合成"。

6. 打开"UV 快照 . psd"文件。

7. 你会看到 Photoshop 文件关联到朗伯材质。

8. 通过鼠标中键点击拖动材质到布袋上或者选择布袋，右键点击材质选择"对所选物体赋予材质"，将朗伯材质赋予布袋。

9. 如果布袋上的麻布图案在布袋的不同部位大小不一样，就回到纹理编辑器缩放 UV 点直到布袋上任何地方的图案大小均匀。

10. 如果麻布图案在布袋的"手臂"处方向和布袋其他部分不一致，就选中"手臂"上的所有 UV 点进行旋转（如图 3.102 所示），旋转 UV 点不会造成几何物体的旋转，只是转动了纹理的应用方向。

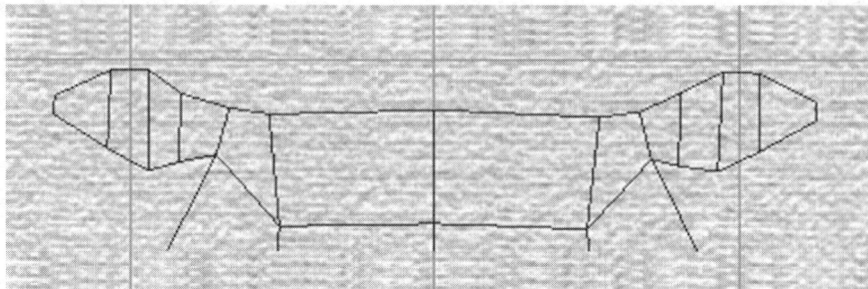

11. 保存文件。

图 3.102　手臂的 UV 点关联到麻布纹理的方向

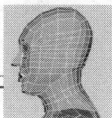

七、小结

在本章中，你已看到了在 Maya 中进行 3D 多边形建模使用的主要方法和策略。你还用到了每次只能操纵一个多边形物体的基本工具，以及能对模型的整体或其中的部分面执行操作的更高级工具。你还学到了怎样利用 UV 坐标赋予多边形物体纹理贴图，如何利用投射方式建立这些赋予关系，并如何在纹理编辑器里调整它们。有了这些技巧，你就拥有建立几乎所有物体模型的基础技能了。

在下一章，你会学到如何通过给模型"绑定"骨骼和摆动作，赋予模型生命。

八、挑战作业

手机建模

使用本章学到的技术用多边形建立手机模型，找一张或几张参考图，把这个手机做得越有特点越好。使用材质贴图或几何体建模的方式添加手机的细节（自行决定）。

家具建模

找一件家具的参考图，用多边形建模，并给物体赋予纹理贴图，再渲染一张静帧图像。

第四章

简单造型的绑定和动画

本章内容

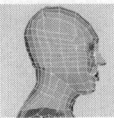

骨 骼的搭建和绑定是指创建骨骼，并将它们连接到角色的过程。在本章中，你将学到如何创建简单的骨骼并将它绑定到在第三章中制作的布袋几何体上。

将骨骼连接到物体叫做蒙皮，你还会学到如何建立角色的姿势，引导骨骼搭建的设计过程和测试骨骼。

一、理解绑定

不同于现实世界中的生物，3D角色的骨骼和解剖结构是简化了的。绑定设计根据角色的解剖结构和运动而变化。在你着手绑定骨骼之前，必须研究角色的形体和动作以便创建和测试出合适的绑定设定。

在制作中，一个角色可能被多次绑定。例如，一个绑定设置是用于拍角色全身镜头，而另一个绑定设置是用于单个或一组手指细微动作的镜头。

镜头故事板（分镜头）

绑定流程开始于分析一个或一组镜头的分镜头脚本。研究角色的动作并确定其典型的动作姿势，尤其是那些动作和情绪的极端点。在这个过程中，借鉴参考片段通常很有用。

让我们从一个简单镜头的草图开始。图 4.1 展示了你要用来给布袋角色摆动作时的初步绘图。

图 4.1 布袋跳跃镜头的分镜头
（承蒙 Brittney Lee 赠送）

Maya Character Modeling and Animation

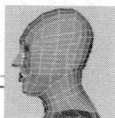

你在第二章中已实践过制作弹跳球体的动画，也许你就只想用布袋跳跃的以下这三个姿势来制作这段动画。

· 布袋处于静止状态
· 布袋在跳跃中处于最高点
· 布袋着地

不过，可能还不能够从这些姿势得出一段有说服力的动画。动画角色不同于简单机械的物体，是有自身动力推动的，并且是有智能的。角色动画有两个关键特点：动作准备和动作跟随。动作准备也有两个重要因素。第一是思想活动——角色在开始动作前必须要思考一会儿的，这个时间应该持续到观众能意识到"角色在思考"那么久；第二个因素就是动作准备的身体表现——角色在运动之前要先"上紧发条"，就像棒球投球手在投球前回旋一样——他是在必要地让身体定向以便肌肉张力和重力能驱动他向着目标方向投掷。

现在想着布袋是要向左侧跳跃。它的第一个动作会是什么？（在停下思考之后）它会将重心向后移到右脚上，提胯向后转，右膝微屈，脊椎向后转动。可以在图4.1里看到这些。布袋在准备向左跳跃时身体扭转了。

然后，跳跃动作是由右腿肌肉伸缩推动，胯部重心移动到左脚，伸直脊椎和胯部的动作组成。这也由画中的第二个姿势证实了。

因为跳跃动作是有意为之的，角色不会像块石头那样落地。在它接触到坚硬地面的时候，会做出用关节吸收冲击力的反应。你要在它着地的一刻动作最剧烈的时候设定一个单独的关键帧。然后让它恢复到正常的站立姿势。

动作准备和跟随是判断角色有生命的基础。如果你在做物体动画时也运用这些原理，那么就能创造出物体有生命的想象。你的观众会相信像布袋这样无生命的普通物体是活的甚至是有感情的。

绑定设计

绑定的首要目标是让角色有足够的骨骼，能够按照要求弯曲和移动。就这个布袋的情况来说，从它的原始几何形看骨骼怎样转动不是很明确。对此的了解肯定要来自于镜头故事板或参考片。

从布袋的分镜头来看它的举动像人。因此，骨骼搭建和绑定也应包括相当于脚、腿、胳膊和脊椎骨的部分，虽然这些特点不易在模型几何体上看出来。特别是虽然布袋没有脚，布袋角要像脚一样地行动，不过可以在骨骼里

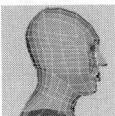

去掉手指和脚趾来简化它。你要创建一套抽象的两足骨骼好让布袋像分镜头里那样行动。

二、基本绑定流程

绑定过程涉及以下基本步骤。

1. 创建与你的模型及其运动适宜的骨骼。
2. 给骨骼添加反向动力学（IK）手柄。
3. 创建物体约束。
4. 将骨骼绑定到几何体。
5. 测试并调节骨骼和绑定参数让角色的动作达到效果。
6. 创建骨骼控制，以便实现对角色动作的摆拍。

创建骨骼

骨骼是关节的层级组。当你创建了两个关节之后，Maya 会自动地在两个关节之间创建一根骨头连接它们（如图 4.2 所示）。

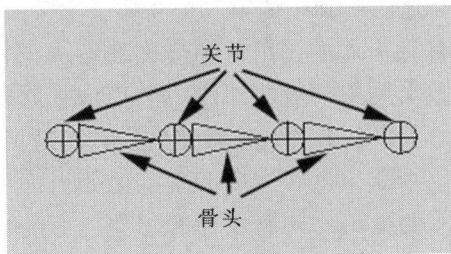

图 4.2　关节层级

为了得到预期的关节动作，你要先把关节吸附到网格来对齐关节的局部轴。要把关节吸附到网格，点击鼠标创建关节的时候按住 X 键，在吸附关节到网格之后，可以通过移动关节的轴心点位置来带动关节移动到终止位置。要看到关节的轴心点，按 W 键切换到移动工具，再按下键盘上的"插入"键。

关节有局部轴，要看到关节的局部轴，选择这个关节，按 F8 键切换到元素选择模式，点击状态栏里的问号（如图 4.3 所示）。

Maya Character Modeling and Animation

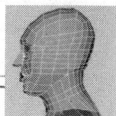

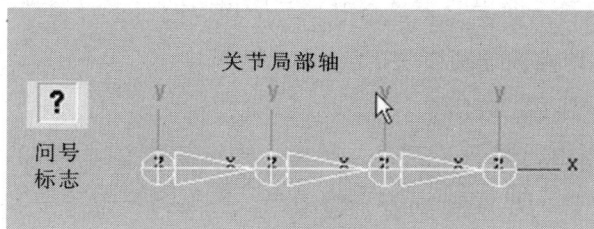

图4.3 显示局部坐标轴的关节

局部坐标轴和整体坐标轴可以用旋转工具修改。

添加动力学

当你制作角色的动画或者调整角色动作的时候，你要指定骨骼关节的平移和旋转来创建运动。这个过程叫做动力学。动力学有两种：正向和反向。

正向动力学（FK）是动画师单独地制作关节动画的过程。正向动力学在制作动画中的常见运动比如游泳、挥手等时非常有用。不过，使用正向动力学，动画师就不能直接控制子关节的位置——子关节只能通过旋转它们的父物体来摆放。例如，肘部的位置基于肩部的旋转。如果想让子关节精确地处于某个位置，调整过程就可能相当费时，而且需要大量的观察和推论。例如，如果你移动自己的手，你通常不会去想肘部和肩部关节要随之旋转多少。可是，当你要用正向动力学做动画，你必须单独地考虑这些旋转以及它们如何变化积累（如图4.4所示）。

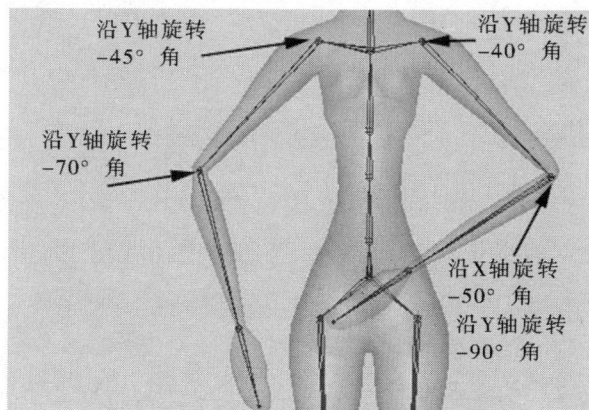

图4.4 用正向动力学做手臂关节的动画

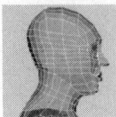

让我们创建一个简单的手臂关节，并用正向动力学做动画。

1. 按 F2 键切换到动画模式。

2. 选择 骨骼→关节工具 。

3. 在前视图中，按下 X 键，并把光标放到屏幕中间，在直线上从左到右点击三次，然后按回车键完成关节的创建，可见到三个关节和两根骨头排成一列（如图 4.5 所示）。

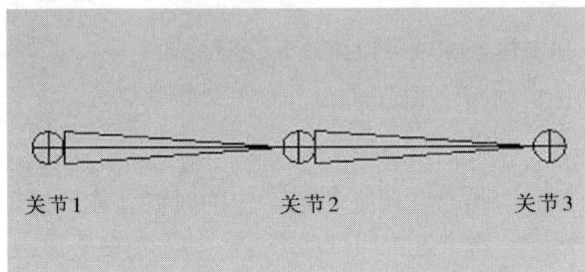

图 4.5　由骨头连接的三个关节

4. 点选"关节 1"（如图 4.6 所示），注意它之下的关节也被选中了。

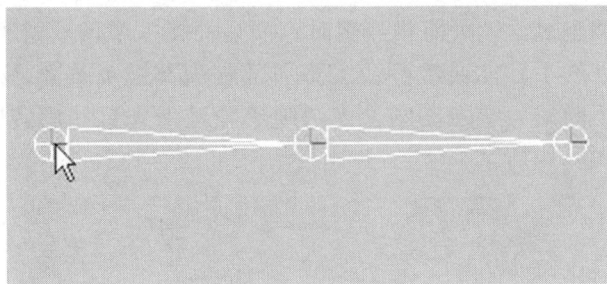

图 4.6　选中"关节 1"

5. 按键盘上的 E 键切换到旋转工具。

6. 将关节在 Z 轴向上旋转 45°，你可通过拖动旋转工具的蓝色手柄（如图 4.7 所示）进行这个操作。在通道栏"Z 轴旋转"通道输入 45，你将发现关节 1 下面的关节也跟着移动。

7. 选择关节 2 并在 Z 轴向上旋转 45°。你应该会看到关节如图 4.8 那样旋转。注意在这种情况下，关节 2 对关节 1 没有影响。

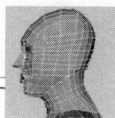

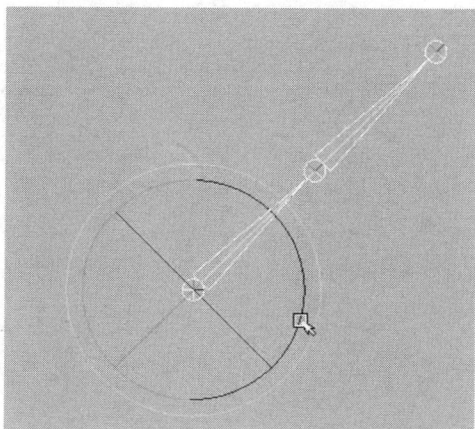

图 4.7　关节 1 在 Z 轴向上旋转 45°

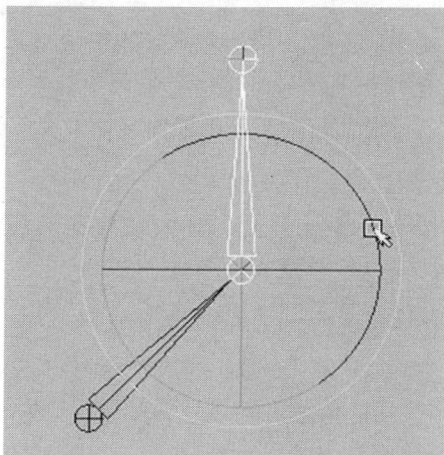

图 4.8　关节 2 在 Z 轴向上旋转 45°

反向动力学（IK）

反向动力学是指定一部分骨骼末端动作来做关节动画的过程。例如，你可以摆放腕部关节的位置，肘部和肩部也会跟随。要做到这点，需要用到反向动力学手柄，它把关节连成一条链。通过移动链条末端的关节，你就能移动它之上的所有关节。反向动力学手柄有起点和末端，还有固定在反向关节链末端关节上的末端受动器。当你拖动反向动力学手柄，它推动反向关节链，关节会通过叫做反向动力解算器的算法，自动地移动和旋转（如图 4.9 所示）。

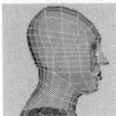

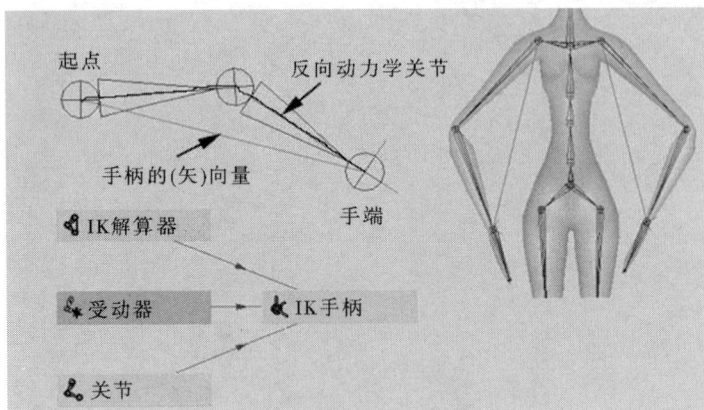

图4.9　反向末端受动器移动

受动器在 Maya 显示里表现为一个 3D 十字，且反向关节由起点和末端相连的直线连接起来。不过，摄影机角度有时会让末端受动器很难被看到和选择。之后我们会学到如何在绑定控制中让末端受动器易于选择。此外，记住受动器总是能从超图和框架图窗口里看到和选择的。

1. 选择 骨骼→关节工具 。

2. 在前视图中，按下 X 键，并把光标大致放到屏幕中间，在直线方向上点击三次成一列，然后按回车键完成关节的创建。

3. 点选关节 2，将它在 Z 轴向上旋转大约 20°（如图 4.10 所示）。

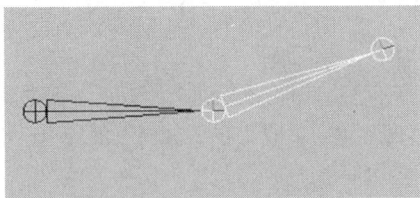

图4.10　关节2在Z轴向上旋转20°

4. 选择 骨骼→设置预设角度 。这显示关节的预设（也就是默认）旋转角度并在用反向动力学系统使进行旋转时的效果符合预期。

5. 在通道栏的 Z 轴旋转区输入 0，让关节 2 旋转回 0°。

6. 选择 骨骼→反向动力学手柄工具 。

7. 先点选关节 1，再点选关节 3。你会看到反向动力学手柄。

8. 点击并向左拖动移动工具的红色手柄。关节 2 和关节 3 会因反向动力学手柄而移动（如图 4.11 所示）。

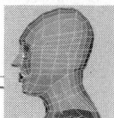

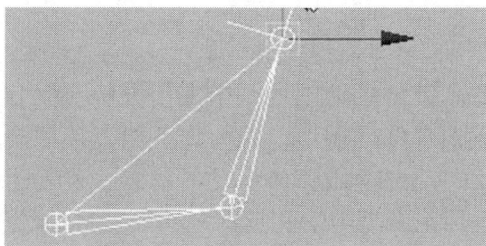

图 4.11 关节 1 和关节 2 通过反向动力学移动

通过反向动力学系统，Maya 用两个主要方法来选择中级关节位置：反向单一链解算器和旋转平面解算器（如图 4.12 所示）。

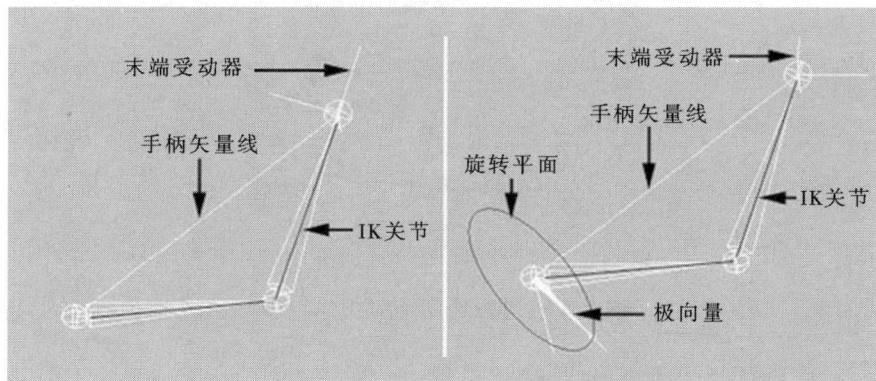

图 4.12 单一链和旋转平面反向动力学系统

运用反向单一链解算器，你可以通过移动和旋转末端受动器来移动和旋转骨骼。使用反向旋转平面解算器，你只能通过移动解算器来移动骨骼。这个解算器有一个叫做扭曲的独立通道，用来旋转骨骼。这些解算器就像是反向关节链的大脑。当你通过拖动反向动力学手柄将关节链移动到特定位置时，解算器将决定关节旋转多少度来到达这个位置。旋转平面解算器有一个极向量，可以移动它来改变平面的朝向。极向量只有以极向量约束的方式被约束于另一个物体时才能移动。

> 使用旋转平面解算器在制作动画时要进行更多的工作。但也能因此得到更多的操控力。在有些情况下，制作动画时单一链解算器可能在某个关节处发生意外翻转，如果遇到这个问题，试试把单一链解算器换成旋转平面解算器。

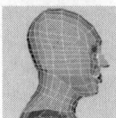

反向/正向混合

用反向动力学链是做角色动画的一个实用方法。但有些用反向动力学创建的运动却看起来不太自然。例如，因为你不能直接控制中间关节的移动和旋转，所以很难用反向动力学做弧形运动的动画。要创建一个令人信服的动作，有时你要同时运用正向动力学和反向动力学。Maya 里有混合正向动力学和反向动力学的选项。

1. 在 Maya 里按 F2 切换到动画模式。
2. 打开随书光盘里的"第四章 正向反向"文件夹里的"正向_反向 . mb"文件（如图 4.13）。

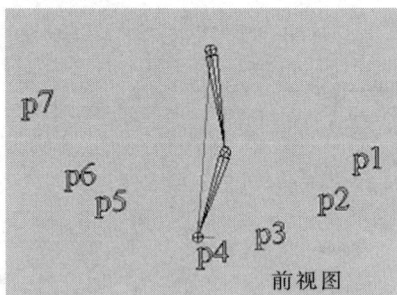

图 4.13　动力学/反向动力学 . mb

3. 确认时间滑块当前帧为 1。
4. 选中反向动力学手柄，把它移动到 p1 位置。
5. 选择 动画→设置帧 右侧的选项栏。
6. 在选项窗口中，选择 编辑→重置设定 。
7. 点击"设置帧"按钮。
8. 把当前帧向前推进到第 15 帧，你可以在"当前时间"区输入这个数字，到达这一帧。
9. 把反向动力学手柄移动到 p2 位置。
10. 在仍选中反向动力学手柄的情况下，选择 动画→反向/正向帧→设置反向/正向帧（如图 4.14 所示）。这样就可以对关节和反向动力学手柄设置关键帧。反向动力学混合在第 15 帧到第 20 帧从可用融合到不可用。在第 20 帧，反向动力学是不可用的，你可以在正向动力学模式下做关节动画。
11. 将时间滑块向前推到第 20 帧。

Set Key	s	▢
Set Breakdown		▢
Hold Current Keys		
Set Driven Key	▶	
Set Transform Keys	▶	
IK/FK Keys	▶	
Set Full Body IK Keys	Ctrl+f	
Set Blend Shape Target Weight Keys		
Create Clip		

Set IK/FK Key
Enable IK Solver
Connect to IK/FK
Move IK to FK

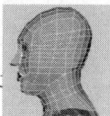

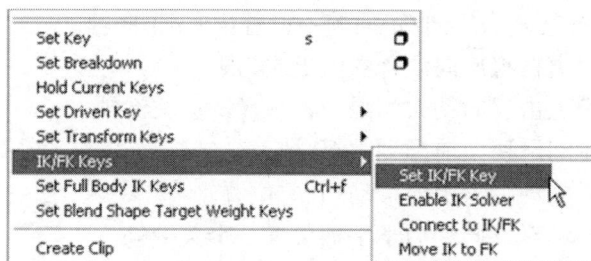

图 4.14　设置反向/正向帧菜单

12. 将反向动力学手柄移动到 p3 位置。
13. 选择 动画→反向/正向帧→设置反向/正向帧 。
14. 仍是在第 20 帧，在通道栏将反向动力学混合数值改为 0。
15. 右键点击反向动力学混合，选择所选关键帧。
16. 将时间滑块向前推进到第 30 帧。
17. 选择肩部，将它在 Z 轴旋转通道大致旋转 −20°。
18. 选择肘部，将它在 Z 轴旋转通道大致旋转 −35°。手臂应向下垂落到 p4 位置（如图 4.15 所示）。

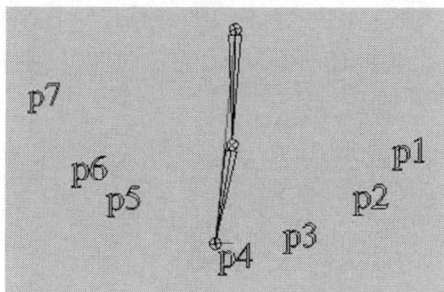

图 4.15　手臂在 p4 位置

19. 选择肩部和肘部关节。
20. 按 S 键在第 30 帧对关节设置关键帧。
21. 将时间滑块向前推到第 45 帧。
22. 旋转肩部和肘部直到手关节到达 p5 位置。确认肘部有一点弯曲。
23. 选择方向动力学手柄。
24. 选择 动画→反向/正向帧→设置反向/正向帧 。
25. 将时间滑块向前推到第 50 帧。
26. 旋转肩部直到手到达 p6 位置。
27. 选择反向动力学手柄。

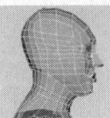

28. 选择 动画→反向/正向帧→设置反向/正向帧 。

29. 在通道栏将反向混合数值更改为 1。

30. 右键点击反向动力学混合，选择所选关键帧。

31. 将时间滑块向前推到第 60 帧。

32. 将反向动力学手柄移动到 p7 位置。

33. 按 S 键对反向动力学手柄设置一个关键帧。

34. 播放动画。

35. 保存文件。

注意在第 20 帧和第 50 帧，先设置反向/正向关键帧，再对通道栏里的"反向混合"设置关键帧。

蒙皮

蒙皮是将晶格或几何体这样的变形物体连接到骨骼的过程。Maya 将几何体上的点连接到层级关节上。这里的点是指 NURBS 控制顶点（CVs）、多边形顶点或晶格点。

Maya 有两类蒙皮方式：刚性蒙皮和平滑蒙皮。在平滑蒙皮中，多于一个的关节作用于每个点，这样使得你弯转关节时，几何体平滑地变形（如图 4.16 所示）。

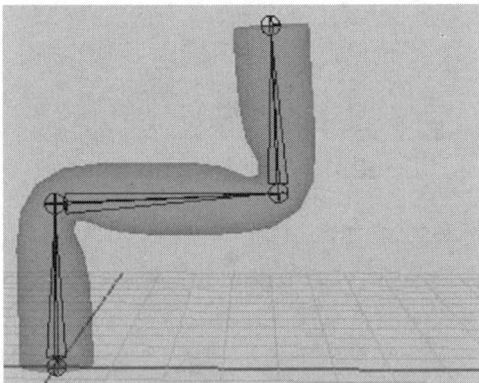

图 4.16　平滑蒙皮

平滑蒙皮

Maya 有两种平滑蒙皮方法。你可以选择将点连接到层级上最近的关节或

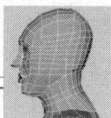

是距离上最近的关节。当你选择"层级最近"选项，Maya 决定哪个关节在层级上和每个点更近，并分配点的权重，它控制关节对每个点的作用。当你选择"距离最近"选项，Maya 忽略关节的层级关系，基于距离接近程度分配点的权重。这个方法可能导致意外的几何体变形，例如，当手的骨骼绑定到几何体，手指几何体的点可能被两根手指的关节影响（如图 4.17 所示），这可能因相邻手指的指关节彼此间的距离比和它们的父物体之间的距离近而发生。

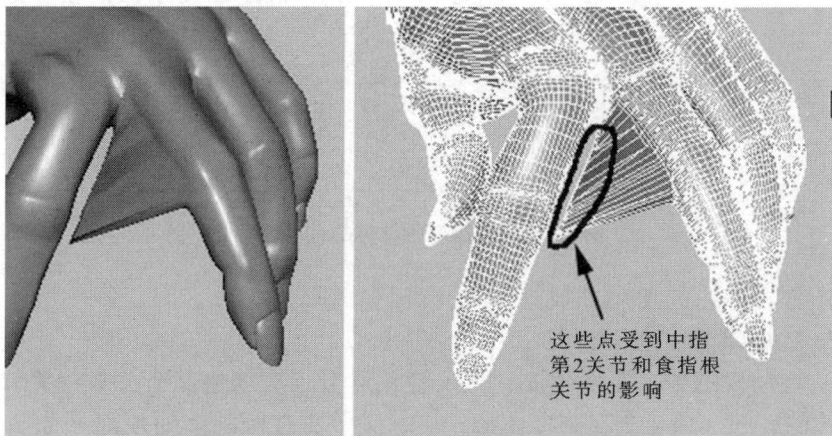

图 4.17 中指几何体的顶点被食指根关节影响

这些点受到中指
第2关节和食指根
关节的影响

在关节层级不能令 Maya 判定进行绑定的下一个逻辑上的父物体或子物体的情况下，"距离最近"选项是很有用的。在复杂的绑定中，可能会有多个组节点，并控制独立下级骨骼之间的物体。在这种情况下，"层级最近"选项在分配关节时会失败。因此这时"距离最近"选项会更合适，注意由于你不能同时在同一几何体上用一种以上的绑定方式，你可以在角色的不同部分上用不同的方式。例如，躯干部分也许用"距离最近"绑定，胳膊处却用"层级最近"绑定。

让我们创建一个简单实例看看平滑绑定在实践中如何生效。

1. 选择 文件→创建新场景 。
2. 选择 创建→多边形基本物体 ，并取消对"交互式创建"的勾选。
3. 选择 创建→多边形基本物体→圆柱体 右侧的选项栏。
4. 选择 编辑→重置设定 。
5. 在多边形圆柱体选项窗口的高度细分区输入 20，然后点击创建（如图

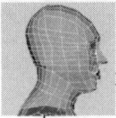

4.18 所示)。为了避免难看的皱褶，重要的是皮肤网格在骨头移动时有足够的密度平滑的变形。

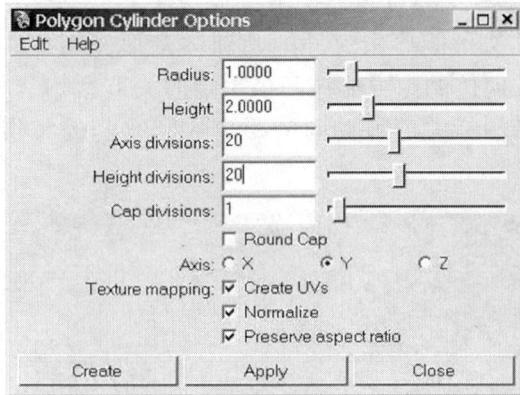

图 4.18　多边形圆柱体的选项窗口

6. 在通道栏的 Y 轴缩放（Scale Y）区，输入 10。

7. 选择 骨骼→关节工具。

8. 在前视图中，按住键盘上的 X 键，点击三次创建三个关节：关节 1 在圆柱体的底部，关节 2 在圆柱体的正中，关节 3 在圆柱体的顶部（如图 4.19 所示）。

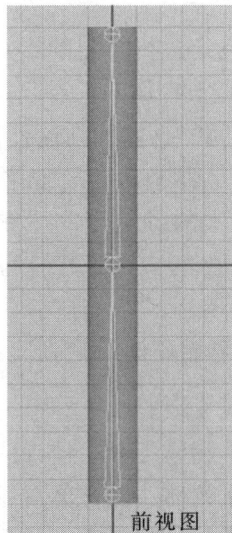

前视图

图 4.19　在圆柱体内创建的三个关节

Maya Character Modeling and Animation

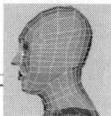

9. 点击关节 1，按住 Shift 键点击圆柱体，确保关节 1 和圆柱体被选中。

10. 选择 皮肤→绑定蒙皮→平滑蒙皮 右侧的通道栏。

11. 在平滑蒙皮选项窗口，确认蒙皮到区设定为关节层级，并且蒙皮方法区设定为层级最近（如图 4.20 所示）。

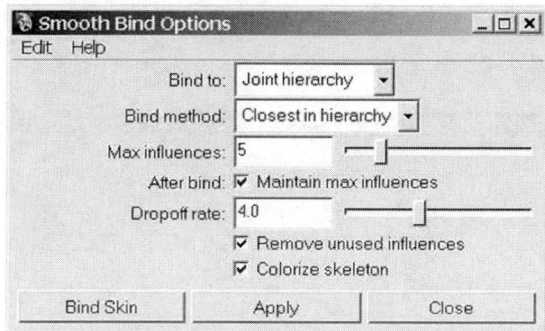

图 4.20 平滑蒙皮选项窗口

12. 点击绑定蒙皮按钮。

13. 在前视图选择 阴影→X 射线 显示关节，你会看到所有的关节。

14. 选择关节 2，在通道栏的 Z 轴旋转（Rotate Z）区输入 90。

15. 按键盘上的 5 键，在平滑材质模式下查看圆柱体。注意几何体围绕关节 2 平滑地弯曲（如图 4.21 所示）。

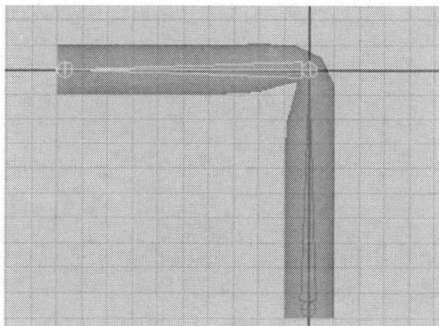

图 4.21 平滑蒙皮的圆柱体弯曲

可用刚性绑定

不同于平滑绑定，刚性绑定中每个点只受一个关节作用。这时的关节弯曲时的变形显得生硬。刚性绑定除了特殊情况外很少被应用，如表现昆虫或

Chapter 4 Rigging and Animation a Simple Character

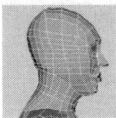

机器人的硬壳表面比较合适。

现在我们来修改之前的平滑绑定实例，看看刚性绑定的对比效果。

1. 重复前一个练习里的步骤 1 到 6。

2. 选择 皮肤→绑定蒙皮→刚性蒙皮 右侧的选项栏。

3. 在刚性蒙皮选项窗口里，确保蒙皮到区设定为完全骨骼，然后点击绑定蒙皮按钮（如图 4.22 所示）。

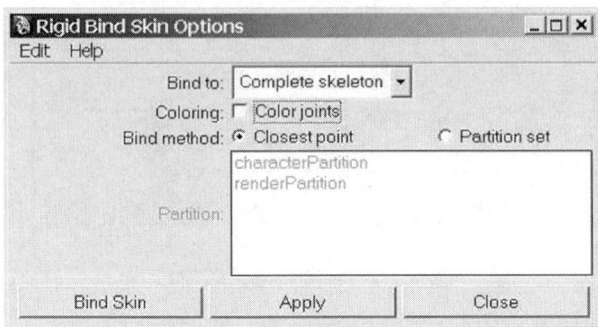

图 4.22　刚性蒙皮选项窗口

4. 按键盘上的 4 键查看线框模式下的圆柱体。

5. 点击关节 2，在通道栏的 Z 轴旋转（Rotate Z）区输入 90。

6. 按键盘上的 5 键，在平滑材质模式下查看圆柱体。注意圆柱体在关节 2 处生硬地弯折（如图 4.23 所示）。

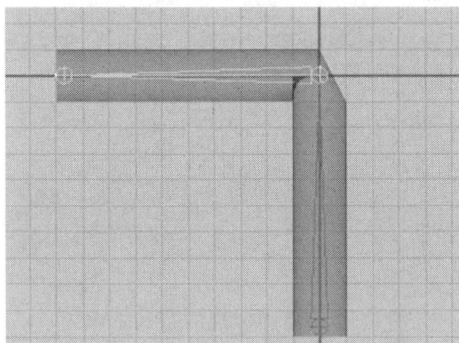

图 4.23　刚性蒙皮的圆柱体弯折

平滑绑定挑战

当你使用平滑绑定的方法来绑定角色时，Maya 自动分配的点权重常使几

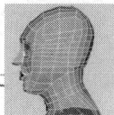

何体变形效果不够理想。在这种情况下，就必须通过绘制皮肤权重工具手动编辑点权重。

　　点权重的数值在 0 ~ 1 之间，且这些数值是通过黑到白的颜色表现的。黑色就是数值 0，白色就是数值 1。使用绘制皮肤权重工具，你可以把点权重改为 0 到 1 之间的任何数值，让几何体的变形更加准确。

　　1. 选择 文件→创建新场景 。

　　2. 选择 创建→多边形基本物体，并取消对交互式创建的勾选。

　　3. 选择 创建→多边形基本物体→圆柱体 右侧的选项栏，在多边形圆柱体的选项窗口中，在高度细分区输入 20，点击创建按钮。

　　4. 沿 Y 轴将圆柱体缩放 10 个单位。

　　5. 创建三个关节：关节 1 在圆柱体底部，关节 2 在圆柱体中部，关节 3 在圆柱体顶部。

　　6. 选择关节 1、关节 2 以及圆柱体。

　　7. 选择 皮肤→绑定蒙皮→平滑蒙皮 右侧的选项栏。

　　8. 在蒙皮到区，选择所选关节并点击蒙皮绑定按钮。

　　9. 在 Z 轴方向上旋转关节 2 为 90°。

　　10. 选择圆柱体，选择 皮肤→编辑平滑皮肤→绘制皮肤权重工具 右侧的选项栏（如图 4.24 所示）。工具设定出现在屏幕右侧。

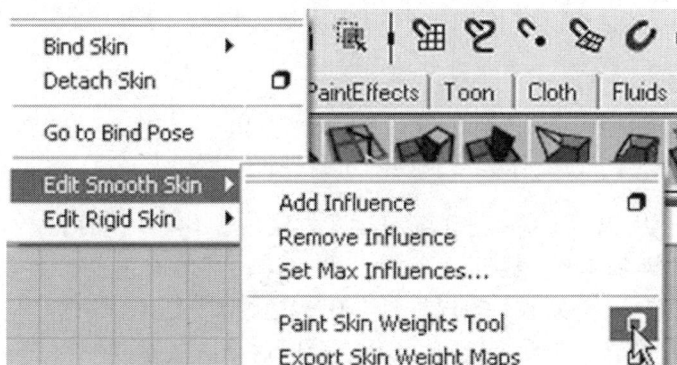

图 4.24　选择绘制皮肤权重工具选项栏

　　11. 在作用区中，点击关节 1，注意渐变从关节 1 的白色延伸经过关节 2（如图 4.25 所示），这是因为最大作用数值默认为 5（个关节），它指定的是可以作用于每个点的关节数。衰减到 4.0，衰减速度决定了每个关节对皮肤点的作用递减。

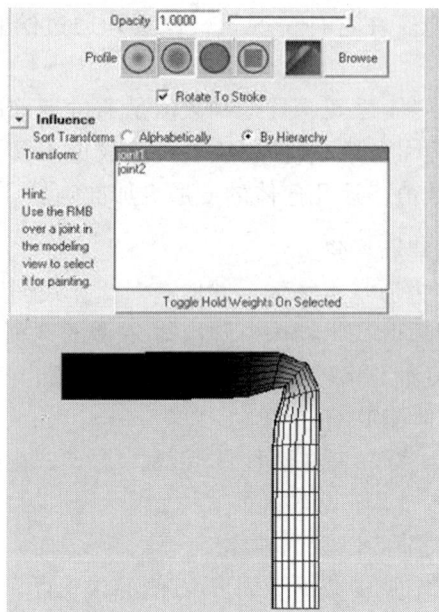

图 4.25　皮肤点的权重

可视化绑定作用的方向

平滑绑定关节最难的地方是可视化点被拖动的方向。CV 点不是相对于表面被推或拉，而是相对于作用于它们的关节被推拉。最好的学习方法是使用一个人为的例子。

1. 选择关节 1，在绘制权重数值区输入 1.0。
2. 点击洗刷按钮，你会看到如图 4.26 所示的情况。

当你有一组关节，CV 点权重加起来肯定为 1.0。如果你把一个关节上的 CV 点权重加满到 1.0。就像这个例子里一样，其他的关节会自动设置为 0。如果所有的 CV 点在关节 1 的权重是 1.0，在关节 2 是 0，那么 CV 点只被关节 1 作用。因为关节 1 被直接指向，CV 点会以这个方法排成一列。

现在试将关节 1 的点的数值设为 0，这会明显地反转情况，这时只有关节 2 起作用。点会受关节 2 的当前旋转值作用，在这个例子里就是水平的。

最后，想象一下如果你把关节 1 权重数值设为 0.5，结果每个 CV 点的关节 1 权重是 0.5。这样关节 2 也得到 0.5 权重（0.5 + 0.5 = 1）。因为每个点都被关节 1 和关节 2 的旋转平均地作用。点就像在关节之间旋转一样移动（如图 4.27 所示）。

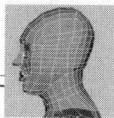

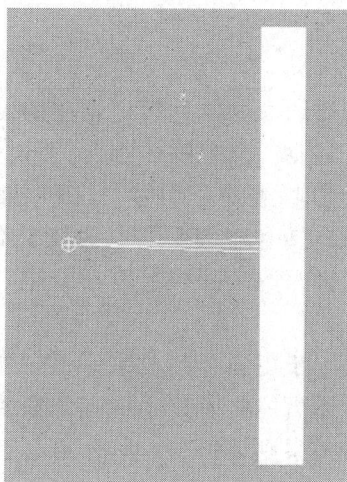

图 4.26　皮肤权重值设置为 1

图 4.27　皮肤权重数值设置为 0.5

现在试着绘制权重，这样肘部在弯曲时就不会看上去像是质量减少。在皮肤上绘制权重的过程可能会很麻烦，但它也提供了你所需要的良好艺术化控制来移动复杂的关节。

理解约束

当你创建了绑定，指定两个物体一起移动和旋转常常比较有用。有时这个可以通过层级关系做到，当不能这么做时，还可以用约束关系来让物体一起移动和旋转。一个被约束的物体会移动、旋转、缩放或跟随称为目标物体的其他物体时，Maya 有很多约束类型，其中常用的是：点约束、定向约束、父子约束和极约束。

点约束

点约束就像一个连接被约束物体到目标物体的磁力点。当目标物体移动时，被约束物体也跟着它移动。两个物体都保持着它们的整体位置。当目标物体旋转或缩放，它不会影响被约束物体。这和之前提到的父子关系不同，在父子关系中，父物体的旋转和缩放变形也会被子物体沿袭。通常地，约束在计算两个分离物体之间暂时的表面接触时很有用。因为约束可以被做成动画而不改变场景层级。

惯例上，父子关系被用于更恒久的关系，比如同一物体的各个部分。例如，当一个角色开门时，你可能将一只手做点约束到门把，在之后的动画中再取消约束。门把和门的关系则更持久一些，更适合用父子关系或组群关系完成。

你可以将一个物体点约束到另一个物体，不论有没有距离偏差。当"保持偏移"选项被应用时，当目标物体被移动，物体互相保持同样的距离。没有距离偏差时，被约束物体的轴心点会跳到目标物体的顶端。你可约束一个指定的轴或所有物体的轴。

要对两个物体做点约束，先点击目标物体再点击被约束物体，我们来看在实际操作中它怎么实现。

1. 选择 文件→创建新场景 。
2. 按 F2 键切换到动画模式。
3. 选择 创建→多边形基本物体 ，取消对"交互式创建"的勾选。
4. 选择 创建→多边形基本物体→球体 。
5. 在通道栏中，在 X 轴平移（Translate X）区输入 5。
6. 选择 创建→多边形基本物体→圆锥 。
7. 取消对球体和圆锥的选择。
8. 点击球体为目标物体，按住 Shift 键，点击圆锥为被约束物体。
9. 选择 约束→点约束 右边的选项栏。
10. 确认"保持偏移"被选中，点击添加按钮。
11. 选择球体，并在通道栏的 X 轴平移（Translate X）输入 12。圆锥会和它一起移动，并平移 7 个单位。
12. 旋转球体，圆锥体不受影响。
13. 缩放球体，圆锥体不受影响。
14. 取消"保持偏移"，重复一次同样的练习。

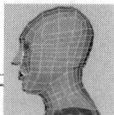

定向约束

定向约束让一个物体的方向跟随另一个物体的方向变化。定向一个关节的轴到另一个物体的方向，让两个或两个以上物体的方向同步，这是很有用的方法。同时，让我们创建一个简单实例来看它如何起作用。

1. 选择 创建→多边形基本物体→立方体 。

2. 选择立方体，并且在通道栏的 X 轴平移（Translate X）区输入 5，在 Y 轴平移（Translate Y）区输入 3。

3. 选择 创建→多边形基本物体→圆锥 。

4. 在通道栏的 Y 轴平移（Translate Y）区输入 3。

5. 先选择立方体再选择圆锥体。

6. 选择 约束→定向约束 。

7. 选择立方体，按 E 键切换到旋转工具。

8. 上下拖动旋转工具上的红色手柄，在 X 轴向上旋转立方体。立方体会旋转，并且圆锥体应该也会跟随立方体的旋转。

9. 选择 创建→多边形基本物体→圆环 。

10. 先选择立方体，再选择圆环。选择 约束→定向约束 。

11. 现在再在 X 轴向上旋转立方体，圆锥和圆环应跟着立方体一起旋转。

父子约束

父子约束很像第二章中讲过的父子关系，当目标物体移动时，被约束物体随着它移动。当目标物体旋转时，被约束物体随着它旋转，并保持和目标物体同样的整体旋转形态。例如：

1. 选择 文件→创建新场景 。

2. 选择 创建→多边形基本物体，并取消勾选"交互式创建"。

3. 选择 创建→多边形基本物体→球体 。

4. 在通道栏的 X 轴平移（Translate X）区输入 5。

5. 选择 创建→多边形基本物体→圆锥 。

6. 取消对所有物体的选择。

7. 先点击球体为目标物体，再点击圆锥为被约束物体。

8. 选择 约束→父子约束 右侧的选项栏。确保"保持偏移"选项被选中，点击添加按钮。

9. 只选择球体。

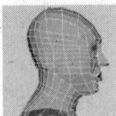

10. 在通道栏的 Z 轴旋转（Rotate Z）区输入 –45。

11. 点击圆锥，查看它的 Z 轴旋转是否像球体一样为 –45。

极向量约束

你可用极向量约束控制旋转平面反向动力学手柄的扭曲通道的旋转。这个约束通常用于控制肘部和膝部的位置。

1. 选择 文件→创建新场景 。

2. 创建三个关节（如图 4.28 所示）。

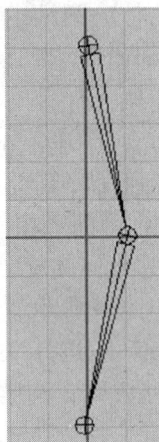

图 4.28　3 个关节

3. 选择 骨骼→反向动力学手柄工具 右侧的选项栏。

4. 确保当前解算器设定为 IKRP 解算器。

5. 先点击关节 1，然后点击关节 3，你会看到带有一个转盘的反向动力学手柄（如图 4.29 所示）。

6. 选择 创建→定位器。定位器是 Maya 里在交互使用时可见但不被渲染输出的特殊物体。它们通常被用来作为绑定控制器的元件。

7. 在前视图中，将定位器移动到关节 1 上。

8. 在通道栏里的 Z 轴平移（Translate Z）区输入 5。

9. 选择 修改→冻结变形 。注意定位器的移动和旋转在它的变形通道里被重设为 0。

10. 先点选定位器作为目标物体，再点击反向动力学手柄。

11. 选择 约束→极向量 ，你会看到一个向量将反向动力学手柄连接到了定位器。

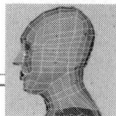

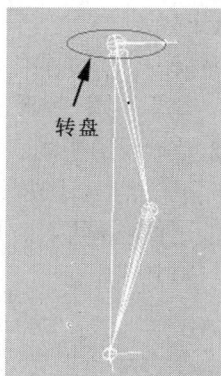

图 4.29　带转盘的反向动力学手柄

12. 在透视图中，将定位器左右移动查看骨骼的扭转。

使用约束拓展绑定控制

在做绑定时，你可以创建控制器来快速选择反向动力学手柄以及绑定的其他部分来调整骨骼。控制器应用 CV 曲线来创建，而且不被渲染输出。

例如，之前提到反向动力学末端受动器在普通 Maya 界面里很难被选中。一个好的绑定设置会给出易抓取的控制器。通过它你可以移动末端受动器。这些控制器物体通常在视觉上很容易和角色模型区分开，并以如立方体、圆圈和箭头等图形标示的方式存在，控制器物体通常会对绑定层级做点约束或做父子关系。

在下面的教程里，你会学到如何综合这些技术完成一个简单的角色绑定。

三、教程 4.1：布袋的绑定

现在你已经学到了绑定中运用的原理和要素。让我们把这些运用到实践中，绑定之前建立的模型布袋。首先你要创建布袋的脊椎。

创建脊椎

按照以下步骤创建脊椎。

1. 打开随书光盘里的"第三章 Maya 工作文件"文件夹里的"布袋_建模"子文件夹里的"布袋_ 建模_ 完成 . mb"文件。

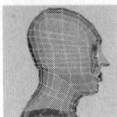

2. 确认你是在动画模式下。

3. 在透视图中，选择 面板→已存布局→四视图。

4. 在所有四个视图中，选择 阴影→平滑显示所有对象（快捷键 5）以及 X 射线。布袋会显示为透明的。

5. 创建一个图层，将布袋添加到新图层，将图层命名为"身体"。

6. 点击图层中间的方框，你会看见一个 R 标志，这表示会保护模型不被意外编辑（如图 4.30 所示）。

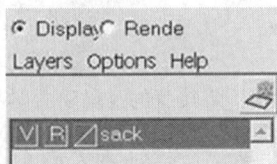

图 4.30　参考图层设定

7. 选择 骨骼→关节工具 右侧的选项栏（如图 4.31 所示）。

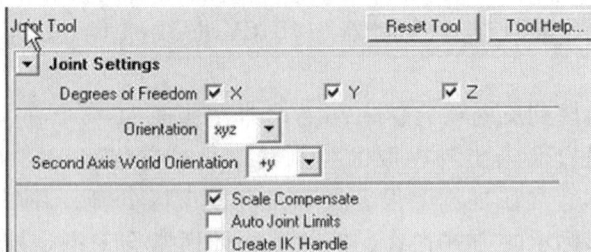

图 4.31　关节工具选项窗口

8. 点击重置工具按钮。注意关节将被创建成球形关节。球形关节在 X，Y，Z 轴向上可以自由旋转，你可以通过使用属性编辑器，调节关节的旋转约束。现在，用默认设置创建关节。

9. 在前视图中，按住 X 键在原点上方隔四个网格的布袋底部点击一次。松开 X 键在根关节上方点击第二次创建关节 2，再次按下 X 键，点击 7 次创建关节 3、关节 4、关节 5、关节 6、关节 7、关节 8 和关节 9，按回车键结束创建关节操作（如图 4.32 所示）。

10. 选择 窗口→超图场景层级，超图打开时就不会连接到面板，此法使你可以看到四视图窗口内的绑定，在超图中，命名每个关节如下：关节 1 = 根，关节 2 = 脊椎 1，关节 3 = 脊椎 2，关节 4 = 脊椎

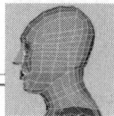

3，关节5＝脊椎4，关节6＝脊椎5，关节7＝脊椎6，关节8＝脊椎7，关节9＝脊椎8（如图4.33所示）。

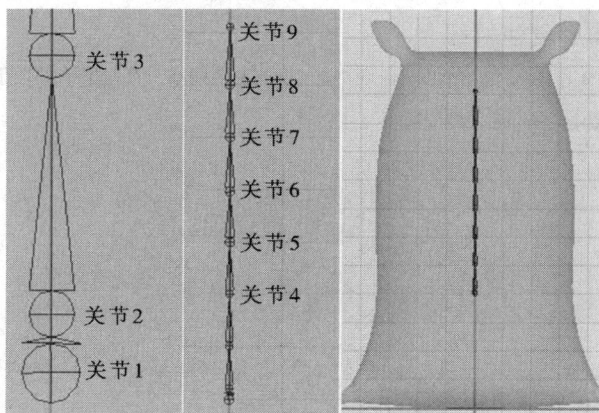

图4.32 创建的全部9个关节

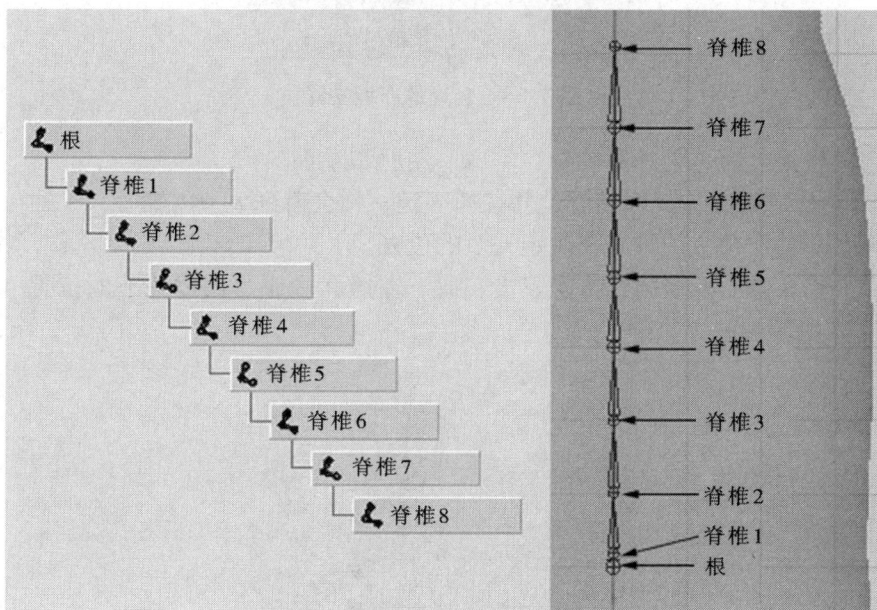

图4.33 重命名的关节

你可以使用快速重命名工具对关节重新命名，点击状态栏里的渲染设置窗口图标旁的黑箭头，选择快速重命名，在重命名所选物体区输入关节名。

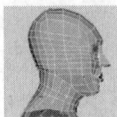

创建臂部

按照以下步骤创建臂部。

1. 选择关节工具，让布袋面对你，按住 X 键，沿直线向布袋左侧点击 4 次创建左臂（如图 4.34 所示）。

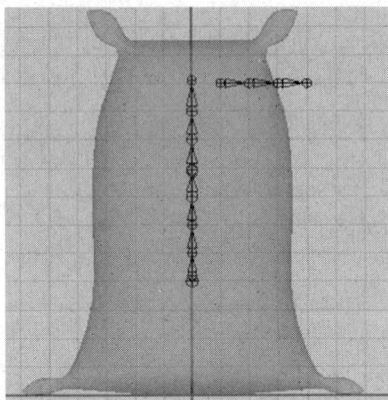

图 4.34　创建的布袋左臂

2. 将关节命名为：左锁骨、左肩、左肘和左手。

3. 按 W 键，选择左锁骨，并按插入键，你会看到关节的轴心。

4. 移动左锁骨的轴心来决定关节的位置。

5. 仍在轴心点模式，依次点击左肩、左肘和左手，摆放关节的位置（如图 4.35 所示）。

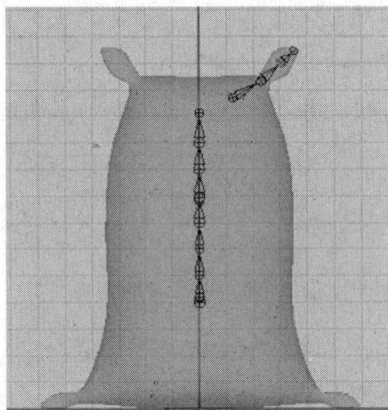

图 4.35　新放置的左臂关节

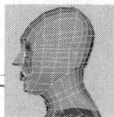

6. 再次按插入键关闭轴心点模式。

7. 选择左锁骨。

8. 选择 骨骼→定向关节 右侧的选项栏。

9. 在选项窗口，选择 X，Y，Z 轴，使得关节链的局部坐标方向一致。X 轴将按骨头的延伸方向朝下指向下一关节。调节关节方向保证了关节向同一方向旋转。

10. 选择左锁骨然后选择 骨骼→镜像骨骼 右侧的通道栏。

11. 骨骼→镜像骨骼 右侧的通道栏。

12. 勾选以下选项：镜像穿过 = YZ，镜像功能 = Behavior。输入搜索"左"，并替换为"右"。这样就可镜像复制所有的关节并将它们重命名为右侧某物。点击镜像按钮（如图 4.36 所示）。

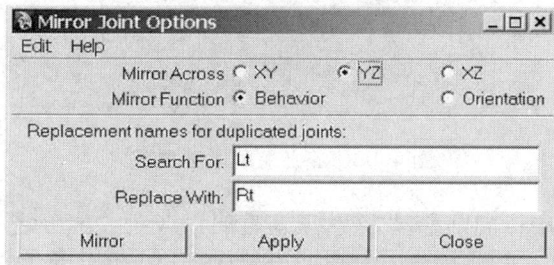

图 4.36　更改镜像关节选项窗口

创建腿部

按照以下步骤创建腿部。

1. 按下 X 键，并在布袋右下角呈直线向下点击 5 次创建左腿（如图 4.37 所示）。

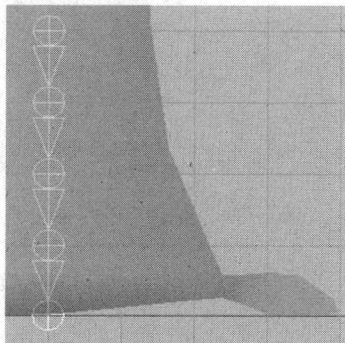

图 4.37　5 个左腿关节

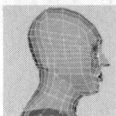

2. 将 5 个左腿关节分别命名为：左臀、左膝、左踝、左脚跟以及左脚尖。

3. 按 W 键，选择左臀，按插入键看到关节的轴心点，然后把它向上移动一点，如图 4.38 中那样移动左腿所有关节。

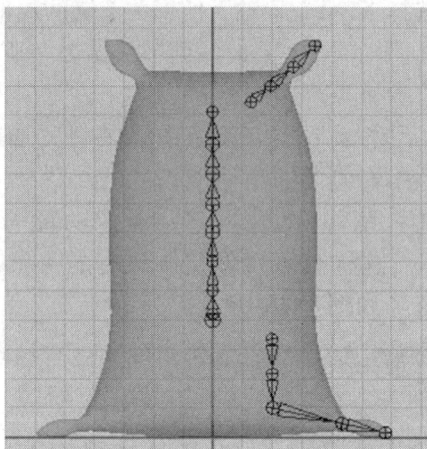

图 4.38　新放置的左腿关节

4. 在侧视图中，向前移动左膝关节的轴心点大致四分之一个单位，让它位置略微靠前。这有助于之后绑定过程中用反向动力学进行的弯曲（如图 4.39 所示）。

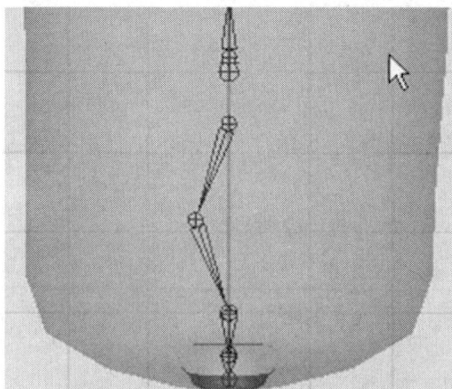

图 4.39　左膝关节弯曲

5. 选中左臀关节，再选择 骨骼→定向关节 。在选项窗口中，确认方向被设为 XYZ。

6. 选中左臀关节并镜射关节。这时你会得到如图 4.40 所示的关节。

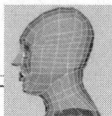

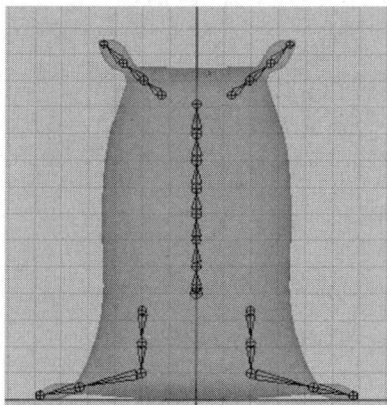

图 4.40　所有关节的完全显示

臂部和腿部对躯干的父子关系

现在你有了布袋的脊椎、手臂和腿，但它们还没有相互连接起来。你需要把它们连接成一架完整的骨骼。为了完成这个任务，你要用之前流程中提过的父子关系。

首先，你要决定哪个关节是子物体，哪个关节作父物体。最好的办法是研究你自己的身体，如果你将手臂张开，呈十字架姿势。左右移动脊背，你会注意到手臂随着你的身体移动，这样，就可以知道肩部是脊椎的子物体。

做手臂对躯干的父子关系

1. 在前视图中，选择左锁骨作为子物体，选择脊椎 8 作为父物体。按下 P 键。你也可以通过选择 编辑→父子 来建立父子关系。注意 Maya 在父子物体之间创建了一根连接的骨头（如图 4.41 所示）。

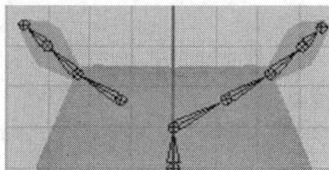

图 4.41　左臂和脊椎为父子关系

2. 对右锁骨重复同样的步骤（如图 4.42 所示）。

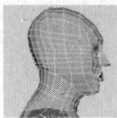

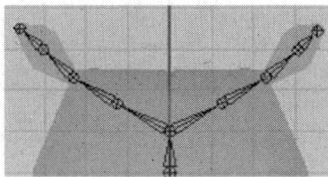

图 4.42　两边手臂都和脊椎成父子关系

做腿对躯干的父子关系

按如下步骤将腿到躯干连接为父子关系。

1. 选择左臀关节为子物体，选择根关节为父物体，按 P 键。

2. 对右臀重复同样的步骤。现在你已将双臂和双腿都连接到躯干了（如图 4.43 所示）。

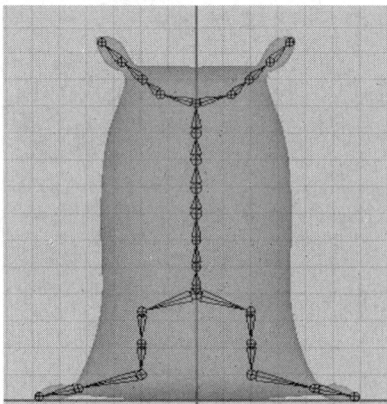

图 4.43　已连接的手臂、腿部和躯干的关节

创建胸腔

按照以下步骤创建胸腔。

1. 选择 骨骼→关节工具。在前视图中，脊椎 3 右侧大致 3 个单位的地方点击一次。将新关节命名为左胸 1（如图 4.44 所示）。

2. 在关节 4、5、6 和 7 旁边创建胸部关节，分别命名为左胸 2、左胸 3、左胸 4 和左胸 5（如图 4.45 所示）。

3. 现在你要把 5 个胸关节与脊椎连接为父子关系。选择左胸 1（作为子物体），然后选择脊椎 3（作为父物体），并按 P 键（如图 4.46 所示）。

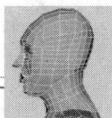

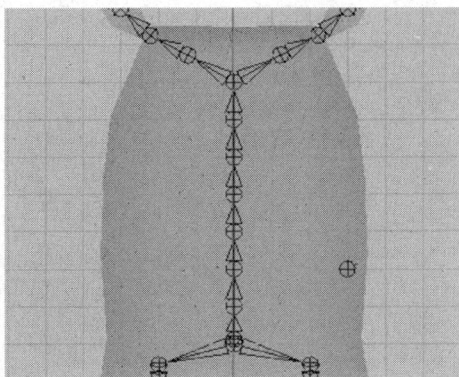

图 4.44　脊椎 3 右侧的新胸部关节

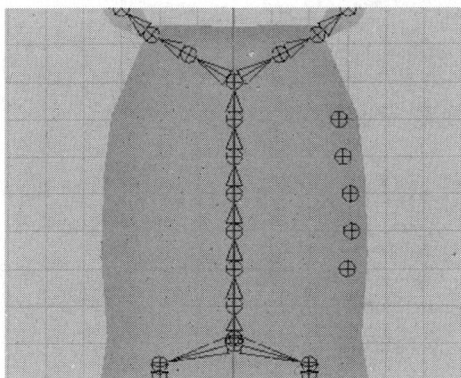

图 4.45　新建的 5 个胸部关节

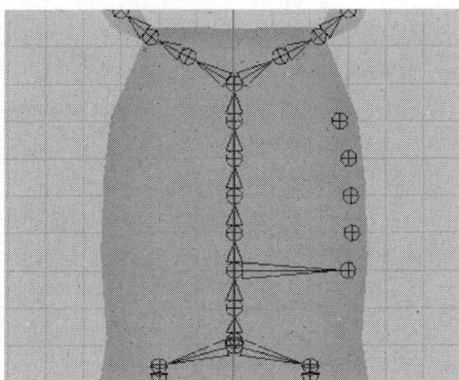

图 4.46　做左胸 1 到脊椎 3 的父子关系

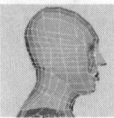

4. 重复建立父子关系的过程，做五个胸关节到脊椎的父子关系（如图 4.47 所示）。

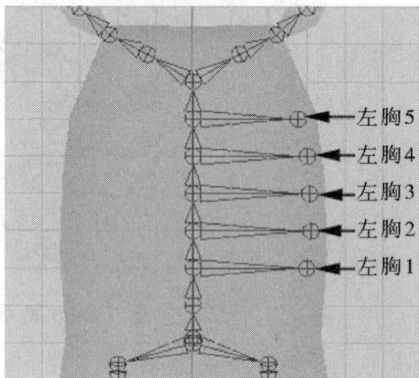

图 4.47　做所有胸关节到脊椎的父子关系

5. 逐个点击胸关节，将它们略向上移动（如图 4.48 所示）。

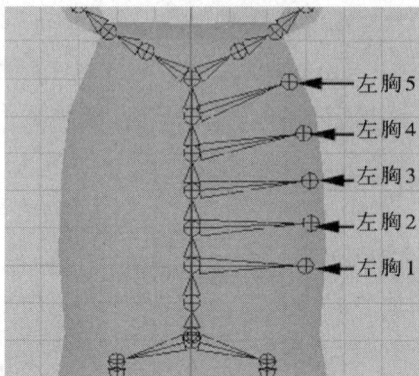

图 4.48　胸部关节的新位置

6. 选择 左胸 1。

7. 选择 骨骼→镜像关节 右侧的选项栏。在镜像关节选项窗口，确认勾选了通过 YZ 方向镜像。在搜索区输入"左"，再替换为"右"。

8. 点击应用按钮。

9. 重复步骤 7 到 8 完成左胸 2、左胸 3、左胸 4 和左胸 5 的镜射（如图 4.49 所示）。

右胸5
右胸4
右胸3
右胸2
右胸1

左胸5
左胸4
左胸3
左胸2
左胸1

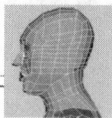

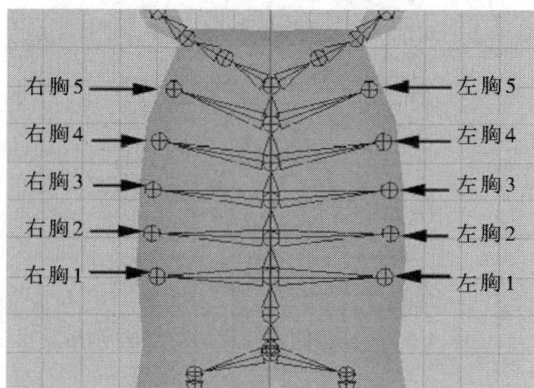

图4.49　镜像后的胸关节

在你完成左胸1的镜射后，可以用快捷键G（重复上一操作命令）完成其他肋骨关节的镜射。

创建腿的反向动力学手柄

你要对布袋的腿使用单链反向动力学手柄。这主要用来图示反向动力学单链解算器。但也是因为布袋的腿部运动不要求臀部和膝部的旋转。PX们将按单面的朝向移动。

按照以下步骤创建腿部的反向动力学手柄。

1. 逐个选择所有腿关节，确认所有关节在通道栏的X，Y，Z轴向的旋转都为0。这样关节才能恰当地旋转。

2. 选择 骨骼→反向动力学手柄 右侧的选项栏。

3. 在当前解算器下拉菜单中，选择ikSCsolver，也就是反向单链解算器（如图4.50所示）。

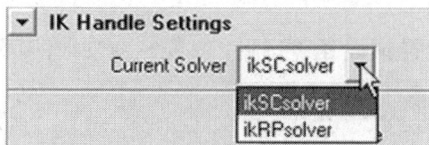

图4.50　从当前解算器菜单选择
反向动力学单链解算器

4. 点击左臀放置反向动力学手柄的根部，点击左踝放置反向动力学手柄的末端（如图4.51所示）。

第一次点击
在左臂关节

第二次点击
在左踝关节

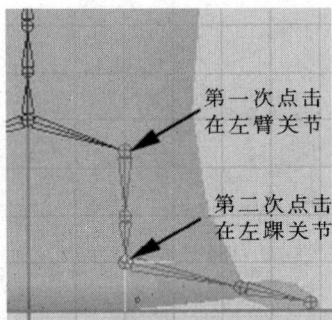

图4.51　连接的左腿反向动力学手柄

5. 在超图中，将反向动力学手柄命名为左腿反向。
6. 对右腿重复步骤1到5。将反向动力学手柄命名为右腿反向。

创建手臂的反向动力学手柄

这次你要使用旋转平面反向动力学手柄，因为这次操作允许通过极向量约束，适当地控制布袋肩部及肘部的旋转。

按照以下步骤创建手臂的反间动力学手柄。

1. 确认左臂的所有关节在通道栏的X，Y，Z轴向的旋转值都为0。
2. 选择左肘，在Z轴向旋转45°（如图4.52所示）。

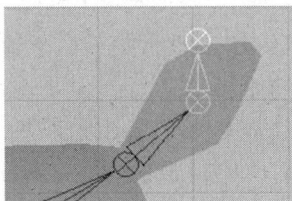

图4.52　左肘在Z轴向旋转45°

3. 选择 骨骼→设置预设角 右侧的选项栏（如图4.53所示）。

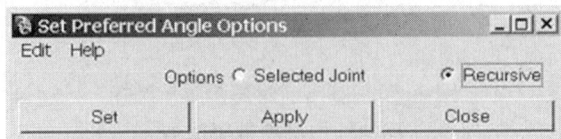

图4.53　设置预设角选项窗口

4. 确认勾选了"递推"，点击设定按钮。这会使关节旋转更准确。

5. 在 Z 轴将左肘旋转回到 0。

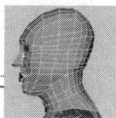

6. 选择 骨骼→反向动力学手柄 右侧的选项栏，选择 ik RPsolver 也就是旋转平面解算器（如图 4.54 所示）。

图 4.54 反向动力学手柄工具选项窗口

7. 点击左肩，然后点击左手。注意反向动力学手柄在肩部有一个旋转平面（如图 4.55 所示）。

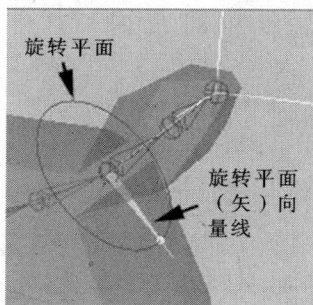

图 4.55 已连接的旋转平面解算器
左臂反向动力学手柄

8. 将反向动力学手柄命名为左臂反向。

9. 对右臂重复步骤 1 到 8，将右臂的反向动力学手柄命名为右臂反向。

创建脊椎的反向样条曲线手柄

反向样条曲线手柄用于根关节和手柄的末端受动器之间有多于一个关节的层级。反向样条曲线手柄常用于角色脊椎和尾部的动画。反向样条曲线手柄几乎是和一般手柄一样工作。它们有根关节、末端受动器、CV 曲线，只不过反向样条曲线手柄用曲线控制动画，而不是末端受动器。

1. 逐个选择所有的脊椎关节，确认它们在 X 轴、Y 轴和 Z 轴向上的旋转值为 0。

2. 选择 骨骼→反向样条曲线手柄工具 右侧的选项栏，点击重设工具，取消自动父子曲线的勾选（如图 4.56 所示）。

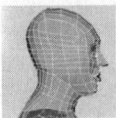

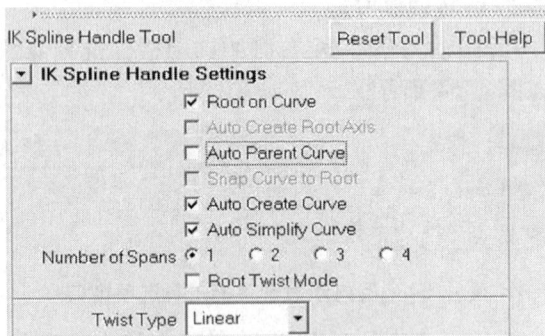

图4.56 反向样条曲线手柄工具选项栏

3. 点击脊椎1，然后点击脊椎8（如图4.57所示）。

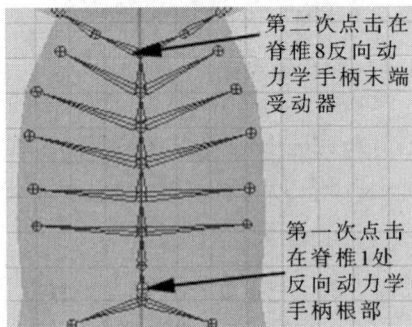

第二次点击在脊椎8反向动力学手柄末端受动器

第一次点击在脊椎1处反向动力学手柄根部

图4.57 反向样条曲线手柄的起点和末端位置

4. 在超图中，你会看到反向动力学手柄1和曲线1。将反向样条曲线手柄命名为布袋脊椎反向，将曲线1命名为样条曲线。

5. 在Maya状态栏中，点击黑色箭头，选择关闭所有物体（如图4.58所示）。

All Objects On
All Objects Off
Save to Shelf

图4.58 在物体选择遮罩菜单中选择关闭所有物体

6. 点击Maya状态栏里的反S形图标。你就可以只选"样条曲线"（如图4.59所示）。或者，你可以选择 面板→面板→框架图 ，打开框架图选择"样条曲线"，你还可以在超图里选择该曲线。

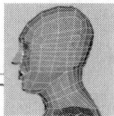

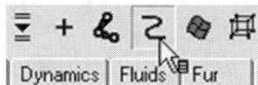

图4.59 物体选择遮罩选项下的激活曲线

7. 在透视图中，放大布袋脊椎的反向动力学手柄，直到看到曲线（如图4.60所示）。

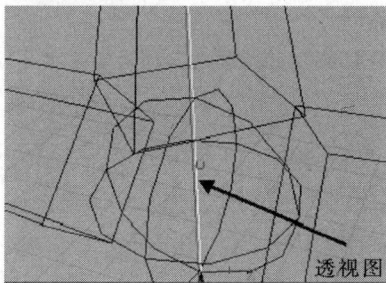

透视图

图4.60 反向动力学手柄曲线放大的显示

8. 右键点击曲线，选择控制点，注意曲线有 4 个 CV 点（如图4.61所示）。这些样条曲线上的 CV 点也许位置和图中有所不同。它们被用来制作脊椎的动画，因为它们不易选取，我们将创建簇手柄来达到更高的效率。簇是指一个或多个成组的 CV 点，它们被指定为字母 C。当你移动簇，这一簇所有的 CV 点都会一起移动。

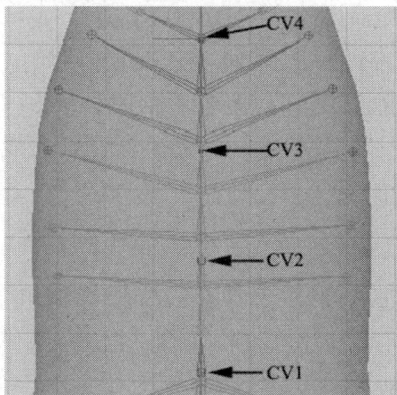

CV4
CV3
CV2
CV1

图4.61 全部 4 个曲线 CV 点

9. 选择第一个 CV 点（CV1）。选择 变形→创建簇 右侧的选项栏。选择编辑→重置设定，并点创建。注意字母 C 被创建到 CV 的顶端（如图4.62所示）。

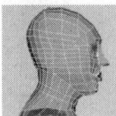

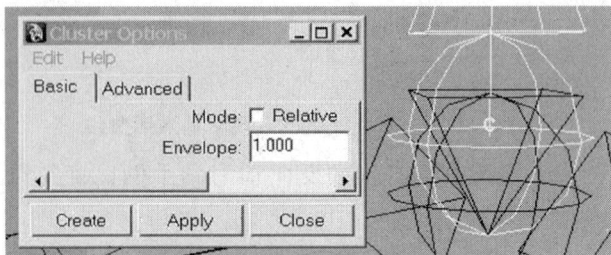

图 4.62　簇选项窗口和生成的字母 C

10. 簇命名为 X。

11. 选择第二个和第三个控制顶点（CV2 和 CV3），并创建另一个簇。

12. 簇命名为 Y。

13. 选择第四个控制顶点（CV4），创建另一个簇。

14. 簇命名为 Z。

15. 在 Maya 状态栏中，点击黑色箭头，选择所有物体打开（如图 4.63 所示）。

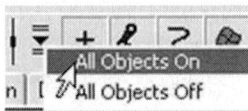

图 4.63　在物体选择遮罩菜单中选择所有物体打开

如果你创建了一个反向样条曲线手柄又删除了它，确保你也删除了作为它一部分的曲线。当你删除反向动力学手柄时，Maya 默认不删除曲线。但有时会被混淆。因为最后你会有不止一条的反向样条曲线手柄曲线。

创建簇手柄

即使簇是可见的，它们也不易选择。你要确保每个簇易于选择，就要为簇创建手柄。

1. 选择 创建→文字 右侧的选项栏。

2. 选择 编辑→重置设定，并选择曲线选项（如图 4.64 所示）。

3. 在文字区输入字母 X，点击创建按钮。默认的文字区显示的字是Maya。

4. 创建两个其他的字母，Y 和 Z，字母在原点（0、0、0）处一个叠一个。

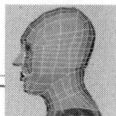

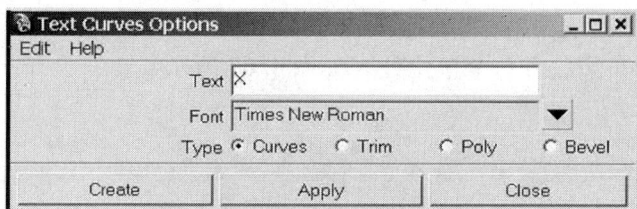

图 4.64 文字曲线选项窗口

5. 你会在超图里看到 X, Y 和 Z 组群节点（如图 4.65 所示）。

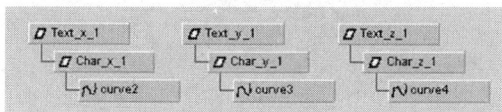

图 4.65 超图中的文字曲线 X, Y 和 Z 组群节点

6. 用鼠标中键点击 X 的曲线节点。将它拖出组群。

7. 重复步骤 6 将曲线 2 和曲线 3 从它们各自的组群分离。

8. 将曲线进行如下命名：曲线 1 = 簇 X_ 手柄，曲线 2 = 簇 Y_ 手柄，曲线 3 = 簇 Z_ 手柄。

9. 删除 text_ X_ 1, text_ Y_ 1, text_ Z_ 1, char_ X_ 1, char _ Y_ 1, char _ Z_ 1 组群节点（text = 文字，char = "角色"的简写）。

10. 在前视图面板中，移动簇 X 上的簇 X_ 手柄、簇 Y 上的簇 Y_ 手柄、簇 Z 上的簇 Z_ 手柄（如图 4.66 所示）。

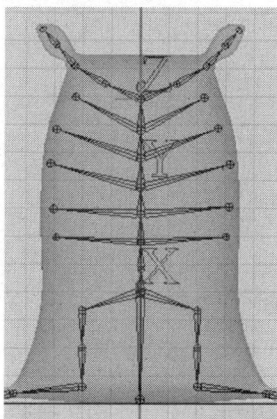

图 4.66 簇手柄放置在簇副本上

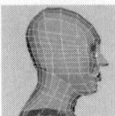

11. 选择3个簇手柄，在通道栏的Z轴平移（Translate Z）输入 -6。这会将手柄移动到布袋后方6个单位处（如图4.67所示）。

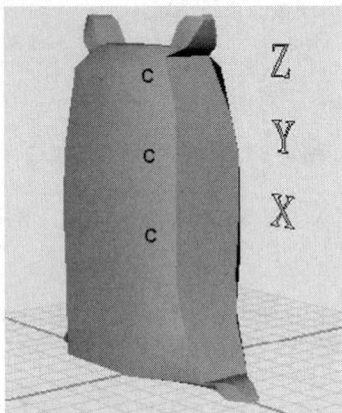

图4.67　在透视图中，簇手柄在布袋后面6个单位处

12. 选择簇 X_ 手柄、簇 Y_ 手柄和簇 Z_ 手柄，在通道栏输入 X 轴缩放 =0.5、Y 轴缩放 =0.5、Z 轴缩放 =0.5。

13. 选择簇 X_ 手柄，按插入键看到手柄的轴心点。

14. 按住 V 键，拖动并吸附簇 X_ 手柄的轴心点到根关节的顶部（如图4.68所示）。这样簇 X_ 手柄的旋转轴心就在根关节上。

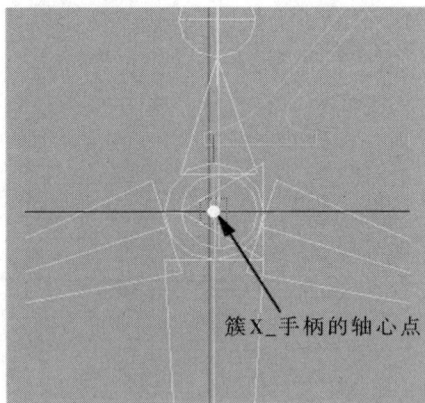

簇X_手柄的轴心点

图4.68　根关节顶部的簇 X_ 手柄轴心点

15. 选择簇 Y_ 手柄，将它的轴心点吸附到簇 Y。

16. 选择簇 Z_ 手柄，将它的轴心点吸附到簇 Z。

Maya Character Modeling and Animation

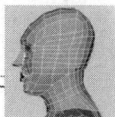

17. 选中簇 X_ 手柄、簇 Y_ 手柄和簇 Z_ 手柄。

18. 选择 修改→冻结变形 右侧的选项栏。确认平移、旋转和缩放被勾选了（如图4.69所示）。冻结簇手柄的变形，重设手柄变形值为0。这有助于你精确地移动和旋转它们。

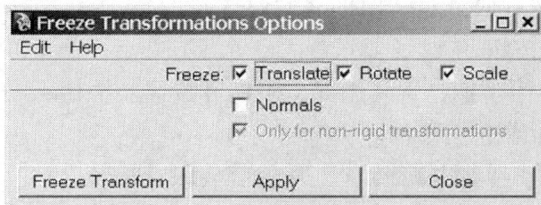

图 4.69　冻结变形选项窗口

19. 点击冻结变形按钮，注意手柄的平移和旋转值都设为 0，缩放值设为 1。

给簇手柄创建约束

按照如下步骤给簇手柄创建约束。

1. 选择簇 Y_ 手柄，再选择簇 Y。

2. 选择 约束→点约束 右侧的选项栏。确保保持偏移选项和约束全部轴选项被勾选。点击添加按钮（如图4.70所示）。

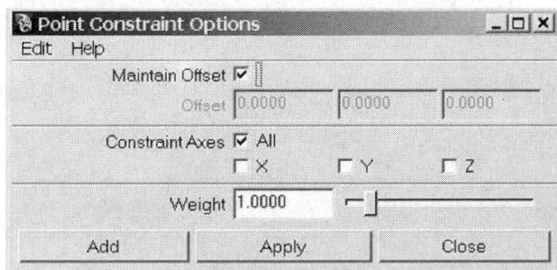

图 4.70　点约束选项窗口和更改的设置

3. 重复步骤1和2，将簇 Z 点约束到簇 Z_ 手柄。

4. 选择簇 X_ 手柄，然后选择簇 X。

5. 选择 约束→父子约束 右侧的选项栏，确认保持偏移选项被勾选。

6. 点击 添加按钮。

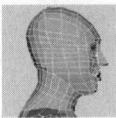

7. 移动簇 X 会创造出难看的臀部效果，要解决这个问题，约束根关节的手柄到簇 X_ 手柄，删除刚才创建的父子约束，选择簇 X_ 手柄，再选择根关节。

8. 选择约束→父子约束 右侧的选项栏，确认保持偏移被勾选，且全部旋转选项栏也被勾选。取消对全部平移的勾选。

9. 点击 添加按钮。

10. 查看所有簇手柄，选择簇 Y_ 手柄和簇 Z_ 手柄，一次选择一个并移动它们，簇也会跟着它们移动。

11. 选择簇 X_ 手柄并旋转它，臀关节会跟着旋转。

创建手臂的极向量约束

如果你移动手臂的反向动力学手柄，你要注意手臂可能发生翻转。你需要创建一个极向量约束来控制肩部旋转。你将用到定位器作为反向动力学极向量的控制器。

1. 选择 创建→定位器 。再次执行此操作（或按 G）得到两个定位器。定位器被创建在原点，称为定位器 1 和定位器 2。

2. 将定位器 1 命名为左臂极向量约束，将定位器 2 命名为右臂极向量约束。

3. 选择左臂极向量约束。

4. 按住 V 键，拖动左臂极向量约束到左肘关节上。确保定位器吸附到肘关节上（如图 4.71 所示）。

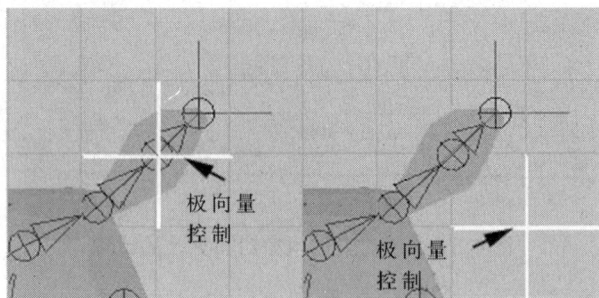

图 4.71　左臂极向量约束定位器吸附到左肘关节

5. 仍选中左臂极向量约束，在通道栏的 Z 轴平移（Translate Z）输入 −6。这会把定位器移动到臂部后方 6 个单位处。

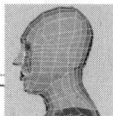

6. 仍选中左臂极向量约束，选择 修改→冻结变形。注意左臂极向量约束的平移和旋转 X，Y，Z 各轴值为 0、0 和 0。

7. 选择左臂极向量约束，按下 Shift 键，选择左臂反向。

8. 选择 约束→极向量 。你会看到左臂反向由线约束到左臂极向量约束（如图 4.72 所示）。

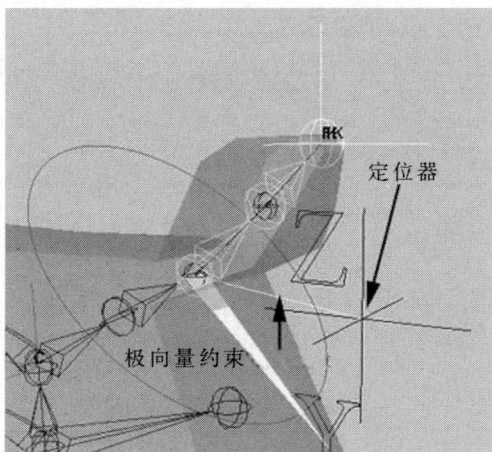

图 4.72　左臂极向量约束定位器极向量约束到左臂反向

9. 对右臂反向重复步骤 3 到 8。

创建腿和臂部的控制器

腿部和臂部控制器有助于你在做动画时更容易选择反向动力学手柄。它们应被创建为 NURBS 曲线，这样在渲染图像时就不会显示。

1. 确保布袋是在平滑显示所有对象和 X 射线模式下显示。需要让布袋透明以便看到立方体。

2. 从随书光盘里的 "第四章绑定_ 控制器" 文件夹里导入一个名为 "腿_ 控制器 . mb" 的控制器。

3. 将立方体命名为左腿控制器。

4. 在前视图中，将左腿控制器吸附到左踝关节顶部（如图 4.73 所示）。

5. 仍选中左腿控制器，选择 修改→冻结变形。

6. 选择 编辑→特殊复制 右侧的选项栏（如图 4.74 所示）。

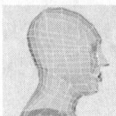

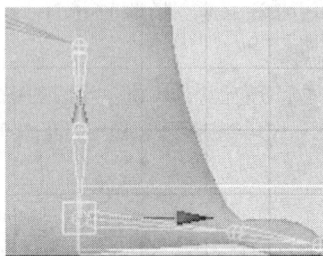

图 4.73　将左腿控制器吸附到左踝

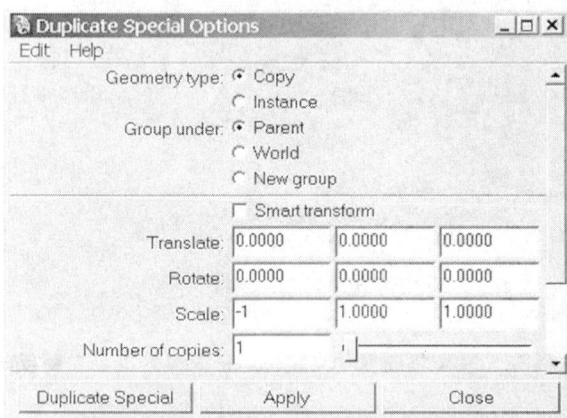

图 4.74　特殊复制选项窗口

7. 在特殊复制选项窗口里，选择 编辑→重置设定。将 X，Y，Z 轴的缩放设置为 – 1、1 和 1。

8. 点击特殊复制按钮。

9. 将复制的立方体命名为右腿控制器。

10. 将右腿控制器吸附到右踝。

11. 选择修改→冻结变形。

约束腿部控制器

按照以下步骤约束腿部控制器。

1. 打开超图。

2. 在超图中，先点击左腿控制器，然后按住 Shift 键，点击左腿反向。

3. 选择 约束→点约束 右侧的选项栏。

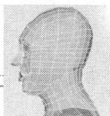

4. 在选项栏窗口，确保 保持偏移没有勾选，约束全部轴已勾选。点击添加按钮（如图 4.75 所示）。

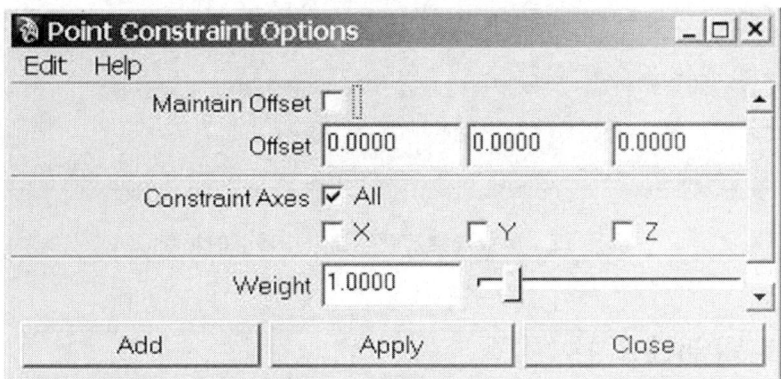

图 4.75　更改点约束选项设置

5. 点击左腿控制器并移动它。整条左腿也会和它一起移动（如图 4.76 所示）。

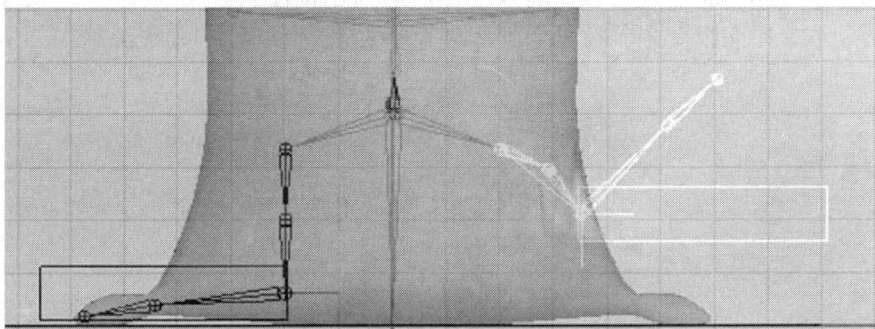

图 4.76　腿受左腿控制器立方体移动的影响

6. 左脚跟和左脚尖关节与左腿控制器移动的方向不同是因为左踝以反向动力学旋转，而控制器不由反向动力学作用。要纠正这点，需要做左踝到控制器的定向约束。先选择左腿控制器，再选择左踝。

7. 选择 约束→定向约束 右侧的选项栏。

8. 确保保持偏移和约束所有轴都被勾选。

9. 再次移动左腿控制器，脚会跟着它向同样的方向移动（如图 4.77 所示）。

10. 重复步骤 2 到 8，将右腿反向约束到右腿控制器。

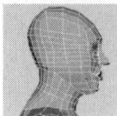

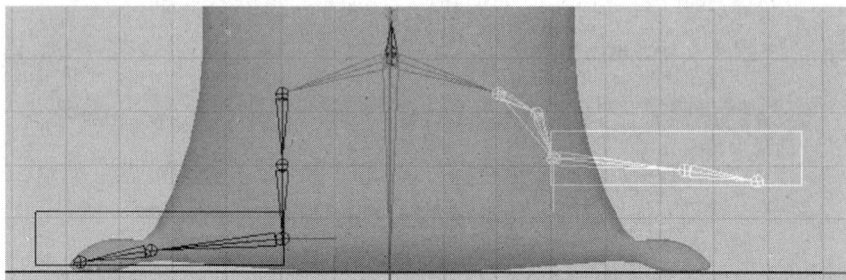

图 4.77   脚受左腿控制器立方体移动的影响

约束臂部控制器

按照以下步骤约束臂部控制器。

1. 从随书光盘的"第四章 绑定_ 控制器"文件夹导入名为"立方体.mb"的文件。将立方体命名为左臂控制器。

2. 在前视图中，移动立方体到左手关节（如图4.78所示）。

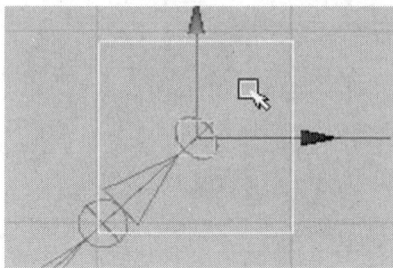

图 4.78   前视图中立方体在左手关节处

3. 在通道栏中，将属性的 X，Y，Z 轴缩放值设为 1.5。

4. 选择 修改→冻结变形 。

5. 复制立方体，将它移动到右手关节顶部。

6. 选择 修改→冻结变形 。

7. 在超图中，先点左臂控制器，按住 Shift 键，点击左臂反向。

8. 选择 约束→点约束 。

9. 点击左臂控制器，移动它。整个左臂会跟着移动。

10. 重复步骤 6、7、8 中的操作，将右臂反向约束到右臂控制器。

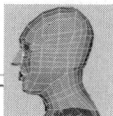

创建局部控制器

在绑定过程中，脊椎和簇控制器不跟着根关节的移动，因此你不能移动整个物体。

你要创建一个局部控制器将簇手柄设为它的子物体。这样，整个骨骼就可以一起移动。

1. 选择 创建→NURBS 基本圆圈。
2. 将它命名为局部控制器。
3. 在通道栏，将 X，Y，Z 轴向缩放值设为 6。
4. 将它移动并吸附到根关节。
5. 选择 修改→冻结变形。
6. 选择 编辑→按类型删除→历史记录 。
7. 打开超图，用鼠标中键点击簇 X_ 手柄，拖动它到局部控制器上。
8. 重复步骤 7 操作将簇 Y_ 手柄和簇 Z_ 手柄放到局部控制器父子关系下。

创建全局控制器

全局控制器是个位于骨骼层及顶端的控制器，不同于只移动部分骨骼的局部控制器。通过移动全局控制器，可以让你放置整个角色到场景的不同位置。

按以下步骤创建全局控制器。

1. 选择 创建→NURBS 基本圆圈。
2. 将它命名为全局控制器。
3. 在通道栏，将 X，Y，Z 轴向缩放值设为 8。
4. 选择 修改→冻结变形。
5. 选择 编辑→按类型删除→历史记录 。
6. 打开超图，用鼠标中键点击局部控制器，拖动它到全局控制器上。
7. 用鼠标中键点击左臂极向量约束，将它拖动到全局控制器上。
8. 对右臂极向量约束、左臂控制器、右臂控制器、左腿控制器、右腿控制器、左腿反向、右腿反向和根重复步骤 7 的操作。

在超图窗口组织绑定节点

一个典型的 Maya 场景中可以有上千个点，要快速找到某些东西，有助于有逻辑地组织它们。自由节点布局让你对超图中的节点位置能够进行全面控制，这让你可以在场景里恰当地组织它们。

按以下步骤在超图窗口中组织绑定节点。

1. 在超图中，选择 选项→布局→自由布局。这种布局中你可以用自定义的方法组织节点（如图 4.79 所示）。

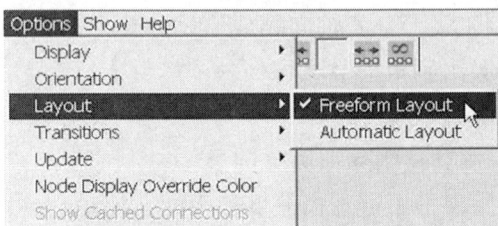

图 4.79 在超图选项下选择自由布局

2. 重新排列所有的节点如图 4.80 和图 4.81 所示。

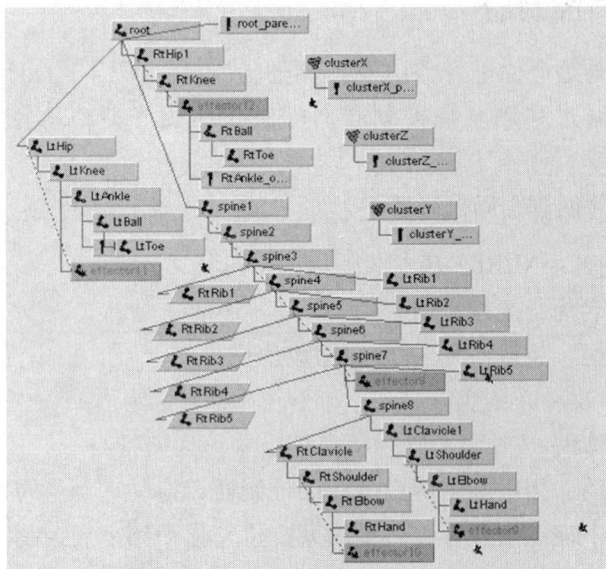

图 4.80 在超图中重新排列绑定节点

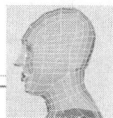

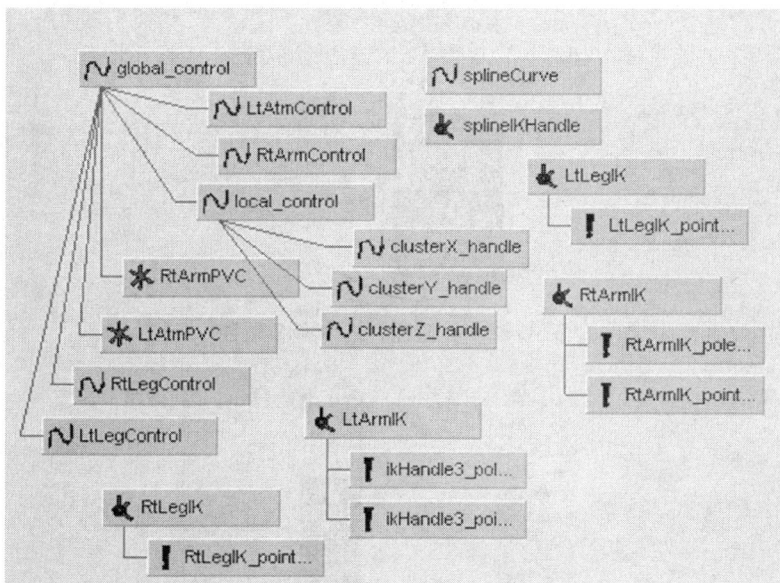

图 4.81   更多在超图中重新排列的绑定节点

隐藏物体

当你绑定了一个角色，你应锁定并隐藏不作动画的属性。这可以加快动画进度，因为它可以阻止你意外选中错误的属性。

1. 选择以下反向动力学手柄：左臂反向、右臂反向、左腿反向、右腿反向以及布袋样条曲线反向。

2. 创建新层，命名为非可触。

3. 添加所有反向动力学手柄和簇（C）到非可触层。

4. 点击层中第一个方框里的 V，隐藏反向动力学手柄。

锁定和隐藏属性

锁定和隐藏以下属性。

1. 选择左臂控制器、右臂控制器、左臂极向量约束和右臂极向量约束。

2. 在通道栏中，按下 Shift 键，点击拖动 X，Y，Z 轴旋转，X，Y，Z 轴缩放和可见性通道来全选它们（如图 4.82 所示）。

3. 右键点击所选通道，选择锁定并隐藏所选物体（如图 4.83 所示）。

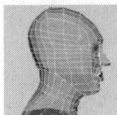

图 4.82 在通道栏选中多个属性

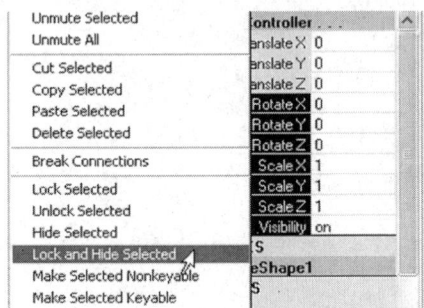

图 4.83 隐藏并锁定通道栏里的选项

4. 对簇 Y 手柄和簇 Z 手柄重复步骤 1 到 3。

5. 选择簇 X_ 手柄，锁定和隐藏 X，Y，Z 轴平移；X，Y，Z 轴缩放以及可见性通道。

6. 选择左腿控制器、右腿控制器、局部控制器、全局控制器，锁定并隐藏 X，Y，Z 轴缩放以及可见性通道。

四、教程 4.2：布袋的平滑

在这里你已有了一个模型和一副骨骼，但它们还是独立的，流程中的下一步是确保你的模型做适当平滑，然后用平滑绑定操作以便让骨骼布置能驱动模型。

1. 选择布袋，再在通道栏找到多边形平滑面 1 属性，点击它。记住你在第三章已经平滑了布袋模型。

2. 向下滚动通道栏，直到你看到叫作细分的多边形平滑属性。

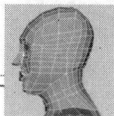

3. 确保细分被设定为 1 （如图 4.84 所示）。

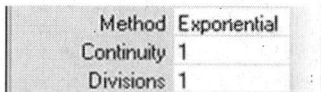

图 4.84　多边形平滑命令下的细分属性

4. 按 F2 键改变到动画模式。
5. 选择骨骼的根关节。
6. 按住 Shift 键，选择布袋几何体。
7. 选择 皮肤→绑定蒙皮→平滑绑定 （如图 4.85 所示）。

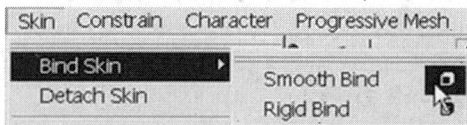

图 4.85　选择皮肤菜单下的平滑绑定

8. 选择左腿控制器上下移动，注意几何体随着它移动。
9. 保存文件，将文件命名为布袋_ 平滑_ 绑定 .mb。

五、教程 4.3：布袋的动画

　　摆拍布袋是一个传统的动画练习。因为布袋缺少外形细节，你必须集中注意力通过其身体语言表达它的情绪。在你给布袋骨骼创建关键帧动画前，需要创建一个角色组。角色组是自动对多个物体属性设置关键帧的方法。当你创建了一个角色组，你要将所有想要放入设定的物体指定。当你设定一个关键帧，Maya 就对设定中所有物体的所有属性设置关键帧。因为 Maya 自动对这些属性设置关键帧，所以你最后会得到很多不必要的关键帧，考虑到它可以加快动画制作进度，也就不是个大问题了。而且你可以在之后删除这些不要的关键帧。

1. 打开随书光盘里的第四章文件夹里的 "镜头_ 分镜头" 子文件夹里的 "跳跃_ 镜头 .tif" 文件。试着创建 3 个和图画吻合的动作。
2. 打开 "布袋_ 平滑_ 绑定 .mb" 文件，或者到随书光盘的 "第四章 Maya 工作文件" 文件夹里找。

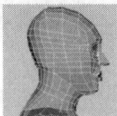

3. 按 F2 键切换到动画模式。

4. 选择所有的手臂控制器、极向量控制器、腿部控制器、所有的簇手柄控制器和局部控制器、全局控制器。

5. 选择 角色→创建角色组 右侧的选项栏。

6. 在名称栏输入布袋角色，并点击创建角色组。你会在命令行里的红箭头右侧看到角色组（如图4.86所示）。

图4.86　命令行中可见的角色组

创建布袋的第一个动作

1. 确保你在第 1 帧，布袋角色在命令行可见。

2. 按 S 键给绑定姿态的布袋角色设定关键帧。

3. 前进到第 15 帧。

4. 将左腿控制器向上拖动一点，移动簇 Y_ 手柄到布袋右侧，旋转簇X_手柄，摆布袋的动作如跳跃镜头图像里的第一个动作。

5. 布袋的第一个动作大致上和图4.87一样。

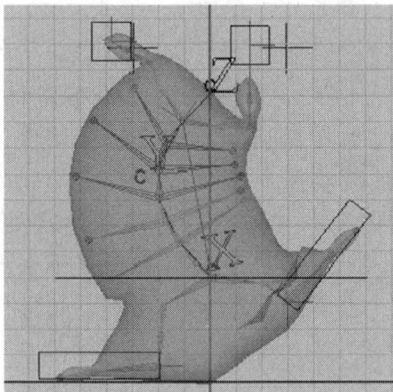

图4.87　布袋的第一个动作

6. 按 S 键设定一个关键帧，注意不必选中控制器，它们成为角色组的成员后，不必选中也可以打关键帧。

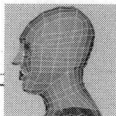

7. 回到第 1 帧的布袋绑定姿态。

创建布袋的第二个动作

1. 前进到第 30 帧。

2. 选择全局控制器，将它在 X 轴移动 12 个单位，在 Y 轴移动 5 个单位。你也可以通过在通道栏的 X 轴平移栏输入 12，在 Y 轴平移栏输入 5 来把它移动到这个位置。

3. 推、拉、旋转手柄和控制器来使布袋的姿态大致如图 4.88 所示。

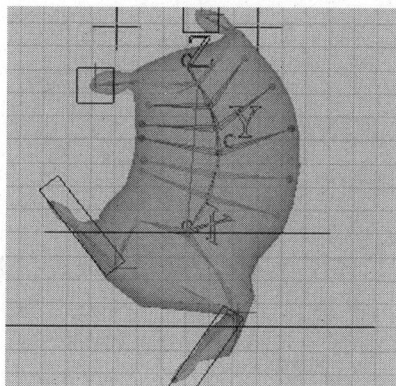

图 4.88　布袋的第二个动作

4. 按 S 键设置关键帧。

5. 回到第 1 帧布袋的绑定姿态。

创建布袋的第三个动作

1. 前进到第 45 帧。

2. 全局控制器在 X 轴平移 20 个单位，在 Y 轴平移 0 个单位。

3. 选择局部控制器将它在 Y 轴向下拽大致 -0.8 个单位。这会挤压布袋的身体吸收着地的冲力。

4. 推、拉、旋转手柄和控制器来使布袋的姿态为着地姿势，动作大致如图 4.89 所示。

5. 按 S 键设置关键帧。

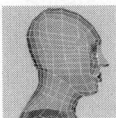

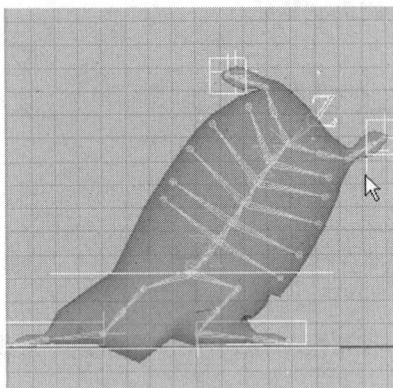

图4.89　布袋的第三个动作

创建跟随动作

按以下操作创建跟随动作。

1. 前进到第55帧。

2. 不移动布袋，将局部控制器向左拖动，放置在X轴平移大致为 -1.3，Y轴平移为0的位置。，将簇 Y_ 手柄向左拖动，放置在X轴平移大致为 -1.7，Y轴平移为0的位置。会得到如图4.90所示的动作。

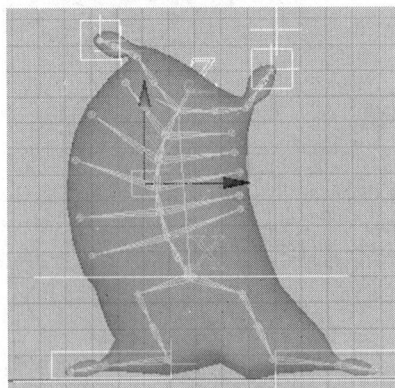

图4.90　布袋的跟随动作

3. 前进到第65帧。

4. 将布袋摆回绑定动作。设置另一关键帧。你也可以在控制器的通道栏将平移和旋转栏的数值输入为0以回到绑定动作。

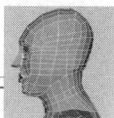

5. 回放动画。

六、小结

恭喜！你已经完成了自己的第一个使用动作准备和跟随的角色动画。

在本章中，你学到了如何为简单角色绑定、蒙皮和制作动画，也学到了如何使用反向动力学系统以及约束来促进动画制作的进度。现在你已理解了正向动力学和反向动力学之间的区别，以及如何混合它们来创建真实运动，有了这样的设定技巧，你可以创建更为复杂的绑定和关键帧动画了。

在下一章中，你将学到如何用 NURBS 建立角色模型以及使用路径动画制作它的动画。

七、挑战作业

绘制布袋的走或跑动作

绘制一个表现布袋走或跑过屏幕的场景分镜头。镜头应包括动作准备和跟随，创建一段 5 到 10 秒的逐步动作的分镜头动画。

绘制布袋的举重和投掷动作

画一个布袋举重或投掷重物的场景的分镜头草图。要用到在第二章的牛顿定律小节讲到的原理来向观众传达重量的感觉。运用拍摄方法来突出角色身体负重时的运力姿态，包括布袋准备举起重物的准备动作。创建一段 5 到 15 秒的逐步动作场景动画。

第五章

路径动画
NURBS建模和包含动力学的

本章内容

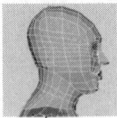

NURBS 曲线的全称为"非统一有理 B 样条曲线"。其实你不需要弄明白它名字的含义也可以利用这种极有用的建模方式。NURBS 建模使你可以用很少的控制器制定平滑的曲线。这些曲线可以用来建立复杂的有机表面。NURBS 常被用于汽车、动物和人体的建模。因为 NURBS 曲线在放大时能保留细节精度，它常被用于电影制作。

在本章中，你将使用 Maya 的建模工具做一条鱼的动画。

在做鱼的动画时，你会学到两种新的动画技术：路径动画和动力学动画。做路径动画时，要先画一条曲线作为想要完成的整个运动的轨迹，再将一个物体或角色连接到这条轨迹，这个过程就像是指定方向的关键帧。只不过所有中间画的位置被约束在一条路径上罢了。

动力学是 Maya 内置的模块，它能计算出真实世界的物理情况。动力学运算对做次要运动（也就是角色的直接意图动作所导致的运动）非常有用。在这里，你要用动力学计算鱼鳍和鱼尾在水中划动的运动。动力学的另一个用处是将角色和周围环境联系起来。在这里你要用动力学计算水的运动，包括鱼游动时"造成"的水花。

一、NURBS 曲线

NURBS 曲线形式是 NURBS 全面建立的基础。

NURBS 术语

NURBS 建模介绍了很多你可能不熟悉的技术术语。它的这些要素中的大部分都可以在 Maya 界面中看到。一根单独延续的 NURBS 曲线通常由多段线段组成部，它们被称为 Span 跨度。

NURBS 曲线上包含两种点：编辑点和控制点。

EP 编辑点。它是标记在 NURBS 曲线本身上，指示曲线跨距的，每个编辑点在曲线上都表示为一个 X。

CV 控制点。它是控制编辑点之间曲线位置的点。控制点不一定在曲线上。

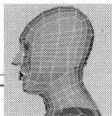

NURBS 显示参数

当你画 NURBS 曲线时，Maya 可显示以上提到的一种或多种组成要素，这取决于你的参数设定。你可能还会发现有个非常有用的附加组成部分，它叫壳线。壳线是连接控制点的直线。它们不能单独操纵，但它们确实让区分控制点和编辑点变得容易了一些。

要确保显示了曲线的所有要素，通过以下步骤打开 Maya 主要参数设置窗口。

1. 选择 窗口→参数/预设→预设 。
2. 在左边的 分类 下，选择 显示→NURBS 。
3. 在 NURBS 下，显示 设定为 新 NURBS 物体 ，找到 新曲线 输入。
4. 勾选 编辑点、壳线 和 控制点 （如图 5.1 所示）。

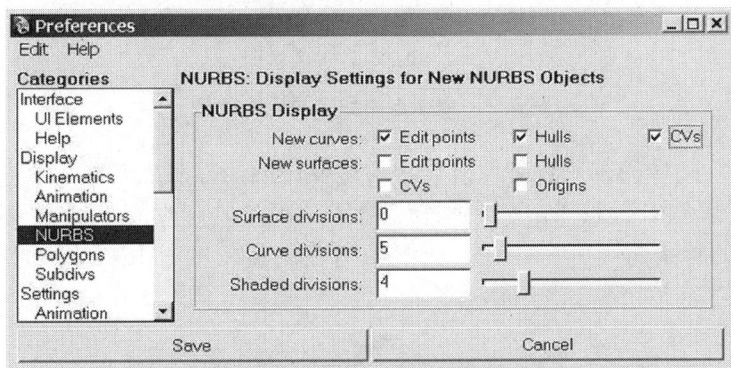

图 5.1　预设窗口

NURBS 曲线工具

Maya 提供了两种独立的创建 NURBS 曲线的工具：编辑点曲线工具和控制点曲线工具。两种工具创建的曲线的属性都同样地包含控制点和编辑点。不过，使用编辑点曲线工具时，你放置编辑点，Maya 会自动创建控制点。使用控制点曲线工具时，你直接放置曲线的控制点，Maya 会自动创建编辑点。两者的不同通常会导致参数设置的个性化选择。编辑点曲线工具更直截了当，但控制点曲线工具则对曲线的外形有更多的交互控制。

将两种工具都试一下。

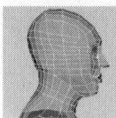

1. 确认已勾选了预设窗口中的 编辑点、壳线和控制点 。
2. 选择创建→编辑点曲线工具 。
3. 按住 X 键吸附到网格。
4. 每隔一个点击网格的顶点处（如图 5.2 所示），完成后按回车键完成曲线。结果应得到一条穿过每个点击位置的连续曲线。

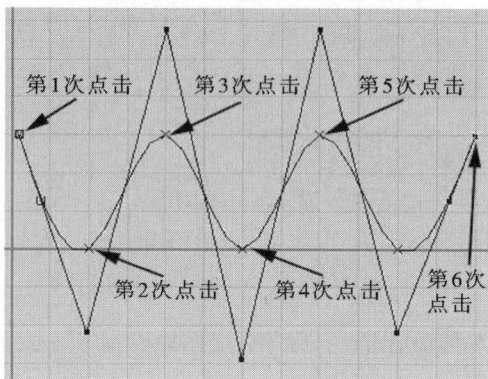

图 5.2　编辑点曲线工具点击位置

5. 重复同样的方式点击位置点。不过使用的是控制点曲线工具（也在 创建 菜单下），在这里，你会得到连续曲线，不过外形明显和上面那条不同。注意这次的整条曲线更为扁平，曲线朝向控制点位置上下波动，但都没有到达控制点位置（如图 5.3 所示）。

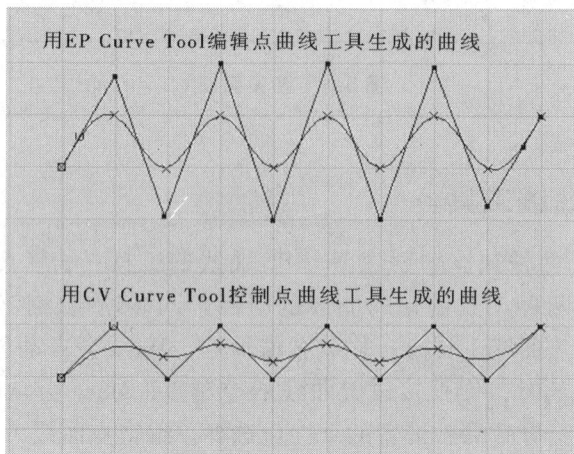

图 5.3　编辑点曲线和控制点曲线工具

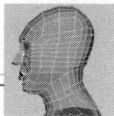

关于度的问题

你可能已经注意到，在 NURBS 曲线创建工具选项里，NURBS 曲线有个很重要的特性叫做曲线的"度"。1 度曲线是指直线，即编辑点之间的线段。Maya 默认创建的是 3 度曲线。这也是你经常要用的线，但你也可以创建更高度数的曲线。它的好处是可以让你将编辑点之间的线改得更扭曲，不过也有个明显的缺点，就是这样令对曲线的局部控制更难了。

NURBS 组成概要

作为总结，以下是 NURBS 曲线的基本组成。

跨度： 连接编辑点的 NURBS 曲线线段。

编辑点： NURBS 曲线上的点。

控制点： 不在 NURBS 曲线本身上，但控制着编辑点之间曲线的曲率。

壳线： 所显示的连接控制点的线（如图 5.4 所示）。

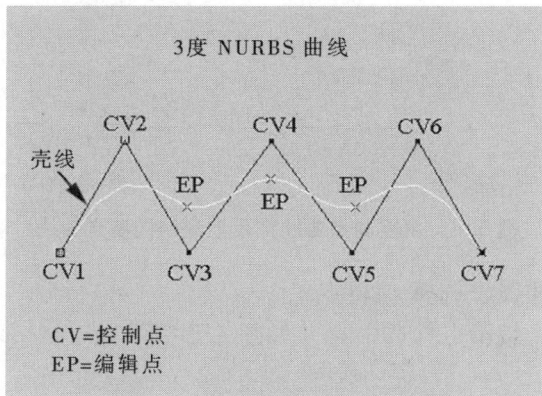

图 5.4　NURBS 曲线组成的概要

曲线方向

NURBS 曲线有明显的起点和终点。第一个控制点由一个方框表示。第二个控制点表示为字母 U，它也表示了曲线的方向（如图 5.5 所示）。当使用曲线生成曲面几何体时，曲线方向会变得非常重要。我们很快就会讲到它。

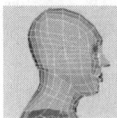

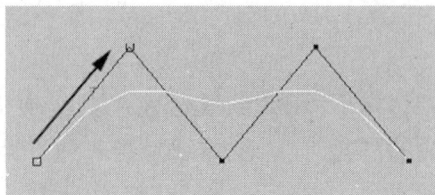

图5.5　字母 U 表明曲线的方向

连接、吸附和分离曲线

要便捷地创建复杂物体的轮廓，有时候就必须要使用到多重 NURBS 曲线。好在 NURBS 曲线可以按需要连接或打断。

1. 按 Ctrl + N 键创建新场景。

2. 按 F4 键切换到 表面 菜单模式。

3. 选择 创建→控制点曲线工具 。

4. 在前视图中，在屏幕上任意位置点击 8 次，创建如图 5.6 所示的曲线。

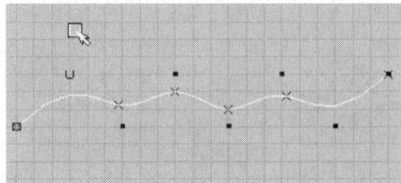

图5.6　用控制点曲线工具创建的控制点曲线

5. 右键点击曲线，选择 编辑点 。

6. 点击第三个编辑点并选中它（如图 5.7 所示）。

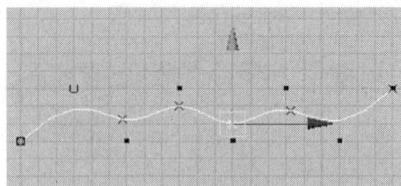

图5.7　曲线的第三个编辑点

7. 选择 编辑曲线→分离曲线 右侧的选项栏。

8. 在选项栏中，确保 保留原物体 没有被勾选。

9. 点击 分离 按钮。注意你现在有两条曲线了（如图 5.8 所示）。

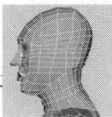

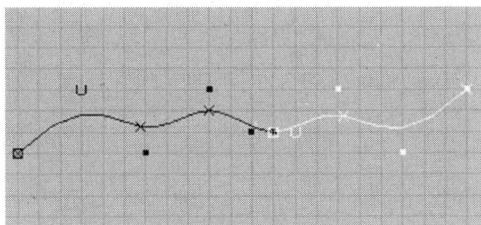

图5.8 分离的曲线

连接曲线

按照以下步骤连接曲线。

1. 按住 Shift 键，点击两条曲线同时选中它们。

2. 选择 编辑曲线→连接曲线 右侧的选项栏。

3. 在 连接曲线 选项窗口内，确认 连接方法 勾选的是 混合 。而 保留原物体 未勾选（如图5.9所示）。

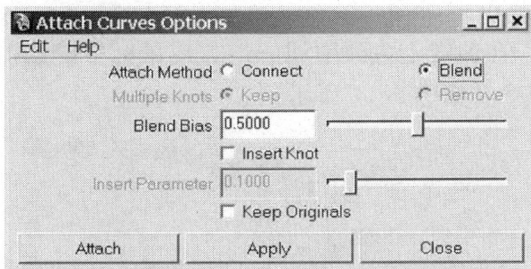

图5.9 连接曲线选项窗口

4. 点击 连接 按钮，你现在就只有一条曲线了。

剪切曲线

NURBS 曲线也可以在两条曲线的交叉点处切开。

1. 选择 文件→创建新场景 。

2. 选择 创建→控制点曲线工具 。在前视图中，在屏幕大致中间的位置点击 8 次并按回车键，创建一条水平曲线。

3. 按 G 键运用上一工具，在这里就是指创建 控制点曲线 工具。

4. 从上到下点击 4 次，你就得到了水平曲线 1 和垂直曲线 2（如图5.10所示）。

Maya Character Modeling and Animation

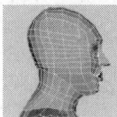

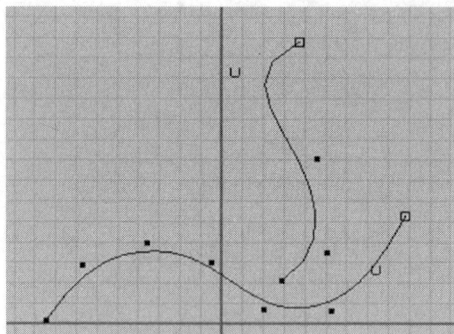

图5.10 两条控制点曲线

5. 按 W 键切换到移动工具。

6. 右键点击曲线2，选择 控制顶点 。

7. 点击曲线2的最后一个顶点。

8. 按住 C 键，注意移动工具中心的黄色方块变为一个圆圈。这表示你现在处于 吸附到曲线 模式。

9. 按住 C 键，在曲线上大致中间的地方用鼠标中键点击拖拽，选中的控制点会吸附到曲线2（如图5.11所示）。

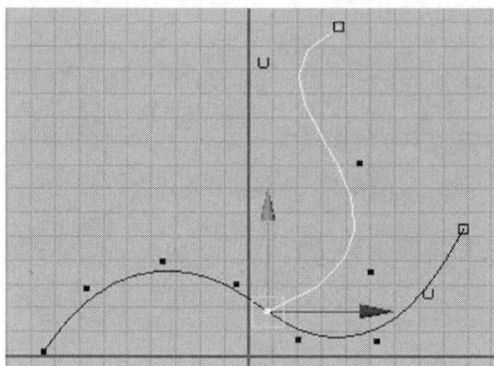

图5.11 吸附曲线

10. 取消对两条曲线的选择。

11. 点击曲线1并按 Shift 键选择曲线2。

12. 选择 编辑曲线→剪切曲线 。注意曲线1从和曲线2的交叉点处被切断（如图5.12所示）。

13. 选择并删除曲线1的左半边。

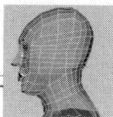

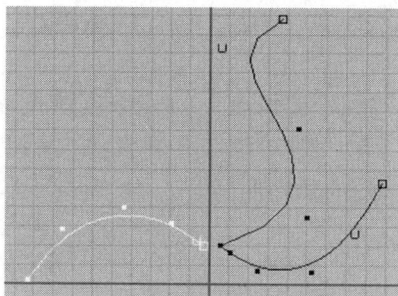

图 5.12　剪切控制点曲线

重建曲线

NURBS 曲线也可以被重建。重建曲线功能在令曲线符合另一曲线的拓扑、增加或减少跨度数或简单地统一跨度时都非常有用。

1. 选择 文件→创建新场景 。

2. 选择 创建→控制点曲线工具 。

3. 在前视图中，在屏幕大致靠中间的位置点击 8 次并按回车键。

4. 在仍选中曲线的情况下，右键点击曲线，选择曲线 1。属性编辑器 就会打开。

5. 在 属性编辑器 中，打开 NURBS 曲线历史栏。看跨度区，注意曲线有 5 个跨度段。

6. 在仍选中曲线的情况下，选择 编辑曲线→重建曲线 右侧的选项栏。

7. 在选项窗口中，选择 编辑→重置设定 。

8. 在 跨度数 区输入 10。这意味着曲线将重建为分 10 跨度段的曲线（如图 5.13 所示）。

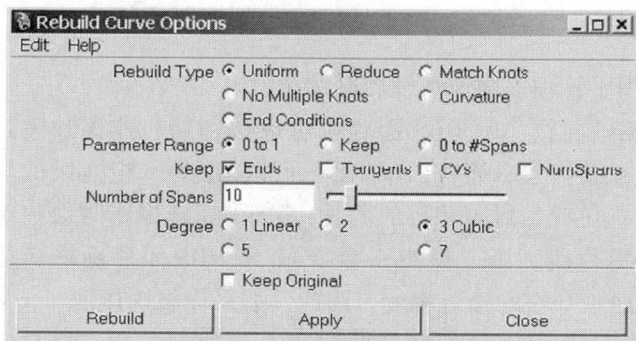

图 5.13　重建曲线选项窗口

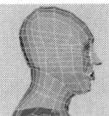

9. 点击 重建 按钮，再看一下曲线的 属性编辑器 ，你会发现跨度被设定为 10。

10. 右键点击曲线，选择 编辑点 。注意跨度段长度统一。

NURBS 曲线在 Maya 里一般不渲染，通常将它们用于创建面片（也就是可渲染的 NURBS 几何体）的构建曲线。

NURBS 面片

NURBS 面片是由两个或更多的 NURBS 曲线创建出的一块几何平面。NURBS 面片包含所有创建它所用的曲线的组成元素，而且还包括一个新的组成元素，它叫做等位线。等位线是连接两个或两个以上编辑点的线。让你能看到 NURBS 表面，甚至在线框模式下互动渲染时也是这样，表面上的等位线数量可以调节来增减表面细节精度。

当创建了 NURBS 面片，Maya 会自动在曲面上建立 2D 坐标系。坐标系有两个方向，叫做 U 和 V（如图 5.14 所示）。U，V 坐标会用于表面纹理贴图。

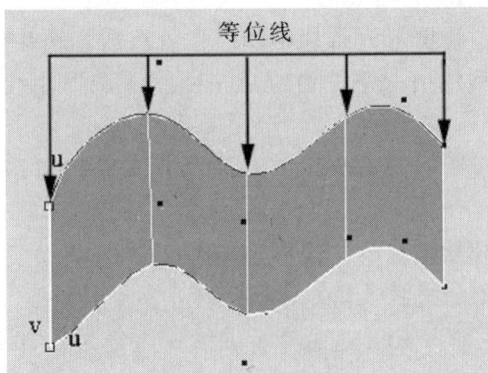

图 5.14　显示 UV 方向的 NURBS 面片

UV 方向用于管理表面连续性和贴图位置。

就像 NURBS 曲线，NURBS 面片也可以被切断、连接和重建。不过，必须考虑到两个重要因素，第一，NURBS 面片只能有一组连续的等位线，如果你要连接两个等位线数目不相等的面片，Maya 完成操作时会在等位线较少的面片部分添加等位线。第二，Maya 所完成 NURBS 面片操作都是基于输入表面的 UV 方向而不是它的接近程度。因此，如果你想连接两个 UV 方向相反的 NURBS 面，Maya 会通过"延伸到曲线背面"的方式来连接它们，这通常不是想要的结果。如下步骤所示，这两种问题都是可以避免的，只要注意连接

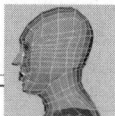

曲面时的 UV 方向和等位线数，以及在必要时重建曲面。

按照以下步骤分离 NURBS 曲面。

1. 创建一个新场景。

2. 选择 创建→NURBS 基本物体→平面 右侧的选项栏。

3. 在选项窗口中，U 面片和 V 面片处都输入 10（如图 5.15 所示）。

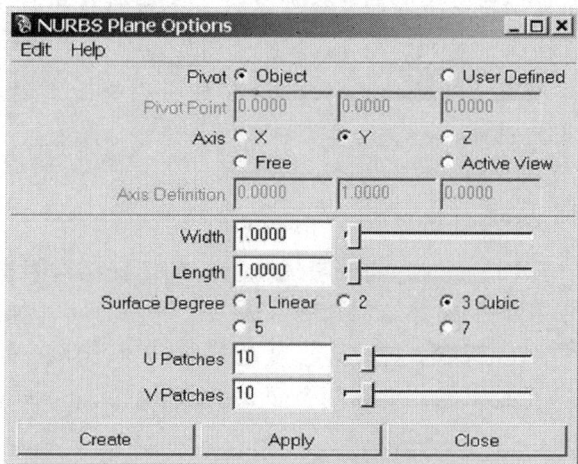

图 5.15　NURBS 平面选项窗口

4. 点击 创建 按钮。

5. 在顶视图中，右键点击平面，选择 等位线 。

6. 点击从下到上第四根水平的等位线（如图 5.16 所示）。等位线的颜色会变为红色以表示它已被选中。

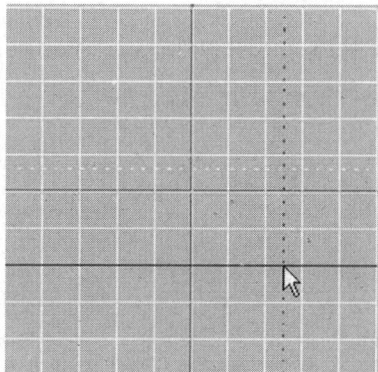

图 5.16　被选中的等位线

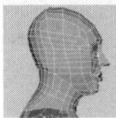

7. 选择 编辑 NURBS→分离曲面 右侧的选项栏。

8. 在选项窗口中，确认 保留原物体 未被勾选。

9. 点击 分离 按钮。

10. 点击任一等位线，注意你将得到两个曲面。

> 在 Maya 里切断一个曲面，会创建出一个新的断开曲面。如果未勾选"保留原物体"选项，Maya 会自动删除原始面只留下断开的面。如果勾选"保留原物体"，那么 Maya 会在原曲面上创建断开的曲面，且两者都可选用。

连接 NURBS 曲面

当连接两个 NURBS 面时，需要考虑到它们的拓扑结构因素。

两个面必须有相同的拓扑结构才能生成一个统一曲面（如图 5.17 所示）。如果有相同的等位线、跨度、控制点、度数等 NURBS 组成，则两曲面就有相同的拓扑结构。这可是真的，就算两个面大小和形状完全不同。

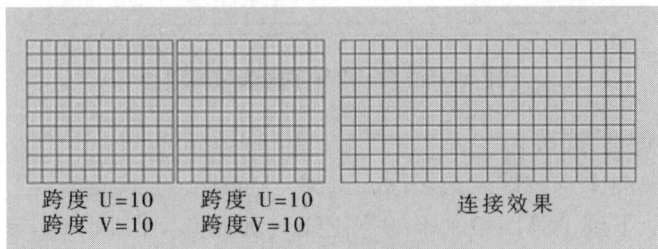

图 5.17　两个拓扑结构相同的曲面的连接

如果你要连接两个拓扑结构不同的曲面，Maya 会尽量让两个面的等位线数相同，因此，面连接很可能会得出不合适的效果。

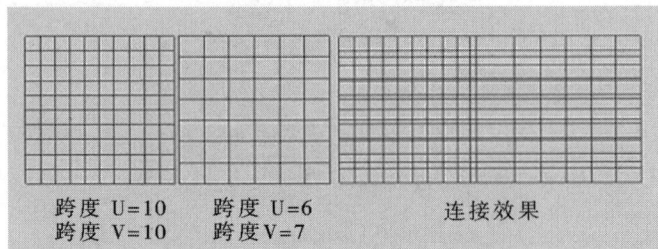

图 5.18　两个参数不同的曲面的连接

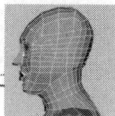

重建曲面

曲面重建功能在改变曲面的拓扑或是使其统一的时候很有用。

1. 创建新场景。

2. 选择 创建→NURBS 基本物体→平面 右侧的选项栏。

3. 在选项窗口中，U 和 V 面片区都输入 5。

4. 点击 创建 按钮。

5. 在平面仍被选中的情况下，选择 编辑 NURBS→重建曲面 右侧的选项栏。

6. 在 重建曲面 选项窗口中，选择 编辑→重置设定 。

7. 在 U 跨度 和 V 跨度 处都输入 10，确认 保留原物体 没有勾选（如图 5.19 所示）。

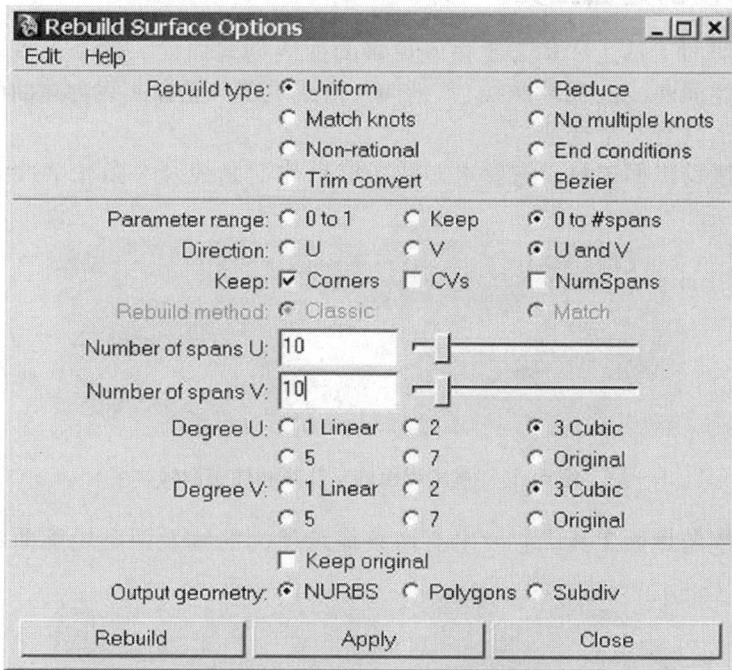

图 5.19　重建曲面选项窗口

8. 点击 重建 按钮，曲面会在 U 方向和 V 方向分别有 10 个跨度段（如图 5.20 所示）。

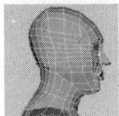

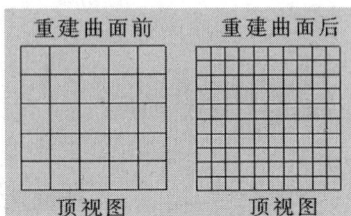

图 5.20　重建前和重建后的曲面

二、NURBS 建模工具

Maya 提供了几种 NURBS 建模工具，其中最常用的是：横跨建面工具和创建边界表面工具。

理解横跨建面工具

横跨建面工具让你基于 3 根或更多的曲线创建曲面。这个工具通过沿着两根横跨建面曲线（面片曲线），延伸一根或更多的轮廓曲线创建曲面。

这个工具有三个选项：

单轨横跨建面工具。它要求有两条横跨建面曲线及一条轮廓曲线（如图 5.21 所示）。

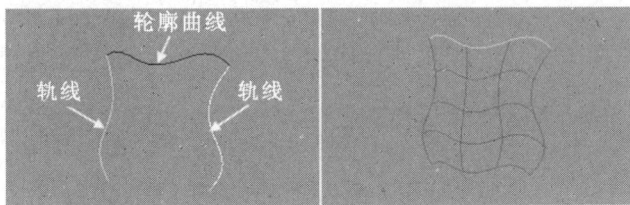

图 5.21　横跨建面的单轨线和轮廓曲线

双轨横跨建面工具。它要求有两条横跨建面曲线及两条轮廓曲线（如图 5.22 所示）。

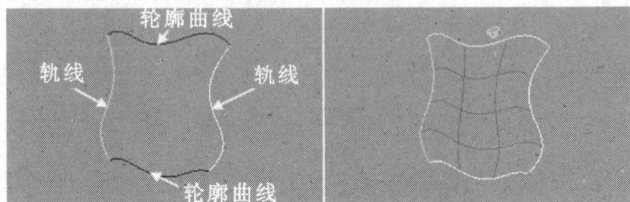

图 5.22　横跨建面的双轨线和轮廓曲线

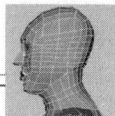

三根及以上曲线横跨建面工具。它要求有 3 条横跨建面曲线及 2 条轮廓曲线（如图 5.23 所示）。

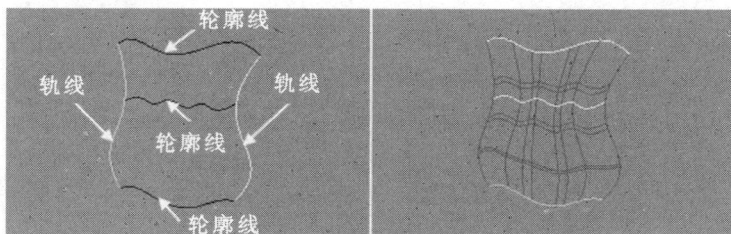

图 5.23　横跨建面的 3 根轨线和轮廓曲线

要创建横跨建面的几何体，你需要创建 3 个或更多的交叉曲线。

1. 创建新场景。
2. 选择 创建→控制点曲线工具 。
3. 在前视图中，创建 3 条曲线（如图 5.24 所示）。

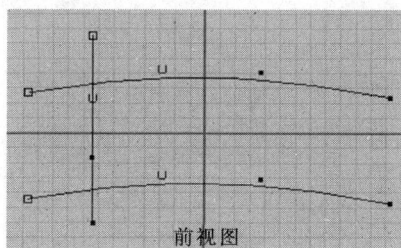

图 5.24　用于创建横跨面的 3 根曲线

4. 在透视图里观察曲线，确认垂直曲线和两条水平曲线交叉。

5. 选择 表面→横跨建面→单轨横跨建面工具（如图 5.25 所示）。鼠标光标此时应会变为一个箭头。

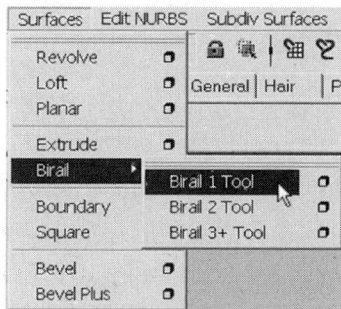

图 5.25　横跨建面菜单

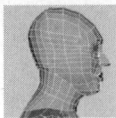

6. 点击垂直曲线，选中它作为轮廓线，再点击下面的水平曲线，最后点击上面的水平曲线。水平曲线是横跨建面的轨线（如图5.26所示）。

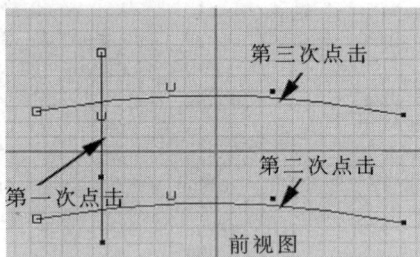

图5.26 横跨建面工具点击顺序

7. 按 F5 键切换为 平滑显示所有对象 模式，你会看到横跨建面建立的几何体。（如图5.27所示）。

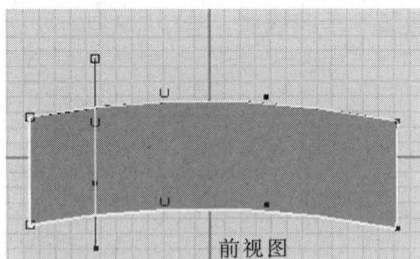

图5.27 横跨建面所得的曲面

如果你看不到横跨建面所得的几何体，那是因为轮廓曲线和轨迹曲线没有相交叉，一个确保曲线相交的办法是将垂直曲线上的控制点吸附到水平曲线上去。

理解创建边界表面工具

创建边界表面工具用来在作为边界的曲线中间生成曲面。这个工具有两个选项决定如何创建表面："自动"或"按照选择"。

当你选择"自动"选项，Maya决定如何创建边界表面。当你选择"按照选择"，创建的边界表面由你选择曲线的顺序决定。而且你必须选择一个常见的端点选项。如果你选择"可选"，即使曲线端点不重合边界表面也会被创建出来。如果你选择"必需"，曲线和端点就必须重合。最好的重合曲线和端点的办法是利用之前提到的吸附功能。

1. 打开新场景。

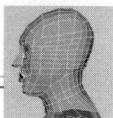

2. 在前视图中，创建4根曲线（如图5.28所示），注意两根垂直曲线是由上到下创建的，两根水平曲线是由左到右创建的。

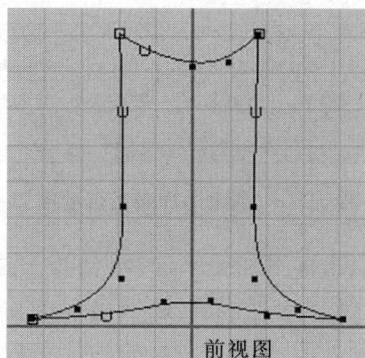

图5.28　用于创建边界表面的4根曲线

3. 为曲线命名（如图5.29所示）。
- 左边的垂直曲线：曲线_左。
- 右边的垂直曲线：曲线_右。
- 下边的水平曲线：曲线_下。
- 上边的水平曲线：曲线_上。

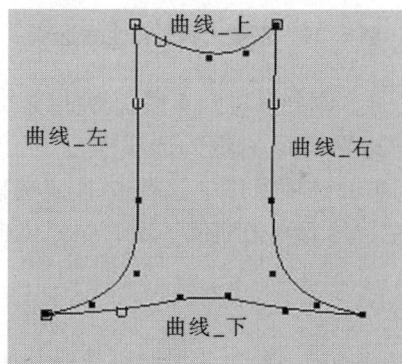

图5.29　为创建边界表面工具命名曲线

4. 选择 表面→创建边界表面 右侧的选项栏。

5. 在 创建边界表面 的选项窗口中，点击 曲线自动排序（如图5.30所示）。

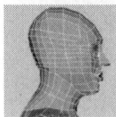

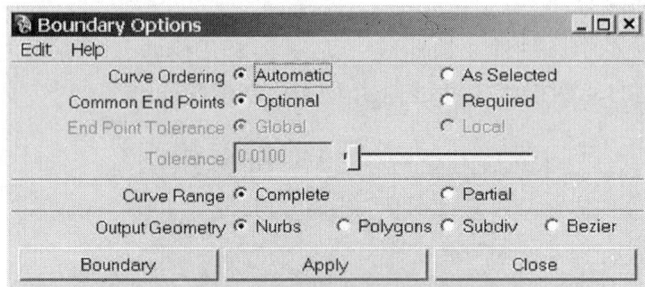

图5.30   创建边界表面选项窗口

6. 按任意顺序依次点击4根曲线来选择它们。选择曲线的顺序并不重要。

7. 点击 应用 按钮，创建边界表面 选项窗口会保持开启，一个新的边界表面会被创建出来（如图 5.31 所示）。

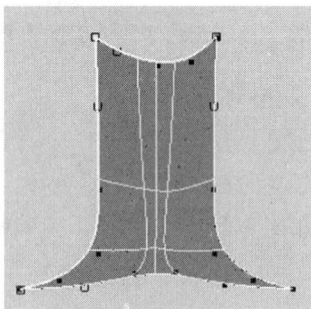

图5.31   自动边界表面生成选项

8. 删除新的边界表面。你会只看到 4 根边界曲线。

9. 选择 表面→创建边界表面 右侧的选项栏。

10. 在 创建边界表面 的选项窗口中，点击 按照选择 。

11. 先点击曲线_ 左，然后点击曲线_ 下，再点击曲线_ 右，最后点击曲线_ 上。

12. 点击 应用 按钮。

13. 你会看到一个如同选择 自动 选项时创建的几何体被创建出来。

14. 删除刚创建的表面。

15. 选择 表面→创建边界表面 右侧的选项栏。

16. 现在，依次点击曲线_ 左、曲线_ 右、曲线_ 下、曲线_ 上。再点击应用 按钮。你会看到创建出了一个不同的表面（如图 5.32 所示）。几何体在不同的曲线间创建时产生不同的形状。

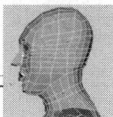

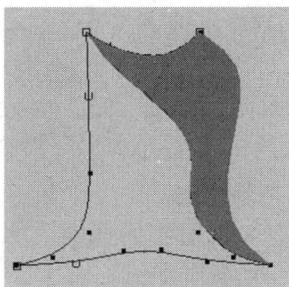

图 5.32　按照选择 创建的边界表面

三、运动路径动画

运动路径动画指的是一个物体或角色沿曲线路径所做的动画。它在制作鱼或者蛇这样的生物的动画时非常有用。它也常被用来快速生成布局动画——用于初步放置场景中的角色以及随后的摄影机调整的动画。路径动画也可以用作控制摄影机本身的运动，这是对实拍电影中真实的摄影机的跟拍运动的模仿。

默认地，运动轨迹上的物体沿着给定的路径匀速地连续移动。不过，你可以按照需要，沿着路径指定特定时间里物体处于特定位置的关键帧，这样来调整路径动画。

1. 创建一个新场景。
2. 按 F4 将 Maya 切换到曲面模式。
3. 选择 创建→控制点曲线工具。
4. 在顶视图中，从右向左点击几次创建如图 5.33 所示的环形曲线。

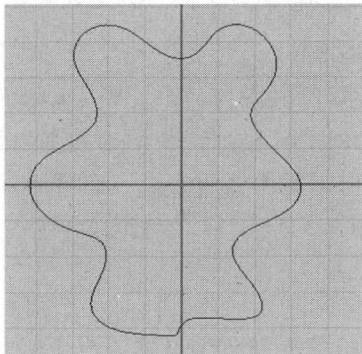

图 5.33　作为运动路径的控制点曲线

5. 选择曲线最后一个控制点，按下 V 键，将控制点移动并吸附到曲线的第一个控制点。

6. 选择 编辑曲线→开放/闭合曲线 来创建一条连贯曲线。闭合曲线是第一个编辑点和最后一个编辑点重合的循环线，在这里，你需要的是一条闭合曲线，这样你的运动路径才是连贯的。

7. 选择 编辑曲线→重建曲线 右侧的选项栏。

8. 在选项窗口中，确保 重建类型统一 选中，勾选 控制点 ，保留 原物体 未被勾选（如图 5.34 所示）。

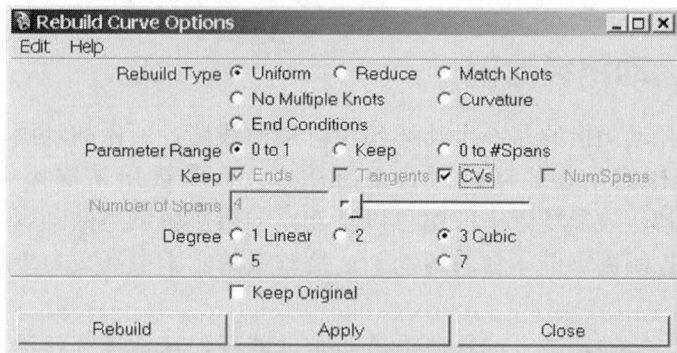

图 5.34　重建曲线选项窗口

9. 点击 重建 按钮，这让控制点被统一重新分配，从而创建光滑的曲线。沿光滑曲线做动画的物体运动也会很流畅。

10. 选择 创建→NURBS 基本物体→球体 。

11. 按 F2 将 Maya 切换到动画模式。

12. 选中球体，按 Shift 键选择曲线。

13. 选择 动画→运动路径→连接到运动路径 右侧的选项栏。

14. 在选项窗口中，将 时间范围 勾选为 起始/终止 。在 起始时间 项输入 1，在 终止时间 项输入 500，勾选 沿着 ，前轴 选择 Z 轴，上轴 选择 Y。在 World Up 项的下拉菜单中选择 Scene Up（如图 5.35 所示），Scene Up 意思是路径上的物体向上的向量要尽量对齐到指定的 Scene Up 轴 ，Maya 默认的 Scene Up 为正 Y。

15. 点击 连接 按钮。

16. 确认一下动画回放的时间范围设置为 500 帧。

17. 播放动画，你就能看到小球沿着路径移动。

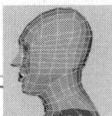

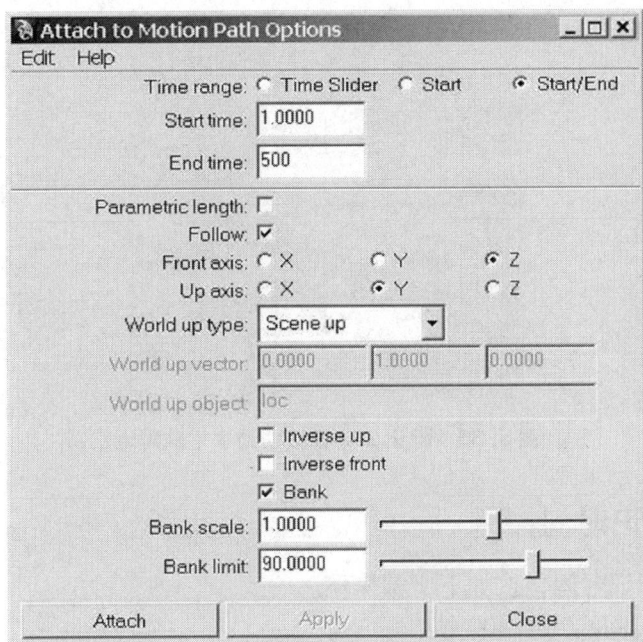

图5.35　连接到运动路径选项窗口

设置运动路径标记

运动路径标记让你可以控制物体的速度。物体速度在紧密的标记间减慢，在离开较远的标记间加快。

按照以下步骤设置运动路径标记。

1. 拖拽时间滑块到第 200 帧。

2. 选择运动路径曲线。

3. 在通道栏的 输出 项下，找到 运动路径 1 。

4. 点击 运动路径 1 ，你会看到 U 数值。

5. 点击 U 数值选择它。

6. 右键点击 U 数值，选择 对所选设置关键帧 ，曲线路径上会出现一个黄色的标记并带有数字 200。

7. 选择 200 帧标记，在顶视图中将它移动到水平网格轴附近，如图 5.36 所示。

8. 拖动时间线到 300。

9. 重复步骤 3 到 6 在 U 数值上设置另一关键帧。

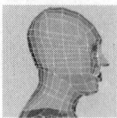

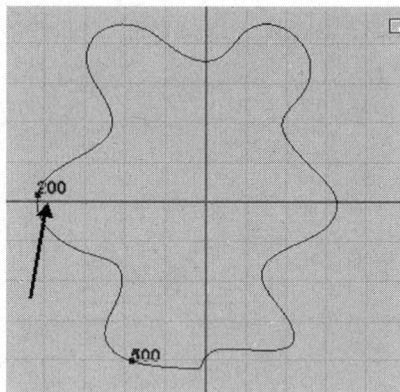

图 5.36 标记 200 被移动到水平轴附近

改变标记时间

要改变标记时间，按如下步骤操作。

1. 拖动时间线到第 400 帧。

2. 设置 U 数值关键帧。

3. 选择标记 400 并打开它的属性编辑器。

4. 在 位置标记属性 中，在 时间 项输入 350 。如图 5.37 所示，标记的数字会变为 350 。

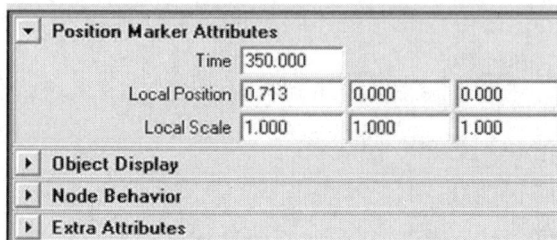

图 5.37 位置标记属性被改变

5. 播放动画，注意球体根据标记设定的时间移动。

四、毛发曲线的变形器

如名称所示，Maya 的头发曲线原本是为了帮助创建头发模型和制作它的动画而设置的。不过，头发曲线也可用来当大量软体表面的变形器。就像现

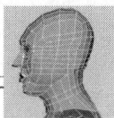

实世界里的头发，头发曲线一端连接到物体，被称为毛囊，还有曲伸和弹性。但不同于真实的头发，Maya 的头发曲线可连接到大型物体表面，并用来拖拽和移动它们。

要创建头发曲线，先创建普通 NURBS 曲线，再把它转为动力学曲线。

1. 创建一个新场景。

2. 选择 创建→NURBS 基本物体→球体。

3. 在侧视图中，按住 X 键，在球体顶部点击 1 次开始创建曲线，然后松开 X 键，点击 10 次创建如图 5.38 所示的曲线。

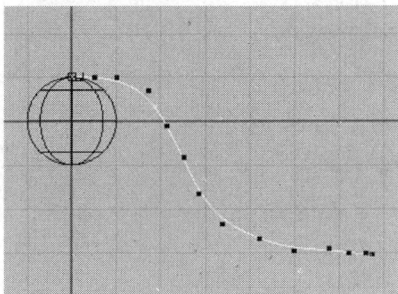

图 5.38　从球体顶点创建一条曲线

4. 按回车键完成曲线的创建，默认地，它被命名为 曲线 1 。

5. 按 F5 键将 Maya 切换到动力学模式。

6. 选择 曲线 1。

7. 选择 头发→对所选曲线应用动力学 ，注意 Maya 创建了另一条曲线，叫做 曲线 2 。

8. 打开超图窗口，你会看到头发节点，如图 5.39 所示。

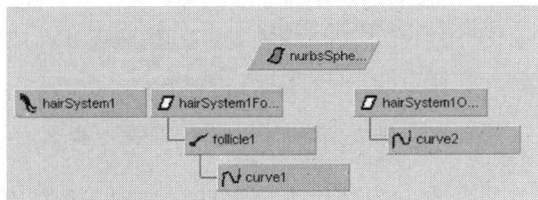

图 5.39　超图窗口显示的头发节点

9. 选择 毛囊 1 ，打开它的 属性编辑器。

10. 在 毛囊属性 项上将 锁定点 改为 基本 。

11. 将 头发系统 1 毛囊 设置父子关系到 nurbs 球体 1 下。

12. 将 头发系统 1 设置父子关系到 曲线 2 下（如图 5.40 所示）。

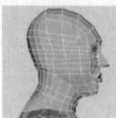

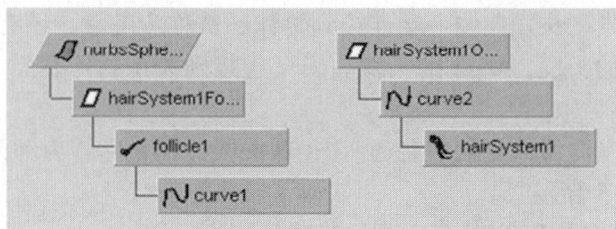

图 5.40　头发系统 1 节点被设置父子关系到 曲线 2 节点下

13. 按 F2 键切换到动画模式。

14. 确认时间滑块在第 1 帧。

15. 选择 nurbs 球体 1 ，按 S 键设置关键帧。

16. 拖动时间滑块到第 30 帧。

17. 在通道栏，平移 Y 栏输入 8。

18. 按 S 键设置另一个关键帧。

19. 拖动时间滑块到第 60 帧。

20. 在通道栏的 平移 Y 栏输入 0。

21. 按 S 键设置另一个关键帧。

22. 按 F5 键切换到动力学模式，在仍然选中 nurbs 球体 1 的情况下选择头发→显示→当前位置（如图 5.41 所示）。

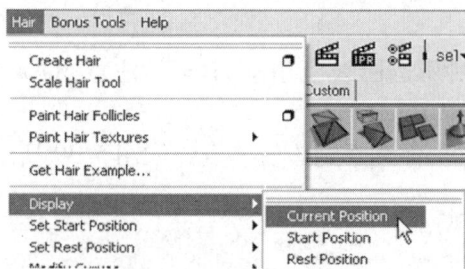

图 5.41　头发→显示→当前位置 菜单命令

23. 播放动画，你会看到当球体上下移动时动力学曲线在弹性移动。

五、教程 5.1：鱼类建模

鱼是很适于用 NURBS 建模的物体。它们的轮廓属于流线型，还有多种多样的外形，这里我们就从日本鲤鱼的建模开始。

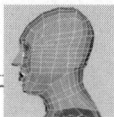

创建鱼的身体

按如下步骤创建鱼的身体。

1. 打开随书光盘上 第五章图像平面 文件夹。

2. 将"鲤鱼_ 侧面.jpg"和"鲤鱼_ 底部.jpg"文件拷贝到你的硬盘上。

3. 选择 文件→项目→新建 。

4. 将它命名为 鲤鱼 。

5. 点击 使用默认设置 按钮，然后点击 接受 。

6. 选择 文件→新建场景 。

7. 通过按 F4 键在下拉栏中选择 曲面 模式。

8. 点击屏幕左下方的 四视图 按钮，如图 5.42 所示。

图 5.42　四视图按钮

9. 在侧视图中，选择 视图→图像平面→导入图像 。

10. 导入"鲤鱼_ 侧面.jpg"。

11. 在通道栏，你可以看到 图像平面1 ，在 图像平面1 下的 Y 中心 栏输入 6.5 ，这会让侧视图中的图像平面向上移动到水平轴线处。

12. 在顶视图中，选择 视图→图像平面→导入图像 。

13. 导入"鲤鱼_ 底部.jpg"。虽然这稍微有点不好理解——你将鲤鱼的底部图导入到了顶视图。其实是因为你需要看着鱼肚子的底部来创建它的鳍。

14. 在通道栏的 中心 Y 栏，输入1，将图像平面向上移动一点。

15. 你的顶视图和侧视图应如图 5.43 所示的效果。

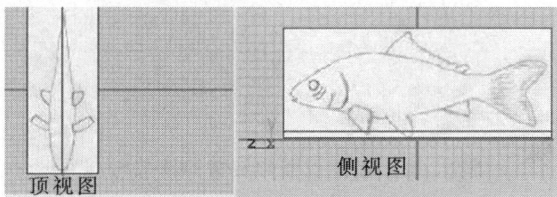

图 5.43　顶视图和侧视图中的图像平面

16. 在侧视图中，选择 创建→NURBS 基本物体→圆圈 。Maya 将它命名为 圆圈1 。

17. 在通道栏的 旋转 X 栏，输入 90。

18. 将 圆圈1 移动到鱼的嘴部，如图 5.44 所示。

19. 选择 编辑→特殊复制 右侧的选项栏，在选项窗口中，选择 编辑→重置设定 ，在 平移 Z 区，输入 −2，在 拷贝数量 区，输入 12，如图 5.45 所示。

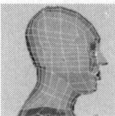

图5.44　鱼嘴部的圆圈1

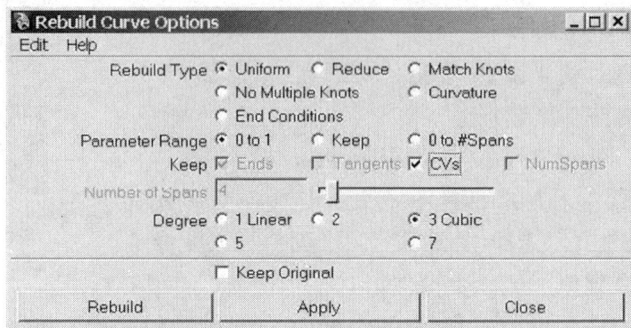

图5.45　特殊复制选项窗口

20. 点击 特殊复制 按钮。

21. 在侧视图中，沿 Z 轴按照鱼的身体形状移动和缩放圆圈如图 5.46 所示。

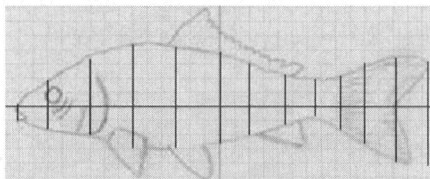

图5.46　在侧视图中放置和缩放圆圈

22. 在顶视图中，沿 X 轴缩放圆圈如图 5.47 所示。

23. 在侧视图中，从圆圈 1 开始到圆圈 13，通过依次点击圆圈，选择所有圆圈。

24. 选择 表面→放样→选项栏 。

25. 在选项栏窗口，选择 编辑→重置设定 ，注意 Maya 默认设置 输出几何体 为 NURBS ，如图 5.48 所示。

26. 点击 放样 按钮。

27. 将新的放样曲面命名为 身体 。

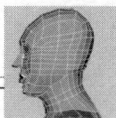

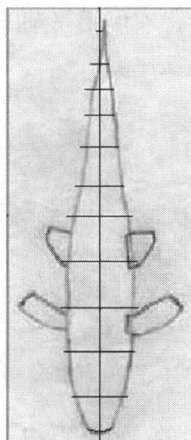

图 5.47   在顶视图中排列的圆圈

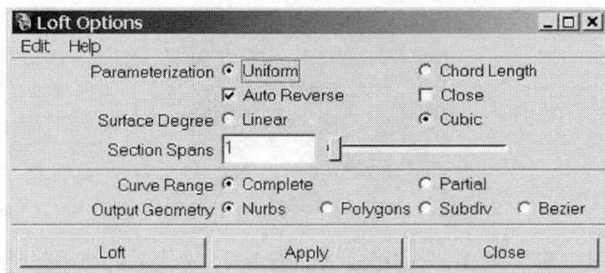

图 5.48   放样选项窗口

28. 在侧视图中，选择 圆圈 1 ，右键点击它，选择 控制顶点 。确保你看见的只是圆圈 1 的控制顶点，而没有包括放样曲面的控制点在内。

29. 选择圆圈 1 中间的控制顶点，将它们沿 Z 轴向后推，创建如图 5.49 所示的嘴部形状。注意放样曲面会根据你拖动圆圈的 CV 控制顶点时自动更新，因为圆圈 1 还带有构建历史。

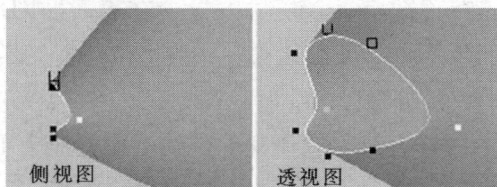

侧视图   透视图

图 5.49   将圆圈 1 的 CV 控制顶点沿 Z 轴向后推创建嘴部形状

30. 选择圆圈 13 ，右键点击选择 控制顶点 。

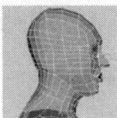

31. 选择中间的控制顶点，将它们沿 Z 轴向后推（朝向头部），创建如图 5.50 所示的尾部形状。

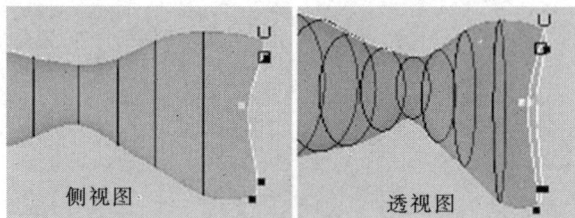

图 5.50　将圆圈 13 的控制顶点沿 Z 轴向后推创建尾部形状

32. 选择圆圈 13，在通道栏的 缩放 X 栏，输入 0。这将尾部的缝隙封闭起来，如图 5.51 所示。

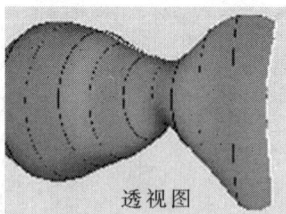

图 5.51　圆圈 13 的缩放 X 设置为 0，令尾部的缝隙封闭

33. 选择全身，在选择 编辑→按类型删除→历史 ，删除身体历史打破了圆圈和身体几何体之间的关联，删除几何体历史通常是在模型完全完成，并要将它用于下一重要制作环节，如纹理贴图、绑定或动画后才执行的。

34. 删除轮廓圆圈。

移动放样缝隙

鱼的身体几何体在背部有一条缝隙。这会在表面贴图后留下很明显的断裂。把这条缝移动到鱼的腹部可以让它在一般机位角度下不太明显。

按如下步骤移动放样缝隙。

1. 注意鱼背部的放样接缝，它用比等位线更粗的线表示

2. 使用侧视图和透视图，右键点击鱼的身体，选择 等位线 ，先点选较粗的等位线，再点选身体底部的等位线（不用 Shift 键），如图 5.52 所示，只有一根等位线被选用于 移动接缝 命令。

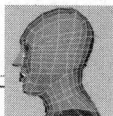

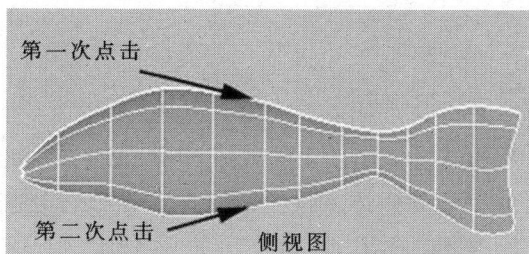

图5.52　身体上等位线的选择顺序

3. 选择 编辑 NURBS→移动接缝 ，接缝会被移动到身体的底部。

4. 右键点击身体，然后选择 物体 模式，重新选择身体。

5. 选择 编辑 NURBS→重建曲面→选项栏 。

6. 在选项栏窗口，选择 编辑→重置设定，在 U 跨度 区输入10，在 V 跨度 区输入17 ，如图5.53 所示。

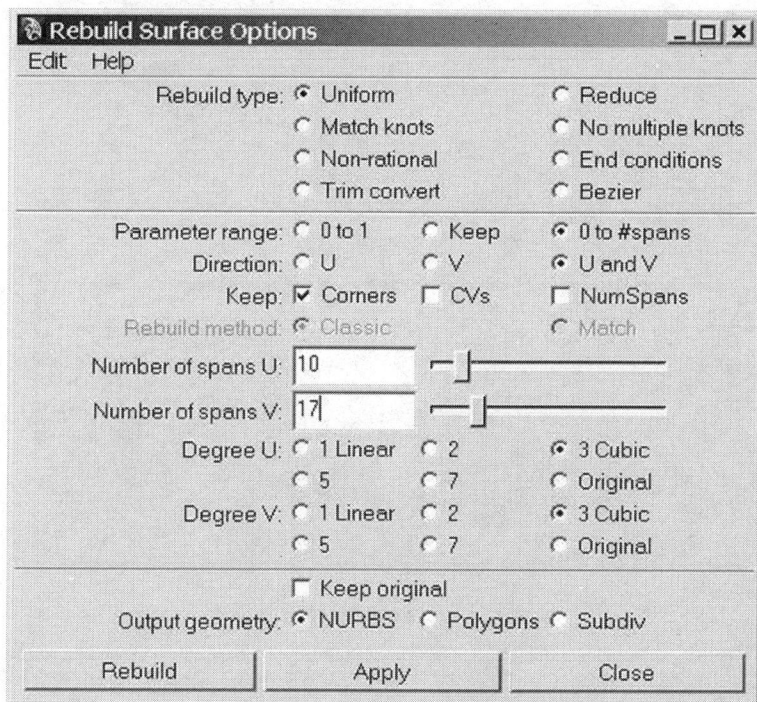

图5.53　重建曲面选项窗口

7. 点击 重建 按钮，这会增加几何体的细节，创建平滑的表面。

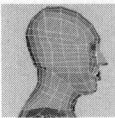

利用对称性

鱼的形状是对称的，这意味着它身体两边互为镜像。为了提高建模的效率，你可以在鱼身半边进行操作，完成后用 Maya 的镜像功能生成另一半。

由于你是从一个完整的鱼体入手，所以你要先把它分割成两半。这可以通过断开命令完成，再删除不用的一半。

分离曲面

如同之前提到的，第一步是分离曲面，按以下的方法来做。

1. 右键点击鱼的身体，选择 等位线 。
2. 点击穿过鱼背部的等位线，如图 5.54 所示。

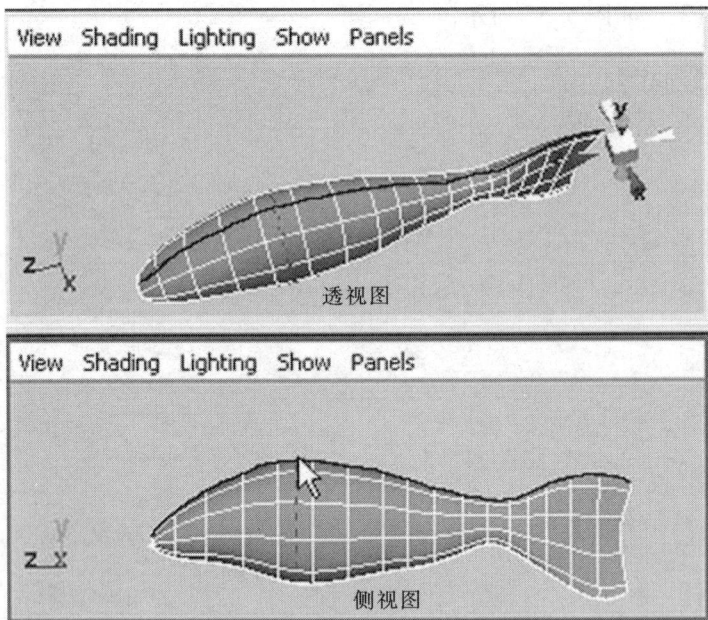

图 5.54　选择鱼背中间的等位线

3. 点击鱼腹中间最长的等位线，如图 5.55 所示，注意你可能需要在透视图中充分地放大显示以保证点击正确的等位线。

4. 选择 编辑 NURBS→断开曲面→选项栏 。

5. 在选项栏窗口，确保 保留原物体 未被勾选，如图 5.56 所示。

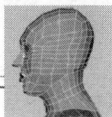

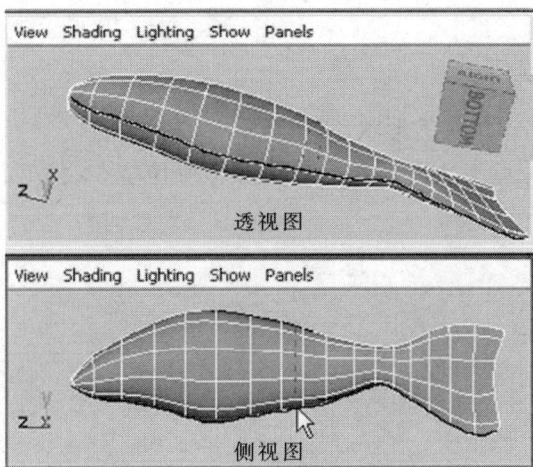

图 5.55 选择鱼腹部中间的等位线

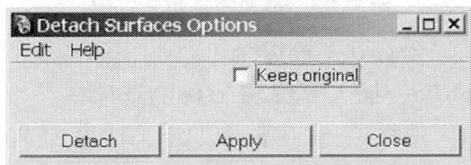

图 5.56 断开曲面选项窗口中的 保留原物体 项未被勾选

6. 点击 断开 按钮，鱼的身体被断开为两半。

7. 在前视图中，选择身体的左半边并删除它。你会只留下鱼身体的右半边，如图 5.57 所示。

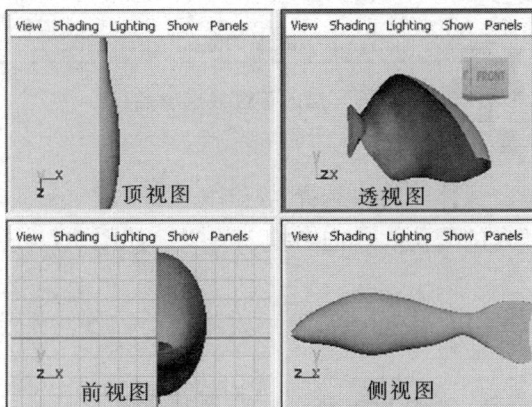

图 5.57 鱼的左半边被删除

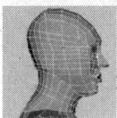

鱼头的塑造

按如下步骤创建鱼头的形状。

1. 在侧视图，点击从嘴部开始的第四根等位线，将它向右拖动一点，如图 5.58 所示。

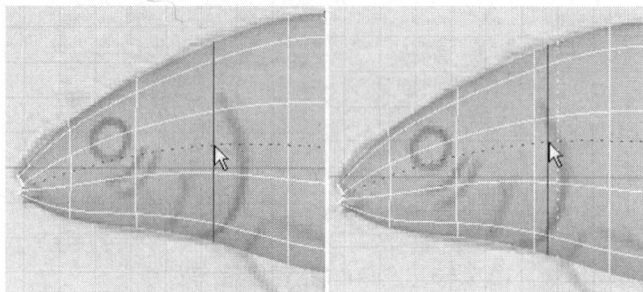

图 5.58　放置第四根等位线

2. 放开等位线，你会看到一根虚线。

3. 选择 编辑 NURBS→插入等位线 右侧的选项栏。

4. 在选项栏窗口，选择 编辑→重置设定 ，注意 插入位置 默认为 在所选位置 ，如图 5.59 所示。

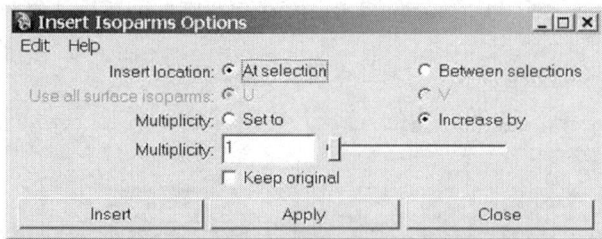

图 5.59　插入等位线选项窗口

5. 点击 插入 按钮。

6. 右键点击鱼的身体，再次选择 等位线 。

7. 点击最新插入的等位线，向右拖动一点，如图 5.60 所示。这是为了创建鳃的形状。

8. 选择 编辑 NURBS→插入等位线 ，你应会有 3 根非常靠近的等位线，如图 5.61 所示。

9. 在侧视图中，右键点击身体，选择 控制顶点 。

10. 按 W 键改变到移动工具。

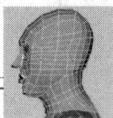

11. 在顶视图中，在第一根复制的等位线从顶部到底部的第三、四、五和六控制点上点击并拖动选取框，如图 5.62 所示。

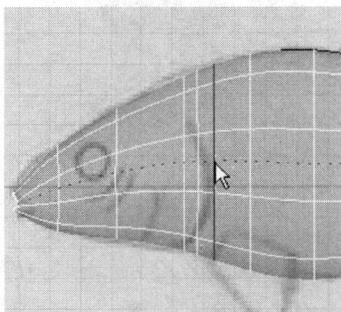

图 5.60　现在鱼的身体上有了新的等位线

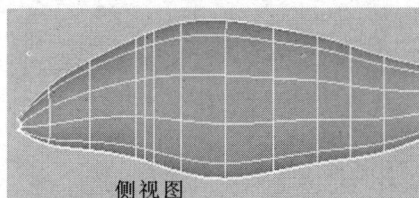

侧视图

图 5.61　现在鱼的身体上有了新的等位线

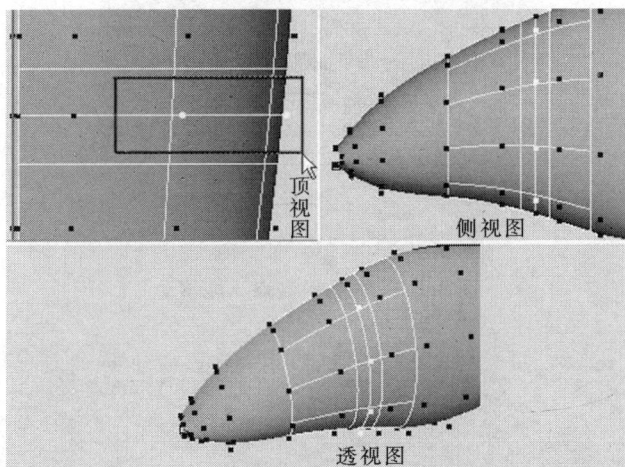

顶视图

侧视图

透视图

图 5.62　选择第一根复制等位线上的第三、四、五、六控制点

12. 等位线上应有未选中的两个 CV 控制点在上侧，两个 CV 控制点在下侧，要看到未选中的控制点，旋转透视图摄影机，在顶视图中沿 X 轴和 Z 轴略移动控制点一些，如图 5.63 所示。

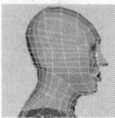

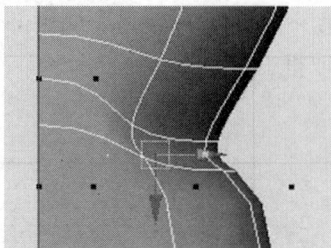

图 5.63   重置控制点

    13. 调整单个控制点得到想要的效果，但在等位线的起点和终点处的两个控制点（如图 5.64 所示）不能沿着 X 轴移动，移动这些控制点会导致当几何体做镜射时几何体裂缝或重叠，在这里，你会看到鱼头的形状与图 5.65 所示的类似。

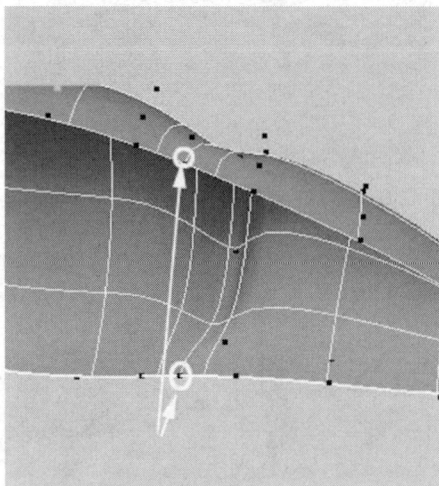

图 5.64   这些控制点不能移动

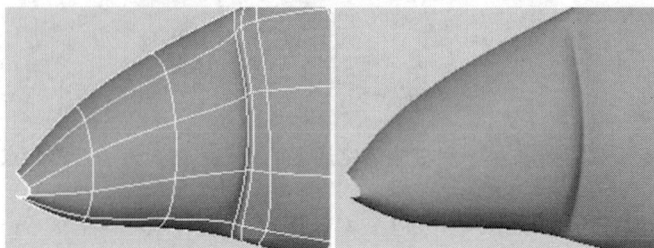

图 5.65   鱼头形状

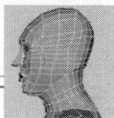

镜射身体

按如下步骤镜射身体。

1. 在前视图中，吸附背部到腹部边缘的所有控制点到垂直轴线上，如图5.66所示，确保所有的控制点正确吸附到网格，如果任何控制点没有吸附，你会得到不理想的结果，比如几何体裂缝或重叠，你也许得单独地逐个完成控制点的吸附才能确保精确的结果。

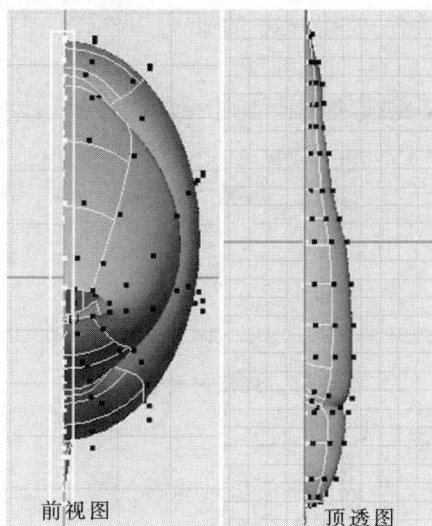

前视图　　　　　　　　顶透图

图5.66　将控制点吸附到网格中心的垂直轴

2. 选择鱼的身体。

3. 选择 编辑→特殊复制 右侧的选项栏。

4. 在选项窗口中，选择 编辑→重置设定，在 缩放 X 栏输入 – 1，如图5.67所示。这会让所选的几何体发生镜射。

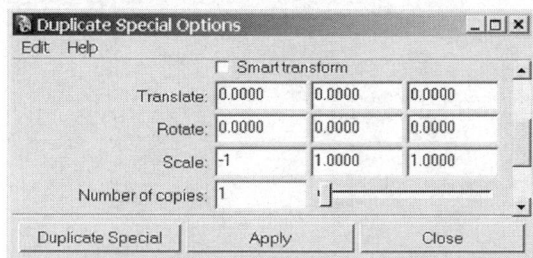

图5.67　将特殊复制的选项窗口 缩放 X 设定为 – 1

Chapter 5　NURBS Modeling and Path Animation with Dynamics

5. 点击 特殊复制 按钮。

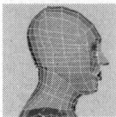

6. 在透视图中，查看镜像几何体是否正确对齐到原始物体，如果你看到缝隙或重叠，删除镜像几何体，在前视图和顶视图中调整原始物体上的控制点，如同之前在步骤1里提到的。

7. 点击原始几何体，按下 Shift 键，点击镜像几何体，两个几何体都会被选中。

8. 选择 编辑 NURBS→连接曲面 右侧的选项栏。

9. 在选项窗口，确保 连接方式 的 混合 被勾选，且 保留原物体 未勾选，如图 5.68 所示。

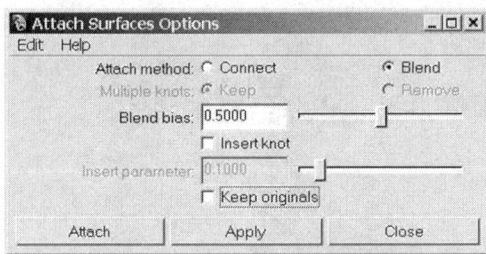

图 5.68　连接曲面选项窗口

10. 点击 连接 按钮。

11. 点击身体，应会生成没有裂缝或重叠的整个几何体。

12. 选择身体。

13. 选择 编辑 NURBS→重建曲面→选项栏

14. 在选项窗口，选择 编辑→重置设定 ，选择 保持 选项钮以及 CV 控制点 勾选栏，如图 5.69 所示，这会重建曲面并保持 U 和 V 方向有同样数目的 CV 控制点，点击 重建 。

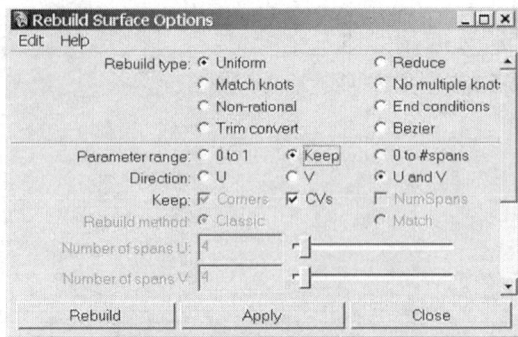

图 5.69　重建曲面选项窗口

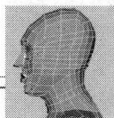

15. 在曲面仍选中的情况下，选择 编辑→按类型删除→历史 。你会看到如图 5.70 相似的几何体。

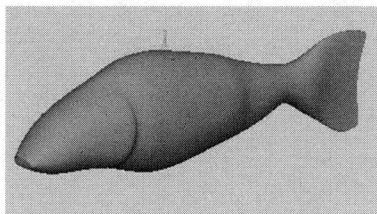

图 5.70　到目前所建立的鱼的身体

创建背鳍

按如下步骤创建背鳍。

1. 在透视图中，右键点击身体选择 等位线 。
2. 点击贯穿身体背部的等位线，如图 5.71 所示。

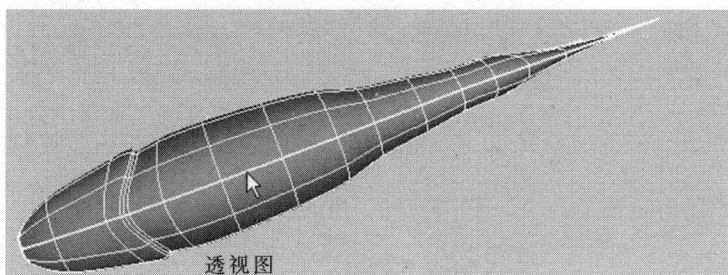

透视图

图 5.71　选择背部的等位线

3. 选择 编辑曲线→复制表面曲线 ，创建新的曲线。
4. 在侧视图中，创建 3 条 CV 控制点曲线做出鳍的形状，如图 5.72 所示。

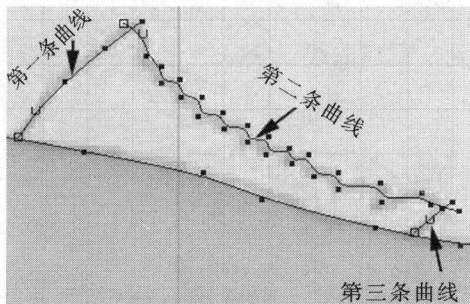

第一条曲线

第二条曲线

第三条曲线

图 5.72　创建 3 条鳍的形状曲线

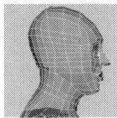

5. 命名 3 条曲线如图 5.73 中所示。

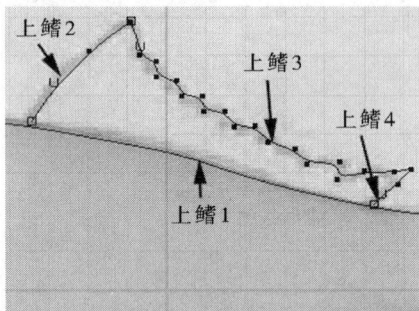

图 5.73　曲线重命名

6. 在侧视图中，选择 上鳍1 。

7. 选择 编辑曲线→重建曲线 右侧的选项栏

8. 在选项窗口中，选择 编辑→重置设定 ，保留 勾选 CV 控制点 ，如图 5.74 所示。

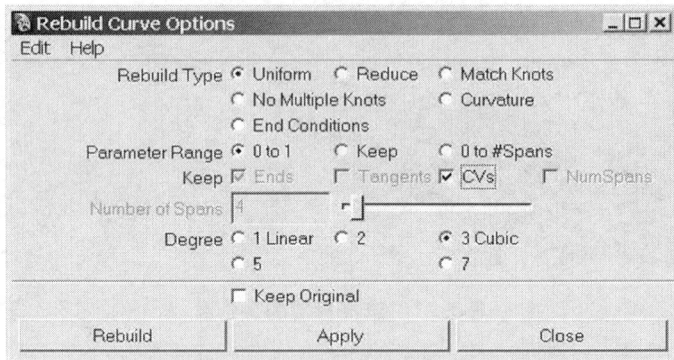

图 5.74　重建曲线窗口选择保留 CV 控制点

9. 点击 应用 按钮

10. 重复步骤 6 到 9 重建曲线 上鳍2、上鳍3 和上鳍4 。

横断曲线

按如下步骤横断曲线。

1. 在侧视图中，选择 显示 ，取消勾选 NURBS 曲面 ，这会隐藏鱼的身体，你可以只看到曲线了。

2. 按 W 键切换到移动工具，右键点击上鳍2，选择 控制顶点 ，选择 上鳍2 曲线开端的方框，如图 5.75 所示。

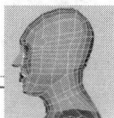

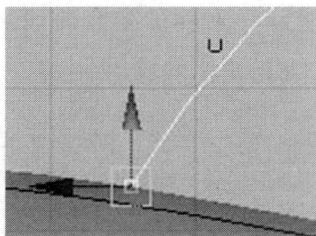

图 5.75　选择上鳍 2 的第一个控制点

3. 按住 C 键，注意移动工具的黄色方框会变为一个圆圈，这意味着它处于吸附到曲线模式。

4. 按住 C 键，在上鳍 1 上任意处中键点击拖拽，且将上鳍 1 的控制点的方框移动到如图 5.76 处，上鳍 2 的控制点方框会吸附到上鳍 1。

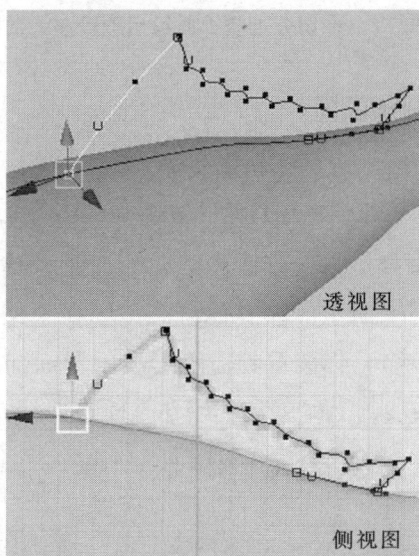

透视图

侧视图

图 5.76　上鳍 2 的第一个控制点吸附到上鳍 1

5. 重复步骤 2 至 4，将上鳍 3 吸附到上鳍 2，上鳍 3 另一端吸附到上鳍 4，且上鳍 4 吸附到上鳍 1，你应将所有曲线吸附完成了。

6. 现在上鳍 1 上点击，按住 Shift 键，接下来点击上鳍 2、上鳍 3、上鳍 4。

7. 选择 编辑曲线→切线 ，上鳍 1 应在与上鳍 2 和上鳍 4 交叉的地方被切分。

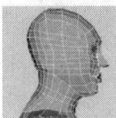

8. 选择上鳍 2 左侧、上鳍 4 右侧的多余曲线，删除它们，如图 5.77 所示，你就只剩下构成鳍的形状的 4 条曲线 3。

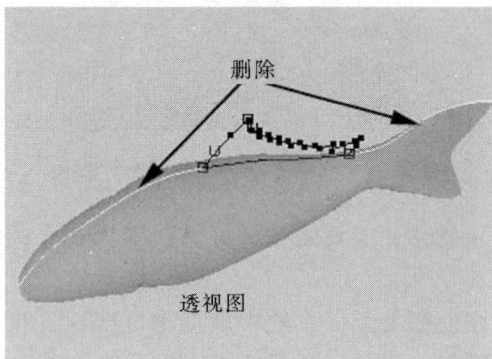

图 5.77　在切分上鳍 1 曲线后删除多余曲线

使用双轨工具创建鳍表面

按如下步骤运用双轨工具创建鱼鳍表面。

1. 选择 曲面→双轨→双轨 2 工具，鼠标光标应变为箭头。

2. 在透视图中，选择点击上鳍 2 曲线，然后是上鳍 4，再然后是上鳍 1，最后是上鳍 3，如图 5.78 所示。注意你可能需要在上鳍 1 处放大视图显示以便点击（如图 5.79 所示），你会看到横跨形成的曲面如图 5.80 所示。上鳍 2 和上鳍 4 是两条轮廓曲线，上鳍 1 和上鳍 3 是轨迹曲线。

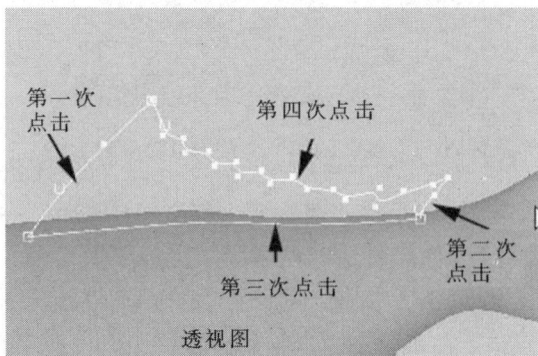

图 5.78　双轨 2 工具的恰当选择顺序

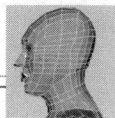

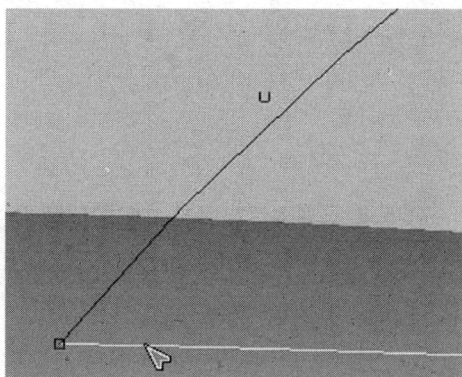

图5.79 放大上鳍1并选取

横跨形成的曲面

透视图

图5.80 正确制作的双轨曲面

5. 将新曲面命名为 上鳍 。

6. 选择 编辑 NURBS→重建曲面 右侧的选项栏。

7. 在选项窗口中，选择 保持分段数 ，点击 重建 按钮。

8. 在侧视图中，选择 显示 ，并勾选 NURBS 曲面，可看到鱼的身体。

9. 删除曲线上鳍1、上鳍2、上鳍3和上鳍4。

创建侧鳍

按如下步骤创建侧鳍。

1. 在顶视图中，选择身体，点击状态栏中的 建立活动对象 按钮图标，如图5.81所示。建立活动对象 命令让你可在物体表面创建一条曲线，这条特殊曲线被连接到几何体 UV 上，它没有（x，y，z）坐标。

"建立活动对象"

图 5.81　建立活动对象 按钮的位置

2. 选择 创建→CV 控制点曲线工具 ，然后在侧鳍和身体连接的地方从前到后点击 4 次，在表面上创建如图 5.82 的曲线。

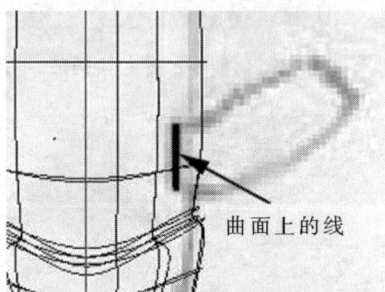

曲面上的线

图 5.82　在侧鳍连接到身体的地方创建一条新曲线

3. 将新曲线重名为 侧鳍 1 ，你需要在通道栏中命名它，因为一条在曲面上的曲线在超图窗口和大纲视图中都不显示。

4. 确保 侧鳍 1（曲面上的曲线）在顶视图、侧视图和透视图中都处于鱼身上正确的位置，如图 5.83 所示。

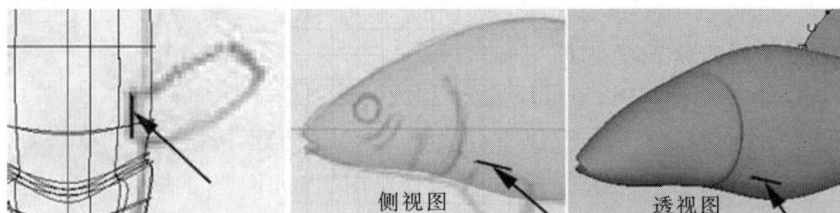

侧视图　　　　透视图

图 5.83　侧鳍 1 在顶视图、侧视图和透视图中的恰当位置

5. 通过再次点击 建立活动对象 按钮，取消鱼的活动对象，如图 5.81 所示。

6. 创建 3 条新的曲线来完成鳍的形状，将它们命名为侧鳍 2、侧鳍 3 和侧鳍 4，如图 5.84 所示。确保你的曲线与图 5.84 中所示方向相同。

7. 点击状态栏中的黑色箭头，选择 所有物体关闭 项，如图 5.85 所示。

Maya Character Modeling and Animation

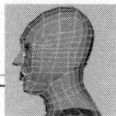

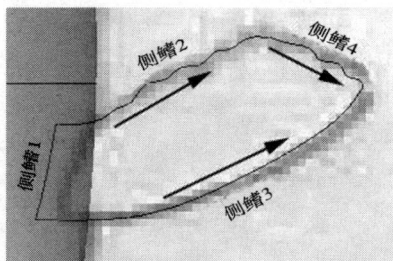

图 5.84 侧鳍的 4 条曲线

图 5.85 选择所有物体关闭

8. 点击反 S 形图标, 如图 5.86 所示, 以便能选择侧鳍1。

图 5.86 打开 NURBS 曲线选取

9. 右键点击侧鳍2, 选择 控制顶点 。

10. 选择曲线起点的方框, 按住 C 键, 中间点击拖动曲线到侧鳍1, 要确保侧鳍2吸附到侧鳍1, 按住 C 键时, 中键拖动侧鳍2的方块到侧鳍1的第一个控制点, 当它被吸附时, 侧鳍2不能越过侧鳍1的第一个控制点。

11. 重复步骤9至10, 将侧鳍3吸附到侧鳍1, 将侧鳍4吸附到侧鳍2和侧鳍3, 如图5.87所示。

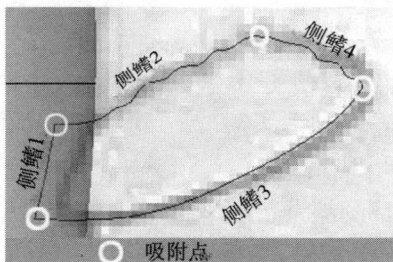

图 5.87 曲线末端点妥当对齐

12. 选择 曲面→双轨→双轨 2 工具。

13. 在顶视图或透视图中，依次点击侧鳍 1、侧鳍 4、侧鳍 2 和侧鳍 3，如图 5.88 所示。

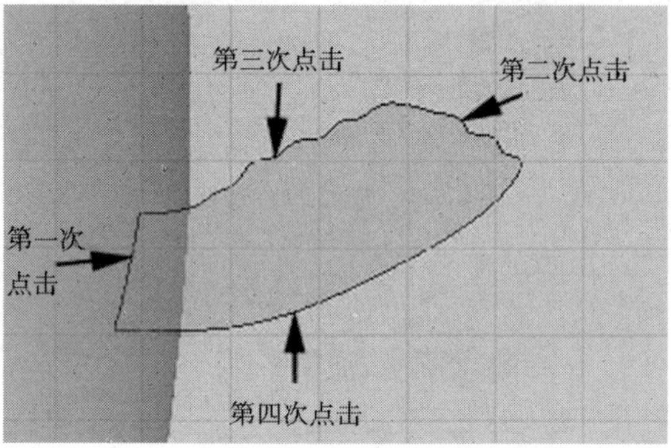

图 5.88　双轨工具的选取顺序

14. 将新曲面命名为 侧鳍 1 。

15. 重复步骤 1 至 13 创建第二个侧鳍，你会得到如图 5.89 所示的第二侧鳍，将其重命名为侧鳍 2。

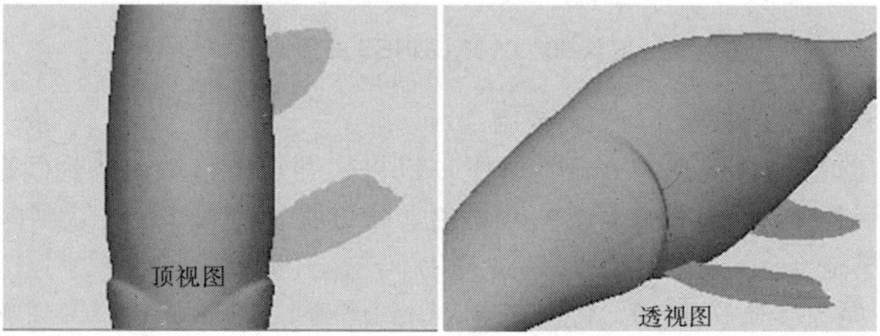

图 5.89　鱼的前部和中间的侧鳍

16. 删除侧鳍 1、侧鳍 2、侧鳍 3 和侧鳍 4。

17. 点击状态栏中的黑色箭头，选择 所有物体打开 。

创建底部的鳍

按如下步骤创建底部的鳍。

1. 右键点击鱼的身体，然后选择 等位线 。

2. 选择如图 5.90 所示的鱼腹中部的等位线。

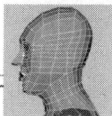

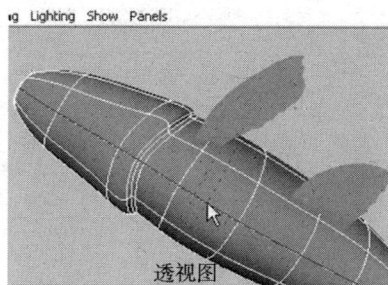

图 5.90 选择鱼腹中部的等位线

3. 选择 编辑曲线→复制表面曲线 。

4. 将复制的曲线命名为 腹鳍 1 。

5. 点击状态栏中的黑色箭头，选择 所有物体关闭 。再次选择反 S 形图标来打开曲线选取。

6. 选择 创建→CV 控制点曲线工具 。

7. 创建两条曲线做出鱼身体底部的鳍，从接近身体的地方开始向着身体之外的地方结束。将它们分别命名为 腹鳍 2 和 腹鳍 3，如图 5.91 所示。

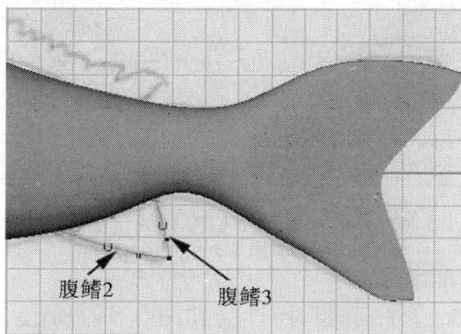

图 5.91 创建的腹鳍曲线

8. 右键点击腹鳍 2，选择 控制点。

9. 将腹鳍 2 的第一个控制点吸附到腹鳍 1。

10. 右键点击腹鳍 3，选择 控制点。

11. 将腹鳍 3 的第一个控制点吸附到腹鳍 1。

12. 将腹鳍 3 的最后一个控制点吸附到腹鳍 2。

13. 依次点击腹鳍 1、腹鳍 2 和腹鳍 3，选择所有的曲线。

14. 选择 编辑曲线→切分曲线。

15. 删除腹鳍 1 上多余的部分，如图 5.92 所示。

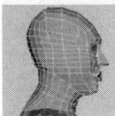

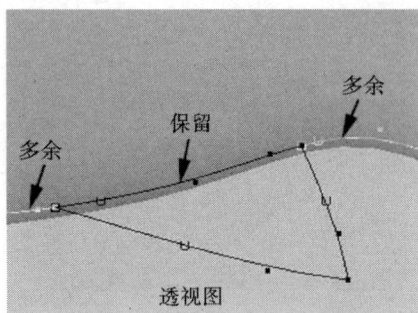

图5.92　3条身体底部的鳍曲线

16. 依次点击腹鳍2、腹鳍3和腹鳍1。

17. 选择 曲面→边界表面 右侧的选项栏。

18. 在选项窗口中，选择 编辑→重置设定 。注意 曲线自动顺序 默认为选中，如图5.93所示。

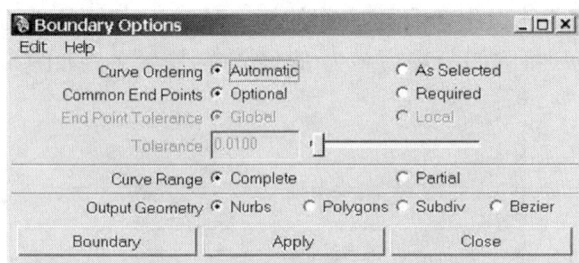

图5.93　边界表面选项窗口中曲线自动顺序为选中

19. 点击 边界表面 按钮。

20. 你会看到一个边界表面几何体，如图5.94。将它重命名为 底鳍 。

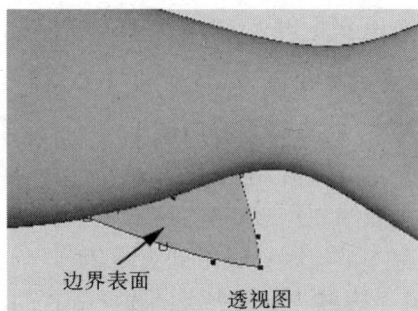

图5.94　创建边界表面作为"底鳍"

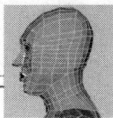

21. 点击状态栏里的黑色箭头，选择 所有物体打开 。

创建眼睛

按如下步骤创建眼睛。

1. 选择 创建→NURBS 基本物体→圆圈 。

2. 将圆圈沿 Z 轴旋转 90°。

3. 在侧视图中，将圆圈放到鱼眼睛前面的地方，如图 5.95 所示。

顶视图　　　　　　侧视图

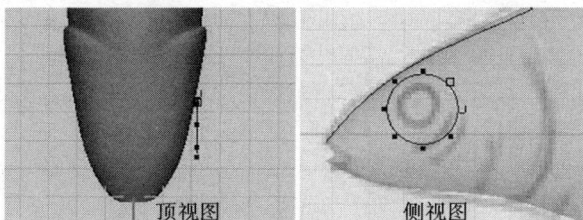

图 5.95　将 NURBS 圆圈放到鱼眼睛处

4. 将圆圈缩放到鱼眼的大小，如图 5.96 所示。

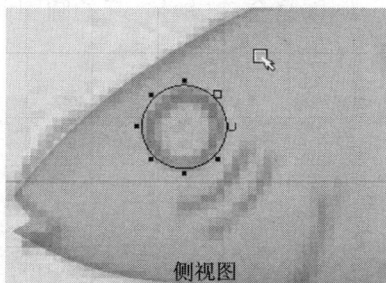

侧视图

图 5.96　将圆圈缩放到鱼眼大小

5. 在顶视图中，将圆圈移动到鱼身体的适当位置，如图 5.97 所示。

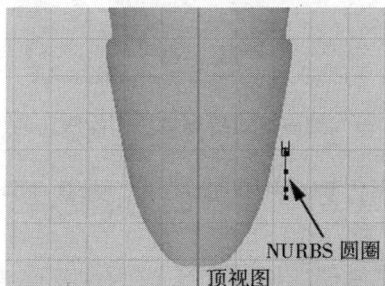

NURBS 圆圈

顶视图

图 5.97　将圆圈放到鱼身体旁的位置

6. 在侧视图中，在窗口中任意位置点击激活它。

7. 点击圆圈选中它，按住 Shift 键，再点选鱼的身体。

8. 选择 编辑 NURBS→投射曲线到曲面 右侧选项栏，这会创建一条连接到曲面的曲线。

9. 在选项窗口中，确保 当前视图 被选中，如图 5.98 所示。

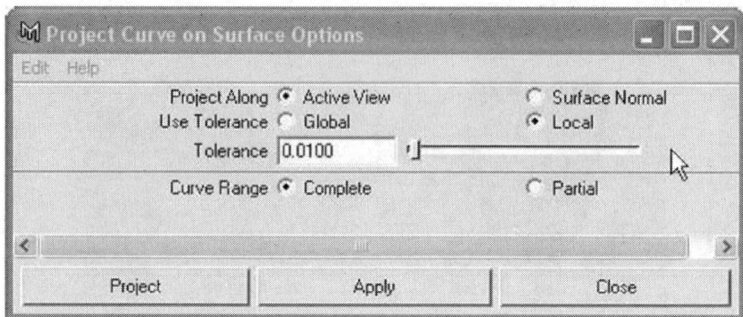

图 5.98　投射曲线到曲面选项窗口中选中当前视图

10. 点击 投射 按钮，圆圈将会被投射，新的圆圈曲线出现在鱼头的两侧，如图 5.99 所示。

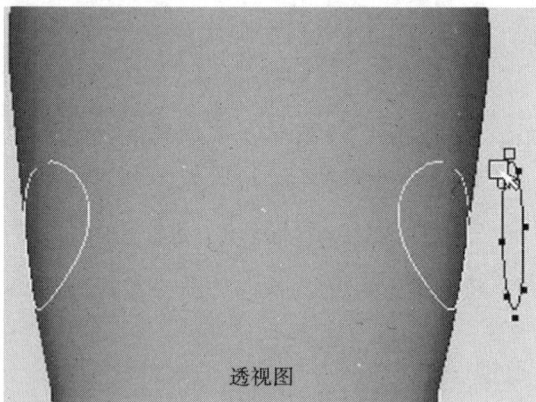

图 5.99　圆圈被投射到鱼头两侧眼睛的位置

11. 在表面上新圆圈仍被选中的情况下，选择 编辑 → 删除所有类型 → 历史 。

12. 在侧视图中，缩放原有圆圈到大致为原先一半的大小，再次执行投射，你会得到如图 5.100 中所示的在鱼头两侧的投射结果。

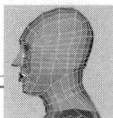

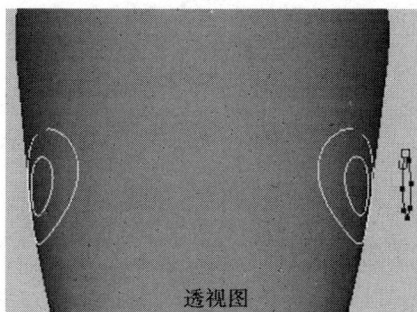

图5.100　鱼身体上刚投射的内圈

13. 在表面上新圆圈仍被选中的情况下，选择 编辑 → 删除所有类型 →
历史 。

14. 在状态栏选择 所有物体关闭 ，并点击 按类型选择物体：曲线（反 S
形图标）。

15. 按住 Shift 键点击鱼头部左侧的两个圆圈。

16. 选择 曲面→放样 右侧的选项栏 ，确保选项窗口中 输出几何体 勾选
的是 NURBS 。

17. 点击 放样 按钮。

18. 将放样曲面命名为 左眼_ 曲面 。

19. 在状态栏中选择 所有物体打开 。

20. 将 左眼_ 曲面 几何体向外移动一点，如图5.101 所示。

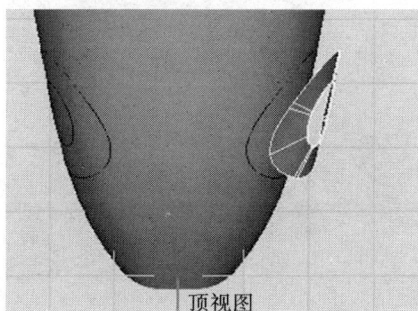

图5.101　左眼的放样几何体向身体外移动

21. 右键点击左眼_ 曲面，选中 等位线 。

22. 选择左眼_ 曲面外侧的等位线和第一次投射得到的圆圈，如图5.102
所示。

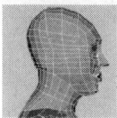

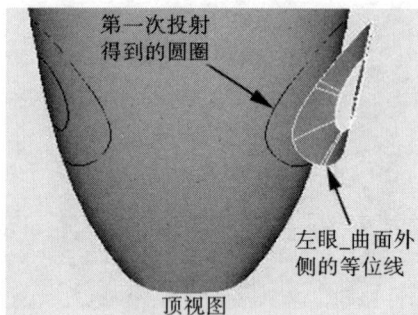

图 5.102 选择左眼_ 曲面外侧的等位线和第一次投射得到的圆圈

23. 选择 曲面→放样 。

24. 选择左眼_ 曲面。

25. 选择 修改→中轴点 ，这会把曲面轴心放到它的中心点位置。

26. 沿 X 轴移动左眼_ 曲面，注意第二个放样曲面也跟着发生变化，因为它仍含有构建历史。

27. 调整放样曲面创造鼓出的眼睛。

28. 选择 创建→NURBS 基本物体→球体 。

29. 在球体仍选中的情况下，在 旋转 Z 通道输入 90。

30. 缩放球体，将它放置到鱼眼的中心，你会得到和图 5.103 中所示相似的鱼眼效果。

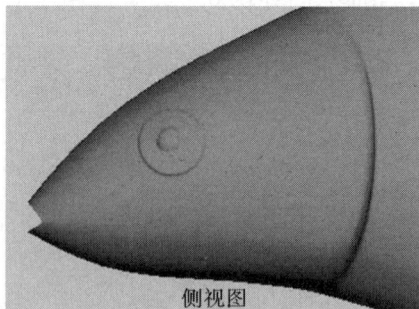

图 5.103 鱼头上的眼睛

31. 重复步骤 14 至 30 创建鱼的右眼。

32. 选择表面和几何体上的所有曲线，删除历史。

33. 删除表面上的曲线，删除曲线应不会影响创建的眼睛几何体，如果说你在删除曲线的时候眼睛几何体被一块删除了，就可能是由于曲线或几何体

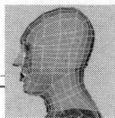

上仍有构建历史，——选中它们然后再次删除历史。

34. 选择前鳍几何体，选择 编辑 NURBS→重建曲面 右侧的选项栏。

35. 在重建曲面选项窗口中，确保 分段数 被勾选，然后点击 重建 按钮。

36. 选择 编辑→复制 或按 Ctrl + D 键。

37. 在复制几何体仍被选中的情况下，在通道栏中的 缩放 X 通道输入 −1，这会完成鳍的镜射。

38. 重复步骤 34 至 37 重建和镜射中间鳍，这时应该会得到与图 5.104 中所示类似的效果。

透视图

图 5.104　完成了眼镜和鳍的鱼

39. 删除所有受曲线影响的曲面的历史记录，并删除余下的曲线。

当对物体进行对称的镜射时，确保物体的中轴点位于原点（0，0，0）处。

创建鱼须

要创建鲤鱼的须子，你要用到叫做 挤压 的命令，这样就可以通过沿路径曲线延伸轮廓曲线的方法创造曲面。在这里，你要用一个圆圈作为鲤鱼须的轮廓曲线，这样它们就是圆形的横截面，还要用 CV 控制点曲线作为路径曲线，指定鱼须的方向。

按如下步骤创建鲤鱼须。

1. 选择 创建→NURBS 基本物体→圆圈 。

2. 在侧视图中，将圆圈放到靠近鱼嘴的地方，在 Z 轴向上旋转 90°，在 X，Y，Z 轴向上缩放到 0.070，将它从身体偏移，如图 5.105 所示。

顶视图

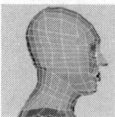

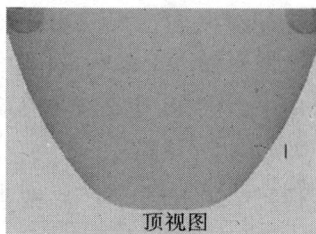

图 5.105　靠近嘴部放置的圆圈

3. 选择 NURBS 圆圈和鱼的身体。

4. 确保当前选中的是侧视图窗口。

5. 选择 编辑 NURBS→投射曲线到曲面 右侧的选项栏。

6. 在选项栏窗口，确保 按当前视图 投射 被勾选。

7. 点击 投射 按钮。

8. 选择 创建→CV 控制点曲线 。

9. 在前视图中，创建鱼须的轮廓曲线，从靠近身体的地方开始创建。

10. 分别在前视图、侧视图和透视图中调整曲线位置到如图 5.106 所示，确保曲线的开端位于圆圈的中心。

前视图　　　　　侧视图

透视图

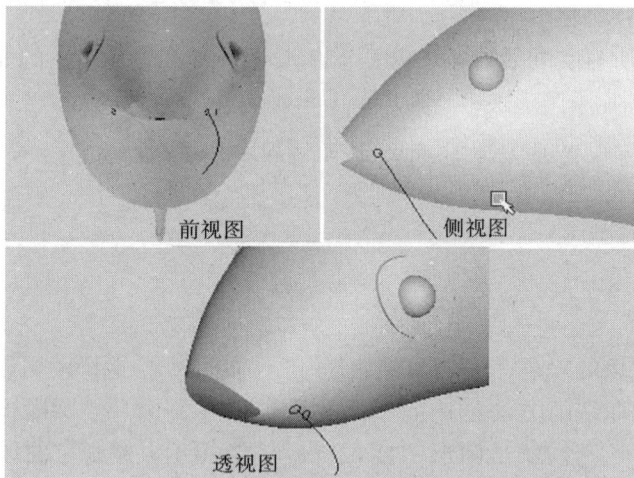

图 5.106　放置到嘴边的鱼须轮廓曲线

11. 选择所有物体关闭 ，点击 按类型选择：曲线 按钮。

12. 先点击表面上的曲线，再点击鱼须轮廓曲线。

13. 选择 曲面→挤压 右侧的选项栏。

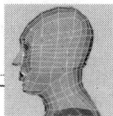

14. 在选项窗口中选择如下参数（如图 5.107 所示）。

- 类型：管状
- 结果位置：轮廓线上
- 轴心：最接近末端
- 方向：路径的方向
- 曲线范围：完全
- 输出几何体：NURBS

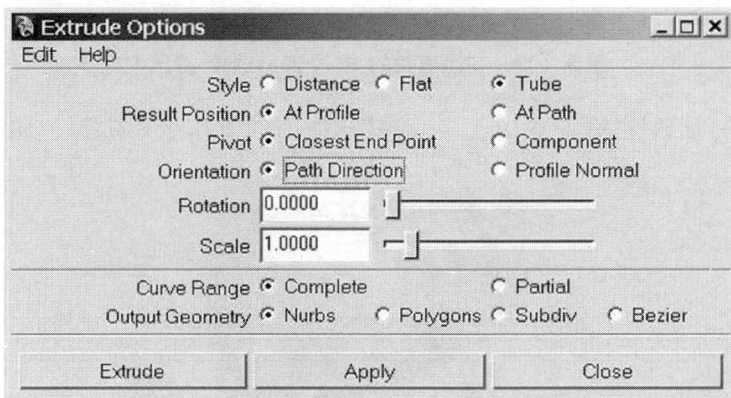

图 5.107　挤压选项窗口

15. 点击 挤压 按钮，你会看到如图 5.108 所示的曲线形状的挤压创建的曲面。

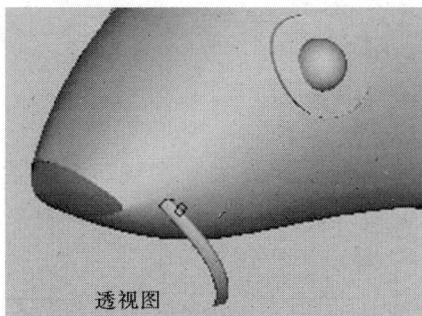

图 5.108　沿曲线挤压出的鱼须

16. 在挤压面仍被选中的情况下，在通道栏中的 输入 项下找到 挤压1 。

17. 点击 挤压1 ，向下滚动窗口直到你看到它的缩放通道，如图 5.109 所示。

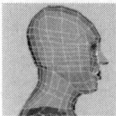

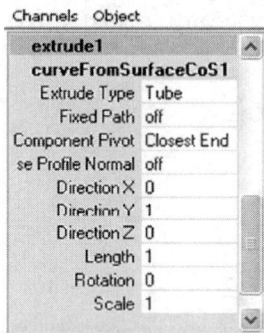

图5.109　在通道栏的 输入 部分选中 挤压1

18. 在 缩放 栏输入 0.01 ，注意挤压曲面的末端变得尖锐，如图 5.110 所示。

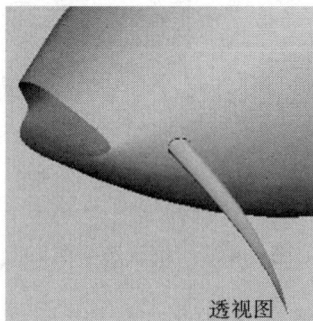

透视图

图5.110　挤压缩放创建出的须尖

19. 选择原始圆圈，删除历史。

20. 选择鱼须轮廓曲线，删除历史。

21. 删除圆圈和轮廓曲线。

22. 选择 所有物体打开 。

23. 选择挤压出的表面，然后选择 编辑→特殊复制 右侧的通道栏。

24. 在选项窗口中的 缩放 X 栏输入 –1 。

25. 点击 复制 按钮。鱼须会被镜像复制到鱼头的另一边。

将所有部分连接起来

至此，鱼的身体、鱼鳍和鱼须都还是分离的物体，彼此独立移动，将这些鱼的身体部分打组会让这些部分一起移动。

按以下步骤连接鱼的身体各部分。

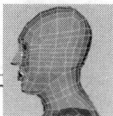

1. 删除文件中剩余的所有多余的轮廓曲线。

2. 打开超图窗口。

3. 在超图中，选择鱼的所有部分，确保没有遗漏。

4. 按 Ctrl + G 将它们打组，或者你可以选择 编辑→群组 。

5. 将文件保存为 鱼 . mb 。

鱼的搭建

现在你已有了一个不错的鱼类模型，想一下鱼如何移动（如有必要还可查阅相关参考片段），它身体和鳍的动作特点是什么？不同种的鱼有不同的脊椎弹性以及不同的鳍。由于脊椎在身体中心且几乎不进行上下弹性屈伸，鲤鱼的侧向运动非常有弹性，同时它的鳍相对于长度来说大部分地方僵硬，但有的地方很柔软。

基于这些观察，第一个搭建策略是对脊椎用反向动力学曲线手柄，做它沿着一条路径的动画，从侧向扭曲度多于上下扭曲度，得出的第二条策略是用 Maya 动力学中的头发来做鳍和尾的次要运动（弹性）。

六、教程 5.2：创建鱼的骨骼

要创建鱼的骨骼，首先要创建脊椎关节，再创建鳍的关节，当关节放好后，创建反向曲线手柄，将它用于鱼的运动路径曲线动画的制作。

创建脊椎

按如下步骤创建脊椎。

1. 打开你的 鱼 . mb 文件

2. 选择下拉栏中的 动画 模式。

3. 选择 骨骼→关节工具 。

4. 在侧视图中，按住 X 键沿鱼的脊椎创建 12 节关节。第一关节应在鱼的嘴部，最后关节在鱼的尾部，如图 5.111 所示。注意关节在尾部彼此靠近得多，这会让尾部的弯曲运动更弹性灵活。

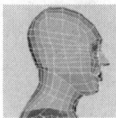

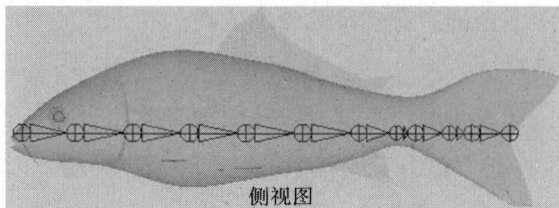

图5.111　鱼的关节布局

5. 将关节命名为 脊椎1 到脊椎12 。

创建鳍的关节

按如下步骤创建鳍关节。

1. 在顶视图中，为前鳍创建四节关节。关节应如图5.112所示的朝向鳍尖创建。

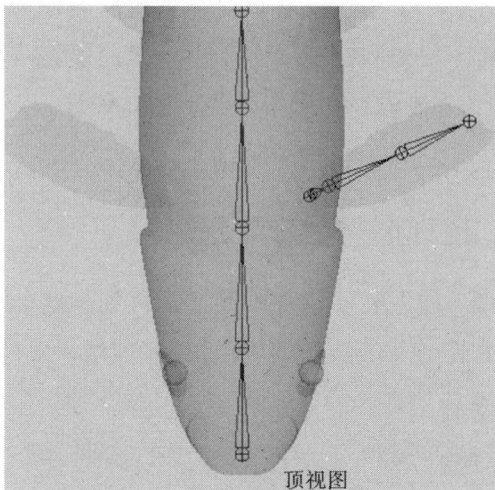

图5.112　前侧鳍的关节布局

2. 将关节命名为 左前鳍1、左前鳍2、左前鳍3、左前鳍4。

3. 在侧视图中，选择左前鳍1，将它向下移动一点。

4. 选择左前鳍2，将它向下移动一点，按照前鳍几何体的形状。

5. 在所有视图里确保关节的位置正确。

6. 选择 左前鳍1 ，然后选择 骨骼→镜像关节→选项栏。在选项窗口中，确保 沿轴镜射 勾选 YZ，且 镜射函数 勾选 行为 。

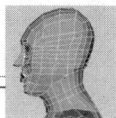

7. 在 搜索 栏中输入 左 ，在 替换 栏中输入 右 ，如图5.113所示。

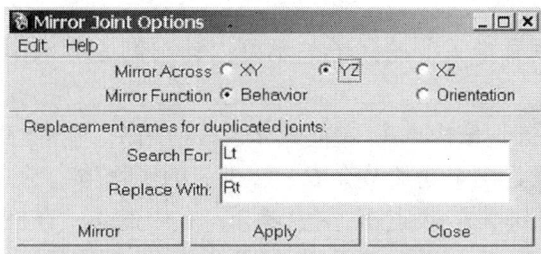

图5.113 镜像关节选项窗口

8. 点击 镜像 按钮。

9. 重复步骤1至8创建中鳍的关节，并镜射它们。

10. 将这些关节命名为 中鳍1、中鳍2、中鳍3、中鳍4，区分左右。在这里，你应得到如图5.114和5.115所示的结果。

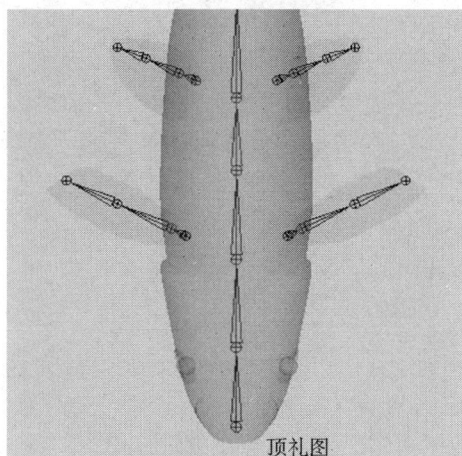

图5.114 在顶视图中所看到的有所有侧鳍关节的鱼

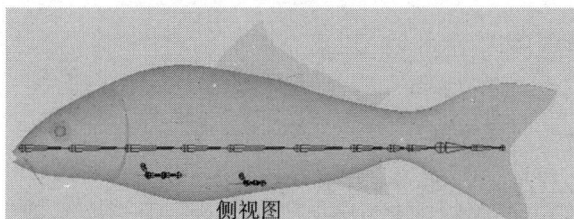

图5.115 在侧视图中所看到的有所有侧鳍关节的鱼

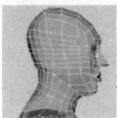

鳍关节的父子关系

设置鳍关节到脊椎关节的父子关系可以让它们之后一同运动，按如下步骤完成。

1. 按住 Shift 键，依次点击 左前鳍 1、右前鳍 1、脊椎 3，然后按 P 键建立它们的父子关系，两个鳍关节会成为脊椎 3 的子物体。

2. 按住 Shift 键，依次点击 左中鳍 1、右中鳍 1、脊椎 5，然后按 P 键建立它们的父子关系，两个鳍关节会成为脊椎 5 的子物体，如图 5.116 所示。

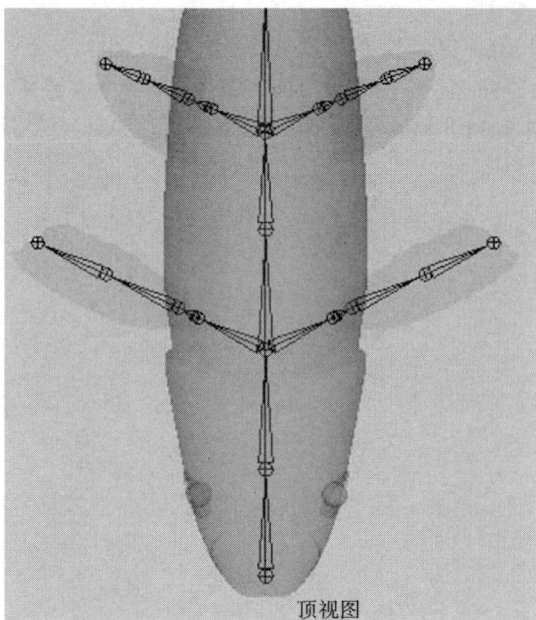

顶视图

图 5.116　在顶视图中所看到的鳍关节为子物体的骨骼

为底部的鳍创建关节

按如下创建底部鳍的关节。

1. 创建底鳍的三个关节。

2. 将三个关节命名为 底鳍 1、底鳍 2、底鳍 3。

3. 按住 Shift 键，依次点击 底鳍 1、脊椎 7，然后按 P 键建立它们的父子关系，鳍关节会成为脊椎 7 的子物体，如图 5.117 所示。

透视图

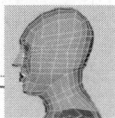

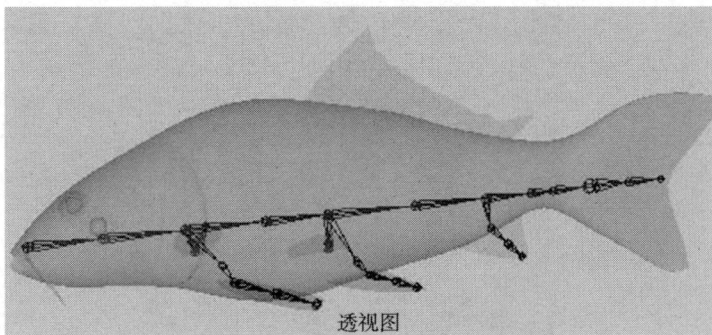

图 5.117 底鳍关节现在是脊椎的子物体

将骨骼绑定到身体

按如下步骤进行绑定。

1. 选择脊椎 1。
2. 在超图中，选择鱼身体的所有部分，确保没有遗漏。
3. 选择 皮肤→绑定皮肤→光滑绑定 。
4. 选择和移动脊椎 1 测试绑定效果，所有身体部分会随着脊椎 1 移动。
5. 取消移动。
6. 保存场景。

七、教程 5.3：制作鱼的轨迹动画

如前所述，我们的策略是让鱼沿着运动曲线作动画。这样比较容易按计划实现动作的效果。同样的技术在快速创建类人角色的粗糙"布局传递动作"动画时也非常有用。特别是要摆放的角色动作较为复杂时。

创建运动轨迹曲线

按如下步骤进行创建。

1. 确保你是在 曲面 模式下。
2. 选择 创建→CV 控制点曲线工具。
3. 在顶视图中，创建类似于图 5.118 所示的曲线，在鱼的前方开始曲线，确保曲线弧度光滑平缓，避免肘形曲线。

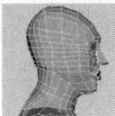

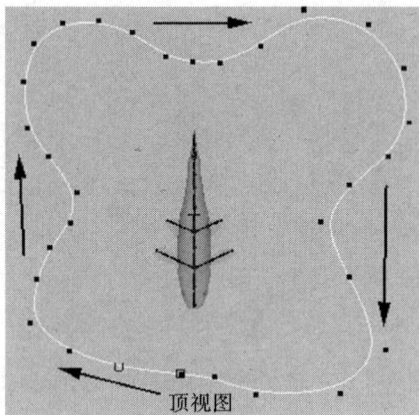

图 5.118   鱼的运动路径

4. 选择曲线最后一个控制点，按住 V 键，将曲线的第一个控制点移动吸附过去。

5. 选择 编辑曲线→开放/封闭曲线 右侧的选项栏。

6. 在选项窗口中，确保 形状 选中 保存 ，未勾选 保留原物体 ，如图 5.119 所示。

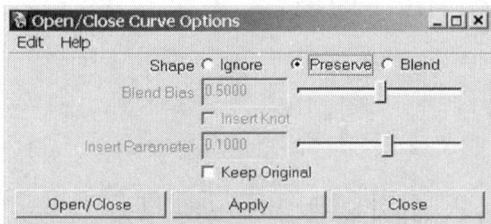

图 5.119   开放/封闭曲线选项窗口的默认状态

7. 点击 开放/封闭 按钮。

8. 选择 编辑曲线→重建曲线 右侧的选项栏。

9. 在选项窗口中，确保勾选的是 统一重建类型 和 保留控制点。

10. 点击 重建 按钮，闭合和重建曲线以免鱼发生翻动，并产生平滑连续的运动。

将鱼连接到轨迹

按如下步骤将鱼连接到轨迹。

1. 按 F2 将模式切换到 动画 。

2. 选择 创建→定位器 。

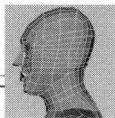

3. 将定位器命名为 定位器_上 。

4. 选中定位器，在通道栏的 平移 Y 栏输入 1 。

5. 点击脊椎 1，按住 Shift 键，点击曲线。

6. 选择 动画→运动路径→连接到运动路径 右侧的选项栏。

7. 在选项窗口，勾选如下项：

- 时间范围：起点/终点
- 开始时间：1
- 终止时间：500
- 跟随
- 向前轴：Z
- 向上轴：Y
- 全局向上方式：物体向上
- 全局向上物体：定位器_上
- 倾斜

8. 点击 连接 按钮，注意鱼跳到了曲线开端的垂直位置，如图 5.120 所示。

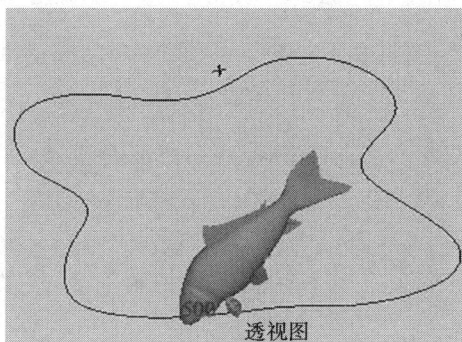

图 5.120　鱼从脊椎 1 处连接到曲线

要将鱼的身体连接到曲线，你要创建一个 IK 反向动力学手柄。

为脊椎创建 IK 反向动力学曲线手柄

执行如下操作。

1. 选择骨骼→IK 反向动力学手柄工具 右侧的选项栏。

2. 在选项窗口中，取消对 根关节在曲线上、自动创建根轴、自动建立曲线的父子关系、吸附曲线到根关节以及 自动创建曲线 这几项的勾选。

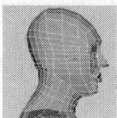

3. 依次点击脊椎1、脊椎8、路径曲线，鱼的脊椎应被连接到曲线，如图5.121 所示。

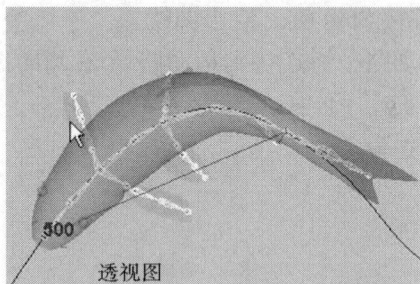

图5.121　鱼的脊椎被连接到动画曲线

4. 播放动画，哎呀！鱼在倒退着游动。你要纠正这个问题。

5. 选择曲线，在通道栏下的 输出 项里选中 运动路径1，找到 U 值设定，如图5.122。

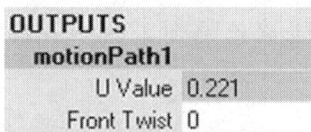

图5.122　通道栏下的 输出 项 运动路径 1 的 U 值的位置

6. 点击 U 值。

7. 打开图像编辑器（ 面板→面板→图像编辑器 ）。

8. 在图像编辑器中，选择 视图→所有帧 。

9. 选择关键帧1，在状态区中将它的值改为1。

10. 选择关键帧500，在状态区将它的值改为0，如图5.123 所示，这回反转鱼的运动。

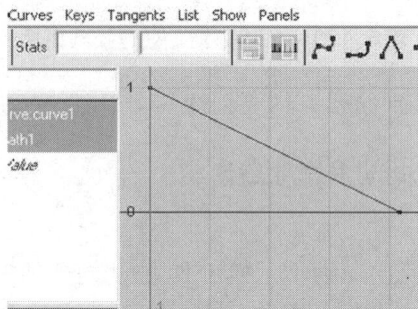

图5.123　图像编辑器里的正确数值

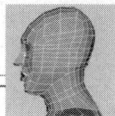

11. 播放动画，鱼应该向前游动了。

12. 在图像编辑器中，选择 U 值动画曲线。

13. 选择 曲线→前无限→循环 ，然后 后无限→循环 。这会重复300帧以上的动画形成一个连续运动。

14. 在图像编辑器中，选择→显示→无限 ，你会看到如图 5.124 所示的无限曲线。

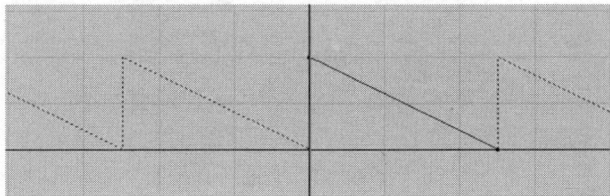

图 5.124   无限动画曲线

阻止鱼的翻转

当你播放动画时，鱼可能会在运动路径曲线上发生扭曲，要纠正这些，你可以调整 IK 反向动力学曲线手柄的 扭曲 控制。

1. 选择曲线 IK 反向动力学手柄，打开它的属性编辑器。

2. 在属性编辑器中点击 IK 反向动力学解算属性 。

3. 向下滚动窗口直到你看到 高级扭曲控制 项，点击打开。

4. 在高级扭曲控制部分，勾选 扭曲控制可用 ，全局向上类型 选择 物体向上 ，向上轴 为正 Z ，全局向上物体 输入 定位器_ 上 。

这样鱼在移动时就不会发生翻转了。

设置运动路径标记

按如下操作设置运动路径标记。

1. 将时间线拖动到100。

2. 选择运动路径曲线。

3. 在通道栏下的 输出 部分，点击 运动路径 1 ，你会看到 U 值。

4. 右键点击 U 值，选择 设置所选的关键帧 ，你会看到曲线上出现标记100。

5. 拖动时间线到第 200 帧，设置另一标记。

6. 拖动时间线到第 300 帧，设置另一标记。

7. 拖动时间线到第 390 帧，设置另一标记。

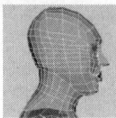

8. 选中移动工具，依次点击标记，移动它们到如图 5.125 所示的地方。

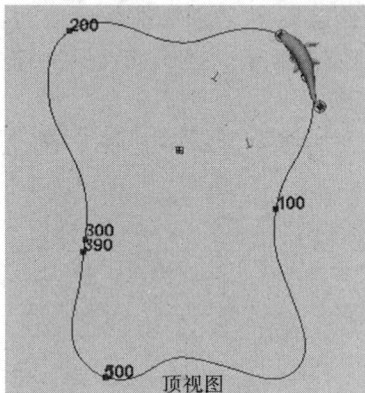

图 5.125　运动路径标记

9. 右键点击运动路径曲线，选择 CV 控制点。

10. 选择最靠近标记 300 和 390 的 4 个控制点，将它们向上拖动一点，创造一个平滑的小丘如图 5.126 所示。鱼会在这些地方略向上游，看起来仿佛浮出水面。

图 5.126　运动路径曲线向上凸起

注意现在鱼游动时的速度不同了。

添加尾部和前部鳍的动力学次要运动

按如下步骤添加次要运动。

1. 选择 创建→EP 编辑点曲线工具 。

2. 按住 V 键（吸附到点），依次点击脊椎 10、脊椎 12。

3. 按回车键完成曲线。

4. 将曲线命名为 尾曲线 。

5. 按 G 键再次使用编辑点曲线工具。

6. 依次点击左前鳍 2、左前鳍 4。

7. 按回车。

8. 将曲线命名为 左前鳍曲线 。

9. 再次按 G 键，依次点击右前鳍 2、右前鳍 4。

10. 按回车键。

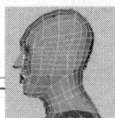

11. 将曲线命名为 右前鳍曲线 ，你会得到如图 5.127 所示的 3 条编辑点曲线。

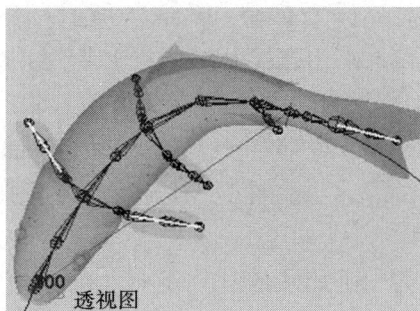

图 5.127　3 条曲线以白色高亮显示

12. 选择所有 3 条编辑点曲线，在 曲面 模式下，选择 编辑曲线→重建曲线 右侧的选项栏。

13. 在选项窗口中，确保 重建类型统一 和 保持末端 被勾选，在 分段数 输入 4。

14. 点击 重建 按钮。

15. 按 F5 键将模式改变到 动力学。

16. 选择所有 EP 编辑点曲线 ，选择 头发→设置所选曲线动力学 ，曲线颜色变为蓝色。

17. 打开超图窗口，你会看到头发动力学节点，如图 5.128 所示。选择群组 头发系统 1 输出曲线 ，将它之中的曲线 1、曲线 2、曲线 3 分别重命名为尾动力学曲线、左前鳍动力学曲线、右前鳍动力学曲线。

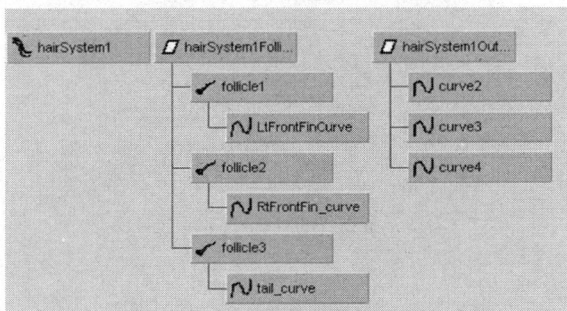

图 5.128　头发动力学节点的超图显示

18. 选择 头发→显示→当前位置 。

19. 按 F2 键切换到动画模式。

20. 选择 骨骼→IK 反向动力学曲线手柄工具 右侧的选项栏。

21. 在选项窗口中，确保 反向动力学曲线手柄设定 未被勾选。

22. 在透视图中，依次点击脊椎 10、脊椎 12、尾动力学曲线。

23. 按 Y 键再次使用 反向动力学手柄工具 。

24. 依次点击 左前鳍 2、左前鳍 4、左前鳍动力学曲线。

25. 依次点击 右前鳍 2、右前鳍 4、右前鳍动力学曲线。你会得到 3 个新的反向动力学曲线手柄。

26. 将新的反向动力学手柄命名为 尾反向、左前鳍反向、右前鳍反向。

27. 在超图窗口中，选择 毛囊 1 ，打开它的属性编辑器。

28. 在属性编辑器中，毛囊编辑器之下，找到 点锁定 参数，将它改为基本 。

29. 重复步骤 27 至 28，将毛囊 2 和毛囊 3 的点锁定改为 基本 。

30. 在超图窗口中，选择 头发系统 1 ，打开它的属性编辑器。

31. 在动力学部分中长度伸缩 项输入 0.1 ，强度 输入 1 。

设置毛囊的父子关系

按如下操作设置。

1. 在超图窗口中，用鼠标中键点击拖动毛囊 1，将它拖动到脊椎 9 上方，毛囊 1 和脊椎 9 间会建立父子关系，如图 5.129 所示。

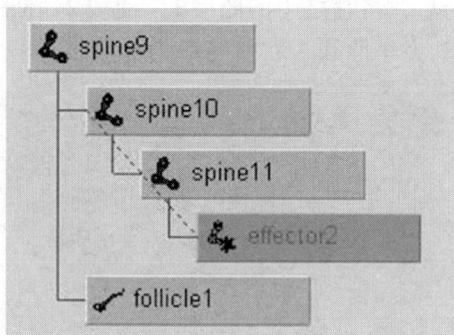

图 5.129　毛囊 1 和脊椎 9 的父子关系

2. 用鼠标中键点击拖动毛囊 2 到 左前鳍 1 上方，如图 5.130 所示。

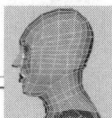

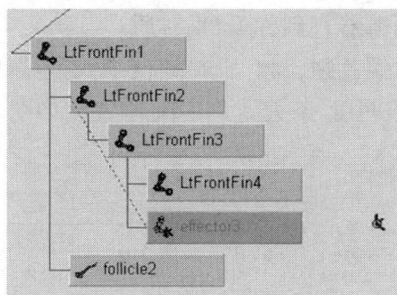

图5.130　毛囊2和左前鳍1的父子关系

3. 用鼠标中键点击拖动毛囊3到右前鳍1上方，如图5.131所示。

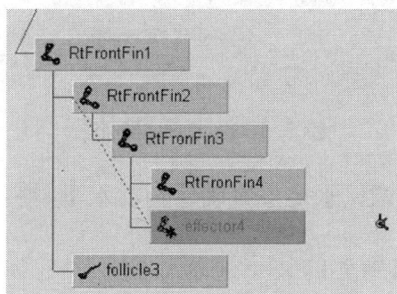

图5.131　毛囊3和右前鳍1的父子关系

计算水

流体效果是在 Maya 无限版中提供的功能，让你可以创建一个不错的鱼池。

按如下步骤计算鱼池。

1. 按 F5 键将 Maya 切换到动力学模式。

2. 选择 流体效果→水池→创建水池 。

3. 在水池属性编辑器，容器属性 项下，将 大小 分别改为200、200、30，如图5.132所示。

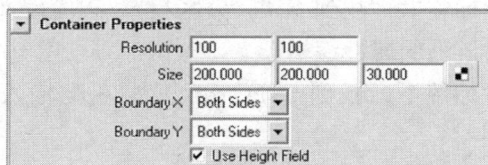

图5.132　水池属性编辑器的容器属性

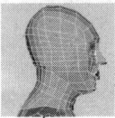

4. 向下滚动属性编辑器直到你看到 材质。

5. 在材质标签下的颜色区，将 所选颜色 改变为你指定的颜色。

6. 在材质区移动 透明度 条大致到中间位置，如图 5.133 所示。

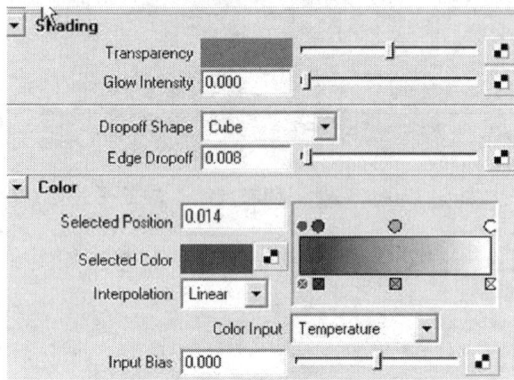

图 5.133　水池材质区

7. 通过 平移 Y 轴 调整水池位置确保鱼在水下。

计算涟漪并设置它到鱼的父子关系

按如下步骤计算涟漪，并做它到鱼的父子关系。

1. 选择 流体效果→水池→创建涟漪。

2. 将涟漪命名为 嘴发射涟漪。

3. 依次选中脊椎 1、嘴发射涟漪。

4. 按 F2 键，选择 约束→父子 右侧的选项栏。

5. 在选项窗口中，确认未勾选 保持偏移 ，点击 添加 按钮。

6. 按 F5 键，选择 流体效果→水池→创建涟漪。

7. 将涟漪命名为 尾发射涟漪。

8. 重复步骤 4 至 5，做尾发射涟漪到脊椎 12（鱼的尾尖）的父子关系。

9. 打开嘴发射涟漪的属性编辑器。

10. 在流体属性标签下，找到 密度/分区/秒 一项输入 0.5。

11. 打开尾发射涟漪的属性编辑器。

12. 在流体属性标签下，找到 密度/分区/秒 一项输入 1.0，这样尾部会比嘴部溅起更大水花。

13. 确认曲线的凸起处位于水面。

14. 播放动画，你会看到鱼尾部和嘴部所造成的涟漪效果。

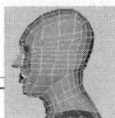

八、小结

通过本章学习，我们介绍了 NURBS 建模基础以及物体运动的路径动画，你已完成了自己的第一个路径动画，其中还用毛发动力学制作了次要运动。你还创建了一个有水的动力学的水池。现在你已掌握了创建更复杂 NURBS 角色，以及运用标记和动力学制作物体路径动画的基本技能。

九、挑战作业

研究鱼的种类

寻找并绘制两种不同类的鱼的参考图，研究每种不同鱼的不同生活环境。例如，鱼是生活在深海、浅海还是清水水池等等。

创建鱼

使用你创建鲤鱼时的同样技术，创建两条其他的鱼，并制作它们沿两条不同路径游动的动画。

创建鱼的周围环境

利用自己的参考资料，给鱼创建一个恰当的环境，包括水、石头、水底纹理等等。

第六章

两足角色的建模

本章内容

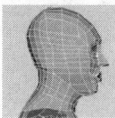

两足角色在动画中极其常见，范围从简单的卡通化形式到如照片般真实的"英雄"模型，不考虑形式，一个好的角色模型的两个主要特点是它既可以很好地制作动画，又能生动地表达具有强烈个性的视觉设计。

有时候这两个要求也有互不一致的地方，比如，使模型静帧渲染时看起来效果很好，可能会让它因太复杂而不能制作流畅的动画。所以要知道它的哪个细节应该保留而哪个细节可以删除，是角色设计师和建模师的必要技艺。本章会引领你完成一个解剖正确并有足够细节的两足角色的建模过程。

一、针对建模人员的人体解剖学

对于人类或人形角色建模，人类解剖学是最好的起点，并且这方面有大量参考书。不过，这些书大部分是为了传统艺术家所准备的，趋向于提供透视图和绘画建议，3D 建模师则应寻找有前视图和侧视图的书或参考影像，它们应包含各种人形角色（年轻或年老，脆弱或强健）。之前有一本这样的书叫《艺用人体解剖》，由 Eliot Goldfinger 所著（牛津大学出版社，1991）。

记住，你的目的不是为了表现人类解剖的方方面面，因为这就你的精力和计算机的运算力来说都是不够的。人类有二百多块骨头，上千的肌腱组织以及更复杂的皮肤。3D 角色建模的艺术在于拣选恰到好处的基本人类解剖结构，取得合理的生物力学和足够的细节精度，突出角色的独一无二。例如，人类的脊椎骨是由 33 块不规则形状的脊骨组成的，而惯例上典型的 3D 角色模型不会有多于 12 块的简单骨骼被用于计算脊椎。不过这些骨骼的曲线形镜像反映了真实脊椎上的点。如果想只用 2 到 3 节骨骼制作直线型的脊椎，就会导致角色在动画中动作不合理且僵硬。

当设计一个角色时，主要应考虑的解剖元素是体形和整体身体比例（角色的骨骼和肌肉间的特定关系），次要因素包括手指的数目和模型的面部表情。这在很多情况下取决于使用的分镜头，注意解剖学基础将有助于你建模和绑定、角色变形和动画会更为平滑流畅。

Maya Character Modeling and Animation

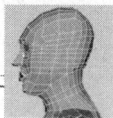

人体比例

所有普通人类（甚至大多数类人怪兽）基本都是以相同方式进行身体各部分连接的。主要变化的元素是这些部分的相对大小，例如，婴儿的头按身体比例要比成年人的头大得多。虽然很多人并没意识到这个事实，但即使如此他们也会趋向于认为大头的角色可爱或滑稽。与此相似的是，长腿在很多西方文化里被认为是有魅力的，所以要建立有魅力的角色时，就会让它的腿比正常比例长一些。什么是正常，什么是理想化？当然，这些问题的答案是随着时代和文化差异而变化的，达·芬奇著名的《维特鲁威人》画像就是基于一个理想的比例模型——罗马建筑师维特鲁威所建立的，以人的身体部分作为度量人身高的标尺（如图6.1所示）。

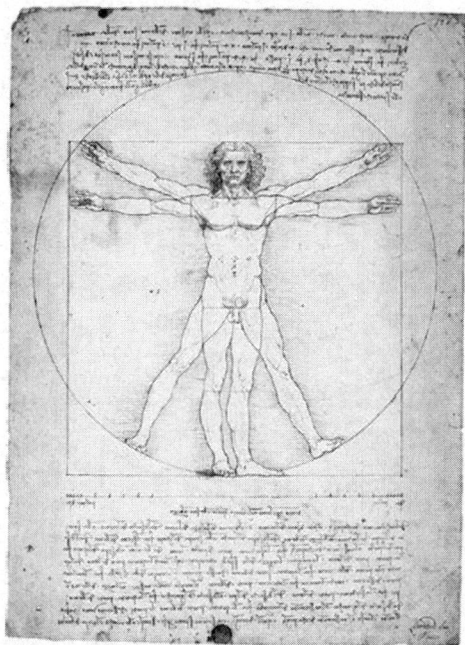

图6.1 里奥纳多·达·芬奇的《维特鲁威人》

不过，今天的艺术家常用基于角色头部的简单度量系统。按照这个系统，一个正常人的身高是6到7头高，理想化的比例通常在7.5至8的头身比，从臀部到脚趾为4头身，从左肩到右肩为3头宽，从手腕到手指为1头长。从肘到指尖为2头长（如图6.2所示）。

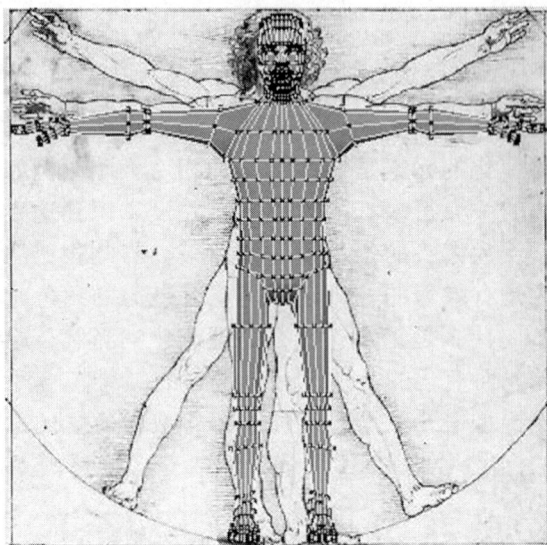

图6.2　根据达·芬奇的《维特鲁威人》制作的3D模型

当然，你可以给你如图6.3所示的3D模型使用任意身体比例。不过，相对于之前的标准和理想，你的模型看起来会太主观化。不过除去这个原因，你应该对模型比例投注更多精力的理由还有一个重要的实际原因，就是角色的技术性绑定和动画都是基于你原始建立的角色的身体比例的，虽然在Maya里，有时或许可以通过移动关节和骨骼改变最初的绑定设置，但一般都不容易。

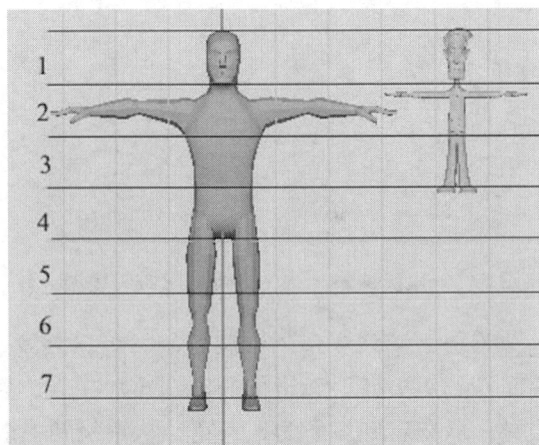

图6.3　不同比例的两个模型

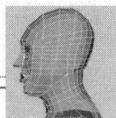

二、工具和方法

建模的第一步是画一系列角色草图来熟悉它的比例和外观。第二阶段是以"达·芬奇姿势",手臂伸展,手掌向下,画出角色的正视图和侧视图,将画扫描,作为参考图像平面导入。为了方便起见,应先将扫描图的大小和比例调整至相同,使用样本调整宽高比。例如,可以让它们都是 600 像素高、300 像素宽(如图 6.4 所示)。

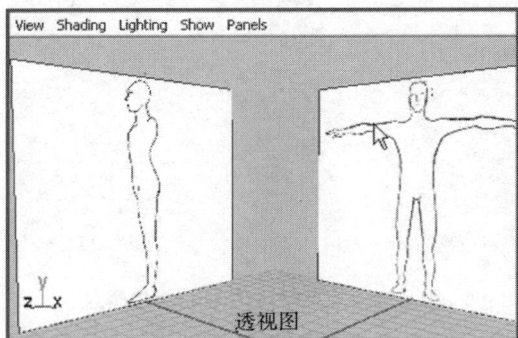

图 6.4　作为图像平面导入 Maya 的角色图片

有很多利用多边形建立两足角色模型的方法,最常用的方法是从头部开始建模,然后是躯干,最后是四肢,也可以用创建多边形工具和网格命令的方法创建角色。在本章中会使用 3D 多边形基本物体来代表每个主要的身体体块。在使用这种方法时,立方体、圆柱体这样的基本物体先被雕刻再被连接到一起。这种方法的优点是每个体块内多边形的位置保持相对对齐,细节的精度也比较均衡。弱点是用这方法建模时,相对于单一体块挤压的方法要做更多工作,要求仔细考虑和实现各种部分之间的连接。

第二个关键概念是,循环边可以被用于任何形式的多边形建模,这些在嘴角、眼睛等要求较高精度和细微动作表现力的地方非常重要。基本方法是仔细考虑多边形表面下的肌肉结构,通过循环边制作它们。你要确保变形不会发生在奇怪的角度,穿过多边形(造成不自然的外表切割),例如,当角色睁眼、闭眼、挤眼或张嘴、闭嘴时,运用循环边有助于皮肤正确变形。这些细节将会在之后建立简单人物模型的章节中进行描述。

除去在第三章中讲到的基本多边形编辑工具,还有三个附加的多边形工

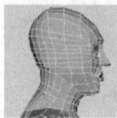

具会在本章的角色模型连接时用到。它们是合并工具、添加多边形工具和桥接工具。这些工具会在之后的小节中细述。

合并工具

合并工具将两个或更多的顶点、或两条相邻边合并为一个，当你合并顶点时，隶属于这些顶点的边和 UV 点也被合并（如图 6.5 所示）。

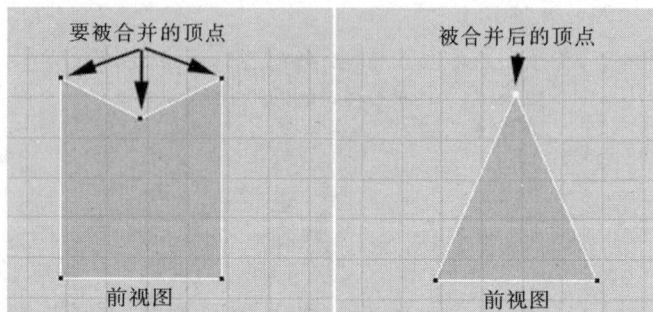

图 6.5　从单个多边形上合并顶点

你可以合并两个不同多边形的顶点，在这里，你先得联合两个多边形（如图 6.6 所示）。联合功能是将两个多边形或网格联合为一个物体，网格是指相连多边形的集合。

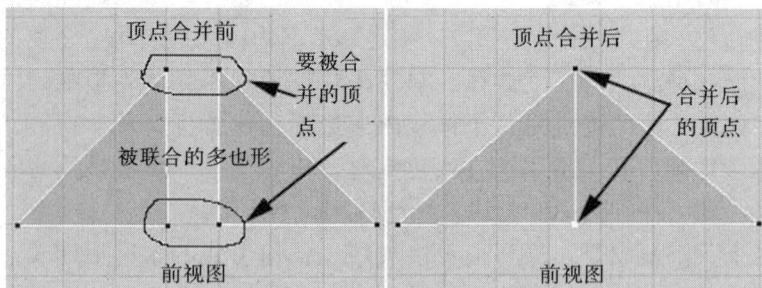

图 6.6　从两个多边形合并顶点

让我们从一个简单的实例开始了解合并工具如何使用。

1. 创建新场景。

2. 选择 网格→创建多边形 工具。

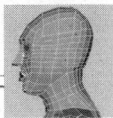

3. 在前视图中，在屏幕大致中间的位置点击 5 次创建一个多边形，多边形应约为四网格宽和四网格高。

4. 选择如图 6.7 所示的 3 个顶点。

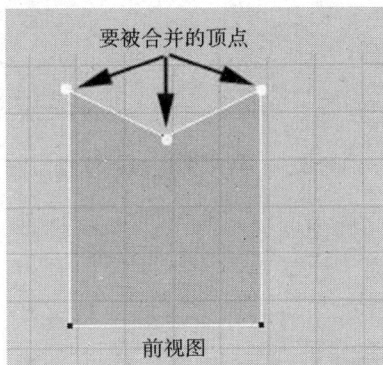

图 6.7 所选的多边形三个顶点

5. 选择 编辑多边形→合并 右侧 的选项栏。

6. 在选项窗口中，距离 区输入 6.0，这会增加合并顶点间距离的限额，Maya 默认的限额是 0.01，对绝大多数情况来说都太小。

7. 点击 合并顶点 按钮，3 个顶点应如图 6.8 所示变为 1 个。

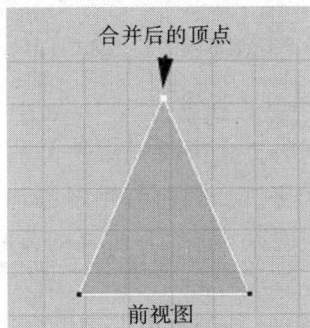

图 6.8 多边形合并的 3 个顶点

添加多边形工具

添加多边形工具，在两个多边形的边之间创建一个新的多边形，如图 6.9 所示。要在两个不同物体之间应用添加多边形工具，你必须在此之前将物体联合为一个物体。

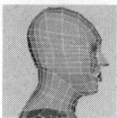

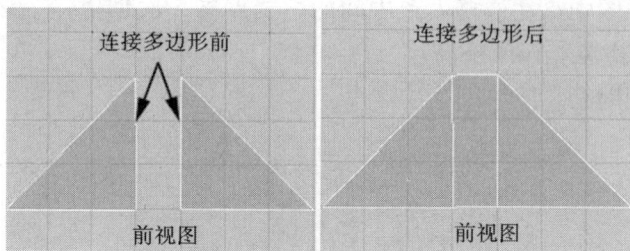

图6.9　两个多边形被连接

　　想要添加多边形工具如预期地生效，多边形的顶点顺序必须一致，或者顺时针或者逆时针。例如，如果一个多边形是以顶点顺时针方向建立的，另一个多边形是以逆时针方向，则添加多边形工具将在它们之间创建一个扭曲的多边形，如图6.10所示。

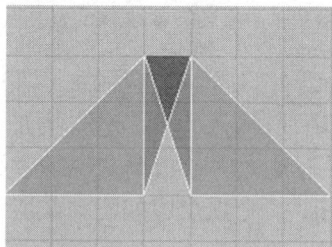

图6.10　两个顺序不同的多边形之间创建的多边形

　　你也许会奇怪这到底是怎么回事。在 Maya 中——像大多数建模软件一样——使用被称为右手规则的方式来决定多边形的哪一面是正面哪一面是背面。当你创建多边形时，如果按照顺时针顺序画顶点，多边形的正面会朝向你，如果你按逆时针顺序画顶点，那么多边形的背面会朝向你。

　　当然，你可能在添加多边形时忘记了或还不知道两个多边形的顶点创建顺序，这样的话，你需要 Maya 显示多边形面的法线。通过选择 显示→多边形→面法线 ，如果你要在两个多边形之间添加多边形，确保它们的法线朝向同一方向，如果不是，选择 法线→翻转 命令来翻转多边形面其中之一的法线方向。

　　让我们通过一个简单的实例弄明白如何使用添加多边形工具。

　　1. 选择 网格→创建多边形工具。

　　2. 在前视图中，大约在屏幕正中位置顺时针点击 4 次，创建一个四边形，多边形应为约五网格宽和四网格高。

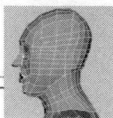

3. 复制多边形，将它向右移动一网格单位，如图 6.11 所示。

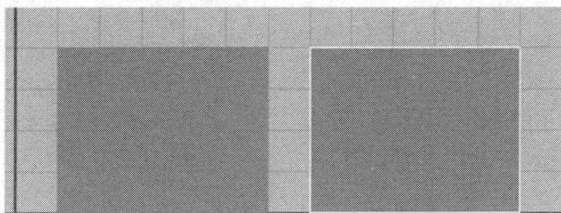

图 6.11　复制多边形向右移动一网格单位

4. 选择两个多边形，选择 网格→联合。
5. 选择 编辑网格→添加多边形工具 ，鼠标光标变为一个十字。
6. 点击左多边形的右侧边。
7. 点击右多边形的左侧边。
8. 按回车键完成工具操作，你会看到在两个多边形之间创建了一个新的连接多边形，如图 6.12 所示。

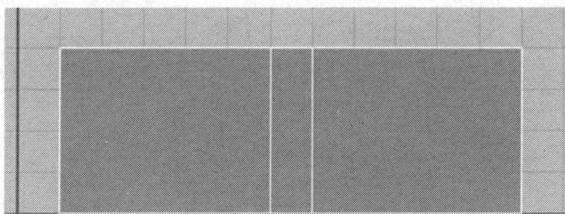

图 6.12　用添加多边形工具将两个多边形连接起来

桥接工具

桥接工具和添加多边形工具相似，它也是在两个多边形之间创建一个多边形，使用这个工具的优点是可以一次选择多个多边形，不过和使用添加多边形工具一样，要先将网格物体联合为一个。

让我们通过简单的实例学习它的使用。

1. 选择 创建→多边形基本物体，取消勾选 互动创建 。
2. 选择 创建→多边形基本物体→圆柱体 。
3. 在透视图中，选择 阴影→平滑显示所有物体 。
4. 翻动摄影机直到你可以看到圆柱体的顶部。
5. 选择并删除圆柱体顶部的所有面，如图 6.13 所示。

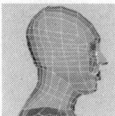

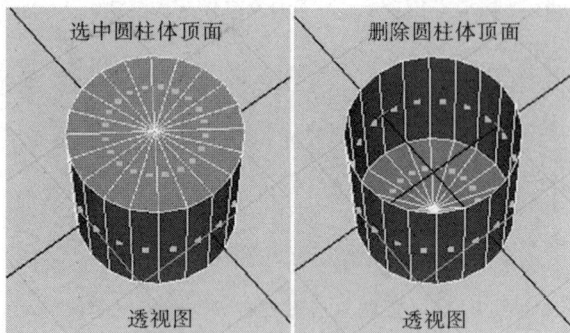

图6.13　选中和删除顶面的圆柱体

6. 在侧视图中，选择圆柱体，然后选择 编辑→复制 ，或者按 Ctrl + D 键。

7. 再选中复制的圆柱体时，在通道栏输入如下数值：
- Y 轴平移：2.5
- Z 轴旋转：180

这会使所选的圆柱体向上移动并上下倒转。

8. 将圆柱体重命名为 多边形圆柱体2 ，现在你会有多边形圆柱体1 和多边形圆柱体2 两个分离的物体，如图6.14 所示。

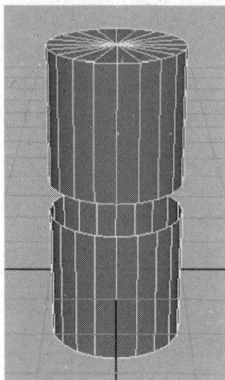

图6.14　多边形圆柱体1 和多边形圆柱体2

9. 在透视图中，选择多边形圆柱体1 和多边形圆柱体2。

10. 选择 网格→联合。

11. 取消对两个圆柱体的选择。

12. 点击圆柱体，注意两个应同时被选中。

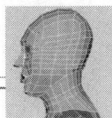

13. 在透视图中，右键点击多边形圆柱体 1，选择 边 模式。

14. 点击多边形圆柱体 1 顶部的几条边缘，如图 6.15 所示。

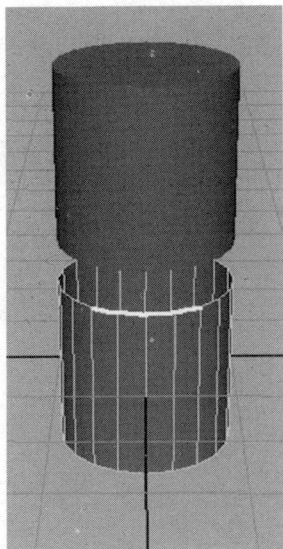

图 6.15　多边形圆柱体被选中的顶部边缘

15. 右键点击 多边形圆柱体 2 ，选择相应的边，如图 6.16 所示。

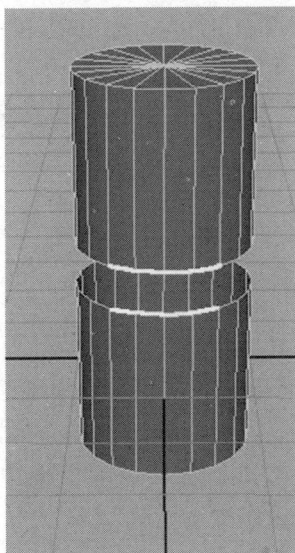

图 6.16　多边形圆柱体 2 上所选的边

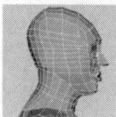

16. 选择 编辑网格→桥接工具 右侧的选项栏。

17. 在桥接选项窗口中的 细分 区输入 0，这个选项指定你在多边形圆柱体 1 和 2 之间只生成一个多边形。

18. 点击 桥接 按钮，你会看到在两边之间生成一个多边形，如图 6.17 所示。

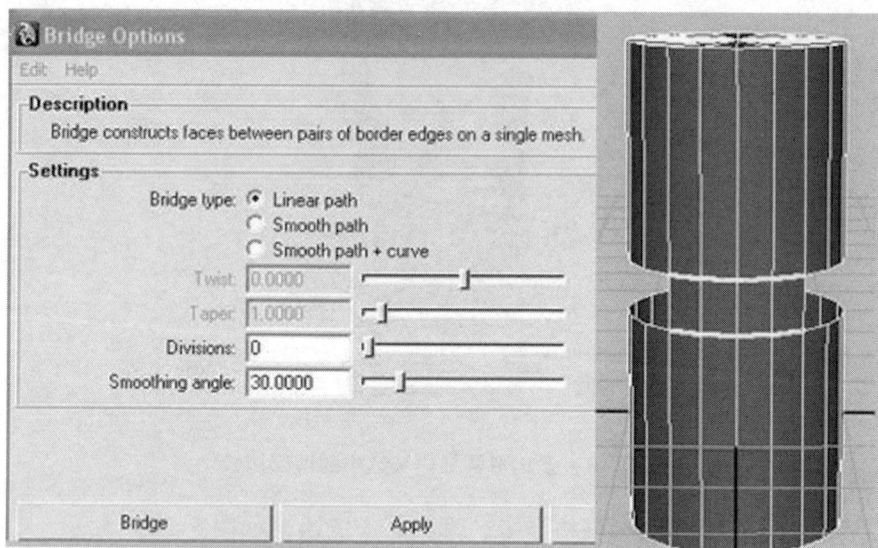

图 6.17　桥接选项窗口打开，圆柱体 1 和 2 之间边的桥接

桥接工具允许所选的面的边缘之间创建桥接多边形。

三、教程 6.1：简单人物的建模

在这个教程里，你将学到用多边形建立简单人形角色的模型（如图 6.18 所示）。我们要用一组事先准备好的图像作为模型蓝图。要创建和修改多边形基本物体来完成多边形建模，还可以通过移动、分割和挤压多边形的边和面，合并物体，添加面来修改多边形，你会发现使用独立基本物体来做不同的身体部分会让你更轻松，更有组织性地建模。

重要的是要注意多边形最初的如同简单网格的布局，它们的边被上下移动，且并排排列，如图 6.19 所示。

Maya Character Modeling and Animation

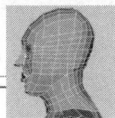

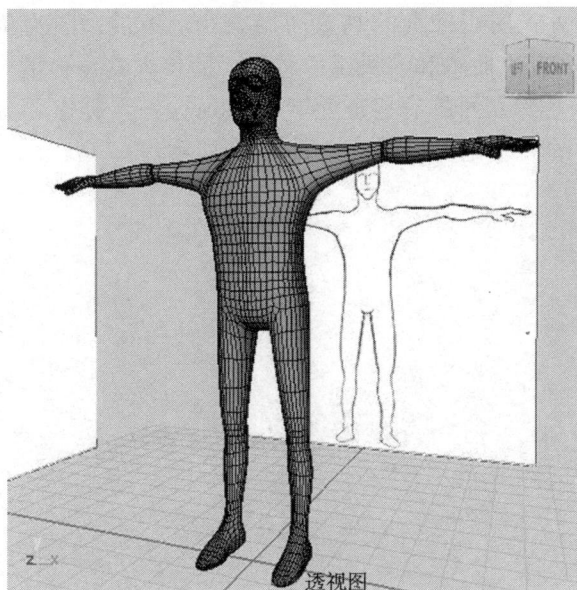

透视图

图 6.18 简单人物

（由 Aharon Charnov 建模并完成教程步骤）

View Shading Lighting Show Panels

FRONT

透视图

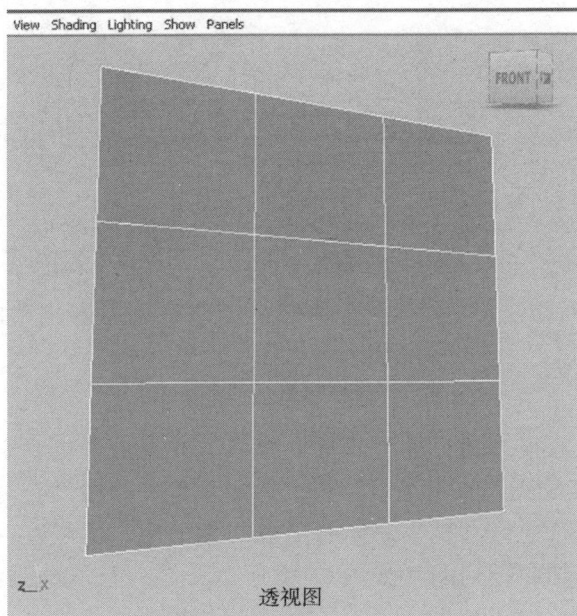

图 6.19 多边形平面，网格布局

网格是数学方式所得曲面的高效布局方式。不过，因为角色建模时追求用 3D 表面创建更有生命感和有机感的结构，简单人物角色的网格结构就要作出调整，以适应生物表面的有机质感。要做到这一点，你要分割和添加表面创建给网格感觉的曲线化多边形，如图 6.20 所示。

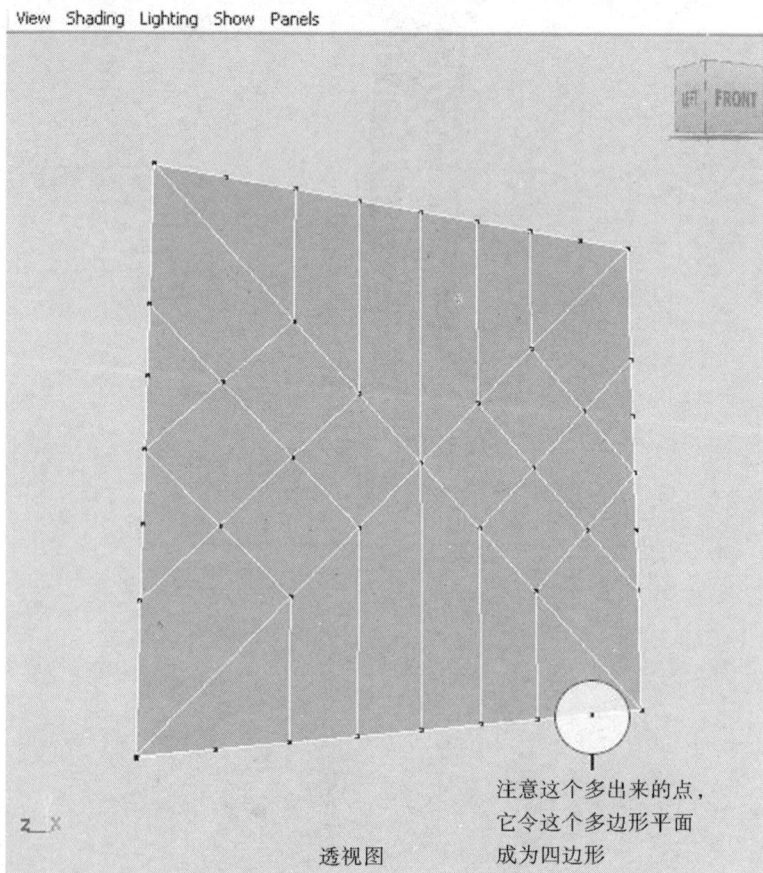

注意这个多出来的点，它令这个多边形平面成为四边形

透视图

图 6.20　多边形平面被切分成多个非网格四边面

多边形可以有很多边，虽然通常来看三边或五边形更利于创建曲面，但 Maya 里更常用四边形。在这个教程里，你将创建一个曲度合适的四边形的多边形角色，在这个更像有机生命体的角色的例子中，你可以看到类人角色的胳膊的曲度也是如此排列的（如图 6.21 所示）。不过，这些胳膊也延伸并连接到躯干和脖子，如图 6.22 所示。在这个教程里，你将学到建立更好曲面多边形物体的方式。

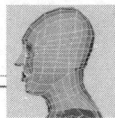

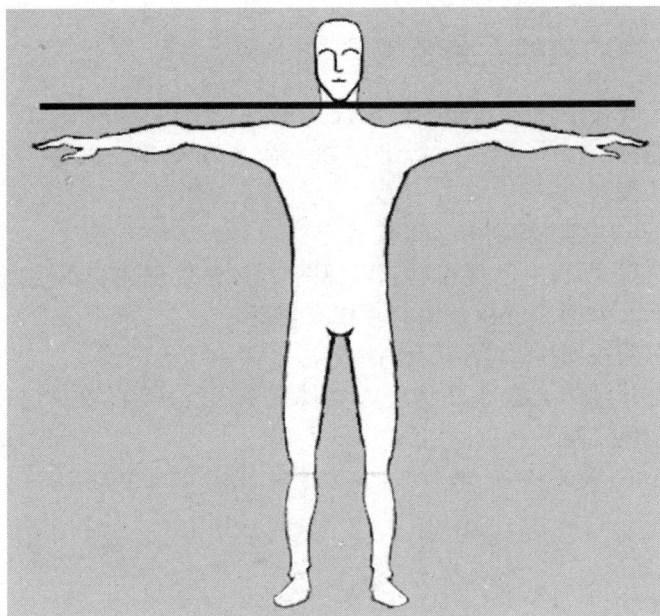

图6.21 简单人物的手臂曲度

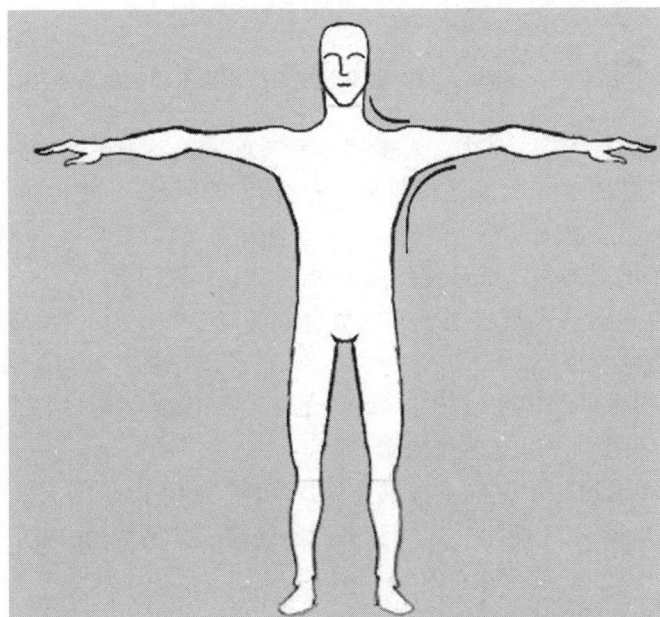

图6.22 简单人物手臂与躯干和脖子连接处的曲度

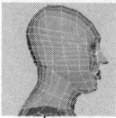

简单人物的建模：角色设置

按如下步骤完成简单人物建模设置。

1. 选择 文件→项目→新建 ，将它命名为 简单_ 人物 ，选择 使用默认设置 ，然后点击 接受 。

2. 按 F3 键切换到多边形模式。

3. 选择 面板→已存布局→四视图 ，你会发现在查看模型的顶部、正面、侧面和透视效果时它很有帮助。

4. 在前视图中，选择 视图→图像平面→导入图像 。

5. 打开随书光盘里图像平面文件夹里 第六章 的文件 简单_ 人物_ 角色_ 正面. tif，如图 6.23 所示。

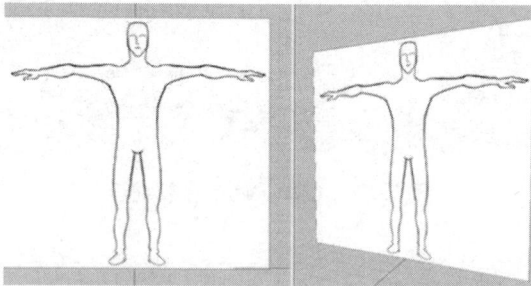

图 6.23 简单人物图像平面在正视图和透视图的显示

6. 在侧视图中，选择 视图→图像平面→导入图像 。

7. 打开随书光盘里图像平面文件夹里 第六章 的文件 简单_ 人物_ 角色_ 侧面. tif 。

8. 在顶视图中，选择视图→图像平面→导入图像 。

9. 打开随书光盘里图像平面文件夹里 第六章 的文件 简单_ 人物_ 角色_ 顶部. tif 。

10. 图像平面现在位于原始轴线的中心，你要移动并缩放它们。在透视图中，选择正面图像平面。

11. 在通道栏中，向下滚动直到找到 输入 项下的 图像平面1 。

12. 如图 6.24 所示，在图像平面 1 处输入如下数值：
    - X、Y 轴偏移：0，0
    - X 轴中心：−0.15
    - Y 轴中心：7.0

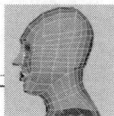

- 中心 Z：－12. 0
- 宽：15
- 高：15

图 6. 24　图像平面 1 的数值

13. 在透视图中，选择侧面图像平面。

14. 在通道栏中，向下滚动直到找到 输入 项下的 图像平面 2 。

15. 如图 6. 25 所示，在图像平
面 2 处输入如下数值：
- X、Y 轴偏移：0, 0
- X 轴中心：－12
- Y 轴中心：7. 0
- Z 轴中心：0
- 宽：15
- 高：15

16. 在透视图中，选择顶部图
像平面。

图 6. 25　图像平面 2 的数值

17. 在通道栏中，向下滚动直到找到 输入 项下的 图像平面 3 。

18. 输入如图 6. 26 所示的数值，图 6. 27 中显示了这些图像平面在所
有视图中的情况。
- X、Y 轴偏移：0, 0
- X 轴中心：6. 502
- Y 轴中心：0
- Z 轴中心：0. 1
- 宽：2
- 高：2

INPUTS
imagePlane3
Frame Extension 1
Frame Offset 0
Alpha Gain 1
Depth 100
SizeX 1.417
SizeY 0.945
OffsetX 0
OffsetY 0
CenterX 6.502
CenterY 0
CenterZ 0.1
Width 2
Height 2

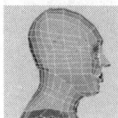

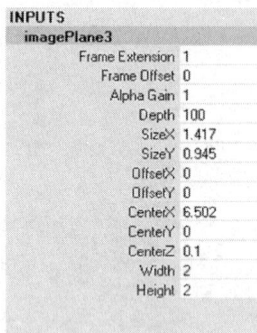

图 6.26　图像平面 3 的数值

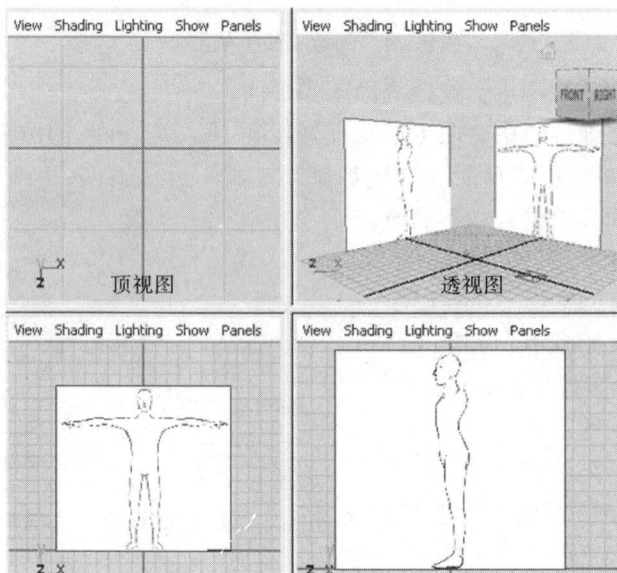

顶视图

透视图

图 6.27　图像平面在所有视图中的显示

简单人物的建模：创建头部

使用多边形立方体开始头部建模，然后使用 Maya 提供的工具雕刻它。这是首次创建类人模型头部的好方法。

1. 选择 创建→多边形基本物体→立方体 右侧的选项栏。

2. 在多边形立方体选项窗口，设置下列数值如图 6.28 所示。这些设置会让你有足够的边数用于雕刻头部。

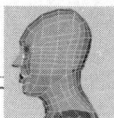

- 宽：1.0
- 高：1.0
- 深：1.0
- 细分宽度：4
- 细分高度：4
- 细分深度：4
- 轴：Y
- 材质贴图：勾选创建 UV 和法线

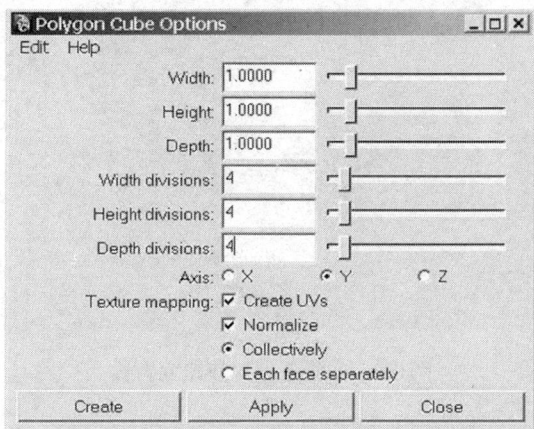

图 6.28   输入了恰当数值的多边形立方体选项窗口

3. 点击 创建 按钮，Maya 在原点处创建立方体，如图 6.29 所示。

4. 在通道栏或超图窗口中，将立方体重命名为 头 。

5. 在通道栏中，如图 6.30 所示输入下列数值。这会将头移动到正确位置并进行大小确切的缩放。

- X 轴平移：0
- Y 轴平移：12.866
- Z 轴平移：0.12
- X 轴旋转：0
- Y 轴旋转：0
- Z 轴旋转：0
- X 轴缩放：1
- Y 轴缩放：1.647
- Z 轴缩放：1.547

透视图

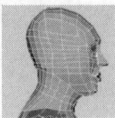

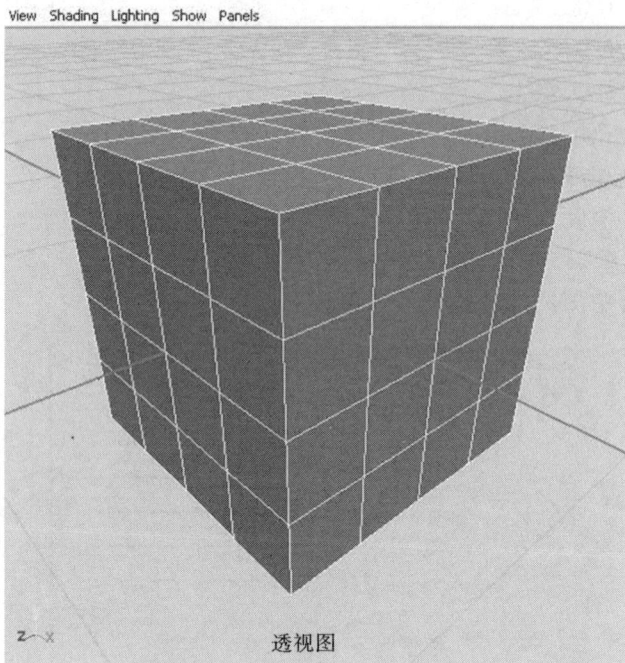

图6.29 原点处的新建立方体

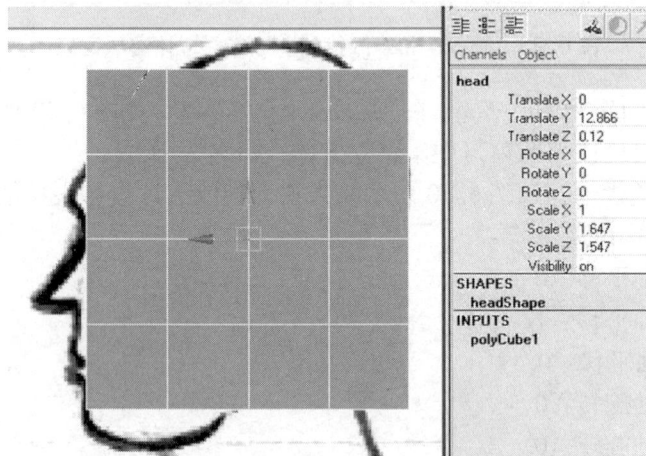

图6.30 摆放立方体并缩放大小以吻合于头部

6. 在顶视图中，右键点击选中的头，从弹出菜单选择 顶点 。

7. 按住 Shift 键，拖选四角上所有的顶点，如图6.31所示。

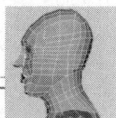

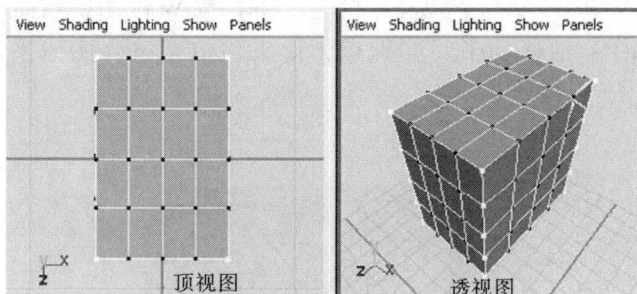

图 6.31　四角选中顶点在顶视图和透视图中显示

8. 选中角上顶点，按 R 键改变到缩放工具。

9. 向内沿 X 轴和 Z 轴缩放顶点，让头有轻微的曲线弧度，如图 6.32 所示。

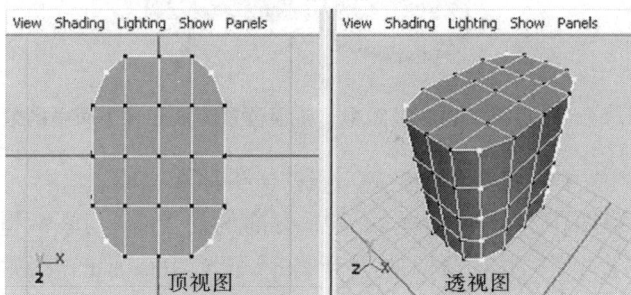

图 6.32　顶视图和透视图中显示的头部边角顶点的位置

10. 在透视图中，采用 组分 模式选中头，选择如图 6.33 所示那样的头顶面内部的 9 个点，要确保头后面的顶点没有被误选。

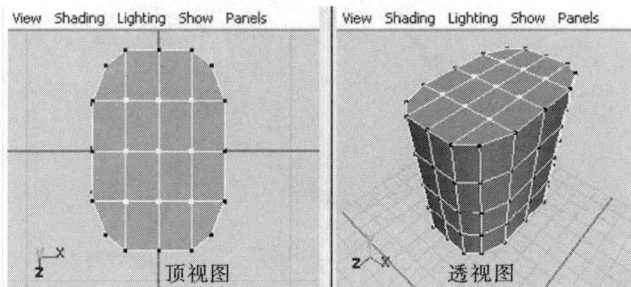

图 6.33　在顶视图和透视图中，头顶部中间 9 个顶点被选中

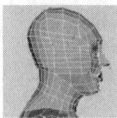

11. 在侧视图中，9 个点仍选中的情况下，按 W 键切换到移动工具。

12. 向上沿 Y 轴移动中间的顶点，让头顶位置符合图像平面中的效果，如图 6.34 所示。

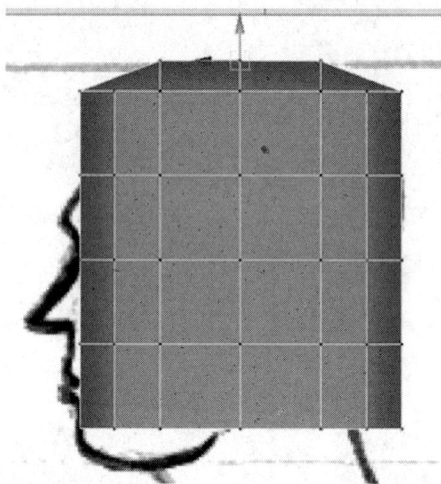

图 6.34　在顶视图和透视图中，头顶位置符合图像平面中的效果

13. 在侧视图中，选择 阴影→X 射线 让头部变透明。

14. 在侧视图中，到组分模式选中头部的情况下，按 W 键切换到移动工具，拖选顶点，移动它们以吻合于图像平面中头部的轮廓，如图 6.35 所示。

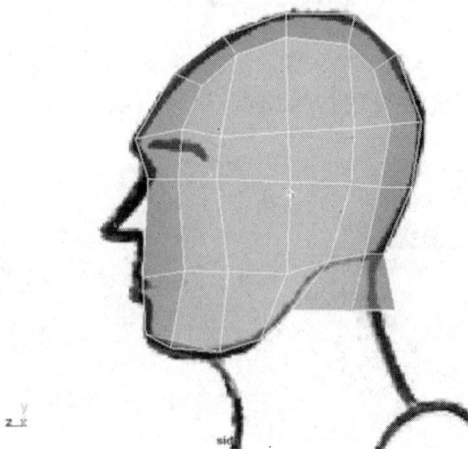

图 6.35　重新放置头部顶点以更好地符合侧视图中的图像平面

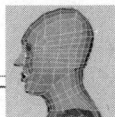

15. 在侧视图中，组分模式选中头部的情况下，右键点击头部，选择弹出菜单中的 面 模式。

16. 拖选下巴后颅骨底部的面，按 Delete 键，头部现在应如图 6.36 所示形状。

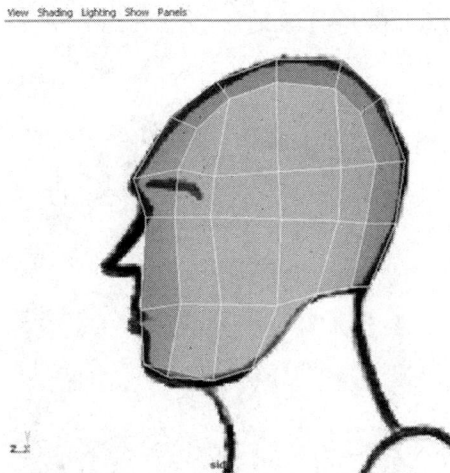

图 6.36　下巴后颅骨底部面被删除后

17. 在前视图中，拖选左半边头部删除，如图 6.37 所示。你现在只得到半边头部，并将在完成建模后镜射出另半边。

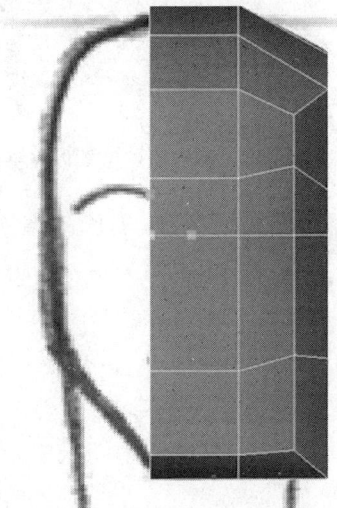

图 6.37　头的半边被删除

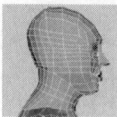

18. 在前视图中 选择 阴影→X 射线 让头部变透明。

19. 组分模式时选中头部，右键点击头部在弹出菜单中选择 顶点 模式。

20. 按 W 键切换到移动工具，选顶点并移动它们到符合图像平面中正面头部形状，如图 6.38 所示。如果必要，切换到透视图查看以确保头部形状正确，在这里，移动顶点不再是有效地添加细节的方法了，而需要添加更多的多边形面。

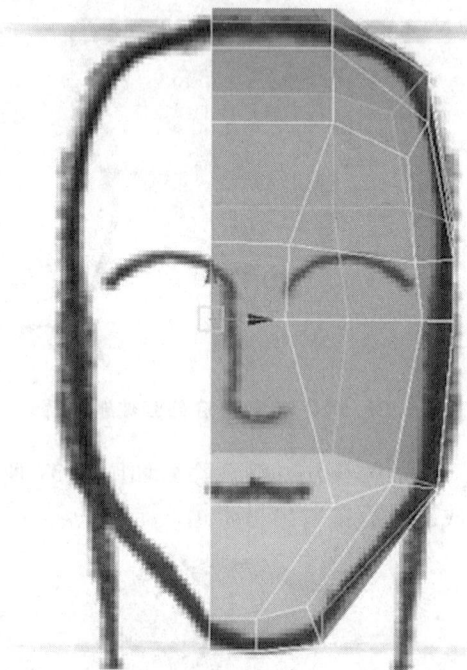

图 6.38　正面看头部的顶点位置以及头部细节

21. 选择 编辑网格→切分多边形工具 右侧的选项栏，设置数值如图 6.39 所示。

- 细分：1
- 平滑角度：0.00
- 只切分边：勾选
- 沿边使用吸附点：勾选
- 点数目：1
- 吸附容差：100

Split Polygon Tool   Reset Tool   Tool Help

Description
Draw a line across a face to split it into two more new faces.
The line must start and end on an edge.
Each time it touches an edge a new face will be created.

Settings
Divisions: 1   (vertices added per edge
Smoothing angle: 0.0000
☑ Split only from edges
☑ Use snapping points along
Number of points: 1   (1 = snap to midpoint)
Snapping tolerance: 100.0000

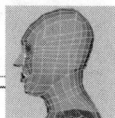

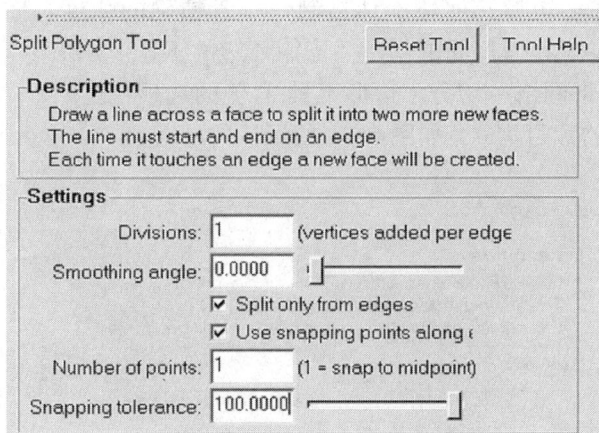

图 6.39　切分多边形工具选项窗口

22. 通过这样的设定，切分多边形工具将只在边交叉处或中间创建一个点，使切分多边形工具能沿着下巴添加更多细节，嘴周围的效果如图 6.40 所示，按需要将顶点移动位置如图，记住要为了让所有面保持为四边形而继续切分多边形面。

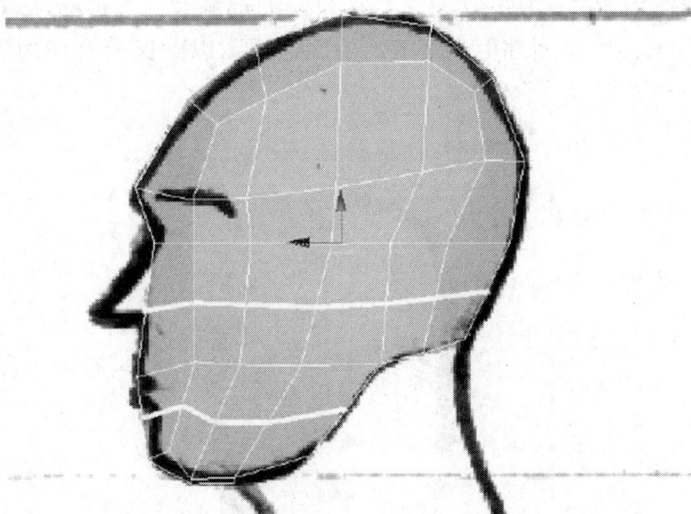

图 6.40　切分多边形工具创建的新边（高亮显示）位于嘴的上方和下方

23. 在所有窗口中，通过选择 阴影→X 射线 来取消 X 射线显示，这会让头部恢复不透明显示。

Chapter 6　Modeling a Biped Character

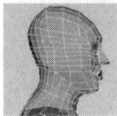

现在你要在多边形几何体上切边制作颅骨精确的弧度。你要用到几个工具依次完成为眼睑和嘴角周围创建适当循环边的工作。

1. 选择 编辑网格→切分多边形工具 右侧的选项栏。

2. 改变点的数目为 8，如图 6.41 所示。

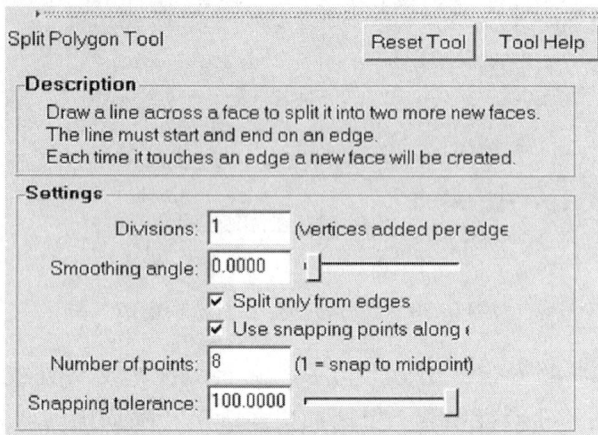

图 6.41　更新切分多边形工具设定窗口

3. 继续使用切分多边形工具，创建贯穿面部的线，表现嘴和鼻子的边缘，如图 6.42 所示，给予面部更多细节，使用透视图以确保所有切边创建的是四边面。

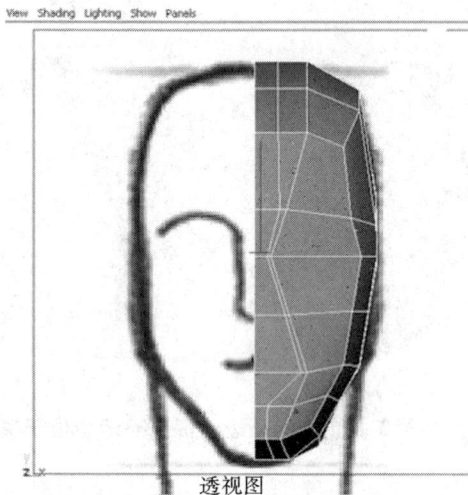

透视图

图 6.42　鼻子和嘴处切边创造细节

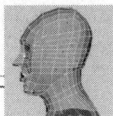

4. 右键在头部点击，在弹出菜单选择 面 模式。
5. 选择眼睛处的面，如图 6.43 所示。

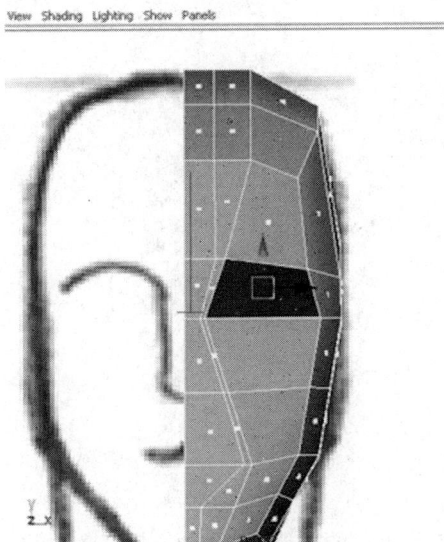

图 6.43 所选的眼窝的面

6. 选择 编辑网格→挤压 右侧的选项栏，重置设定，点击 挤压。
7. 面被选中的情况下，按 R 键切换到缩放工具。
8. 向内缩放面，以确保眼窝更确切，如图 6.44 所示。

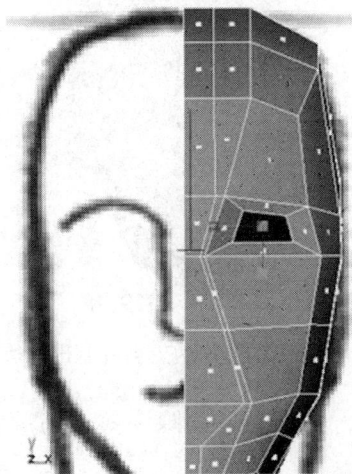

图 6.44 挤压眼窝，重新调整面部点

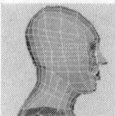

9. 选择 编辑网格→切分多边形工具。

10. 在头部几何体上切出新边，给眼框总共 8 条边。最后得出的几何体效果应如图 6.45 所示。

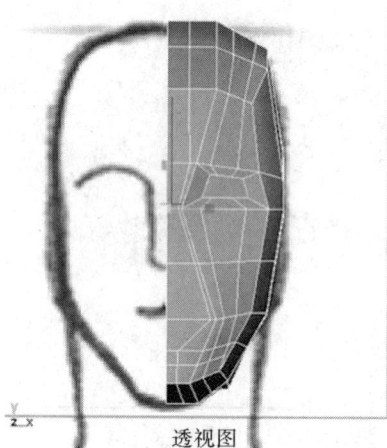

透视图

图 6.45　眼窝处新切的边应是沿着头部的

现在要创建嘴部几何体了。你将围绕嘴部范围切割不规则形状，并删除多余边以保持其为四边形。

1. 选择 编辑网格→切分多边形工具。

2. 在嘴部区域切出两道循环边，如图 6.46 所示。

透视图

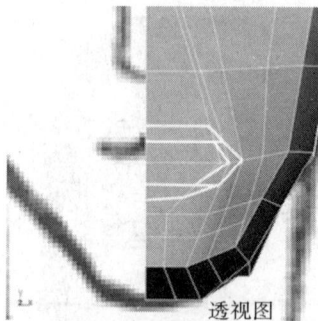

图 6.46　围绕嘴的循环边上新分割出的边

3. 这会造成很多三角形，你现在要删除一些边来重建四边形，右键点击头，在弹出菜单选择 边 模式。

4. 按住 Shift 键，选择如图 6.47 所示的边。

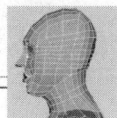

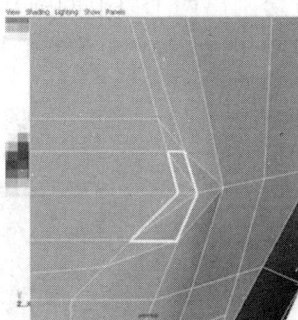

图 6.47　选择嘴部的边

5. 选择 编辑网格→删除边/顶点，所选的边应被已删除，如图 6.48 所示。

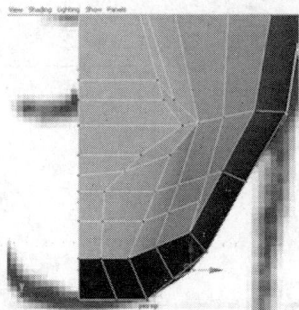

图 6.48　删除边的嘴部

6. 嘴部附近还有两个非四边形区域，你要纠正它，就选 编辑网格→切分多边形工具 。

7. 在嘴部区域切出两道新边，如图 6.49 所示。

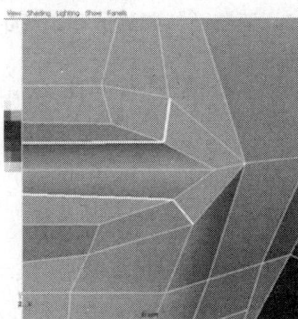

图 6.49　新切出的嘴部边

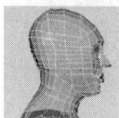

现在你要在眼睑处通过切割出两个以上的圆环的边创建更多细节。这些完成后，重新调整嘴和眼部顶点的位置，直到它们接近图6.50的效果。

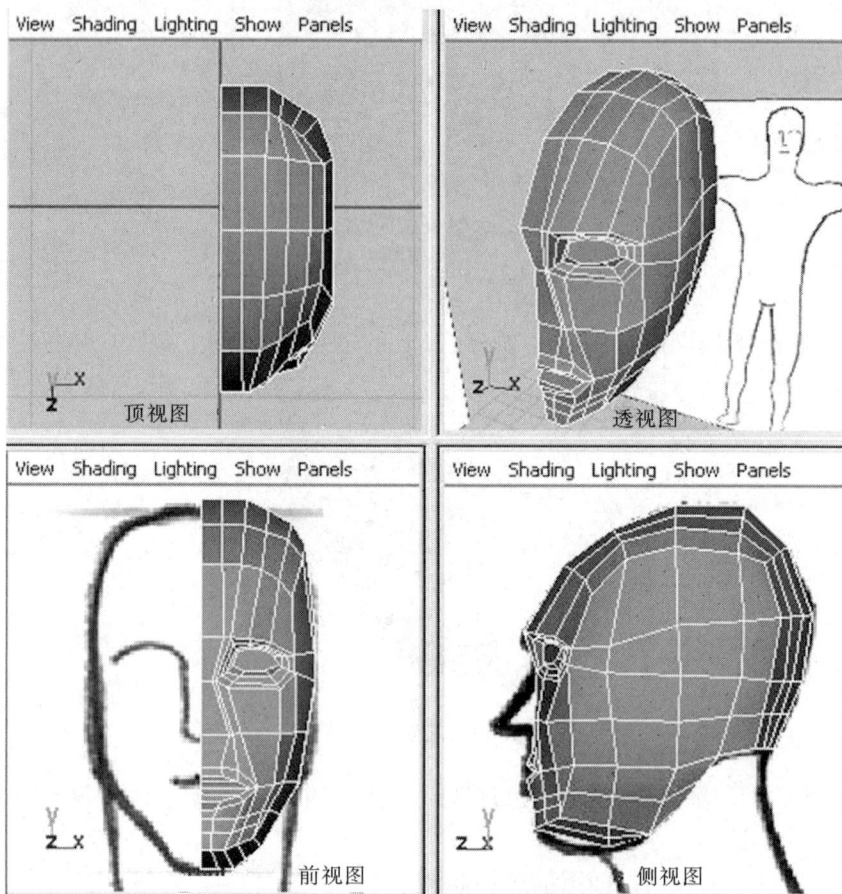

图6.50　更新的头部细节和重置的顶点

1. 完成顶点位置调整后，右键在头部上点击，在弹出菜单中选择 面 模式。

2. 选择嘴里的四个面（早前通过循环边创建）按 Delete 键删除，这会创建嘴部开口。

3. 右键在头部点击，在弹出菜单选择 顶点 模式。

4. 选择鼻子和眉弓处的顶点，将它们向面部外移动，如图6.51所示。

5. 这时，如果需要你可以在脸上添加更多细节，完成后，保存文件。

顶视图 透视图 前视图 侧视图

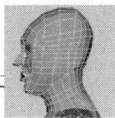

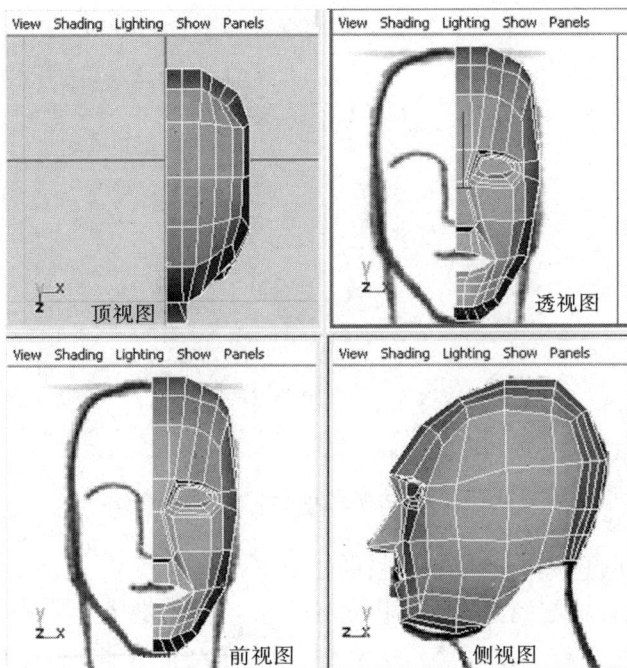

图 6.51 为简单人物模型完成面部细节

简单人物的建模：创建身体

现在脸部已完成，你要把注意力转向它的身体了。创建身体，要用与创建头部相似的技术，也是要从立方体开始雕刻。不过，你要先把头部放到新建的层里避免意外地改动它，然后我们开始如下操作：

1. 选择 创建→多边形基本物体 ，取消对 互动创建 的勾选。
2. 选择 创建→多边形基本物体→立方体→选项栏。
3. 在多边形立方体选项栏，设置下列数值，如图 6.52 所示。
   - 宽 1.0
   - 高 1.0
   - 深 1.0
   - 细分宽度：8
   - 细分高度：8
   - 细分深度：4
   - 轴：Y
   - 纹理：勾选 创建 UV 点、法线

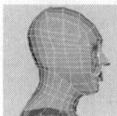

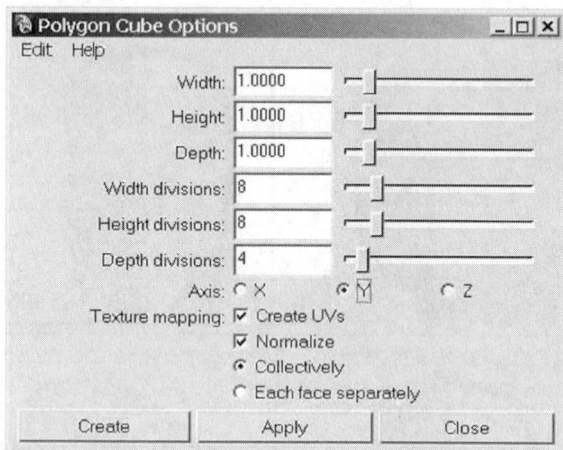

图 6.52　多边形立方体选项窗口内数值

4. 点击 创建 按钮，Maya 在原点处创建立方体。

5. 在通道栏或超图窗口中，将立方体名字改为 身体 。

6. 在通道栏输入如图 6.53 所示的数值，这会将身体立方体移动到正确的
位置并做适当缩放。

- X 轴平移：0
- Y 轴平移：9.117
- Z 轴平移：－0.202
- X 轴旋转：0
- Y 轴旋转：0

- Z 轴旋转：0
- X 轴缩放：2.271
- Y 轴缩放：1.844
- Z 轴缩放：1.844

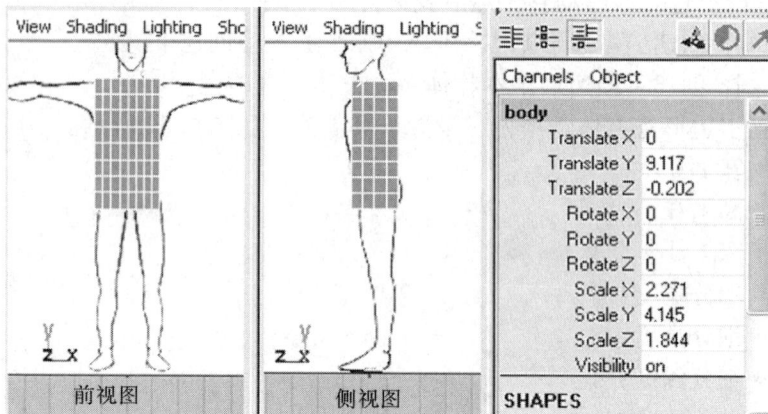

图 6.53　将身体移动和缩放到正确情况

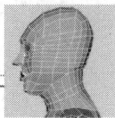

7. 在顶视图中，右键点击身体在弹出菜单选择 顶点 。

8. 按住 Shift 键，拖选四角顶点，如图 6.54 所示。

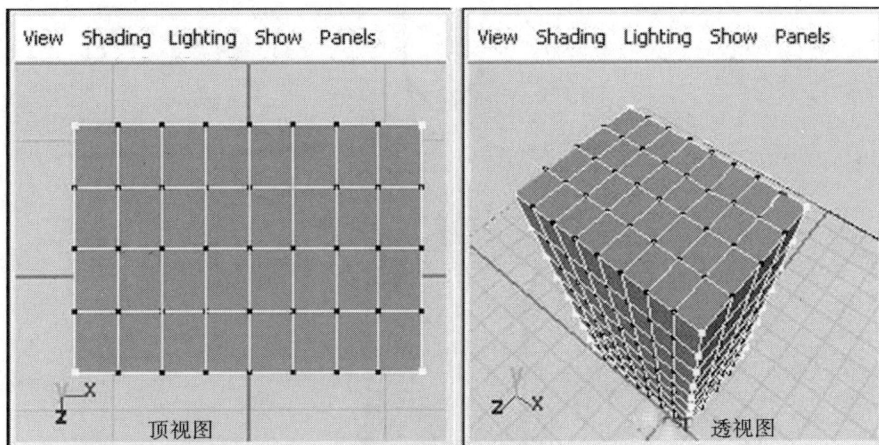

图 6.54 选中身体的顶点

9. 在身体顶点仍选中的情况下，按 R 键切换到缩放工具。

10. 沿 X 轴和 Z 轴向内缩放顶点使身体产生一定弧度，如图 6.55 所示。

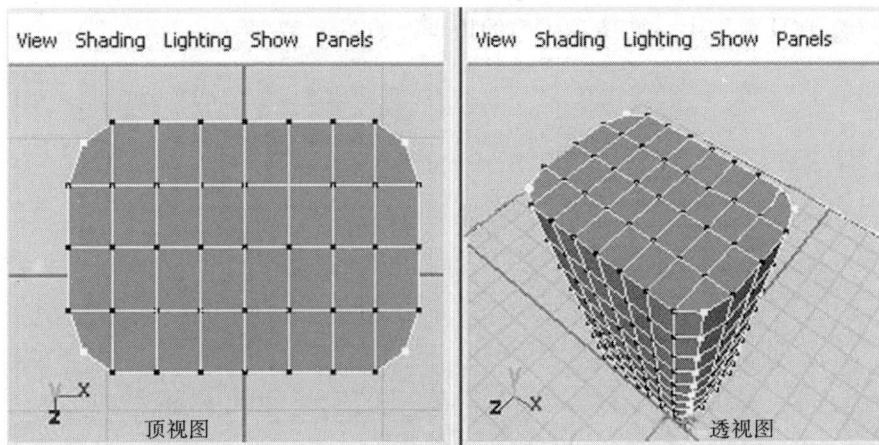

图 6.55 身体四角顶点缩放产生圆角

11. 右键在身体上点击，在弹出菜单选择 面 模式。

12. 在前视图中，选择并删除左半边身体的面，如图 6.56 所示。

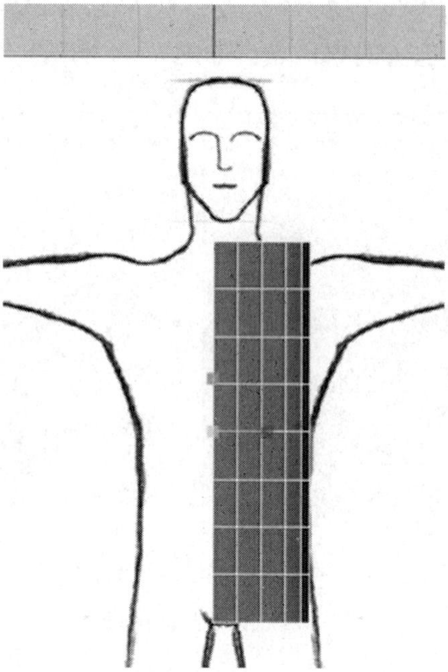

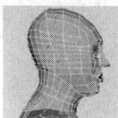

图 6. 56　只留下半边身体

13. 右键点击身体选择 顶点。

14. 在顶视图中，拖选身体内的顶点，如图 6. 57 所示。

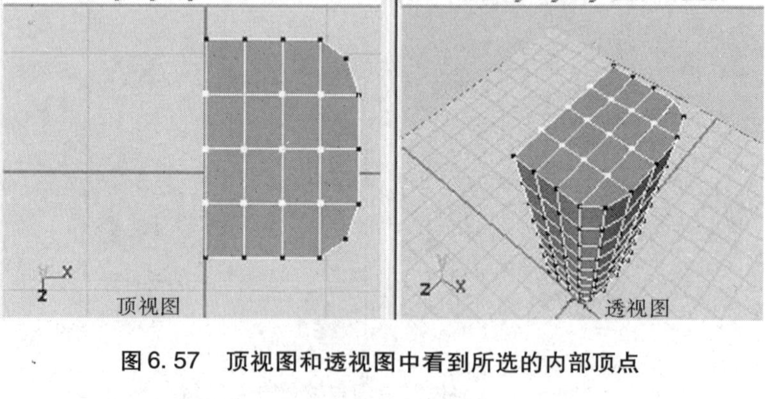

图 6. 57　顶视图和透视图中看到所选的内部顶点

15. 在前视图中，沿 Y 轴缩放内部顶点，顶部一排点将缩放一半到与脖子相接的位置，底部一排点缩放的距离将和顶排点相近，如图 6. 58 所示。

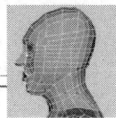

16. 在顶视图中，选择中间水平的三排点，如图 6.59 所示。

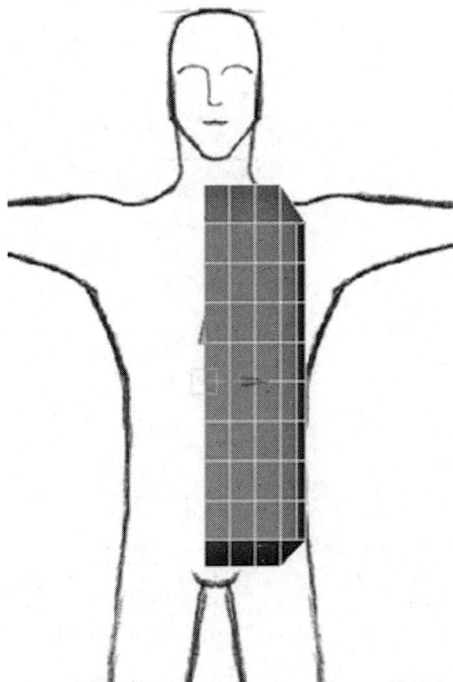

图 6.58 身体内部点的位置开始显出身体的整体形状

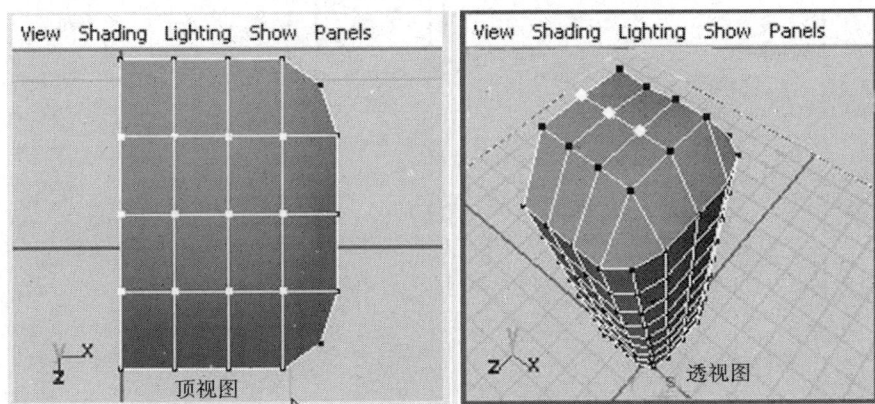

图 6.59 顶视图和透视图中看到的所选顶点

17. 在前视图中缩放顶点，这样会使它们达到下巴的高度，底部的点将在相反方向被缩放相同的距离，如图 6.60 所示。

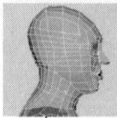

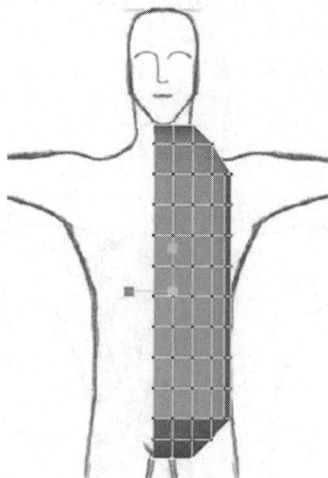

图6.60　缩放顶点

18. 在侧视图中，右键点击身体选择 面 模式。

19. 选择立方体顶部的面（前视图顶上的两排）按 Delete 键，这些面会在之后用脖颈处的几何体填补，身体现在应是如图 6.61 所示的状态。

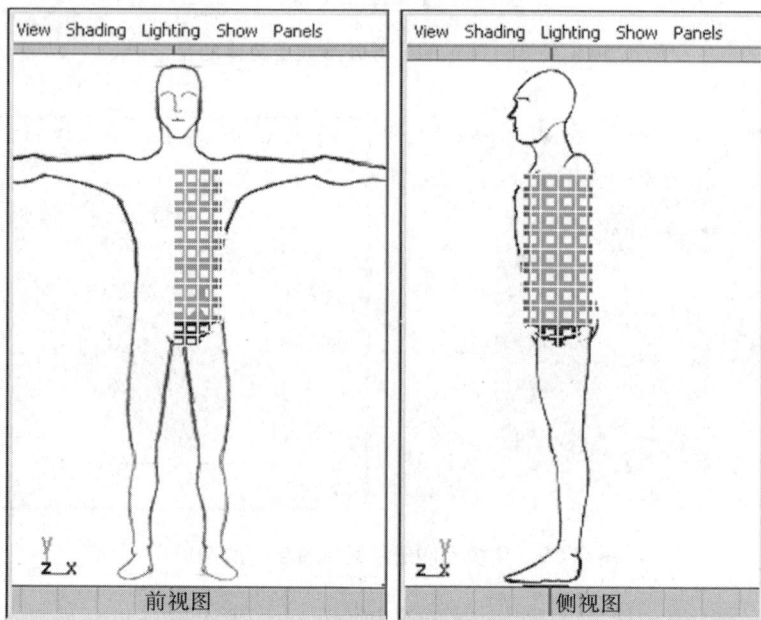

图6.61　前视图和侧视图中看到的身体

20. 在前视图中，选择 阴影→X 射线。

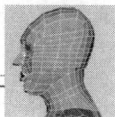

21. 在前视图中，右键点击身体，选择 顶点 模式，顶点的每根水平线会被选取和操控，切换到 Y 轴的缩放工具，执行缩放并使每个顶点的位置和 Y 轴对齐，结果应如图 6.62 所示。

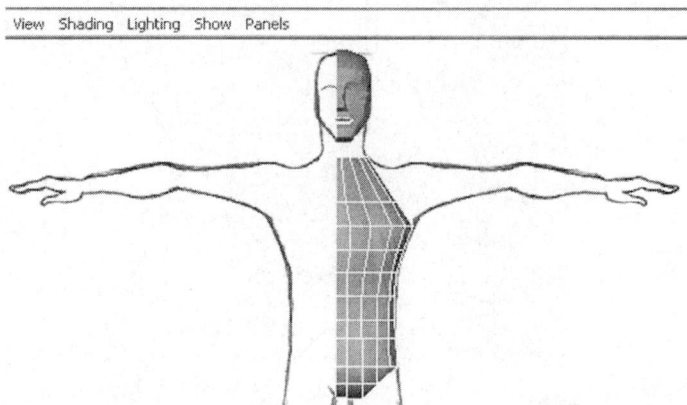

图 6.62　在前视图中缩放边和调整点位置，以得出更好的身体形状

22. 身体的几何体没有延伸到肩部，肩部应单独创建，在侧视图中，选择 阴影→X 射线。

23. 在侧视图中里重复操作，结果应看起来如图 6.63 所示。

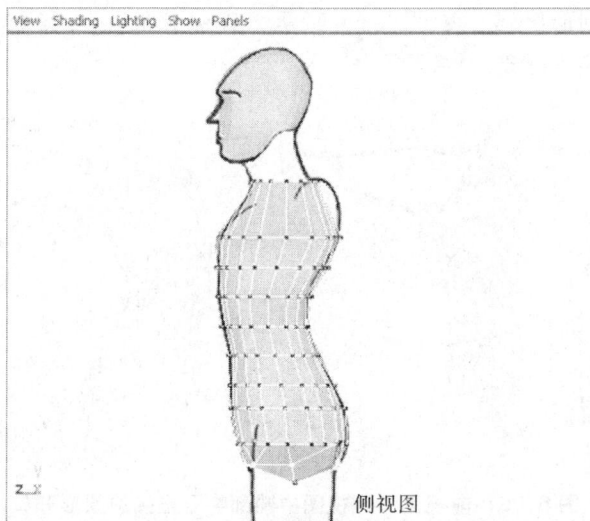

图 6.63　在侧视图中重现调整点和边，以得出更好的身体形状

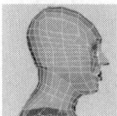

24. 移动身体低处的顶点，令腿部将要连接的地方变圆，如图 6.64 所示，改变将使腿部和身体的连接处的线条更为光滑。

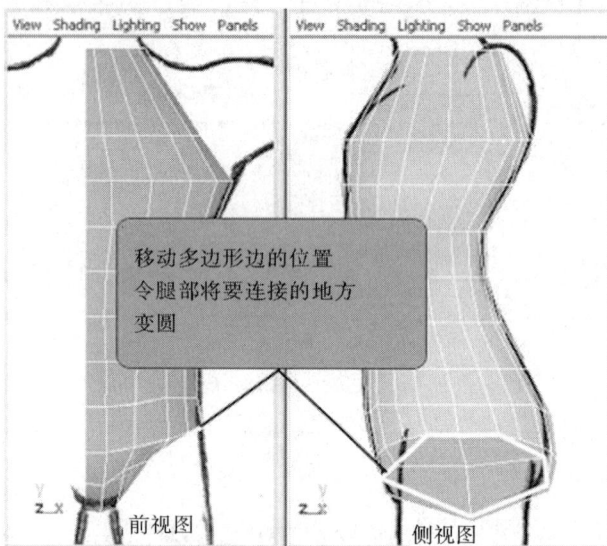

图 6.64　排放顶点好让腿更容易地连接到身体

25. 在所有窗口中，选择 阴影→X 射线 以取消 X 射线显示。

26. 在侧视图中，选择新的圆形区域里的面，按 Delete 键删除，现在你做了一个开放的圆形区域，如图 6.65 所示，确保开放边缘有 12 条边，在下一节中将把它连接到腿部。

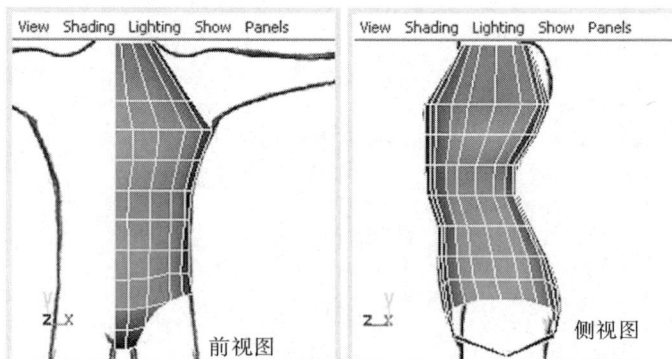

图 6.65　前视图和侧视图中腿部将要连接的圆形开口

27. 保存文件。

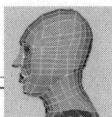

简单人物的建模：创建腿部

接下来你要创建腿部几何形，并将它连接到身体部分的开放边缘上。

1. 选择 创建→多边形基本物体→圆柱体 右侧的选项栏。

2. 在多边形圆柱体选项窗口中，设置如图 6.66 所示的数值，注意细分轴的数字 12 符合身体开口的边数目。

- 半径：0.5
- 高度：10
- 细分轴：12
- 高度细分：1
- 顶部细分：0
- 轴：Y
- 纹理：勾选 创建 UV 点、法线

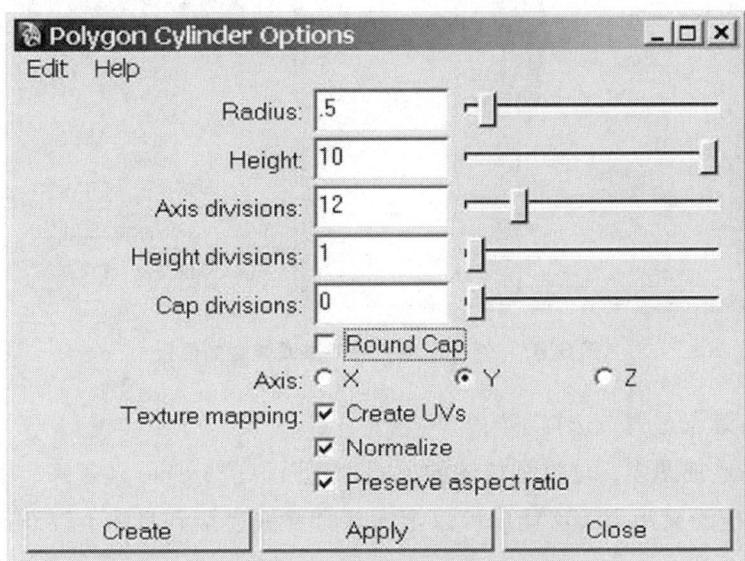

图 6.66 输入数值的多边形圆柱体选项窗口

3. 点击 创建 按钮。

4. 在通告栏或超图窗口中，将圆柱体重命名为 腿 。

5. 在通道栏中，输入如图 6.67 所示的数值，这会将腿移动到确切的位置，缩放它到确切大小。

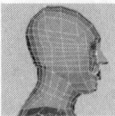

- X 轴平移：1.198
- Y 轴平移：3.327
- Z 轴平移：−0.647
- X 轴旋转：0
- Y 轴旋转：0
- Z 轴旋转：0
- X 轴缩放：1
- Y 轴缩放：0.586
- Z 轴缩放：1

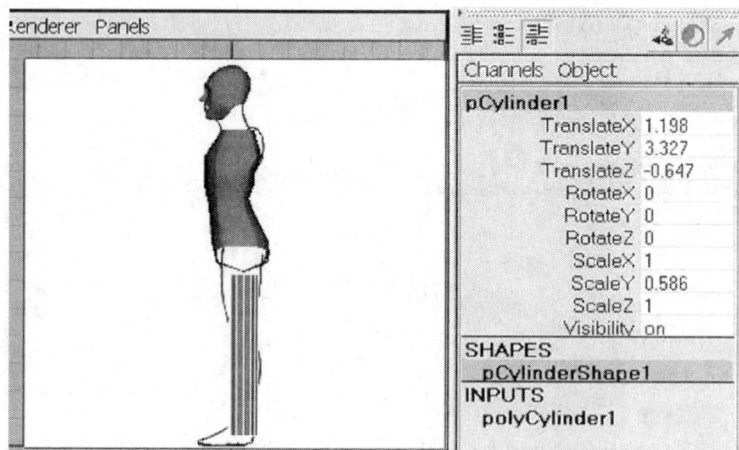

图 6.67　修改通道栏数值来调整腿的位置

6. 右键点击腿，选择 面 模式。

7. 在透视图中，选择圆柱体的顶面和底面，按 Delete 键删除，圆柱体的两端现在应不封闭了，这让你可以把腿部合并或连接到身体上以及连接之后建立的脚模型上。

8. 注意腿不是和两个图像平面中描述的同样形状，你现在要移动顶点来更好地表现腿部形状，在所有窗口中选择阴影→X 射线 让腿变透明。

9. 右键点击腿，选择 顶点 模式。

10. 选择腿顶部的一排点，在前视图和侧视图中移动和缩放顶点，直到它们的位置吻合图像平面的大腿的形状。

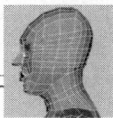

11. 选择腿底部的点，按 E 键切换到旋转工具，在前视图和侧视图中，缩放并移动顶点直到它们吻合腿底部脚踝的形状。

12. 当你完成移动顶部和底部的点，圆柱体看起来应如图 6.68 所示的效果，注意在前视图和侧视图中较低顶点的旋转。

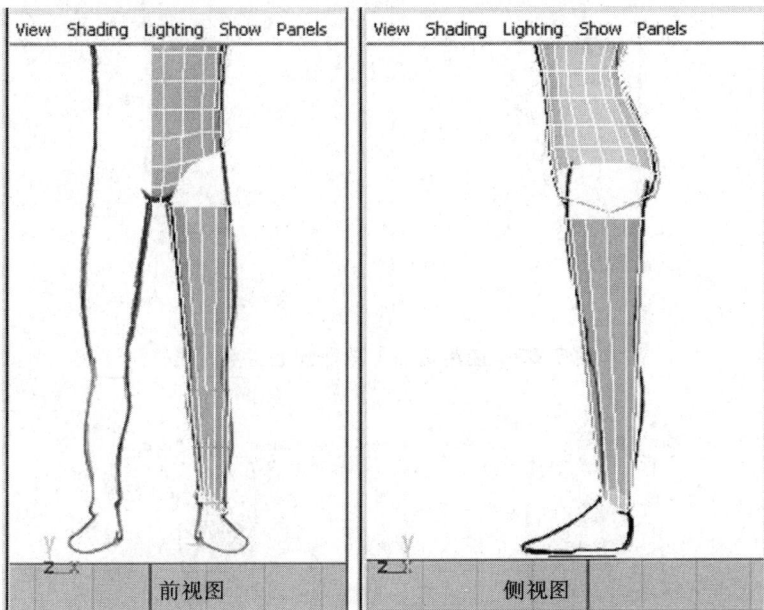

图 6.68　调整过顶点位置后的腿在前视图和侧视图中的情况

注意这里只有顶部、底部一排的点，是不可能创建出腿部细节的曲线的。你要加边以便使腿部形状接近图像平面中的效果。当脸部建模时，你用过切分多边形工具，在腿部，你要用更有效率的切面工具完成。这个工具在一步操作中就可以切割多个多边形面。

1. 选择 编辑网格→切面工具 。

2. 如果你用切面工具点击腿部，它将马上围绕多边形添加一道新的边，要确保你没有选中其他物体，因为切面工具只切分选中的物体。

3. 按住 Shift 键切出五道边，一条在膝盖上，一条穿过膝盖，一条在膝盖下，一条在膝盖上大腿下，一条在小腿肚处，结果如图 6.69 所示。

4. 在前视图和侧视图中，选择摆放和缩放每条水平线上的顶点到更接近图像平面上形状的位置，完成后效果应如图 6.70 所示。

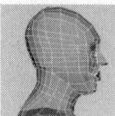

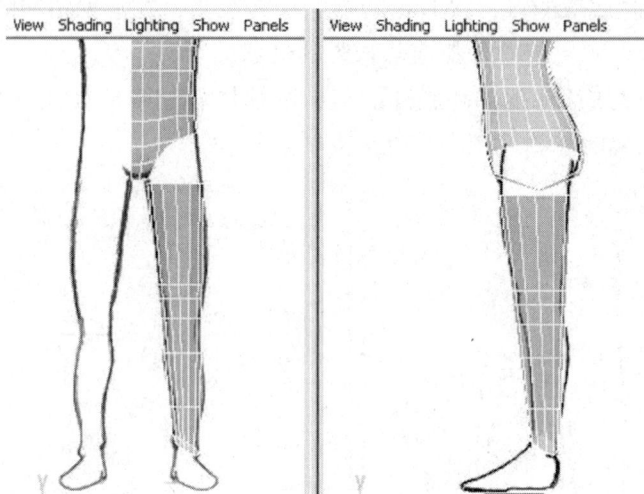

图 6.69　使用切面工具在腿上切得的线

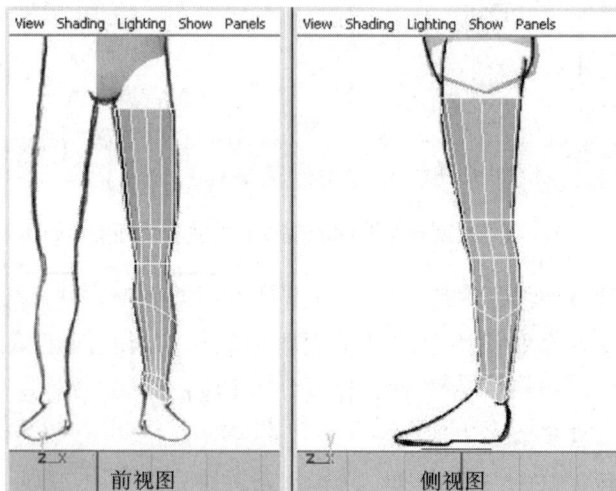

前视图　　　　　　　　侧视图

图 6.70　调整线上顶点得出更精确的腿形状

5. 在所有窗口中，取消 X 射线显示。

6. 按住 Shift 键，选择身体和腿。

7. 选择 网格→联合，腿和身体还没有连接，但已经是同一个物体了。

8. 选择 多边形→添加多边形工具，腿的圆柱体有 12 道边，你在身体上切面删除留下的开口也是 12 道边。

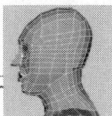

9. 在腿上开口仔细地选择一条边，然后在身体上选择相应的边，一个多边形面会被添加到两边之间，重复这个步骤，绕腿和身体一周，完成后效果如图 6.71 所示。

10. 保存文件。

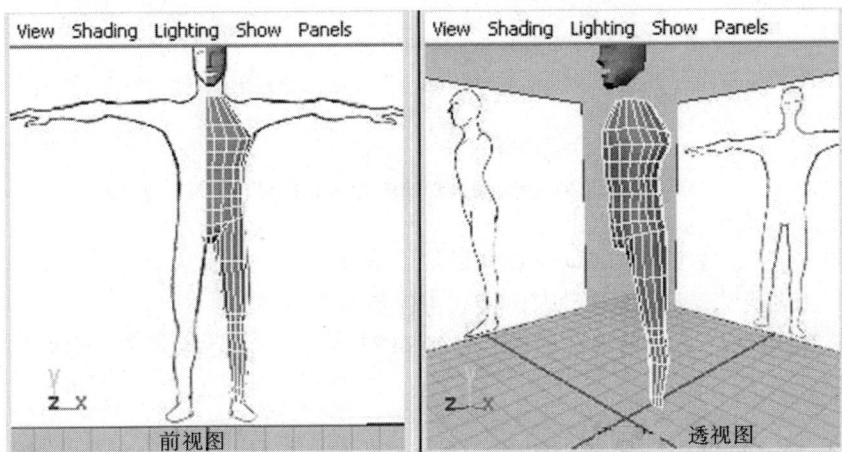

图 6.71 身体和腿现在连接完成

简单人物的建模：创建脚

下面你要完成脚部的建模，联合和添加脚部。

1. 在所有窗口中，打开 X 射线显示。

2. 选择 创建→多边形基本物体→立方体 右侧的选项栏。

3. 在多边形立方体选项窗口，输入如下数值，如图 6.72 所示。

- 宽 1.0
- 高 1.0
- 深 1.0
- 细分宽度：3
- 细分高度：4
- 细分深度：4
- 轴：Y
- 纹理：勾选 创建 UV 点、法线

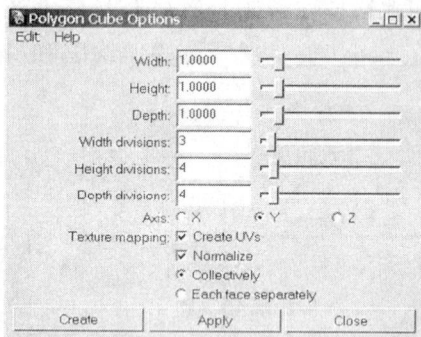

图 6.72　输入恰当数值的立方体选项窗口

4. 点击 创建 按钮，Maya 在原点处创建立方体。

5. 在通道栏或超图窗口中，将立方体重命名为 脚 。

6. 在通道栏中输入下列数值，如图 6.73 所示。这会将脚移动到恰当的位置并缩放到大小合适。

- X 轴平移：1. 143
- Y 轴平移：0. 371
- Z 轴平移：−0. 525
- X 轴旋转：0
- Y 轴旋转：0
- Z 轴旋转：0
- X 轴缩放：1
- Y 轴缩放：0. 52
- Z 轴缩放：0. 817

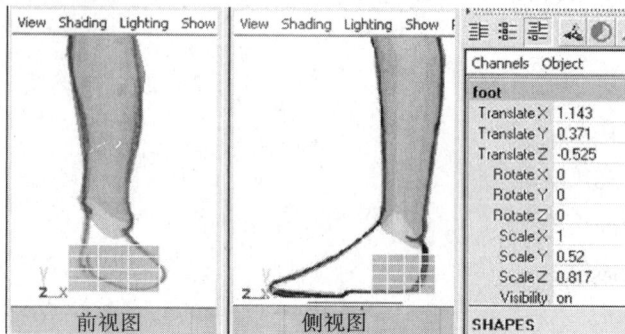

图 6.73　调整好位置的脚

Maya Character Modeling and Animation

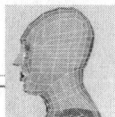

7. 在透视图中，选择顶部背面的 9 个面，点击 Delete 键删除，这会在脚的连接处形成一个开口。

8. 在顶视图中，通过缩放顶点将脚的棱角变圆滑。

9. 在侧视图中，移动顶点来适应脚到图像平面显示的空间，当完成后，脚的情况会如图 6.74 所示，有几条边在脚踝可连接到腿。

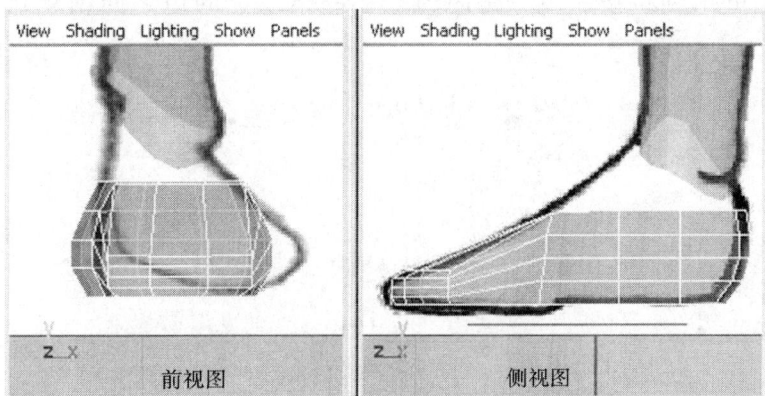

图 6.74　前视图和侧视图中调整顶点后的脚

10. 再一次，没有足够的多边形几何体来完成脚部建模，有必要切分创建新面，选择 编辑网格→切面工具 。

11. 垂直地切两次，一条应在脚踝前和脚趾区域中间，一条应在新切线和脚趾中间。

12. 移动点到吻合图像平面，如图 6.75 所示。

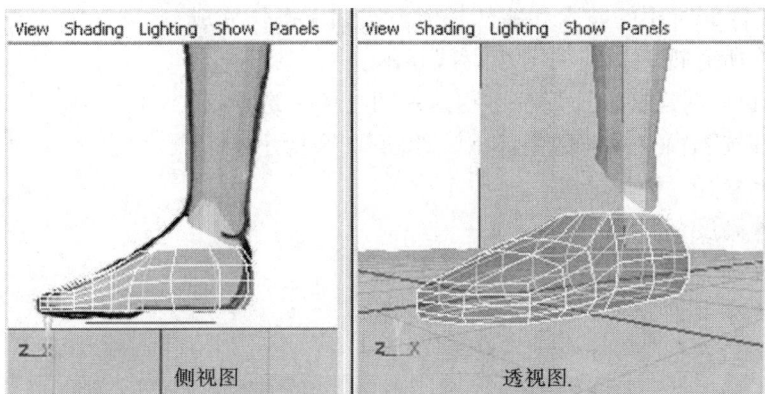

图 6.75　脚吻合图像平面中的效果

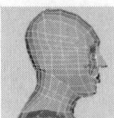

13. 按 Shift 键，选择身体和脚。

14. 选择 网格→联合 ，身体和脚未连接，但它们已合并为同一个物体。

15. 选择脚上的 12 条边和脚踝处相应的 12 条边。

16. 选择 编辑网格→桥接工具 右侧的选项栏，设置 细分 项为 0，桥接工具会在两边缘的缝隙处创建多边形，缝隙两边的边数量相等，如图 6.76 所示，这里用到桥接工具，是因为它在一条以上的边之间创建几何体的连接。

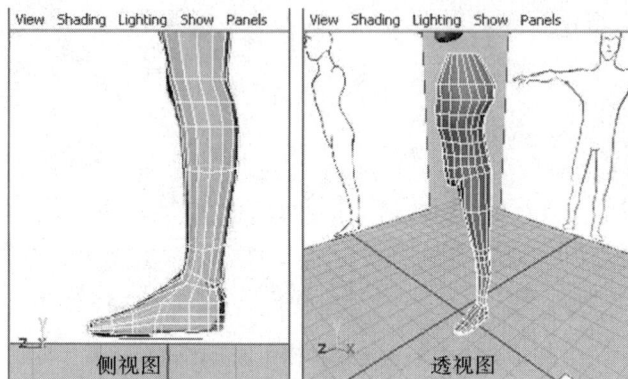

图 6.76　身体、腿和脚连接在一起

17. 保存文件。

简单人物的建模：创建臂部

创建臂部所用的技术和腿部相似。按如下操作完成。

1. 在所有视图中，关闭 X 射线显示。

2. 选择 创建→多边形基本物体→圆柱体→选项栏。

3. 在选项窗口设置数值如下，如图 6.77 所示。

- 半径：0.5
- 高度：5.00
- 细分轴：8
- 高度细分：1
- 顶部细分：0
- 轴：Y
- 纹理：勾选 创建 UV 点、法线

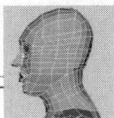

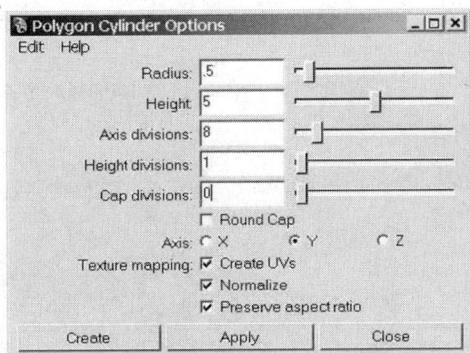

图 6.77 修改数值的多边形圆柱体选项窗口

4. 点击 创建 。
5. 在通道栏或超图窗口中找到圆柱体并重命名为 胳膊 。
6. 在通道栏中，设置数值如下，如图 6.78 所示。

- X 轴平移：4.238
- Y 轴平移：10.825
- Z 轴平移： -0.519
- X 轴旋转：0
- Y 轴旋转：0
- Z 轴旋转：90
- X 轴缩放：1
- Y 轴缩放：1
- Z 轴缩放：1

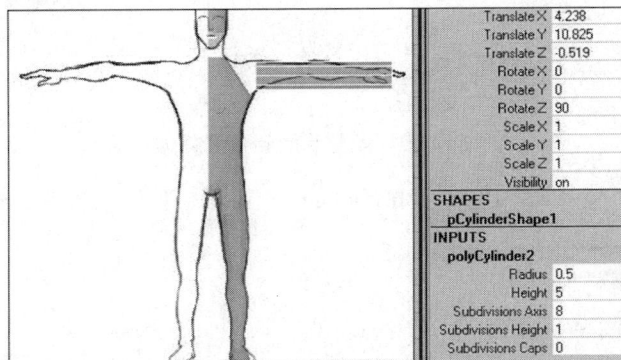

图 6.78 调整好位置的胳膊

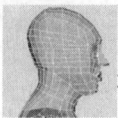

7. 单独选择手臂上的各排点，在前视图中移动并缩放它们，直到吻合图像平面中的形象。

8. 在顶视图中重复以上操作，直到你对胳膊形状满意了，完成后，手臂的效果应如图 6.79 所示。

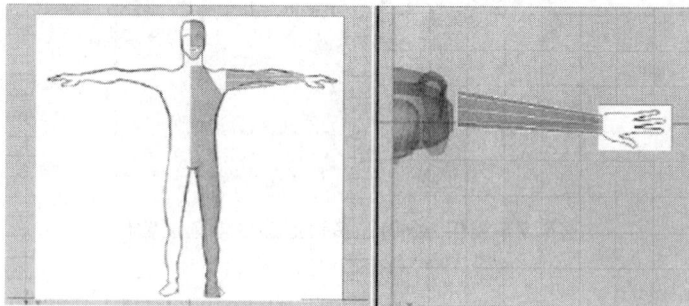

图 6.79　顶点调整后的胳膊形状

9. 再一次遇到这种情况，胳膊几何体上没有足够的顶点完成建模，切面是必须的，选择 编辑网格→切面工具 。

10. 垂直切面 4 次，切出来的边一条在肘左侧，一条在肘中间，一条在肘右侧，最后一次的切面可能要微带角度。

11. 移动顶点，直到它们吻合图像平面的效果，如图 6.80 所示。

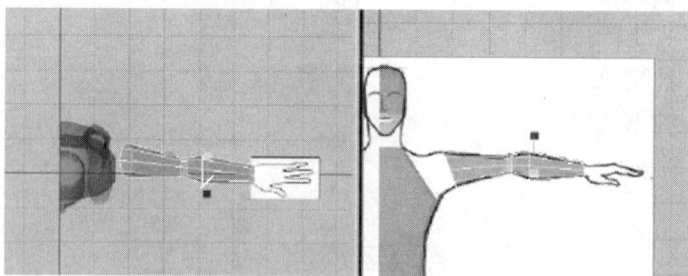

图 6.80　调整后的新建几何体

12. 选择手臂顶部和底部，按 Delete 键删除，手臂现在不是封闭的了，在肩和腕附近有开口。

13. 选择身体和手臂。

14. 选择 网格→联合 ，这样它们就成为同一个物体。

15. 连接胳膊和连接腿有点不同，因为颈部在身体上还不存在，要用多种技术来连接手臂，开始时，连接时先选择并重置身体侧面的顶点，完成后，

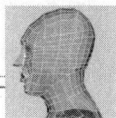

身体一侧看起来应如图6.81所示。

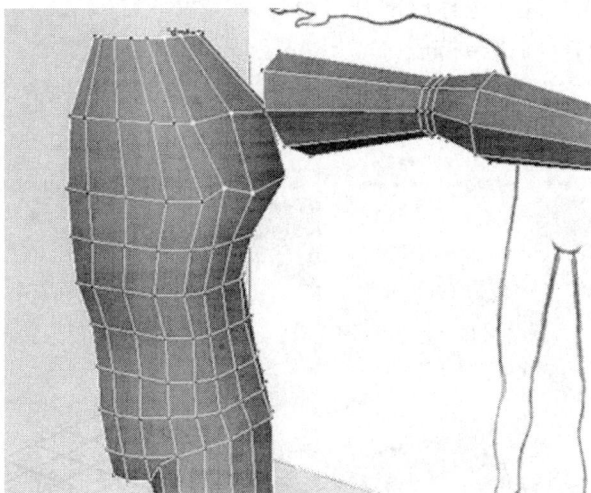

图6.81 身体一侧的顶点布局

16. 选择并删除新纺织的面，现在在身体上切出了一个连接到胳膊处的开口。

17. 选择 多边形→添加多边形工具 ，手臂圆柱体有8个，身体应有6个开放的面。

18. 选择胳膊的一条边，然后在身体上选择相应的边，在两者之间会创建一个连接的几何面，重复这个操作直到身体和胳膊相连，如图6.82所示。

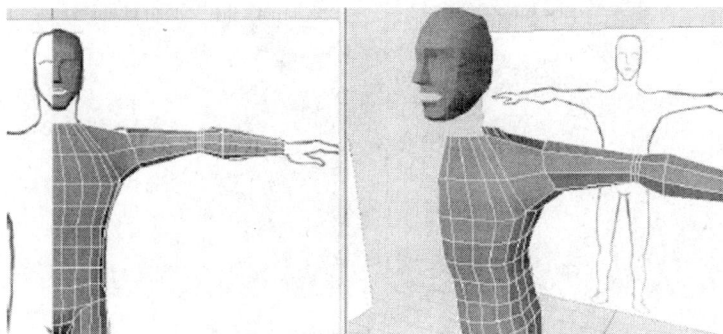

图6.82 身体和胳膊现在连接上了，除了顶部的两个面

19. 为了确保 保持面连接 被勾选，选择 编辑网格→保持面连接。

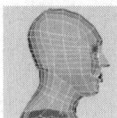

20. 右键点击身体，选择 边 模式。

21. 按住 Shift 键，选择肩部开口边。

22. 选择 编辑网格→挤压 。

23. 向身体方向拖动挤压的边，直到它们和胳膊其他地方对齐，你会看到如图 6.83 所示的效果。

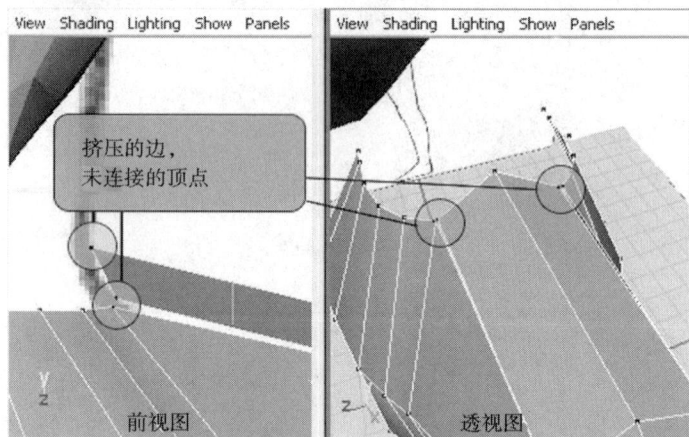

图 6.83   挤压和调整边

24. 选择未连接的顶点，如图 6.84 所示。

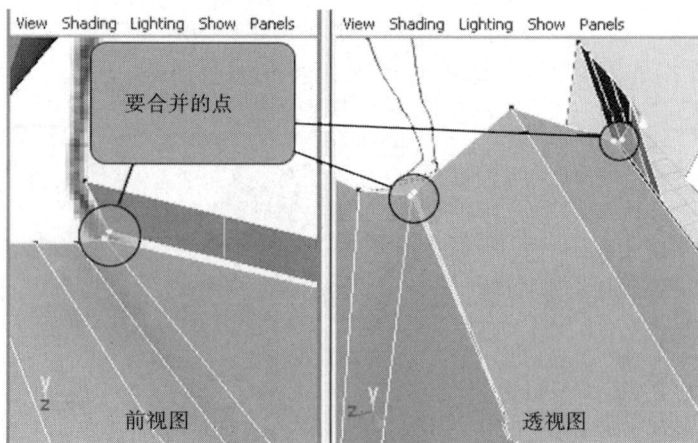

图 6.84   将要合并的顶点

25. 选择 编辑网格→合并 右侧的选项栏。

26. 设置 距离 为 1.0，点击 应用 按钮，两个顶点合并。

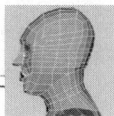

27. 对其他未连接的点重复以上步骤，角色最后应得到如图 6.85 的效果。
28. 保存文件。

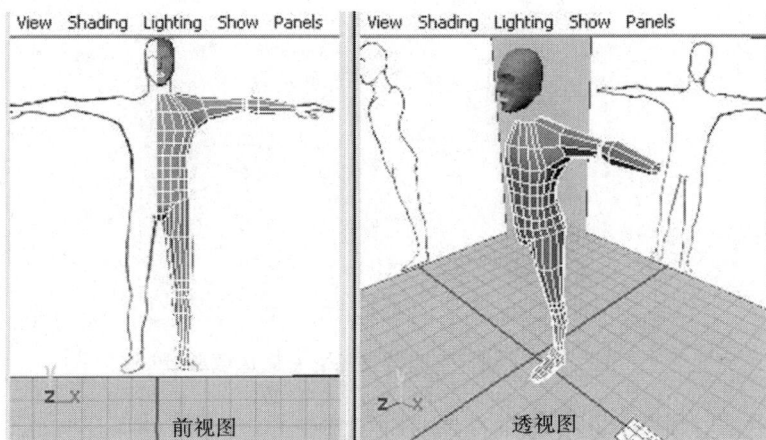

图 6.85　腿和胳膊都连接的身体，头仍是独立几何体

简单人物的建模：创建手

接下来你要完成手部的建模、联合和添加。

手部很复杂，手指要用定量的几何体，手部惯例上用到的几何体数量比可以轻松连接的手臂部要多得多。所以在制作手臂的时候要连带考虑到这点。你创建一只手，它在手指处用到大多数的多边形面。你要创建循环边来完成手指部分的几何体添加，这样手部可以较容易地连接到手臂的几何体。

1. 选择 创建→多边形基本物体→立方体 右侧的选项栏。
2. 在多边形立方体选项窗口中，输入如下数值，如图 6.86 所示。
   - 宽 1.0
   - 高 1.0
   - 深 1.0
   - 细分宽度：2
   - 细分高度：2
   - 细分深度：2
   - 轴：Y
   - 纹理：勾选 创建 UV 点、法线

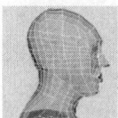

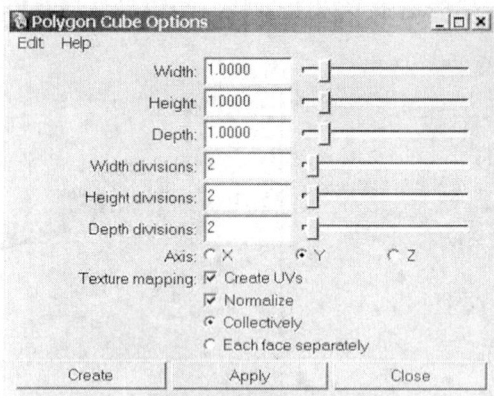

图6.86 输入恰当数值的立方体选项窗口

3. 点击 创建 按钮，Maya 在原点处创建立方体。

4. 在通道栏或超图窗口中，将立方体重命名为 手指 。

5. 在通道栏输入下列数值，如图6.87所示。这会将脚移动到恰当的位置并缩放到大小合适。

- X 轴平移：6.687
- Y 轴平移：10.872
- Z 轴平移：0.146
- X 轴旋转：0
- Y 轴旋转：0
- Z 轴旋转：0
- X 轴缩放：0.49
- Y 轴缩放：0. 09
- Z 轴缩放：0.168

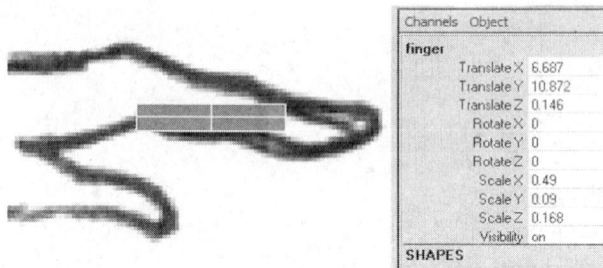

图6.87 调整好位置的手指

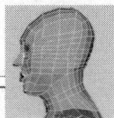

6. 在侧视图中，按住 Shift 键，选中四角，轻微向内收缩，这会有助于圆化手指的外形。

7. 在前视图中，选择并移动顶点直到得到与图像平面里大致相同的手指外形。

8. 在顶视图中重复以上操作，直到与图像平面吻合，现在看起来应如图 6.88 所示。

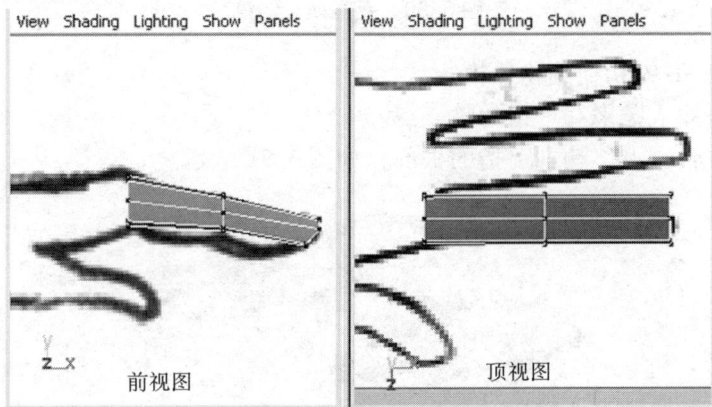

图 6.88　调整过点位置的手指

9. 在所有视图中，选择 阴影→X 射线。

10. 手指并未完全吻合图像平面，因为几何体上没有足够的点来塑造外形，你必须切面以增加手指上的几何体，在指关节处水平地切 5 次，手指应看起来如图 6.89 所示。垂直切线将在手指弯曲时创建更多的几何体细节，这有助于手指动画时恰当地变形。

图 6.89　手指几何体关节处切线

11. 在前视图中，移动顶点直到手指形状吻合图像平面，当你完成后，手指会看起来如图 6.90 所示。

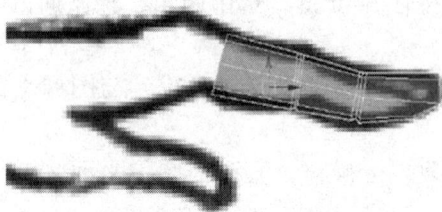

图 6.90　手指顶点调整

12. 按 F8 键切换到物体模式。
13. 按插入键来看手指的轴心点。
14. 将轴心点移动到手指的根部，如图 6.91 所示。

图 6.91　将手指轴心点放到手指根部

15. 按插入键锁定手指轴心点。
16. 选择手指根部的面，按删除键，这会在手指根部形成开口，让你可以在完成创建后用添加多边形工具将手指连起来。
17. 在顶视图中，选择 编辑→复制。
18. 移动并复制手指，将拷贝调整并缩放到下一个手指的位置。
19. 旋转并缩放手指，让它的形状吻合图像平面效果。
20. 重复以上步骤完成三个手指，效果应如图 6.92 所示。

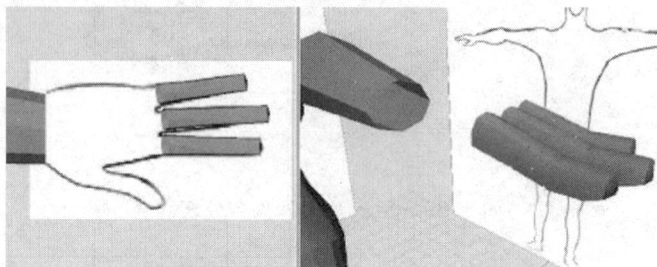

图 6.92　调整和缩放后的手指

Maya Character Modeling and Animation

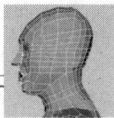

21. 按住 Shift 键，选择所有三个手指。

22. 选择 网格→联合，手指还未连接，但它们现在是一个几何体了，将它命名为 手 。

23. 选择 编辑网格→添加多边形工具 。

24. 仔细地选择手指上的边，然后再选择另一手指上相应位置的边，添加的多边形面会将它们连接起来，重复以上操作，直到得到如图 6.93 所示的效果。

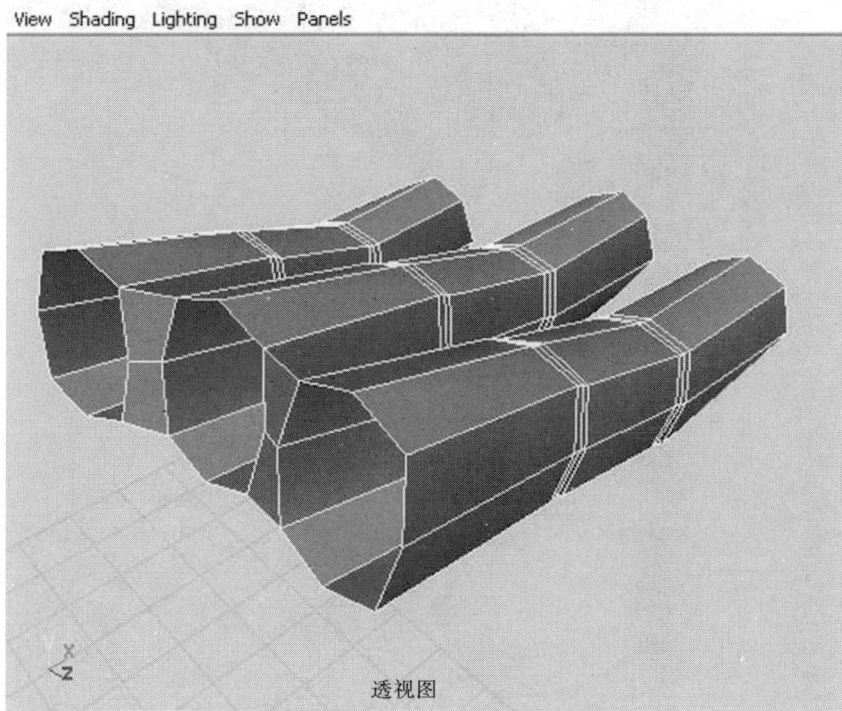

图 6.93　手部形状的连在一起的手指

现在你已准备好创建手掌余下的部分，这里有 20 条开放边缘要被连接到手臂的 8 条开放边缘。

1. 右键点击手，选择 边 模式。

2. 按住 Shift 键，沿着手的边沿选择开口边，如图 6.94 所示。

3. 选择 编辑网格→挤压。

4. 在顶视图中，从手指向外拖动新几何体，这样手的效果应如图 6.95 所示。

被选中的
开口边缘

透视图

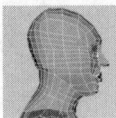

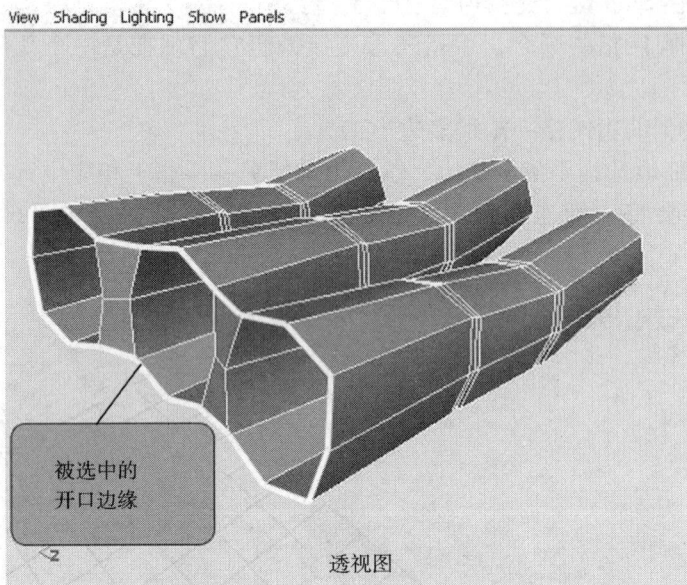

图6.94　选择手指的边进行挤压

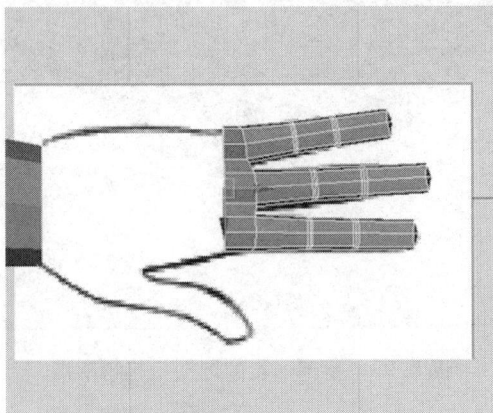

图6.95　适当挤压的手指边缘

5. 现在的问题是你创建了仍有20条边的新一层，你要减少边的数量，选择 编辑网格→切分多边形工具 。

6. 在顶视图中，从中指处开始，切割出两个三角形（忽略手指间的空间）。

7. 对其他的手指进行同样的切割，得出类似图6.96所示的效果。

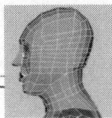

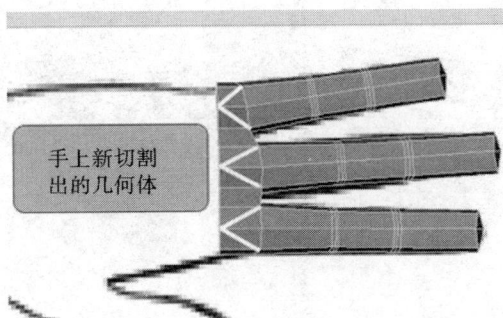

图 6.96　手上部切割出的三角形

8. 在手的底部重复这种切割。

9. 在前视图中，在手的侧面多切一些三角形，手的效果如图 6.97 所示，这些三角形将在动画时有助于指节形状的表现，它们也可以联合手部的循环边。

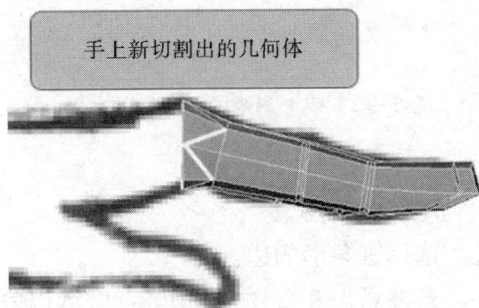

图 6.97　手侧切割出的三角形

10. 确保在手的另一侧制作同样的切割。

11. 本教程中前文提到过在 Maya 中最好使用四边形，现在可以将三角形中的边删除将它们变成四边形。

12. 右键点击手选择 边 模式。

13. 按住 Shift 键选择所有新挤压创建的一排三角形边，但不要选择对角边。

14. 按住 Shift 键，右键点击，选择 删除边 ，这样所选边会被删除，你会得到如图 6.98 所示的 8 条边。

15. 在前视图中，仍有两个三角形，如图 6.99 所示，你可以通过切分边的办法克服它，选择 编辑网格→切分多边形工具 。

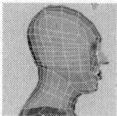

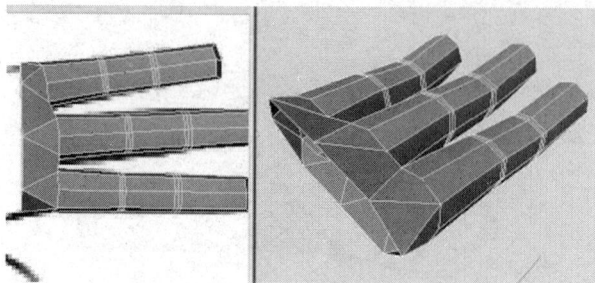

图 6.98　去除大多数三角形后的手

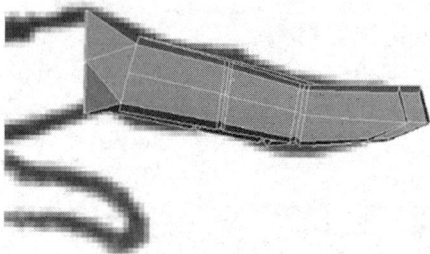

图 6.99　手上剩余的三角形的位置

16. 在三角形之间水平切分。

17. 右键点击手，选择 边 模式。

18. 按住 Shift 键，选择三角形的边。

19. 按住 Shift 键，右键点击并选择 删除边 ，所选边会被删除，你会得到类似图 6.100 所示的两个四边形。

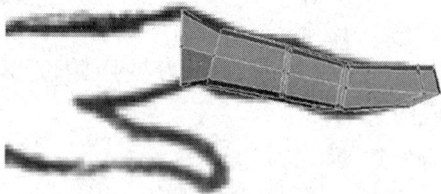

图 6.100　没有三角形的手部几何体

20. 在手的另一侧重复这些步骤，现在你就得到可以连接到手臂的 8 条开口边缘了。

21. 按住 Shift 键，选择手和身体。

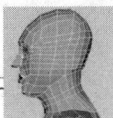

22. 选择 网格→联合 ，手和身体还没有连接，但它们现在是一个多边形物体了。

23. 选择 编辑网格→添加多边形工具 。

24. 小心地选择手的一条边然后是相应的胳膊的边，一个连接两者的多边形面就被创建出来了。重复这些步骤直到手和胳膊连接起来，当你完成后，得到的结果看起来应如图 6.101 所示。

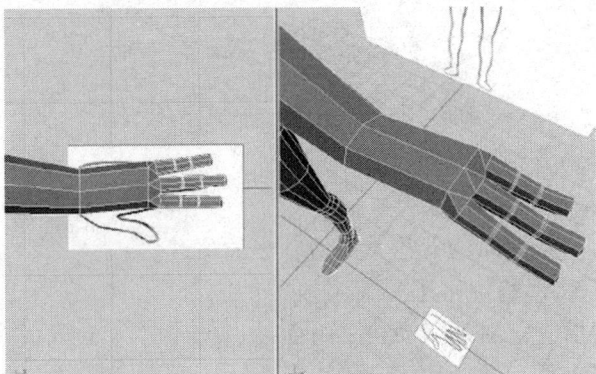

图 6.101 身体和手现在连接起来了

25. 在顶视图中，选择并移动腕部的顶点以便更好地吻合顶视图或前视图中的图像平面。手并不完美吻合，并且没有大拇指，可以通过 切面工具 纠正这一点。

26. 选择 编辑网格→切面工具 。

27. 在顶视图中，直接切割 3 次，得到如图 6.102 所示的大致效果。

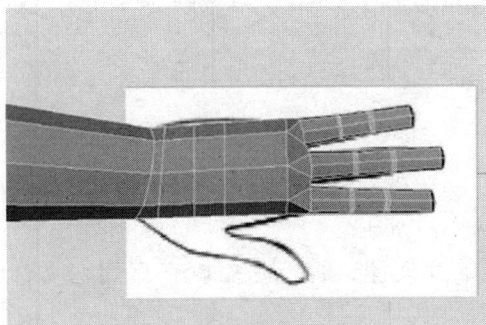

图 6.102 手上的新切线

28. 选择并重置顶点，现在手的效果看起来应如图 6.103 所示。

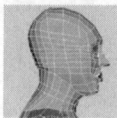

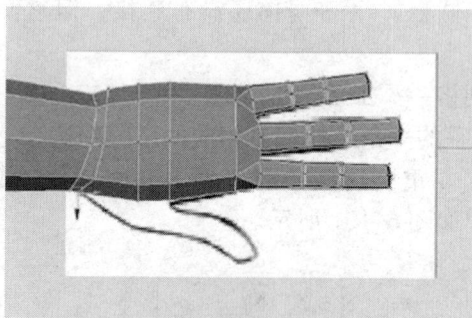

图 6.103　调整手上新切边的位置

29. 选择手侧大拇指位置的面。

30. 选择 编辑网格→挤压 。

31. 向外移动新的面到大约大拇指一半的位置。

32. 选择 编辑网格→挤压。

33. 从大拇指底部向外移动第二组面。

34. 右键点击手，选择 顶点 模式。

35. 移动顶点塑造出大拇指的形状，如图6.104 所示。

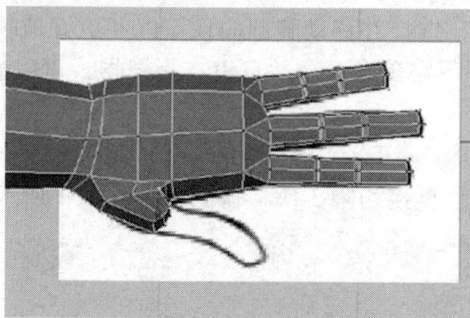

图 6.104　新挤压的大拇指根部

36. 右键点击手 ，选择 面 模式，选择拇指根部前面的面。

37. 选择 编辑网格→挤压。

38. 移动新挤压的几何体，旋转并缩放它直到它吻合图像平面中拇指的形状。

39. 重复以上操作直到完成整个拇指形状的创建。

40. 右键点击手选择 顶点 模式。

41. 选择并不断移动顶点直到得到满意的拇指外形，你会需要在拇指关节

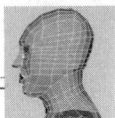

处添加新的 3 道切线，使用之前用过的切面工具命令，这时，得到的结果应如图 6.105 所示。

42. 保存文件。

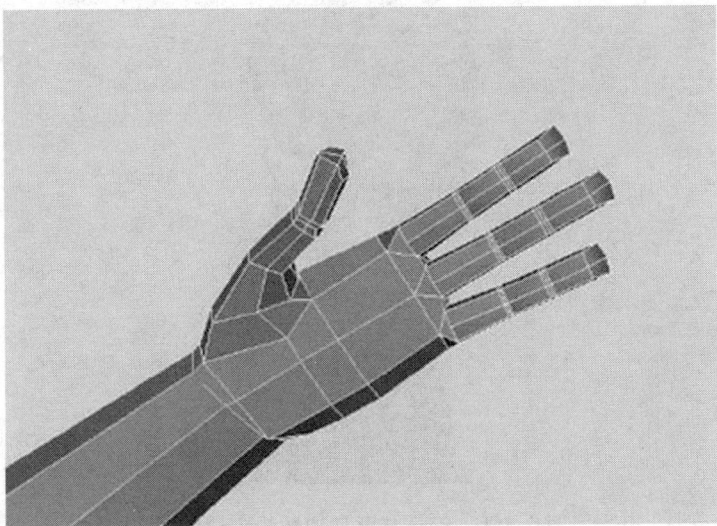

图 6.105　完成的有拇指的手

简单人物的建模：将头和身体接合

现在你完成了对身体和头部的塑造，你就该把它们连接起来了。我之所以决定在建模过程的最后进行头部和身体的连接，是出于建模策略和做法的偏好。

1. 身体在肩膀和脖子处应有 12 条开口边，如果你执行的切面操作令开口边不足 12 条，你应该再执行切面操作直到得到 12 条边。

2. 选择 编辑网格→切面工具。

3. 从头顶到开口的下巴切面，如图 6.106 所示，头的开口边现在符合身体的开口边数了。

4. 按住 Shift 键，选择身体和头部。

5. 选择 网格→联合 ，头和身体还没有连接但已经是一个物体了。

6. 选择 编辑网格→添加多边形工具。

7. 仔细地选择头的边，然后是身体上相应的边，会在两者之间创建连接的多边形面，重复以上操作，直到身体和头连接，如图 6.107 所示。

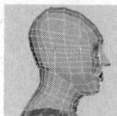

图6.106　有同样开口边数的头和身体

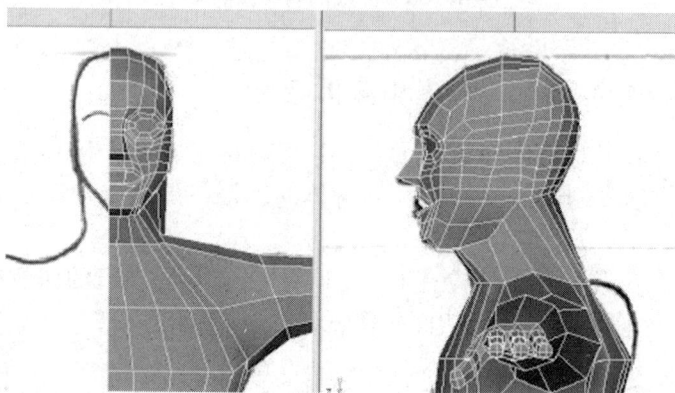

图6.107　头和身体连接了，但脖子仍需要调整

8. 选择 编辑网格→切面工具。

9. 在脖子上水平地切两次。

10. 选择脖子上的顶点，移动并缩放它们直到更好地符合图像平面里的效果，脖子现在看起来应如图6.108所示的效果。

11. 保存文件。

前视图　　　　　　　　　　　侧视图

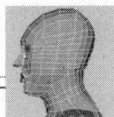

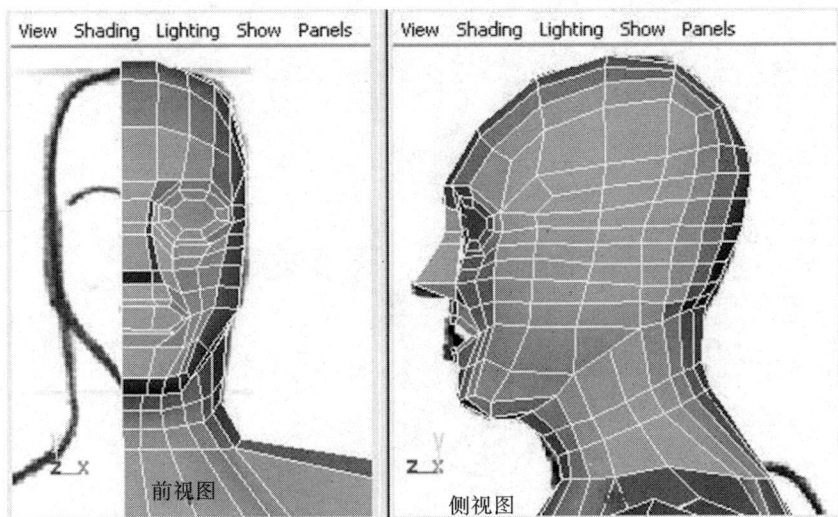

图 6.108　调整后的脖子

接下来你要复制模型，将它们联合为一个完整物体。

1. 选择多边形角色。

2. 按 F8 键进入组分模式，确保左侧顶点在 Y 轴上。

3. 按 F8 键进入物体模式。

4. 选择 编辑→特殊复制 右侧的选项栏。

5. 在选项窗口中，选择 X 轴缩放，输入 −1，如图 6.109 所示。

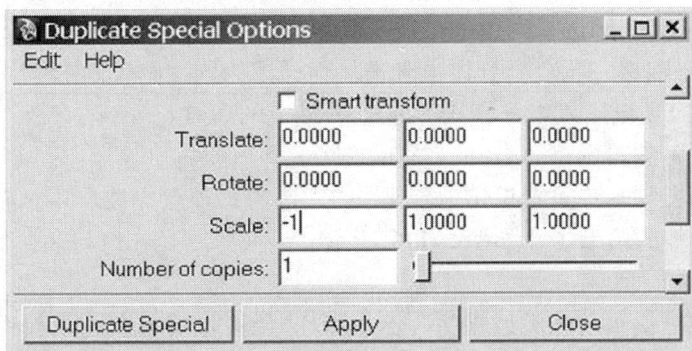

图 6.109　特殊复制窗口内缩放 X 输入 −1

6. 点击 特殊复制 按钮，模型的副本会出现在模型 Y 轴的另一侧，如图 6.110 所示。

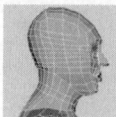

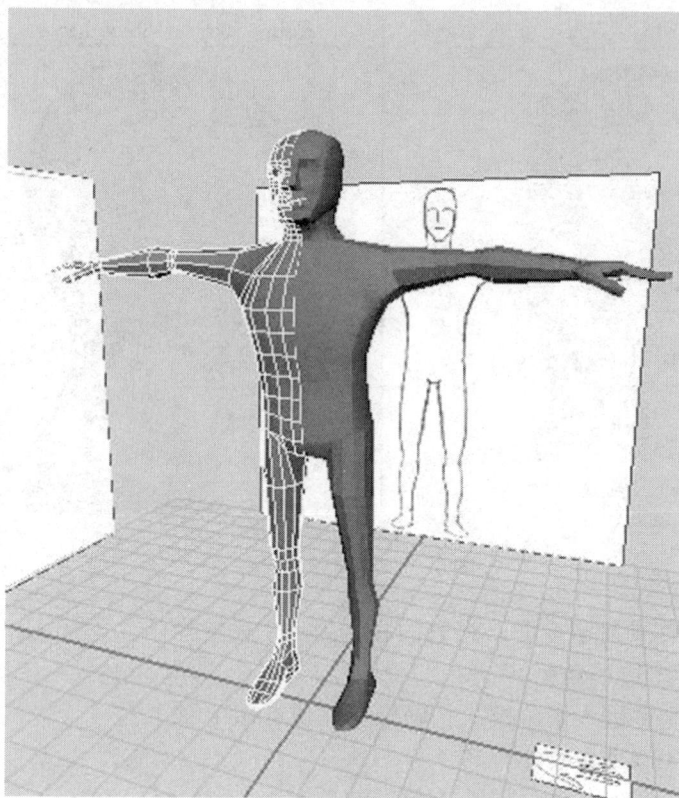

图6.110　成功镜像复制的身体

7. 按住 Shift 键选择两边的模型。

8. 选择 网格→联合，身体虽未连接但已成为同一物体。

9. 按住 F8 键进入组分模式，拖选 Y 轴上的顶点。

10. 选择 编辑网格→合并 右侧的选项栏。

11. 选择 编辑→重置设定，点击 应用 按钮，顶点应被合并，简单人物现在是一个完整的模型了，如图 6.111 所示。

12. 选择模型。

13. 选择 编辑→按类型删除→历史 ，这会清除模型在这个教程操作中的所有构建历史。

14. 选择 网格→平滑 ，完成的模型现在变得更为平滑，如图 6.112 所示。注意眼窝一直不是四边形，你平滑网格后，这些面会被转为四边形。

15. 保存文件。

透视图

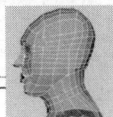

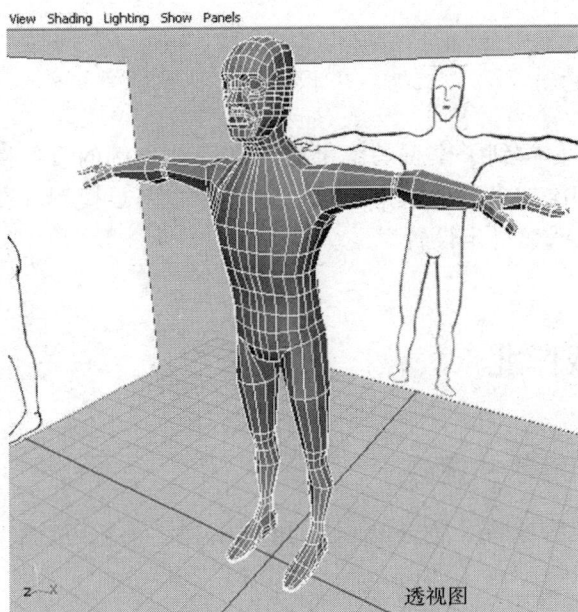

图 6.111　简单人物完成模型

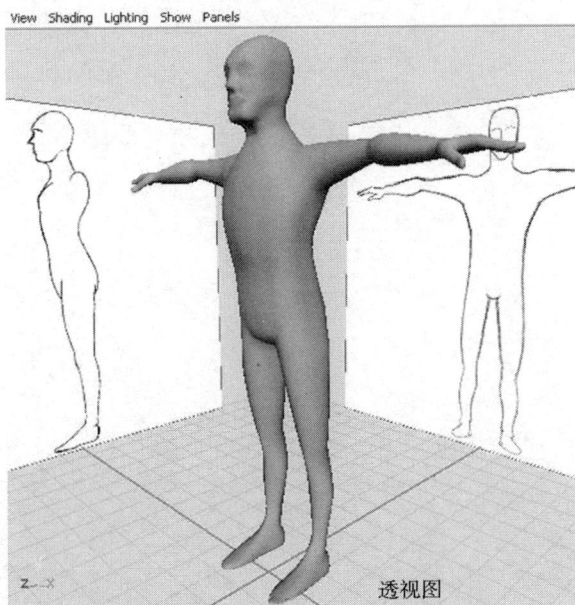

透视图

图 6.112　完成的平滑模型

四、小结

在本章中，你学到了模型的解剖结构和身体比例的重要性，你也学到了如何通过雕刻和添加多边形基本物体来创建一个两足模型。在下一章中你要学习两足角色的骨骼绑定设置。

五、挑战作业

创作一个角色并建模

基于简单人物建模，创建自己的角色模型，角色可为你自己或你认识的人。

第七章

两足角色的骨骼搭建

本章内容

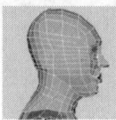

一、骨骼

绑定两足角色有很多不同的方法，从相对简单的到非常复杂的都有。本章要讲述对于绑定两足角色很重要的基本解剖原理，然后会介绍一些关键技术内容，而本章的主体是非常详细的教程。

要说清楚的是，这节课里讲的骨骼搭建和绑定是相对基础的内容。不过，这种骨骼绑定方法对于大部分动画的制作已经足够。在随书光盘中还有更高级的绑定骨骼的动画角色 Henry 的文件，在本章节的结尾处会有专门的小节讲述与它相关的高级绑定技术。

Maya 的全身反向动力学（IK）系统

当前版本的 Maya 包括了一个嵌入的绑定系统，它名叫全身反向动力学系统。这个系统的优点在于它提供了相当可靠的骨骼系统，并可用于名叫 MotionBuilder（它在实时游戏引擎动画中特别有用）的外部产品来非常迅速且有效地进行交互操作。这里要讲常规的骨骼绑定的整个过程，并在随书光盘中提供几个骨骼绑定的文件。

讲这个方法有几个原因，首先，没有哪个自动绑定系统可以适用到所有角色和各种你将遇到的情况；其次，理解绑定中涉及的基本原理是非常必要的，这是为了之后解决一些不可避免会发生的问题；最后，骨骼绑定的方式常常因人而异，一个动画师认可的方式可能对另一个动画师就不可行，通过对所设计范围内容的学习，你就能使用已有的骨骼绑定，并且修改它们以适合自己使用。

关节放置

虽然在第四章中制作布袋的骨骼绑定时对关节的摆放位置要求比较宽松，但对于更接近自然形态的人物模型就不能再这样了。正确放置关节不仅对于实现符合解剖结构的行动很重要，而且能帮你避免大量的绘制皮肤权重的苦工（比如在第四章"平滑绑定挑战作业"中所讲的）。

在现实世界中，身体建立在骨骼之上，而不是像在建模绑定中正好反过来。大多数雕刻家也是按照这样的顺序来创作，他们先创建支撑骨架，再在其上用黏土、石头或者金属塑造外形。不过，建模工作者和绑定师一般先创

Maya Character Modeling and Animation

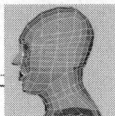

建几何形体，再放入适合的骨骼，这在处理简单的几何体模型时尤其会显得困难些，因为它们的肌肉组成不明显，或者有衣服模型覆盖。理论上，给 3D 模型一个仿真人的骨骼比较好，可以将它缩放调整后放置到 3D 的模型内。然后将 Maya 关节放置到合适的位置，不过，这里罗列了身体各部份的关节指定的规则，给你提供了一个好的起点。

骨盆：骨盆或根关节应该放置在臀部，在身体略偏后侧的地方（如图 7.1 所示）。两条腿的顶部关节应放置在从臀部底到骨盆顶距离大约三分之一的地方。应在前视图中形成一个如图 7.2 所示的三角位置。不过，这些关节的位置应为"非共面"——骨盆关节应比腿关节靠后些。

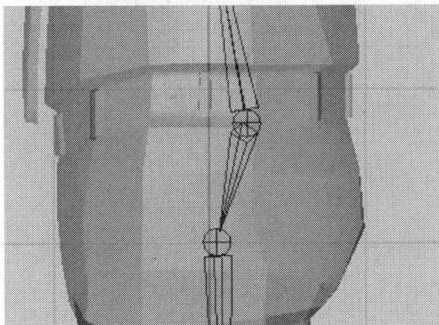

图 7.1　从侧视图看骨盆关节位置在身体中部偏后

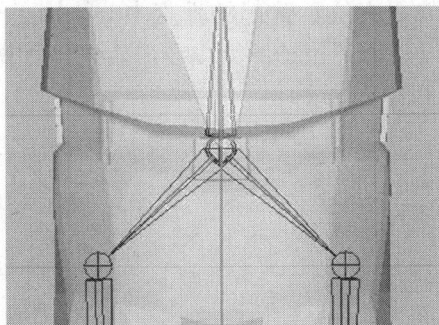

图 7.2　从前视图看骨盆关节和双腿关节形成一个三角

脊椎：脊椎的形状像字母 Y，它要符合背部的曲度，脊椎的各骨骼应保持方向一致，朝向头部。脊椎从骨盆起始，延伸方向略朝向腹部，然后改变方向，指向脖颈的后根部，而在脖子根部，它再次改变方向，呈曲线略微前倾（如图 7.3 所示）。

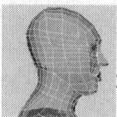

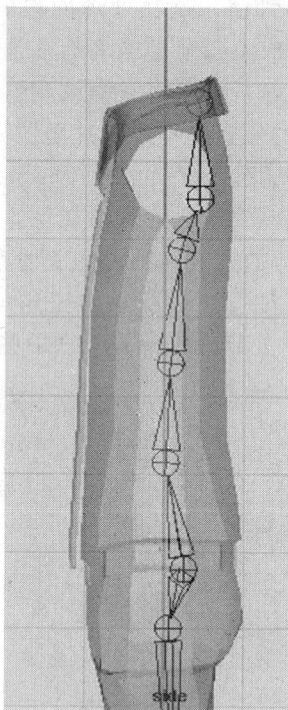

图7.3　从侧视图看脊椎的弧度

　　肩关节：肩部关节不应位于臂部的垂直中心，而是被放置在更靠近肩部顶端的地方，这样可以获得更正确的蒙皮变形效果（如图7.4所示），从前到后，肩部关节位置如图7.5所示。

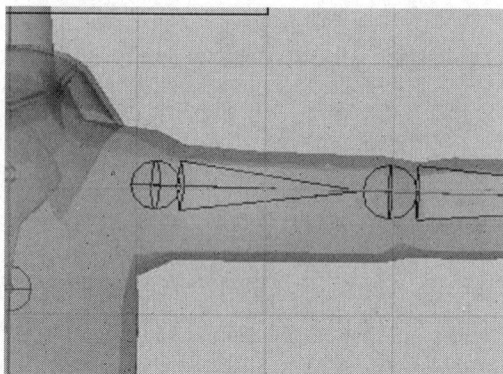

图7.4　肩部和肘部关节位置的前视图

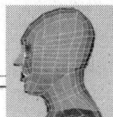

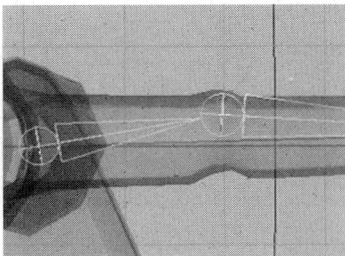

图 7.5　肩部和肘部关节位置的顶视图

肘部：这种不对称的关节位置要延续到肘部。肘关节应放得更靠近肘部几何体后侧（如图 7.6 所示）。

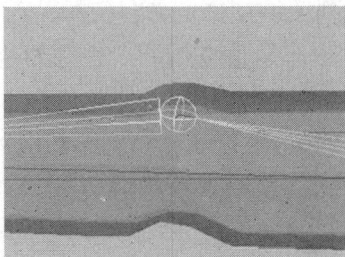

图 7.6　肘关节位置的顶视图

膝盖：膝盖关节应放置得靠近腿部几何体的前侧（如图 7.7 所示）。在解剖结构正确的模型中，注意膝盖旋转轴心应略高于膝盖骨。

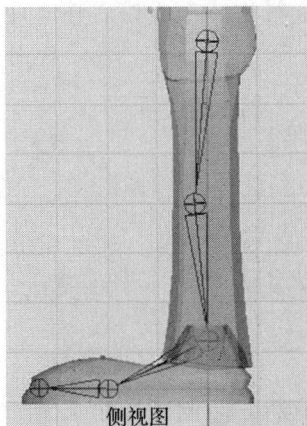

侧视图

图 7.7　膝盖关节的侧视图

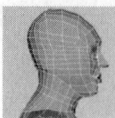

驱动帧

使用驱动帧让你能够在骨骼各部分之间建立超越层级、约束或反向动力学系统的关系。例如，使用一般的 Maya 关键帧来随时改变物体的属性值，如可以通过在两个不同的时间点上对脚部控制器设置关键帧。然而驱动帧是特殊的关键帧，它可以在几个不同的物体属性值之间，在时间的同一点上建立关系。例如，你可以建立一个驱动帧，在主控制器物体和脚步控制器之间建立联系。这样修改一个物体的属性值，将同时影响另一个物体。将控制器物体在 X 轴向上略为移动，如果你想要脚部同时有一个在 Y 轴向上较大的移动，可以设置控制物体的 X 轴平移通道为驱动器，而脚部控制器的 Y 轴平移为被驱动物体。然后设定一系列关键帧来定义它们的关系。

通常情况下，设定驱动真是很有用的。当你要通过一个物体的变形去驱动另一个物体变化，但两者的距离和方向变化又不同（如果两者变化的距离或方向一样，你也可以用约束）。例如，当两足角色的手臂向前移动，肩部通常要绕着锁骨向前微微旋转。要建立这样的关系，在你的骨骼中要创建一个手臂和肩膀旋转的驱动帧。

在已有物体上创建新属性时，也可以在物体上创建有关联的驱动帧。你可以添加一个脚尖弯曲的属性到脚部控制器上，数值范围设为 0 ~ 10。你可以用这个新定义的属性来驱动脚尖的弯曲。

要理解如何设置驱动帧添加一个属性到物体上，可以通过一个简单的练习，将属性添加到一个定位器物体上，然后建立驱动帧，将这个属性和一个简单的关节旋转关联起来。

向物体上添加属性

按如下步骤向物体上添加属性。

1. 创建一个新场景。

2. 创建一个定位器，并在 Y 轴向上移动 3 个单位，在 Z 轴向上移动 – 1 个单位。

3. 选择 关节 工具。

4. 在侧视图中，到定位器右侧创建 4 个关节，大致位于网格正中，如图 7.8 所示。

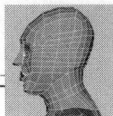

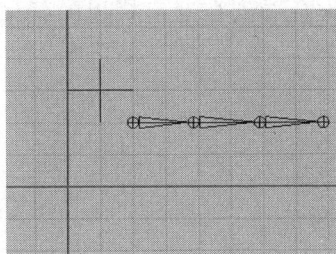

图 7.8　定位器和 4 个关节

5. 选择定位器。

6. 选择 修改→添加属性。

7. 在添加属性选项窗口中，勾选 覆盖优先名称 项，并选择下列属性，如图 7.9 所示。

- 属性名称：上下移动定位器的属性
- 优先名称：移动
- 数据类型：浮点数
- 数值属性特征：最小：1
- 最大：10
- 默认：1

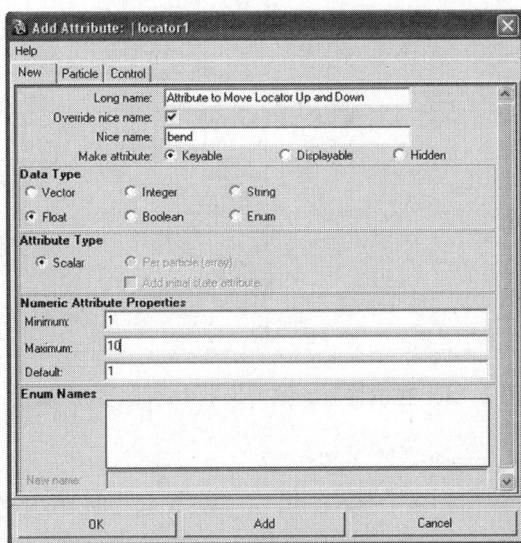

图 7.9　添加属性窗口

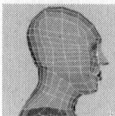

8. 点击 确认 按钮，你会看到在通道栏里的新属性，注意只有 优先名称 出现在定位器通道。

设置驱动帧

按照如下步骤设置驱动帧。

1. 确保已切换到动画模式。

2. 选择 动画→设置驱动帧→设定属性栏 ，如图 7.10 所示。

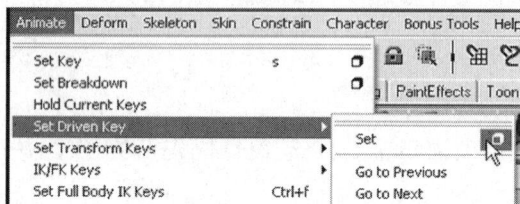

图 7.10　设置驱动帧菜单

3. 选择定位器，在设置驱动帧窗口中选择 载入→以所选为驱动物体 。你会在右侧窗口看到定位器 1 的变形通道栏。

4. 点击 曲线变形 参数，它会被蓝色高亮显示标记出来，表示它被选中作为驱动物体，如图 7.11 所示。

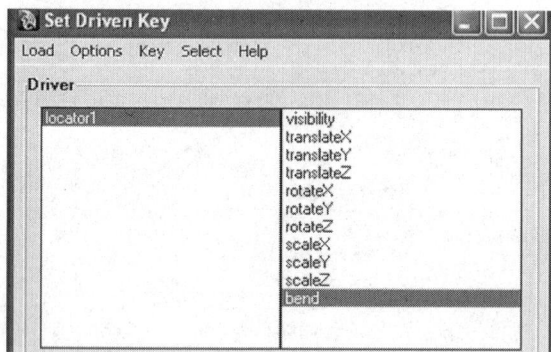

图 7.11　在设置驱动帧窗口选中 曲线变形 属性

5. 在侧视图中，选择关节 2 和关节 3。

6. 在设置驱动帧窗口中，选择 载入→以所选为被驱动物体 。

7. 在设置关键帧窗口中，点击关节 2 和关节 3，你会在右侧的窗口看到关节的变形和可视性通道。

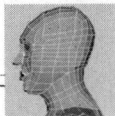

8. 点击 Z 轴旋转，Z 轴旋转会被蓝色高亮显示，表示它被选为被驱动物体，如图 7.12 所示。

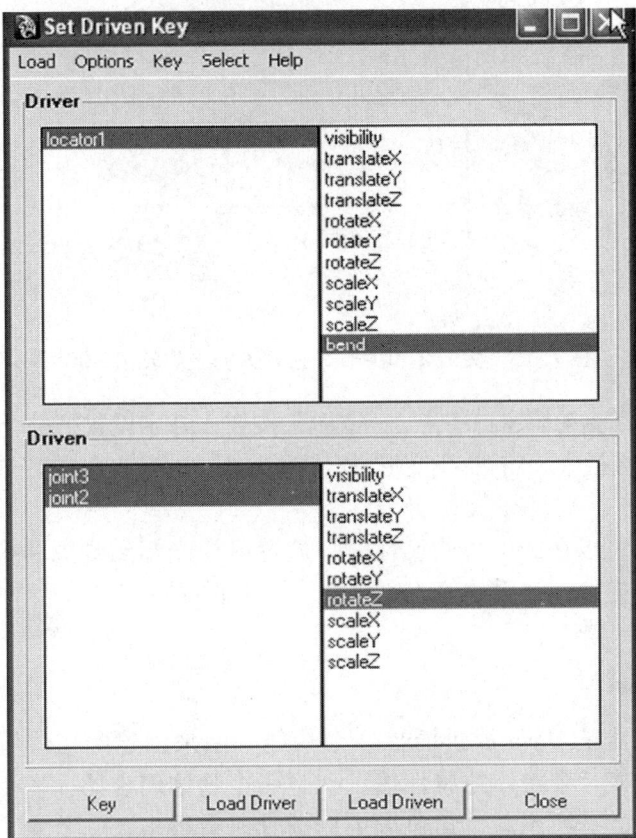

图 7.12 在设置驱动帧窗口中，关节 2 和关节 3 还有旋转 Z 被选中

9. 在这里，定位器的曲线变形属性处有一个数值 1，且关节 2 和关节 3 处的旋转 Z 数值为 0，在设置驱动帧窗口中点击 设置帧 按钮，设定第一个驱动帧，注意设置驱动帧时，定位器和关节不是一定要在 Maya 视图窗口中选中的，它们可以在设置驱动帧窗口中被选中。

10. 选择定位器 1 并且在通道栏中将曲线变形数值改为 10，这是曲线变形属性的最大值。

11. 选择关节 2，并在 Z 轴方向上旋转 -90°。

12. 选择关节 3，并在 Z 轴方向上旋转 -90°，你会看到两个关节如图 7.13 所示的旋转。

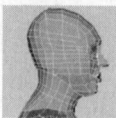

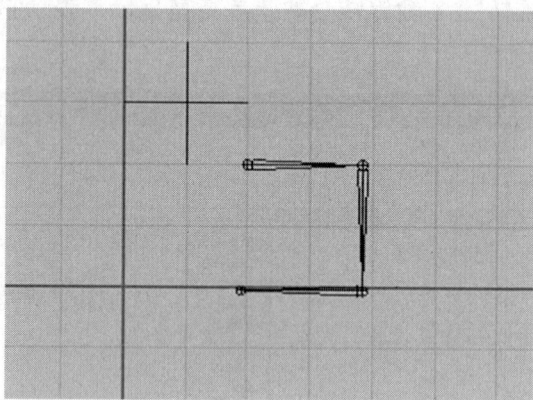

图7.13　关节2和关节3在Z方向上旋转了–90°

13. 在设置驱动帧窗口中点击 设置帧 按钮，开始设置第二个驱动帧。

14. 在通道栏中，将 曲线变形 数值改为 5.5，关节会在 Z 轴方向上旋转 –45°。

或者，你可以在选中弯曲属性时，放置鼠标光标到侧视图中，用鼠标中间点击并左右拖拽，查看数值改变和关节旋转的效果。

连接编辑器

连接编辑器是 Maya 提供的另一个功能，用来创建两物体属性之间的关系，你可以连接一个物体的属性输出到另一个物体属性的输入上，它们将产生一个一对一的变换关系，角色绑定用的骨骼有很多关联节点，这就使连接编辑器成为一个强大的工具。

使用连接编辑器

理解连接编辑器的最好方法是用一个简单的图解。例如，让我们将一个圆锥的 X 轴平移属性关联到一个球体上。

1. 按 Ctrl + N 键来创建一个新场景。

2. 选择 创建→NURBS 基本物体→球体 ，确保未勾选 互动创建 这一项。

3. 在通道栏的 平移 X 栏输入数值 5。

4. 选择 创建→NURBS 基本物体→圆锥体，保持它的原始设置。

5. 选择 窗口→通用编辑器→连接编辑器 ，如图 7.14 所示，连接编辑器窗口打开如图 7.15 所示。

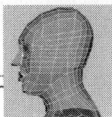

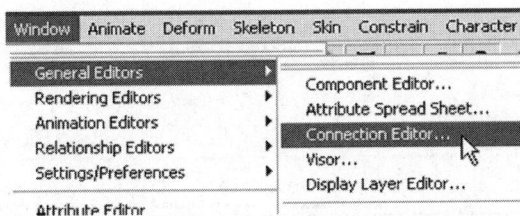

图 7.14　窗口菜单中的 连接编辑器 命令

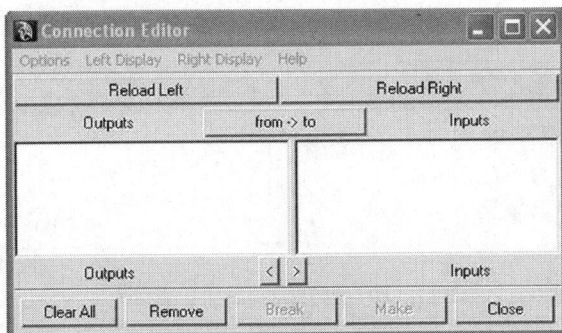

图 7.15　连接编辑器窗口

6. 选择球体，点击连接编辑器中的 载入左侧 按钮。
7. 选择 输出 窗口中的 Z 轴平移，如图 7.16 所示。

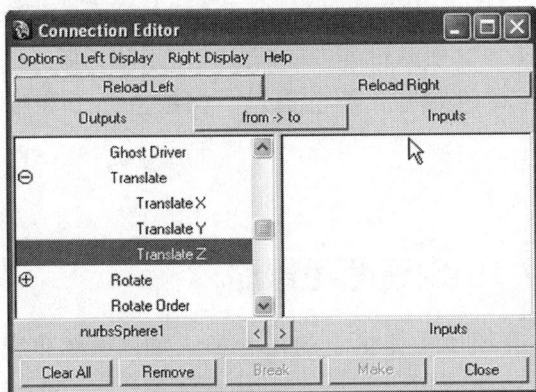

图 7.16　球体的 平移 Z 通道被选中

8. 选择圆锥体，点击连接编辑器中的 载入右侧 按钮。
9. 如图 7.17 所示，在 输入 窗口中选中 Z 轴平移 通道。

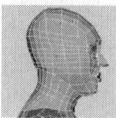

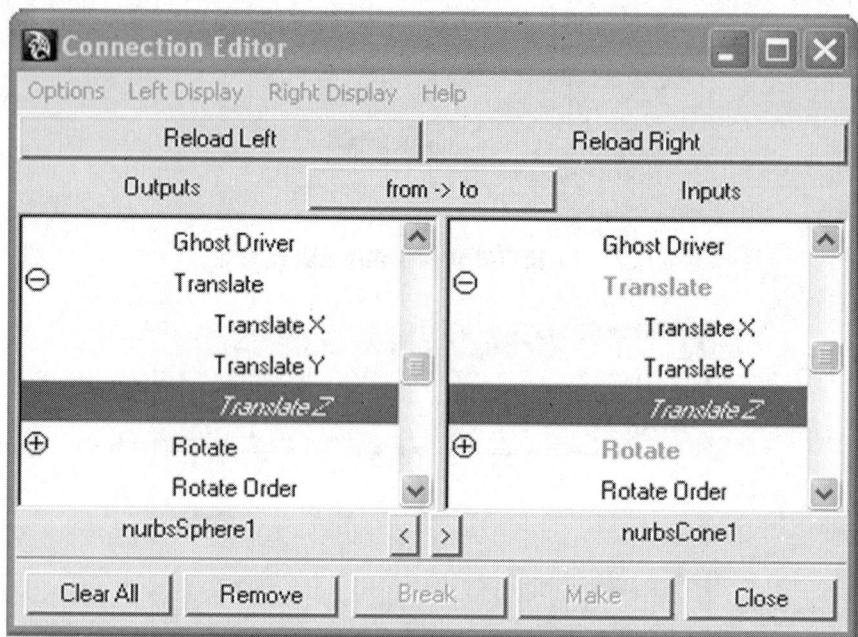

图7.17　连接编辑器中的圆锥体的平移 Z 通道被选中

10. 选择球体，在通道栏中的 Z 轴平移 通道输入数值 10 ，注意圆锥体在 Z 方向上也会移动 10 个单位。

虽然连接平移属性可以在 Maya 里通过其他几种方法做到，但还是必须记住，在 Maya 里差不多任何通道都可以和其他通道相关联，唯一的限制就是通道要是同类型的（颜色通道和颜色通道、整数值通道和整数值通道，诸如此类）。

二、教程7.1：创建两足骨骼

本书第四章中介绍了一些绑定的概念和工具，虽然布袋是个简单得多的角色，但同样的绑定概念可以应用在两足角色上。在这个教程里，你将学到一些额外的补充方法，比如设置驱动帧，将臀部和头部分离出来有助于你恰当地摆放角色的姿势。因为臀部和头部都可以独立于身体其他部分进行转动。反转脚有助于避免不慎造成的脚在地面上的移动和滑动。

前视图

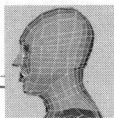

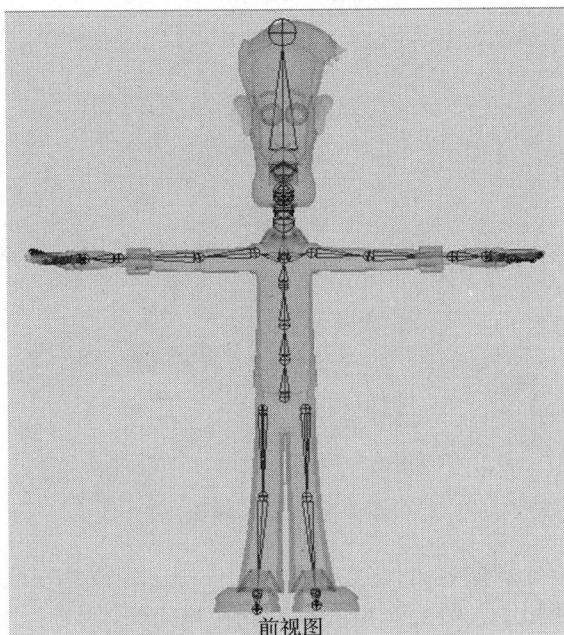

图 7.18 显示了所建骨骼的两足角色

下半身

在第四章中绑定布袋的下半身时，使用了非常简单直接的方法，即反向动力学单链。不过，对一个会走路或跑步的两足角色，动画师不得不作更多着地动作（确保脚牢靠地接触地面），为了使这个过程对动画师尽可能的简单，如前面所说，你要运用反转脚的方法，同时，在骨骼绑定中，运用旋转平面（RP）反向动力学解算器会让控制膝部位置更容易些。

创建腿部

按如下步骤创建两足骨骼的腿部。

1. 打开随书光盘中的 第七章 文件夹下的 Maya 工作文件 子文件夹中的文件 Henry. mb。

2. 将所有图层设为模板，这样就不会在创建骨骼的时候误选任何几何体。

3. 在侧视图中，为左腿创建一个关节层级，首先，在腿顶部创建一个关节，然后是膝盖、脚踝和脚尖，如图 7.19 所示。

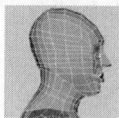
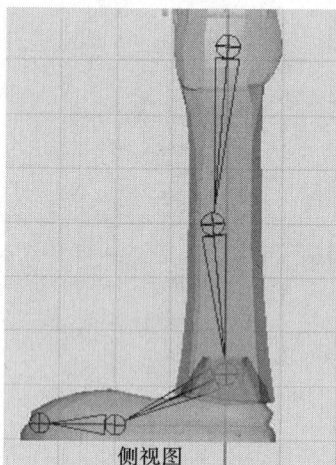

侧视图

图 7.19　腿部骨骼

4. 将关节分别命名为 左上、左膝、左踝、左根和左尖。
5. 在前视图中，将关节层级移动到左腿几何体中间，确保骨骼在所有视图都是在几何体内部的。
6. 选择关节层级最顶部的关节，对它做镜射以创建右腿骨骼，如图 7.20 所示。

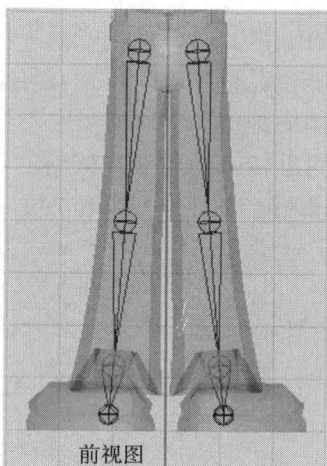

前视图

图 7.20　镜射左腿骨骼

7. 将关节分别命名为 右上、右膝、右踝、右根和右尖。

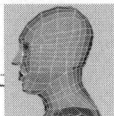

创建腿部的 IK 反向动力学手柄

按如下步骤为腿部创建旋转平面反向动力学手柄。

1. 选择 IK 反向动力学手柄 工具，确保 当前解算器 设置为反向动力学旋转平面解算器 。

2. 首先，点击左腿顶部的关节，设置反向动力学手柄根部，然后点击脚踝的关节，设置末端受动器，如图 7.21 所示。

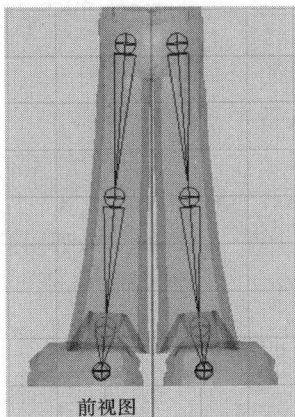

前视图

图 7.21　左腿上的反向动力学旋转平面解算器

3. 上下移动反向动力学手柄，确保膝盖正常弯曲。

4. 取消刚才的移动，确保反向动力学手柄回到原始位置。

5. 重复以上操作，为右腿创建反向动力学手柄。

6. 将反向动力学手柄命名为 左腿反向 和 右腿反向 。

对膝盖添加极向量约束

极向量约束将有助于你控制膝关节的位置，以下为添加膝盖极向量约束的方法。

1. 导入随书光盘中 第七章 文件夹里 绑定_ 控制 子文件夹 里的 PVC 控制 . mb 文件。

2. 在前视图中，将 PVC 控制器 移动并吸附到 左膝 关节。

3. 在通道栏中，在 缩放 X，Y，Z 栏输入数值 0.3。

4. 在侧视图中，将 PVC 控制器 移动到左膝关节前方四个网格单位处，如图 7.22 所示。

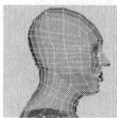

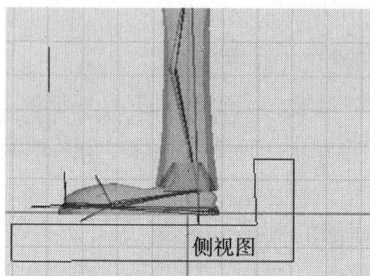

图 7.22　左膝前方的 PVC 控制器

5. 冻结 PVC 控制器的变形属性。

6. 将 PVC 控制器改名为 PVC 左膝 。

7. 将 PVC 复制一次。

8. 将副本命名为 PVC 右膝 。

9. 在前视图中，将 PVC 右膝 移动和吸附到右膝关节。

10. 在侧视图中，将 PVC 控制器 移动到右膝关节前方 4 个网格单位处。

11. 冻结 PVC 控制器的变形属性。

12. 点击 PVC 左膝 ，再点击 左腿反向。

13. 选择 约束→极向量 。

14. 点击 PVC 右膝 ，再点击 右腿反向。

15. 选择 约束→极向量 。

16. 选择 左腿反向 ，你会看到反向动力学手柄的旋转平面原点被一根线约束到 PVC 左膝。

17. 重复上一步，得到 PVC 右膝 的约束效果，如图 7.23 所示。

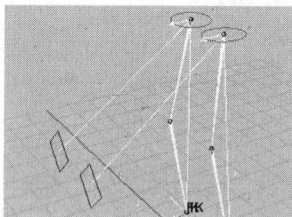

图 7.23　左膝和右膝的极向量约束线

创建脚部的反向动力学手柄

脚部反向动力学手柄是用于脚关节和反转脚关节的连接的，下面为左脚

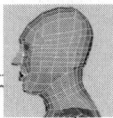

脚跟创建反向动力学解算器。

1. 选择 反向动力学手柄 工具，先在左踝关节上点击，然后点击左脚跟。

2. 将 反向动力学手柄命名为 左脚跟反向 。

3. 现在为左脚尖创建一个 反向动力学单链解算器 ，选择 反向动力学手柄 工具，点击左脚跟，再点击左脚尖。

4. 将 反向动力学手柄命名为 左脚尖反向。

创建反转脚

反转脚有助于阻止脚在地面滑动，当你制作动画时，要为左反转脚创建一个包含 4 个关节的骨骼层级。

1. 在脚背低处创建反转脚的第一个关节，第二个关节在脚尖关节处，第三个关节靠近脚跟关节，第四个关节靠近脚踝关节，如图 7.24 所示。

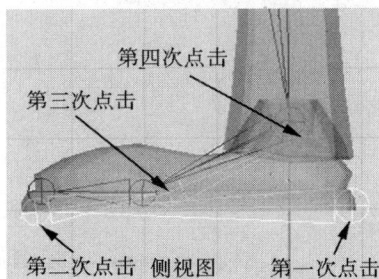

图 7.24　点击四次创建反转脚的四个关节

2. 将层级上的第一个关节命名为 左脚反 ，第二个命名为 左尖反 ，第三个命名为 左跟反 ，第四个命名为 左踝反 。

3. 将 左脚反 关节吸附到 左尖 ，左跟反 吸附到 左跟 ，左踝反 吸附到 左踝 ，如图 7.25 所示，按住 V 键移动它们完成吸附。

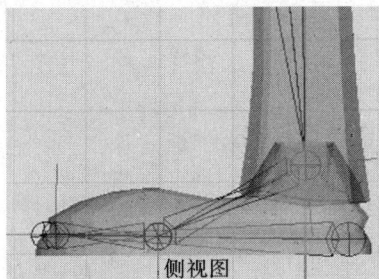

图 7.25　反转脚关节被吸附到脚部关节

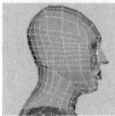

4. 下一步，做左脚反向动力学手柄到左反转脚的父子关系，点击 左腿反向 再点击 左踝反 ，然后按 P 键即可。

5. 点击 左脚跟反向 ，再点击 左跟反 ，然后按 P 键。

6. 点击 左脚尖反向 ，再点击 左尖反 ，然后按 P 键。

7. 选择 左脚反 然后上下移动它来检验连接效果，所有的腿部关节应该会跟着它的移动而移动。

8. 重复同样的操作来创建右反转脚。

创建脚部控制器

按如下步骤创建脚部控制器。

1. 选择 CV 控制点曲线工具 的选项栏，在选项窗口选择 曲线度 1、线性。

2. 画一个如图 7.26 所示的形状。

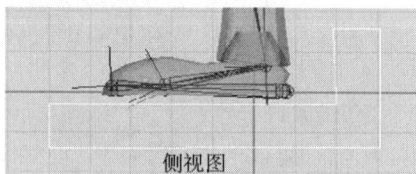

图 7.26　用曲线工具创建的脚部控制器

3. 在前视图中，将控制器摆放到左脚下，冻结它的变形属性。

4. 将控制器命名为 左脚控制器 。

5. 将 左脚控制器 的轴心点吸附到 左脚反 。

6. 现在，选择 左脚控制器 ，再选择 左脚反 。

7. 选择 约束→点约束 右侧的选项栏，确保关闭 保持偏移 ，并点击 添加 按钮。

8. 移动 左脚控制器 ，整条左腿会跟着它移动，如图 7.27 所示。

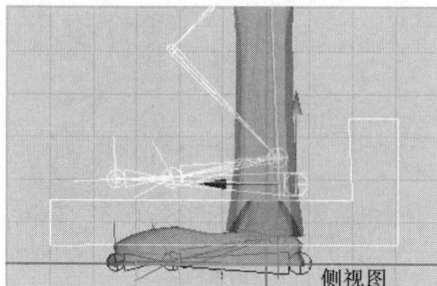

图 7.27　左腿跟着左脚控制器移动

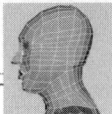

9. 重复以上步骤创建右脚控制器。

添加定向约束

要把左反转脚约束到左脚控制上，这样在旋转控制器的时候，脚也会跟着旋转。

1. 先选择 左脚控制器 ，再选择 左脚反 。

2. 选择 约束→方向约束 ，在选项窗口中，确保未勾选 保持偏移 。

3. 点击 添加 按钮。

4. 左脚反 在 Y 轴方向旋转了 90°，这是不正确的。你要纠正它，在超图中，选择作为 左脚反 子物体的方向约束节点。

5. 在通道栏中，你会看到 方向约束 通道，在 偏移 Y 通道输入数值 −90，如图 7.28 所示。左脚反 现在应该指向前方了。

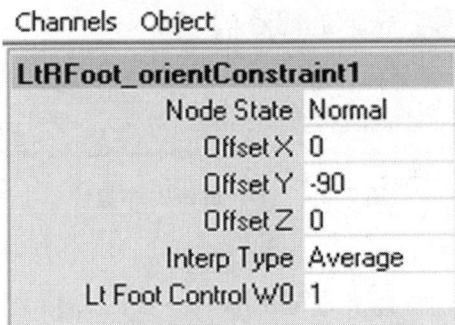

Channels　Object

LtRFoot_orientConstraint1

Node State	Normal
Offset X	0
Offset Y	-90
Offset Z	0
Interp Type	Average
Lt Foot Control W0	1

图 7.28　在通道栏左脚方向约束的
偏移 Y 数值显示为 −90

6. 重复步骤 1 至 5，将 右脚反 约束到 右脚控制器 。

给脚部控制器添加属性

1. 选择 左脚控制器 。

2. 对左脚控制器添加一个属性。

3. 在添加属性窗口，将属性命名为 脚跟旋转，确保 数据类型 为 浮点值，将 最大值、最小值和默认栏 留空，你会看到新创建的 脚跟旋转 属性出现在通道栏。

4. 重复以上步骤对右脚控制器添加 脚跟旋转 属性。

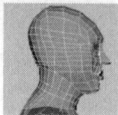

使用连接编辑器

按如下方式使用连接编辑器。

1. 选择 窗口→通用编辑器→连接编辑器 。连接编辑器窗口会打开。
2. 选择 左脚控制器 ，点击 载入左侧 按钮。
3. 选择 输出窗口 中的 脚跟旋转 属性，如图7.29所示。

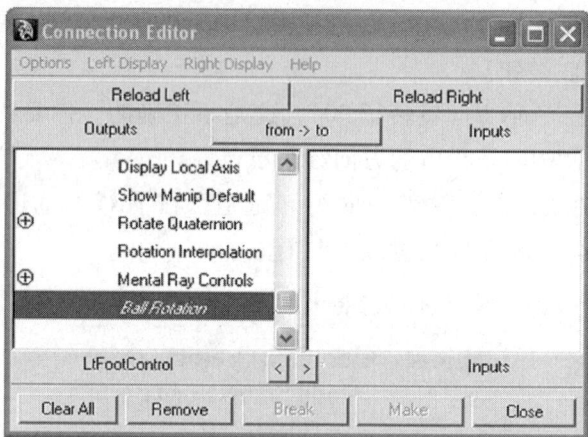

图7.29　选中 脚跟旋转 属性

4. 选择 左跟反 ，点击 载入右侧 按钮。
5. 在 输入窗口 中选择 Z轴旋转 属性，如图7.30所示。

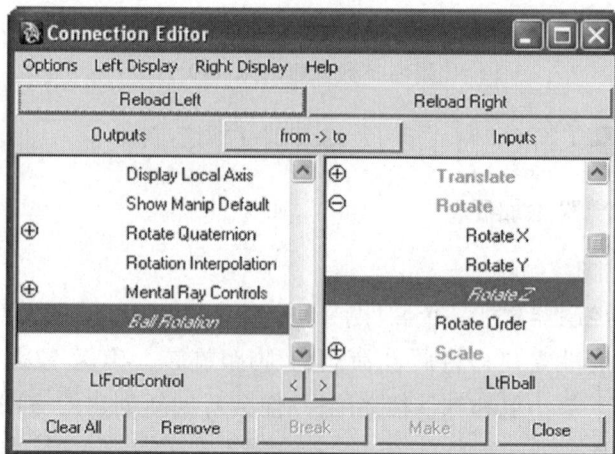

图7.30　在连接编辑器的 输入 窗口选择 旋转Z

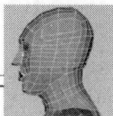

6. 选择 左脚控制器，在通道栏中 将脚跟旋转 的数值改为 20 ，注意左脚反 旋转了 20 度。

7. 重复以上步骤创建 右脚控制器 的 脚跟旋转属性与 右跟反 的连接。

脊椎的创建和绑定

我们将为角色亨利创建一个相对简单的脊椎。这里我们要用四个簇控制 Maya 脊椎反向动力学，这些簇将和肩部及臀部的控制器作父子关系。因为是父子关系，肩部和臀部的旋转将被簇继承，由它们做脊椎的扭曲。

创建脊椎

按如下方式操作。

1. 在侧视图中，从臀部开始创建脊椎的层级关节。向着头部创建 5 个关节，最后一个关节应在肩膀水平线的下方，如图 7.31 所示。

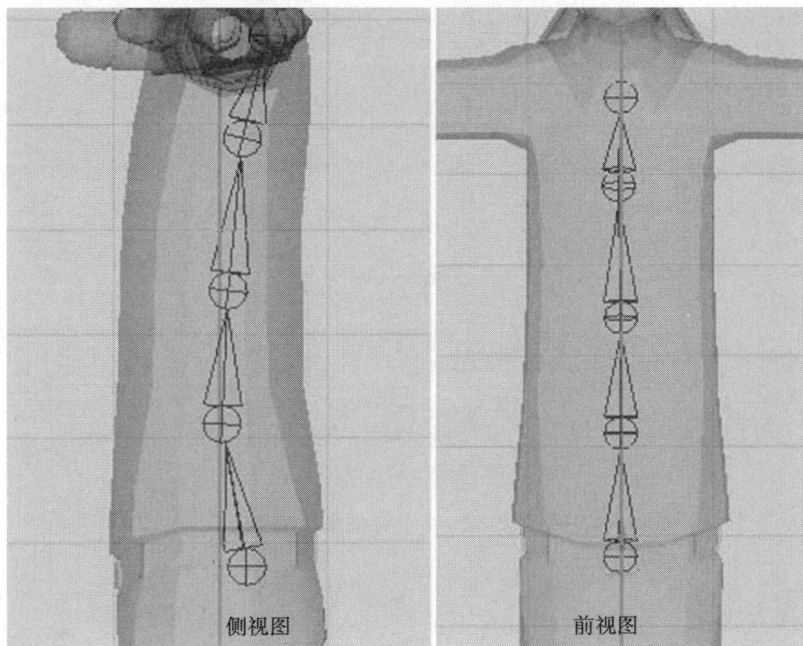

侧视图　　　　　　　前视图

图 7.31　从侧视图和前视图看到的脊椎

2. 将关节命名为 臀，脊椎 1、脊椎 2、脊椎 3 和脊椎 4 。

创建脊椎簇

按如下方式创建脊椎簇。

1. 选择反向动力学曲线手柄工具，在选项窗口中点击 重设 按钮。

2. 点击 臀 关节，将反向动力学曲线的根放置在此处，再点击 脊椎 4 关节，将末端受动器放在此处，你会在超图中看到反向动力学和反向动力学 NURBS 曲线。

3. 将反向动力学手柄命名为 脊椎反向 ，将曲线命名为 脊椎曲线 。

4. 右键点击 脊椎曲线 ，选择 控制点 模式，你会看到 4 个控制点。

4. 选择曲线底部的控制点，按默认设置创建一个簇。

6. 对曲线上的其他 3 个点重复以上步骤，按从低到顶的顺序创建簇，你会看到 簇 1 手柄、簇 2 手柄、簇 3 手柄、和簇 4 手柄，如图 7.32 所示。

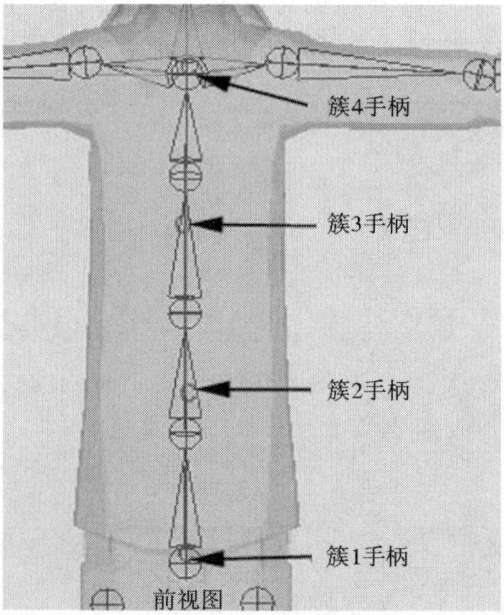

图 7.32　4 个脊椎簇手柄

分离臀部

按如下方式操作。

1. 创建一个 NURBS 圆圈，将它在 X，Y，Z 轴方向上放大到 5 个单位长度，将它吸附到 脊椎 1 ，如图 7.33 所示。

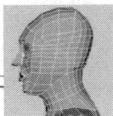

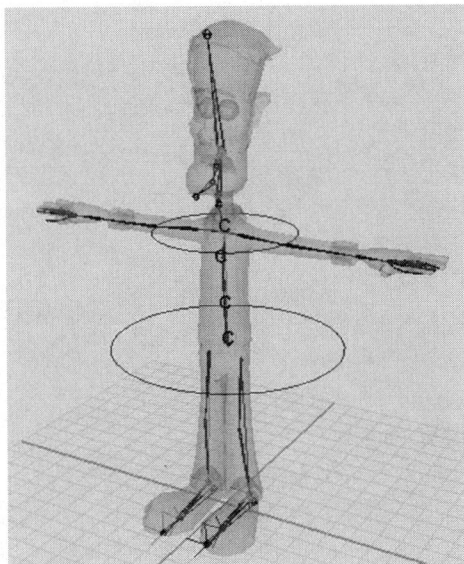

图 7.33　放置在臀部处的 NURBS 圆圈

2. 冻结圆圈的变形属性。

3. 将圆圈命名为 臀部控制器。

4. 选择每条腿顶部的关节，将它们设为 臀部控制器 的子物体。

5. 选择 簇 1 手柄和 簇 2 手柄，将它们设为 臀部控制器 的子物体。

6. 选择臀部并将它设为 臀部控制器 的子物体。

7. 在侧视图中，在 Z 轴方向上移动臀部控制器并查看效果，脊椎将会如图 7.34 所示的情况发生移动，你会看到如图 7.35 所示的臀部控制器节点层级关系。

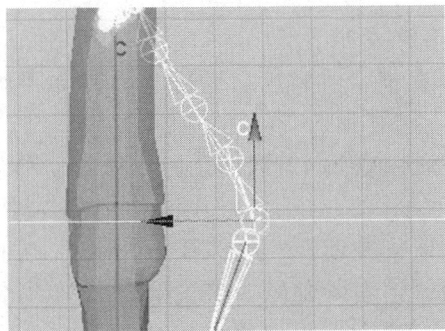

图 7.34　脊椎和臀部控制器一起移动

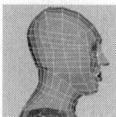

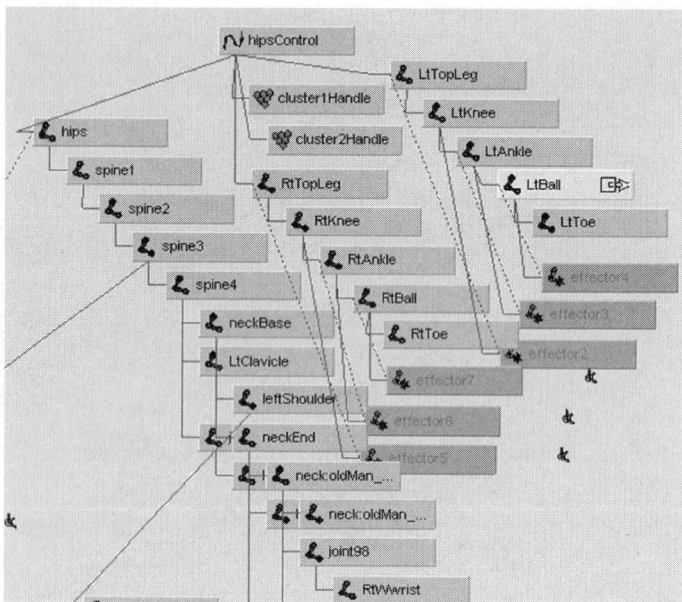

图 7.35　臀部控制器节点层级关系

上半身

这里的上半身骨骼的许多功能都超越了基本的布袋骨骼设置，首先，这个类人模型有独立的头部，便于制作动画；其次，角色有通过自定义属性和驱动帧控制的手指；第三，为了真实可行的变形效果，在肩部区域添加了一个重要的东西，就是锁骨控制器。

创建手臂关节

按如下方式创建手臂关节。

1. 在前视图中，在锁骨、肩膀、肘部、前臂和手腕处放置关节，如图7.36 所示。

2. 在顶视图中，将肘关节向着肘部几何体后面略移动一点，亦如图 7.36 所示。

3. 将关节分别命名为 左锁骨、左肩膀、左肘部、左前臂、左手腕 。

4. 重复以上步骤创建右臂骨骼，将关节命名为 右锁骨、右肩膀、右肘部、右前臂、右手腕 ，或者你可以将左臂骨骼镜射到右臂，然后将它们重命名。

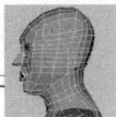

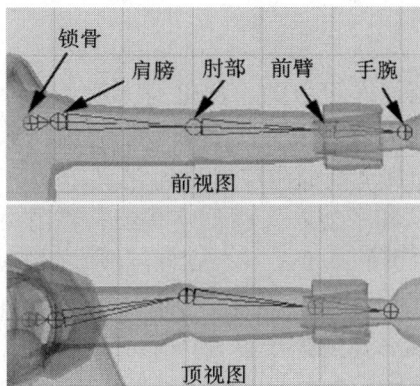

图 7.36　锁骨、肩膀、肘部、前臂和手腕关节

创建手部

按如下方式操作。

1. 在顶视图中，在手掌中心放置第一个关节。

2. 为食指创建一个 4 个关节的骨骼。

3. 在前视图和侧视图中，将关节移动到手部几何体的中心。

4. 将食指骨骼复制三次，移动和调整它们以适应其他手指。

5. 将每个手指骨骼设为手掌关节的子物体。

6. 将手掌关节设为手腕关节的子物体。

7. 为大拇指创建一个 3 个关节的骨骼，然后将它设为手腕关节的子物体，如图 7.37 所示。

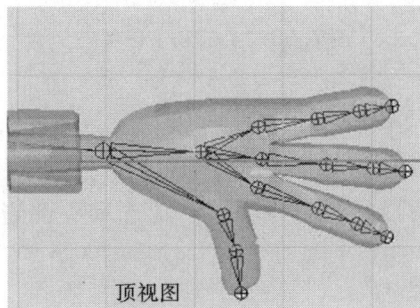

图 7.37　手部骨骼

8. 给手部所有关节适当命名。

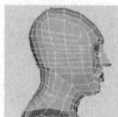

创建头部

为了达到这个教程的学习目的，这里的头部关节的创建只用于移动头部的结构，而不包括面部表情和说话。要做面部表情，你将用到叫做混合变形的技术，将在第九章面部动画的内容里提到它。

1. 在侧视图中，从脖子朝着头顶创建骨骼，将第一个关节放置在脖子中间，一个紧挨着下巴以下的高度，一个在发际线左侧低处，最后一个在头顶。

2. 将关节分别命名为 脖根、脖中、头底、头顶。

3. 如果角色要张嘴，你还需要创建一个下颌骨骼，先创建一个非常靠近发际线关节的新关节，另一个在下巴中间处，最后一个在下巴末端。

4. 将关节分别命名为 下颌 1、下颌 2、下颌 3。

5. 将 下颌 1 设为 头底 关节的子物体，如图 7.38 所示。

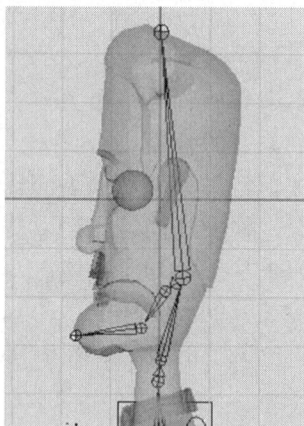

图 7.38　头部和下巴关节

做手臂和头部到骨骼的父子关系

在这里，你已有所有的骨骼部分，不过由于每部分都发生独立的移动，就很难这样制作角色动画，要制作手臂、腿部和头部到脊椎的父子关系以解决这个问题。

手臂的父子关系

按照如下方式操作。

选择锁骨关节，将它们设为 脊椎 4 关节的子物体，如图 7.39 所示。

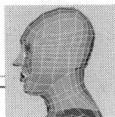

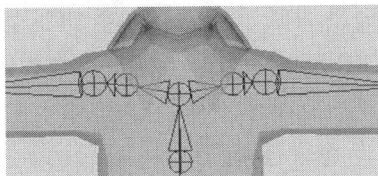

图 7.39　做手臂到脊椎的父子关系

头部的父子关系

按照如下方式操作。

1. 选择脖根处关节。

2. 设置它为 脊椎 4 关节的子物体，如图 7.40 所示。

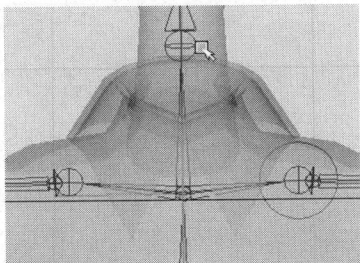

图 7.40　做头部到脊椎的父子关系

为手臂创建 IK 反向动力学手柄

按照如下方法创造反向动力学手柄。

1. 选择 IK 反向动力学手柄工具，并确认当前解算器为反向动力学旋转平面解算器，在前视图或顶视图中，先点击左肩关节，放置反向动力学手柄的根部，再点击左前臂关节，放置末端受动器，如图 7.41 所示。

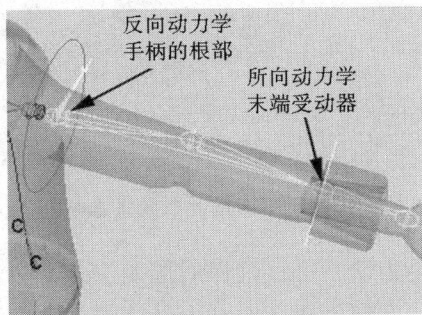

反向动力学
手柄的根部

所向动力学
末端受动器

图 7.41　左臂上的反向动力学旋转平面解算器手柄

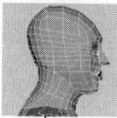

2. 现在你得移动反向动力学手柄的末端受动器至手腕关节，不过，末端受动器被隐藏了，你要打开反向动力学手柄节点来找到末端受动器。

3. 在超图中，选择反向动力学手柄，点击 输入和输出连接 按钮，你会看到 3 个节点连接到反向动力学手柄节点，中间的是末端受动器节点，如图7.42 所示。

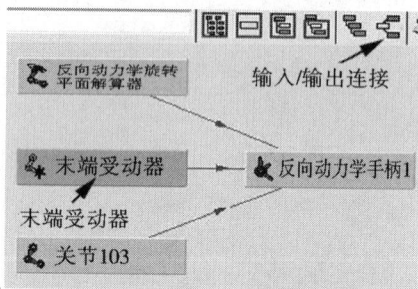

图 7.42　IK 反向动力学手柄的输入连接

4. 确保你选中了移动工具。

5. 选择末端受动器节点，按键盘上的 插入 键看到节点轴心。

6. 将轴心点移动并吸附到手腕关节，如图 7.43 所示，在移动时按住 V 键吸附轴心点到手腕关节。

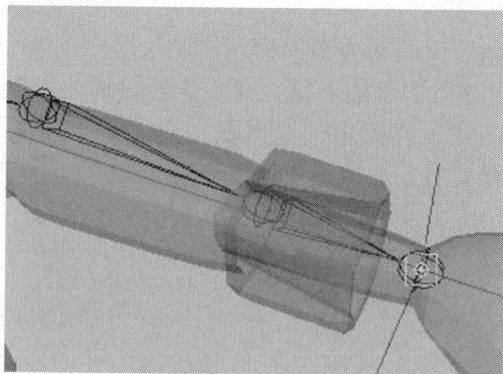

图 7.43　被移动到手腕关节的末端受动器轴心

7. 左右移动反向动力学手柄，确保肘部能正确弯曲。

8. 重复以上步骤为右臂创建反向动力学旋转平面手柄。

9. 将反向动力学手柄分别命名为 左臂反向 和 右臂反向 。

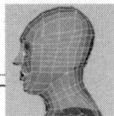

为手肘添加极向量约束

按如下步骤为手肘添加极向量约束。

1. 从随书光盘的 第七章 文件夹下的 绑定_ 控制 子文件夹中导入 PVC 控制器 . mb 文件。

2. 在顶视图中，移动 PVC 控制器，将它吸附到 左肘部 关节。

3. 在通道栏中的 X，Y，Z 轴缩放 栏输入数值 0.3 。

4. 在顶视图中，将 PVC 控制器移动到左肘部关节后面 3 个网格单位处，如图 7.44 所示。

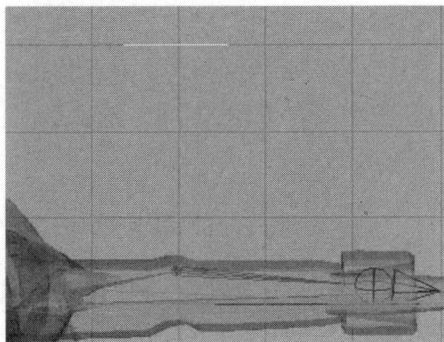

图 7.44　肘部关节后面的 PVC 控制器

5. 冻结 PVC 控制器的变形属性。

6. 将 PVC 控制器命名为 PVC 左肘部 。

7. 将 PVC 控制器复制一次。

8. 将副本命名为 PVC 右肘部 。

9. 在顶视图中，将 PVC 右肘部 移动并吸附到 右肘部 关节处。

10. 在顶视图中，将 PVC 控制器移动到右肘部关节后面三个网格单位处。

11. 冻结 PVC 控制器的变形属性。

12. 点击 PVC 左肘部 选中它之后，再点击 左臂反向 手柄。

13. 选择 约束→极向量 。

14. 点击 PVC 右肘部 选中它之后，再点击 右臂反向 手柄。

15. 选择 约束→极向量 。

16. 选择 左臂反向 ，你会看到反向动力学手柄的旋转平面原点被一根线约束到 PVC 左肘部 。

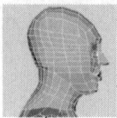

17. 重复以上步骤，可看到 PVC 右肘部 约束如图 7.45 所示。

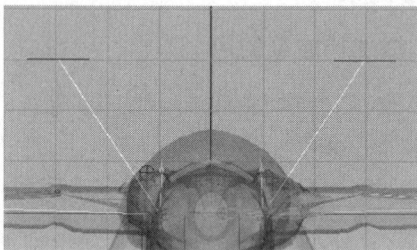

图 7.45　左右肘部关节后面的 PVC 控制器

创建上半身的控制器

按如下步骤创建。

1. 创建一个 NURBS 圆圈，将它在 X，Y，Z 轴方向上缩放到 13 个单位大小，将圆圈吸附到 脊椎 4 关节。

2. 冻结圆圈的变形属性。

3. 将圆圈命名为 上半身控制器 。

4. 将 簇 3 手柄 和 簇 4 手柄 设为 上半身控制器 的子物体。

5. 在通道栏中选择 旋转 Y 通道，锁定并隐藏它，上半身控制器 可以在 X 轴和 Z 轴方向上旋转肩部，且 IK 反向动力学曲线手柄 扭曲属性可以在 Y 轴方向上旋转肩膀。在透视图中，你会看到如图 7.46 所示的骨骼，在超图中，你会看到如图 7.47 所示的上半身控制器层级关系。

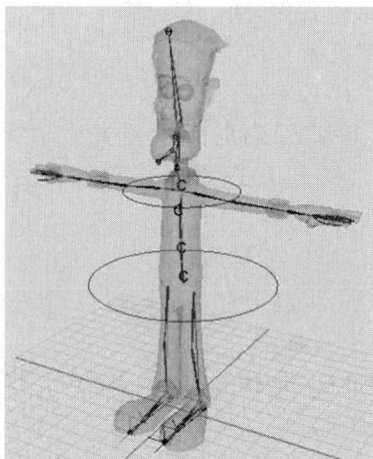

图 7.46　有臀部和上半身控制器的全身骨骼

Maya Character Modeling and Animation

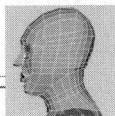

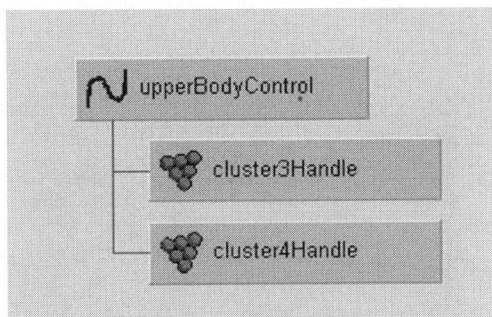

图7.47 上半身控制器节点的层级关系

创建手臂控制器

按如下操作步骤创建。

1. 从随书光盘里的第四章文件夹下的绑定_ 控制 子文件夹中找到立方体 . mb 文件。
2. 将立方体吸附到 左手腕 关节。
3. 在 X，Y，Z 轴方向上将立方体缩放到 2 个网格单位大小，如图 7.48 所示。

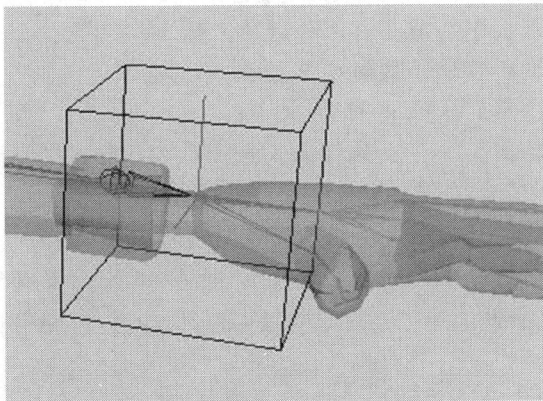

图7.48 立方体吸附到手腕关节

4. 冻结立方体的变形属性。
5. 做 左臂反向 手柄到立方体的点约束。
6. 移动立方体，手臂会随着它一起移动，如图7.49 所示。

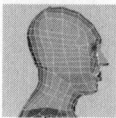

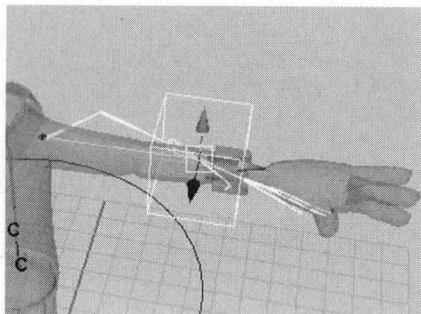

图7.49　立方体移动整条手臂

创建锁骨控制器

按如下步骤创建锁骨控制器。

1. 创建 NURBS 圆圈。

2. 在通道栏中，Z 轴旋转 通道输入数值 90。

3. 将圆圈移动并吸附到 左锁骨 关节。

4. 在通道栏中，在 X，Y，Z 轴缩放 栏都输入 0.3。

5. 移动圆圈到锁骨关节后大致 1 个单位处。

6. 冻结圆圈的变形属性。

7. 在圆圈仍被选中的情况下，在键盘上按 插入 键。

8. 将圆圈的轴心移动并吸附到 左锁骨 关节。

9. 选择圆圈，然后选择 左锁骨 关节。

10. 选择 约束→点约束 ，确保未勾选选项窗口中的 保持偏移 项。

11. 将圆圈命名为 左锁骨控制器 。

12. 移动左锁骨控制器 ，左锁骨关节会跟着它移动。

13. 在通道栏，选择 X，Y，Z 轴旋转 通道 和 X，Y，Z 轴缩放通道。

14. 右键点击所选通道，然后选择 锁定 和 隐藏 。锁骨控制里只有 平移可以有效。

15. 重复以上步骤为右锁骨关节创建锁骨控制器。

分离头部

分离头部意味着头部不会随着肩膀的旋转和移动而变化，这在你需要制作肩部和头部的单独旋转时非常有用。

按照如下操作步骤创建。

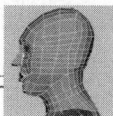

1. 从随书光盘第四章文件夹下的绑定_ 控制子文件夹里的立方体文件。
2. 将立方体移动到头部，将它缩放到头部的大小，如图 7.50 所示。

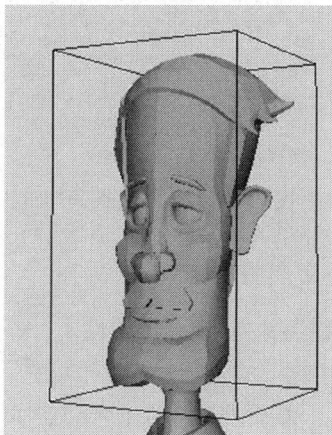

图 7.50　立方体被移动和缩放到头部的尺寸

3. 将立方体的轴心吸附到 脖根 关节。
4. 冻结它的变形属性。
5. 将立方体命名为 头部控制器 。
6. 要想设置头部控制器到脖根的点约束，选择 脖根 再选中 头部控制器。
7. 选择 约束→点约束 ，确保在选项窗口中未勾选 保持偏移 项，并点击 添加 按钮。

做脖根关节到头部的方向约束

脖根关节到头部的方向约束可以制造两者间的旋转关系，这样当头部控制器旋转时，脖根关节跟着旋转。

1. 选择 头部控制器 ，在选择 脖根 。
2. 选择 约束→方向约束 ，确保未勾选 保持偏移 ，点击 添加 按钮，关节跟随立方体的方向，结果在 X 轴和 Z 轴方向上发生了不正确的 90°扭转，所以要纠正它。
3. 在通道栏中，打开 脖根 方向约束 通道。
4. 在 X 轴偏移 和 Z 轴偏移 区输入 90，脖根关节再次直起来，如图 7.51 所示，现在立方体将在你制作动画时跟随脖颈关节的位置，头部只会在立方

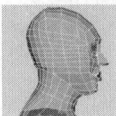

体旋转的时候发生旋转。

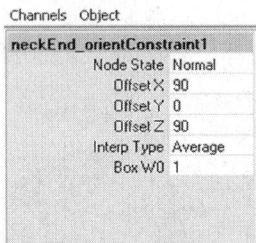

图7.51 方向约束通道

为手臂控制添加自定义属性

按以下步骤为手臂控制器添加自定义属性。

1. 确保手指关节命名如下：
   - 食指：左食指1，左食指2，左食指3，左食指4
   - 中指：左中指1，左中指2，左中指3，左中指4
   - 小指：左小指1，左小指2，左小指3，左小指4
   - 大拇指：左拇指1，左拇指2，左拇指3

2. 确保手掌和所有的手指关节在 X，Y，Z 轴方向旋转为 0°。

3. 选择 左臂控制器 ，选择 修改→添加属性 。

4. 在 属性名称 区，输入 食指 ，点击 添加 按钮，添加属性窗口会保持开启。

5. 再创建 3 个属性：中指、小指和拇指。

6. 在通道栏中，你可以看到如图 7.52 所示的 食指、中指、小指和拇指属性。

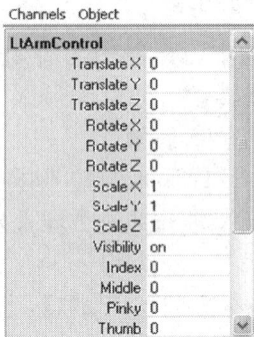

图7.52 通道栏中的 食指、中指、小指和拇指属性

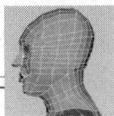

设置驱动帧制作手指的动画

按如下步骤为手指制作驱动动画。

1. 打开 设置驱动帧 窗口。

2. 将 左臂控制器 作为驱动物体载入，点选食指属性。

3. 选择 左食指1、左食指2、左食指3，将它们作为被驱动物体载入。

4. 点选 左食指1、左食指2、左食指3，选择 Z 轴旋转 如图 7.53 所示。

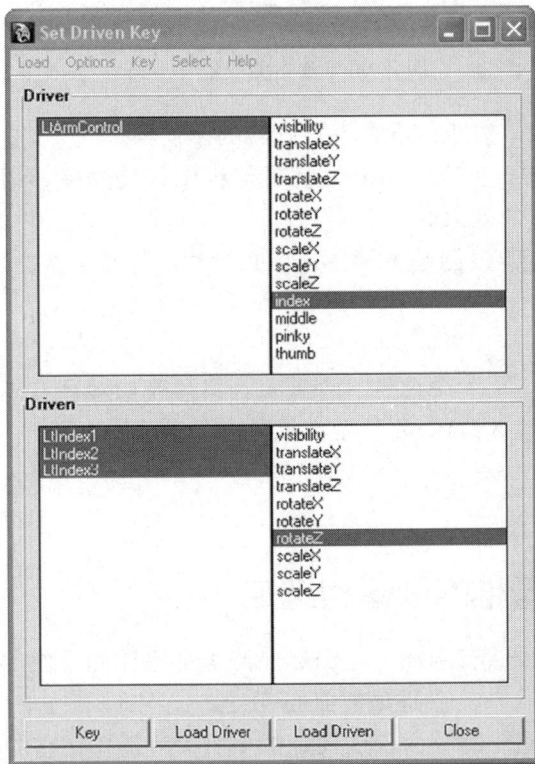

图7.53 设置驱动帧窗口中的驱动物体和被驱动物体所选属性

5. 点击 设置帧 按钮，为食指属性和旋转值为0的食指关节设定第一个驱动帧。

6. 选择 左臂控制 ，在通道栏中将 食指 属性的数值改为10。

7. 在顶视图或透视图，选择 左食指1、左食指2、和左食指3，将它们每个在 Z 轴方向上旋转 −45°，如图 7.54 所示。

前视图

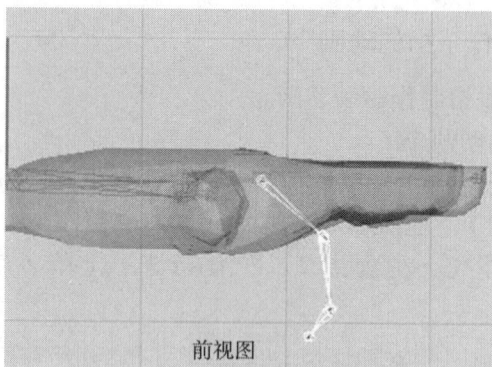

图7.54　食指关节旋转 −45°

8. 点击 设置帧 按钮，设置手指旋转的驱动帧。

9. 在通道栏中，选择食指属性且在侧视图移动光标，用鼠标中键点击左右拖拽，看食指弯曲效果。

10. 重复以上步骤创建右臂控制的属性并设置中指、小指和拇指的驱动帧。

> 如果只向一个方向旋转，要做大拇指的精确动画有点棘手，试试在每个大拇指的 X，Y，Z 轴向都执行以上操作。

三、高级脊椎的创建和绑定

脊椎虽然有刚性，但仍然保持了可扭转和弯曲的性能。在绑定好的身体骨骼中，它是最复杂部分之一。Maya 默认的反向动力学处理脊椎时把它作为一个长度固定的单一关节链，在它的基部（骨盆）有单独的旋转。在进行简单人物的骨骼绑定时，我们做到这一步要用到更复杂、成熟的方法。使用和控制器有父子关系的簇可以从两端扭曲脊椎。这个方法通常是在完成简单的走路循环且不要求角色进行大量躯干运动的情况下使用的。不过，要做出更有表现力的角色，需要用一些更高级的技术来计算自然的脊椎运动。这些实例可以在随书光盘中的 Henry 绑定文件里找。这里只是简单描述一个有效的脊椎绑定的常规特点，包括可以使动作线可见、延展性和扭曲插值。

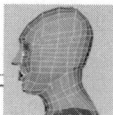

目测动作线

两足角色的动画和拍摄设计中，有一个很重要的概念：动作线。在 3D 术语中，它可以被想成是脊椎和四肢位置在摄影机平面上的投影，如图 7.55 所示。一个强有力的动作总是有清晰的动作线的。而好的机位往往能强调突出动作线的转折变化，在手绘速写中，艺术家常常就是从画这些动作线开始的。不过，在 3D 中，这些在可视化时略有难度，因为脊椎关节层次看起来很繁琐，且常被身体模型遮挡看不清。通过将一些代理自形物体，比如平面，关联到脊椎，可以在调动作时较容易地看出角色动作线。

图 7.55　动作线

延展性

一个真实的人类脊椎可以伸展和压缩，不过 Maya 里默认提供的反向动力学链这两者都做不到。所以要通过大量额外的工作将这些特性添加到骨骼绑定中。不过，这样做的好处是可得到更为优秀的角色表演效果。这个功能在夸张的尤其是卡通化的角色骨骼绑定中是非常有用的（如图 7.56 所示）。

有两种主要的方法来达到脊椎的伸展。第一种方法是根据基础和末端受动器之间的距离来缩放脊椎关节。这样可以使用 Maya 特有的长度节点动态地运算出脊椎的伸展。第二种技术用在了亨利的骨骼绑定中，打破层级关系的脊椎。不同于建立连续的链，这里的关节保持互相间独立。用一个控制器对

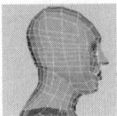

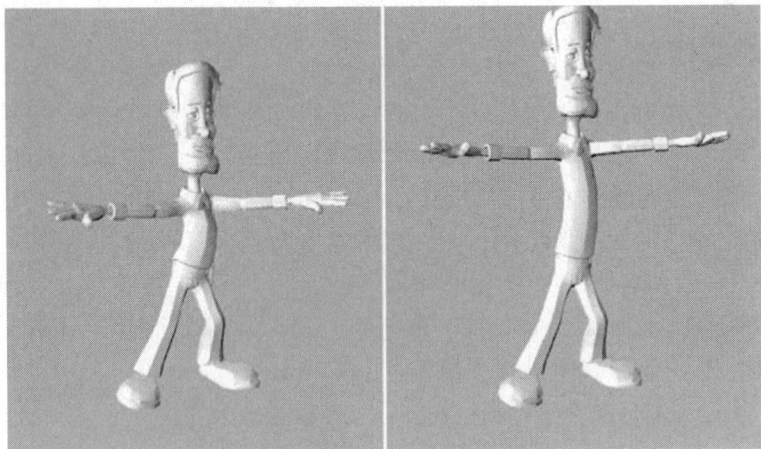

图 7.56　角色脊椎的伸展

脊椎的顶端和底端进行点约束。这样它总是保持在两者之间距离正中的地方。这实现了对伸展的简单且一致的控制，不过要想用这个技术获得平滑的弧形脊椎效果则相对于使用标准反向动力学系统更难些。

扭曲插值

当一个真实的人的脊椎发生扭曲，它不只是简单地从骨盆开始旋转，取而代之地，它固定在骨盆上，且实际上是每节脊椎骨都发生旋转，而旋转的角度逐步递减。这可以通过添加几个控制器达到效果（如图 7.57 所示）。如果你可以想象出一个被扭曲的或者螺旋型的梯子，那你就会对扭曲插值有点概念了。在对亨利的绑定中，沿着脊椎放置了 3 个定位器（oldMan_ spine01Bttm_ pos，oldMan_ spine01Mid_ pos，oldMan_ spine01Top_ pos）。在 Maya 中，定位器是变形节点的视觉化代表，也被称为"零物体"。它们保持位置或旋转角度但不约束几何体，此外，沿着脊椎本身上的零物体，还有三个零物体在脊椎旁边。位置如同梯子的横档（oldMan_ spine01Bttm_ up，old-Man_ spine01Mid_ up，oldMan_ spine01Top_ up）。最后两个圆形控制器是被设计来作直接操纵的。M_ hip_ Con 控制器控制臀部的旋转或定位，m_ chest_ Con 控制器控制胸部的旋转或定位。

脊椎顶部的零物体（oldMan_ spine01Top_ pos）是胸部控制器（m_ chest_ Con）的子物体，脊椎上的底部零物体（oldMan_ spine01Bttm_ pos）是臀部控制器 M_ hip_ Con 的子物体。沿着脊椎这 3 个零物体由旁边的一致

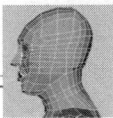

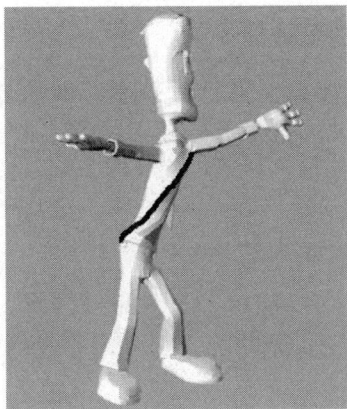

图 7.57　脊椎扭曲插值

定位器所约束，可以实现水平面上的扭曲。中间的控制器与旁边的零物体相一致，被脊椎顶部和底部的零物体做位置约束，它会保持在两者中间，分担任何扭曲运动。

四、小结

祝贺你！现在你应该已经有了一个合理且良好绑定的两足角色，这可能是角色动画中技术最复杂的部分了，你还学到了要使一个角色正确地运动，就需要根据它的解剖结构，对它正确地建模和绑定。在这样做的时候，你学到了一些动画中常用功能的技术，比如使用驱动帧，现在，你有了一个绑定好的角色，是该进行角色动画制作的步骤了，这就是之后几章的内容。

五、挑战作业

两足模型

第一部分　创建下半身绑定

为你在第六章"两足角色建模"中创建的两足角色做下半身的骨骼，通过将它绑定到角色身上并制作走轮循环的动作来测试效果。

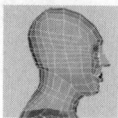

第二部分　创建脊椎骨骼绑定

为你的两足角色，运用所学的任意技术，创建脊椎骨骼，并通过给它设定展现角色蹲伏或完全站直就好像要展身扣篮一般的动作，测试你的绑定效果。

第三部分　创建上半身骨骼绑定

为你在第六章所做的角色创建上半身骨骼绑定，并通过摆出角色画弓和箭的动作的姿势来测试绑定的效果，要格外留意肩部的变形。

第八章

动画的科学与艺术

本章内容

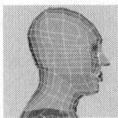

一、Muybridge 的动作观察

一百多年前，摄影师 Eadweard · Muybridge 遇到了一个挑战性的问题：一匹马在奔跑中会不会四蹄腾空？当时高速摄影技术还几乎不为人知。一幅典型的肖像照片要求被拍摄的对象静止不动地在镜头前坐上几分钟。那么 Muybridge 能不能抓拍到马四蹄腾空的画面来解答这个疑问呢？在解决问题的过程中，Muybridge 试验并发明了几种新技术，由此帮助创立了一门新学科——运动学（专门进行对运动的研究），以及一种新工业——电影业。

当时 Muybridge 最先想到了用一打或更多的照相机依次排列连续曝光的办法，这不仅让他了解到了马如何飞奔和慢跑，还录制了种类繁多的人类和动物的运动。而在之前的历史中因为这些运动太迅速而无从进行系统的研究。Muybridge 还从已知的固定透视角度进行拍摄，包括正对着运动方向的正面角度以及垂直于运动方向的侧面角度。而且他还在一个大的网格背景前进行拍摄，这样就给出了物体大小的参照。

最后，Muybridge 还想到了将这些图像连续快速播放的方法，这样连续播放的速度够快时，就产生了闪烁地接近于活动的连贯影像。这为他赢得了"电影工业之父"以及"动画之父"的美誉。

而他的确实至名归，动画师们根据 Muybridge 的图像制作动画，这些图像甚至一个世纪后都还是关于基本人类（和动物）运动学的有用参考。例如，图 8.1 所展示的男人行走的图片。

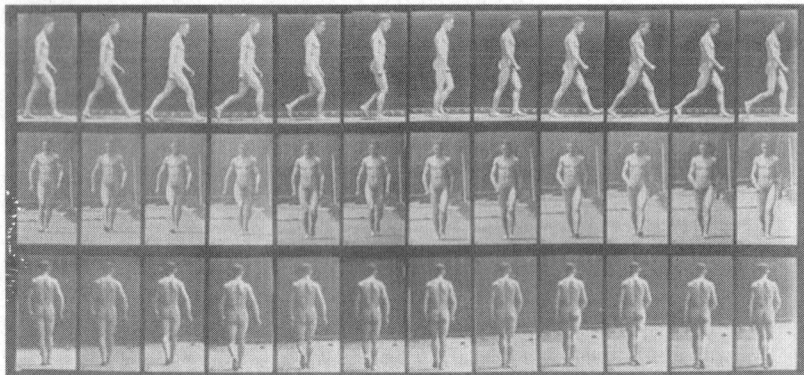

图 8.1 Muybridge 对人走路动作的研究（宾夕法尼亚大学档案馆藏品）

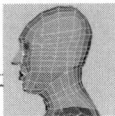

二、行走的动作过程

走路对我们是司空见惯的过程，以至于它通常都是无意识的动作。不过，当你开始分解动作的步骤时，从脚步开始研究，进而推广到全身动作，就会清楚发现它是几个不同部分同时进行的结果。如同之前看到的 Muybridge 所拍摄的照片上清楚显示的，普通的走路动作是一个系统化的行为，我们向左迈步的动作几乎就是向右迈步动作的镜像翻版（左右迈步动作之间哪怕只是有很小的差别都会立刻被察觉到，让人觉得角色走路时跛脚）。走路动作有如下5 个基本姿势（如图 8.2 所示）。

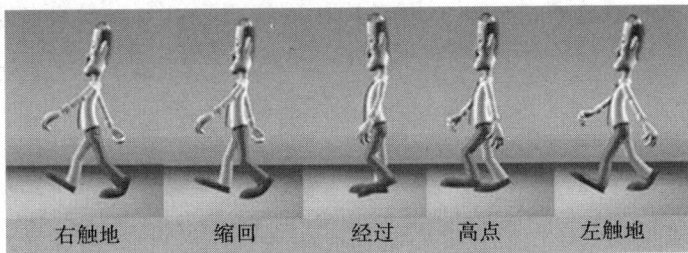

右触地　　　缩回　　　经过　　　高点　　　左触地

图 8.2　五个基本走路姿势

右触地

这通常被用来作为走路循环的起始动作。当右脚跟触及地面的时候，这时走路动作中一个达到极端的动作，手臂和腿的伸出都到了极限。不过要注意，这时手臂和腿都没有完全伸直，它们还保持了一点弯曲。

缩回

走路循环中的第二个动作点。当右腿承受着身体的全部重量时，膝盖仍微弯。

经过

也被称为传递姿势，这是走路循环的中间位置，上半身抬高，迈出的腿正从身体下方经过。

高点

后腿推动身体到达最高处。

左触地

迈步以几乎是和右触地姿势起始状态的翻转相同的样子完成。

为影院播放制作的传统动画速度为 24 帧每秒（Fps），普通的走路动作持

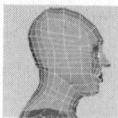

续时间差不多为每步12帧，关键姿势的平均分布大约为第6、3、9帧（通常按这个顺序来画）。每一步为1/2秒，一个完整的循环动作长度为1秒。不过电视视频的帧速率是29.97帧每秒，这样动画的关键帧就不能平均分配了。所以动画师为了方便起见，也常用32帧画一个走路循环。关键姿势分别为1、8、16、24和32帧。

臀部和肩部的旋转

正确摆放脚和腿的位置只是创造可信的走路循环的第一步。被动画师称为"次要动作"的部分也同样重要。对走路循环来说，基本的次要动作就是我们迈步时为了保持平衡所做的动作。

这其中第一就是臀部的水平摆动。从顶视图中可以看得最清楚。在右触地姿势下，右臀向前摆动，左臀向后摆动（如图8.3所示）。

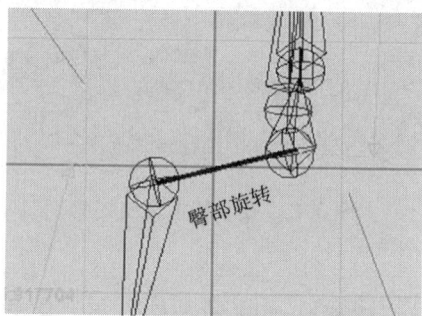

图8.3　右触地姿势时的臀部旋转

在左触地姿势时，仍是翻转的情况。左臀向前，只有在经过姿势时臀部没有水平摆动。

第二，手臂和肩部所做的补偿运动。基本上，手臂是向腿运动的相反方向摆动，以便更好地保持平衡。肩部的轴心大致在锁骨处。支持着这个动作，并正好和臀部的水平摆动方向相反，甚至是手臂在走路时保持不动的情况下，肩膀也会微微地摆动以对臀部的运动保持平衡（如图8.4所示）。

在考虑到水平方向上的次要动作后，我们可以把注意力转向垂直方向上的次要动作了。臀部和肩膀在这个平面内也有循环运动。在右触地姿势时，臀部保持水平状态，不过很快开始向左脚方向向下旋转，并在经过姿势时达到最低点。然后从经过姿势开始到左触地姿势间，又向上旋转回到水平状态。

当臀部做垂直运动时，肩部也在通过向相反的方向运动做补偿动作。在

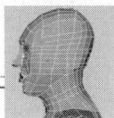

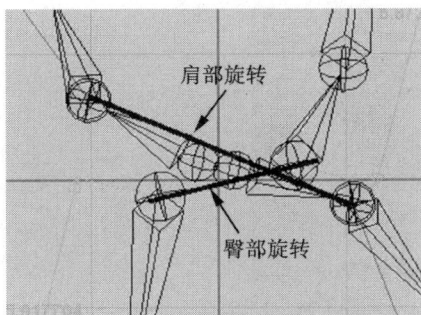

图 8.4　右触地姿势时的肩部旋转

右触地姿势时，它们是水平的。当左腿提起到经过姿势时，左肩也上提，它到左触地姿势时才重回水平状态。

臂部转动

在普通的走路动作中，右臂几乎在右触地姿势时伸直向下，左臂位置略微向前。肘部旋转大致 10°（如图 8.5 所示）。

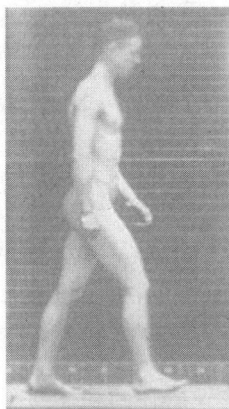

图 8.5　在右触地姿势时的手臂位置
（宾夕法尼亚大学档案馆藏品）

手臂在缩回姿势和经过姿势时逐渐伸直（如图 8.6 所示），普通的走路姿势中每条手臂摆动的方向都和同一侧腿的迈动方向正好相反。在左触地姿势下，左臂完全向后，在右触地姿势下，右臂在后（如图 8.7 所示）。手臂摆动从后向前，创造出如图 8.8 所示的弧形运动。

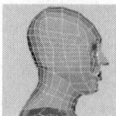

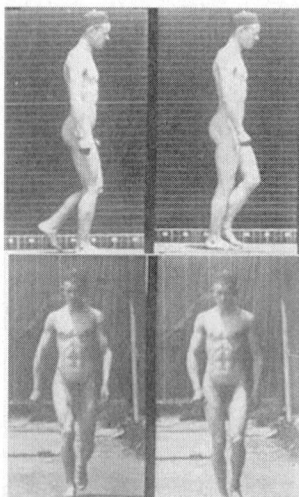

图8.6　在缩回和经过姿势时的手臂位置
（宾夕法尼亚大学档案馆藏品）

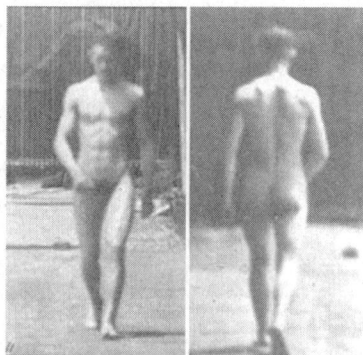

图8.7　在高点姿势时的手臂摆动方向和腿完全相反
（宾夕法尼亚大学档案馆藏品）

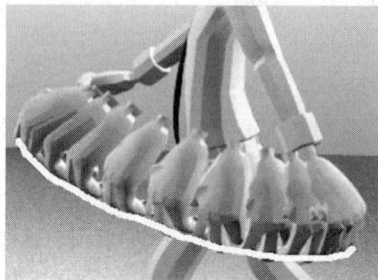

图8.8　手臂摆动的弧形运动

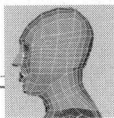

脊椎和头

在普通的行走过程中，脊椎都会在每一步中略微伸展和压缩。通过弯曲来吸收臀部上下移动的冲击。整个脊椎的运动状态也是构成角色姿态的重要部分，如同我们将要讲解，姿势变化很大程度上取决于角色的形体特点以及角色的情绪状态和个性。

头部从右向左轻微偏转的同时在上下点头，创造出了从左到右的运动曲线，反之亦然（如图8.9所示）。

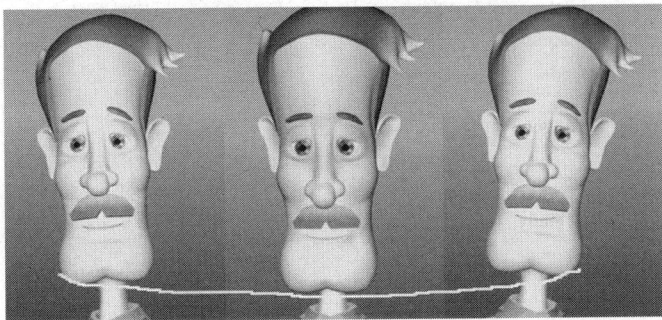

图8.9 3个头部画面显示其运动是沿曲线摆动

三、教程 8.1：普通的走路循环

要制作角色的走路动画，就要涉及摆放角色的基本姿势，并在这些姿势上设置关键帧，计算机会完成关键帧之间的中间动画。你可以把自己想象成是主要原画师，而电脑就是你的中间画师。

这个教程将带你经历创建基本走路循环的操作步骤。不过，走路应该要显示出角色的个性和情绪特点。这会在本章后面的部分讨论。

如之前所提到的，普通电影中的走路动作循环需要 24 帧。这里为了看得更清楚，将制作一个慢一倍的 48 帧的行走动作。

设置腿在右触地姿势的动画

按如下步骤制作触地姿势的动画。

1. 打开随书光盘中的第八章文件夹下的高级绑定子文件夹中的 Henry 绑定分离头.mb 文件。

2. 打开 Maya 预设窗口（窗口→设定/预设→预设）确保 默认内 切线 和 默认外切线 选为 夹具，确认勾选 权重切线，如图 8.10 所示。在 设定→时间线 下，确认 回放速度 设为 实时（24 帧每秒），这将保证你看到的是实时控制的结果，使用夹具式切线是因为这样的切线设定混合了曲线和直线切线，当邻近两关键帧数值接近时，切线将是呈直线的，当相邻两关键帧数值差距很大时，切线将是呈曲线的，这有助于阻止脚和骨盆的滑动。

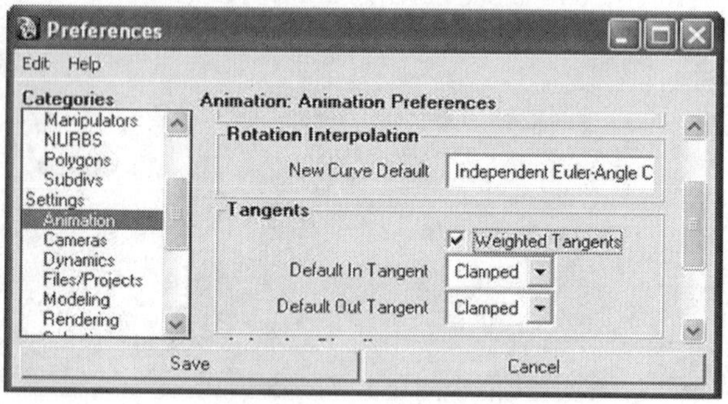

图 8.10　Maya 动画预设

3. 选择左反转脚控制器。

4. 在通道栏中，在 Z 轴平移 栏输入 -4。

5. 选择右反转脚控制器。

6. 在通道栏中，Z 轴平移 栏输入 -3，如图 8.11 所示。

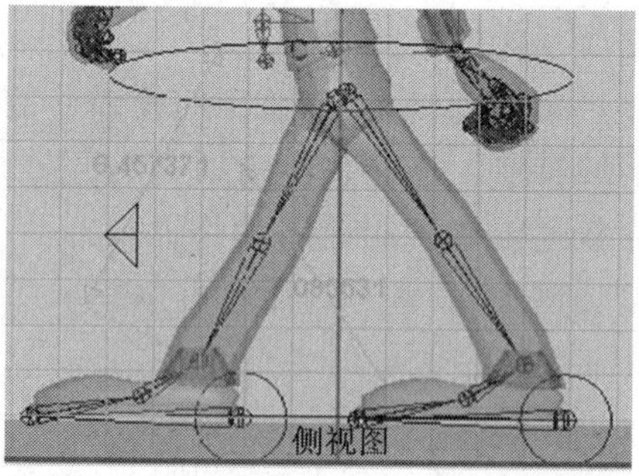

图 8.11　右腿向前伸展，左腿向后伸展

7. 左右腿有点过度拉伸，不过现在没关系。

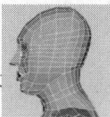

8. 确保选中的是左右反转脚控制器。

9. 选择 动画→设置关键帧 选项栏。

10. 在设置关键帧选项窗口中，设置帧 勾选 提示符。

11. 点击 设置帧 按钮，打开设置帧窗口。

12. 在 输入时间列表 输入"1，48"，这意味着你为脚部控制器在第1帧和第48帧设置关键帧，这是动画的第一个和最后一个关键帧，如图 8.12 所示。

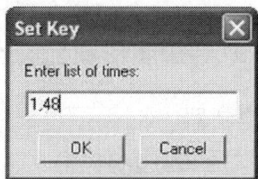

图 8.12　设置关键帧窗口显示的帧数

13. 点击 确定 按钮。

14. 将时间线向前到第 24 帧。

15. 选择左反转脚控制器，在 Z 轴平移 通道输入 3。

16. 选择右反转脚控制器，在 Z 轴平移 通道输入 −4。

17. 确保左右反转脚控制器被选中。

18. 选择 动画→设置关键帧 选项栏。

19. 在 设置关键帧 选项窗口中，设置帧 勾选 当前时间 。

20. 点击 设置帧 按钮。

21. 播放动画，脚现在应看来是在地面拖动。

设置腿在经过姿势的动画

按如下步骤设置。

1. 移动时间线到第 12 帧。

2. 选择左反转脚控制器，在通道栏中，输入如下数值：

- X 轴平移：0
- Y 轴平移：1.5
- Z 轴平移：0

3. 选择右反转脚控制器，在通道栏中，X，Y，Z 轴平移 栏输入 0，如图 8.13 所示。

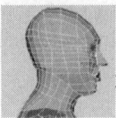

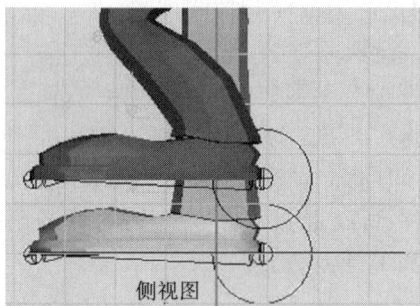

图 8.13　左脚第 12 帧在经过位置

4. 确保选中左右反转脚控制器。

5. 选择 动画→设置断帧 右侧的选项栏。

6. 在设置断帧选项窗口中，确保 设置断帧 勾选是 当前时间。

7. 点击 设置断帧 按钮。

8. 移动时间滑块到第 36 帧。

9. 选择右反转脚控制器。

10. 在通道栏中，输入如下数值：

- X 轴平移：0
- Y 轴平移：1.5
- Z 轴平移：0

11. 选择左反转脚控制器，在通道栏中，在 X，Y，Z 轴平移 栏输入 0，如图 8.14 所示。

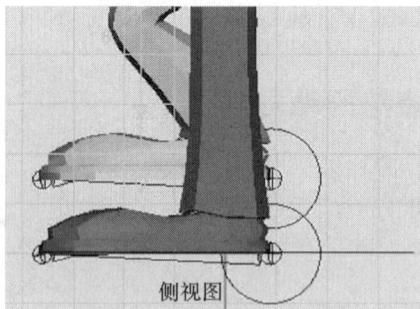

图 8.14　右脚第 36 帧在经过位置

12. 确保左右反转脚控制器被选中，选择 动画→设置断帧 。

13. 播放动画，你会看到两只脚在经过位置的动画。

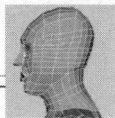

设置脚后跟旋转的驱动帧

按如下步骤设置。

1. 选择 动画→设置驱动帧→设定 右侧的选项栏，设置驱动帧窗口打开。
2. 在设定驱动帧窗口中，选择 载入→以所选为驱动物体。
3. 选择窗口右侧的 脚跟旋转 ，如图 8.15 所示。

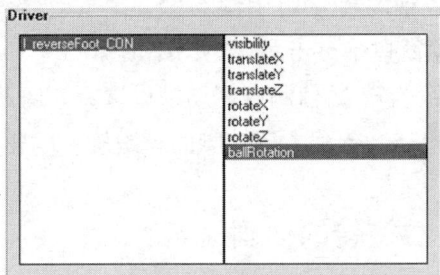

图 8.15 在设置驱动帧窗口中的左反转脚控制器的脚跟旋转属性

4. 选择左脚跟关节。
5. 在设定驱动帧窗口中，选择 载入→以所选为被驱动物体 。
6. 选择 窗口右侧的 Z 轴旋转 ，如图 8.16 所示。

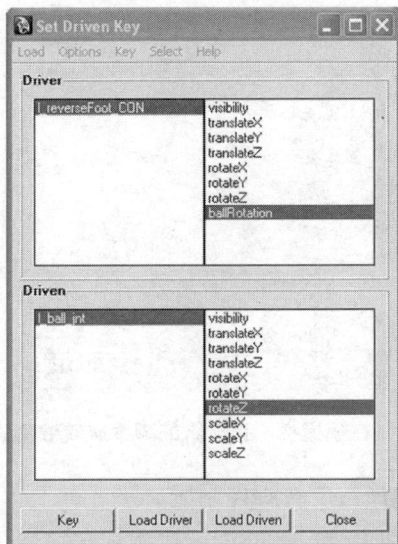

图 8.16 在设置驱动帧窗口中的左脚跟关节的 Z 轴旋转载入为被驱动物体

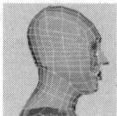

7. 确保通道栏中左反转脚的 脚跟旋转 数值为 0。

8. 确保左脚跟关节的 X，Y，Z 轴旋转数值为 0。

9. 点击 设置帧 按钮。

10. 选择 左反转脚控制器。

11. 将左反转脚的 脚跟旋转 数值改为 10。

12. 选择左脚跟关节。

13. 在通道栏的 Z 轴旋转 通道中输入 65。

14. 在设置驱动帧窗口中点击 设置帧 按钮。

15. 通过改变 脚跟旋转 数值测试驱动帧设置，左脚跟应跟随着旋转。

16. 重复步骤 1 至 15，创建右反转脚的脚跟旋转的驱动帧设置。

设置脚后跟左右旋转的动画

按如下步骤设置。

1. 移动时间线到第 1 帧。

2. 选择左反转脚控制器。

3. 在通道栏中，脚跟旋转 通道输入 10，左脚跟应会旋转 65° 如图 8.17 所示。

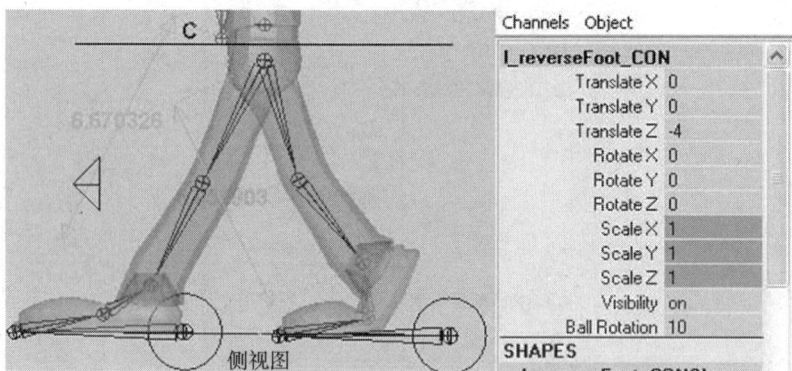

图 8.17 在通道栏左反转脚的脚跟旋转数值设为 10

4. 仍在第 1 帧，选择右反转脚控制器。

5. 在通道栏的 X 轴旋转 通道中，输入 - 33，脚应会旋转向上，如图 8.18 所示。

Channels Object

r_reverseFoot_CON
Translate X	0
Translate Y	0
Translate Z	3
Rotate X	-33
Rotate Y	0
Rotate Z	0
Scale X	1
Scale Y	1
Scale Z	1
Visibility	on
Ball Rotation	0

SHAPES

侧视图

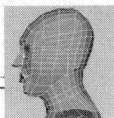

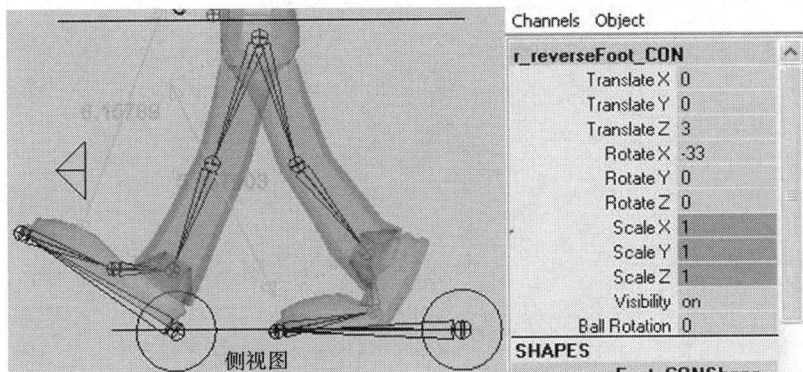

图 8.18　在第一帧右反转脚控制器旋转

6. 选择右反转脚控制器和左反转脚控制器。

7. 选择 动画→设置关键帧 右侧的选项栏。

8. 在选项窗口中，将 设置帧于 改为 提示符 ，点击 设置帧 按钮。

9. 在设置关键帧窗口中，在 输入时间列表 区输入"1，48"。

10. 点击 确定 按钮。

11. 在设置关键帧选项窗口中，将 设置帧于 改为 当前时间 。

12. 移动时间线到第 24 帧。

13. 选择右反转脚控制器，在通道栏中，X 轴旋转 输入 0，脚跟旋转 输入 10。

14. 选择左反转脚控制器，在通道栏中，X 轴旋转 输入 － 33，脚跟旋转 输入 0，如图 8.19 所示。

15. 选择 动画→设置关键帧 右侧的选项栏。

16. 在设置关键帧选项窗口中，将 设置帧于 改为 当前时间。

17. 点击 设置帧 按钮。

18. 播放动画测试关键帧，注意右脚和左脚跟在经过位置旋转，这需要纠正一下。

19. 移动时间滑块到第 12 帧。

20. 选择右反转脚控制器，在通道栏中，输入 X 轴旋转 为 0 和 脚跟旋转 为 0，右脚现在应放平在地面。

21. 选择左反转脚控制器，在通道栏中，输入 X 轴旋转 为 20 和 脚跟旋转 为 0，在第 12 帧，两只脚应看起来如图 8.20 所示。

l_reverseFoot_CON		r_reverseFoot_CON	
Translate X	0	Translate X	0
Translate Y	0	Translate Y	0
Translate Z	3	Translate Z	-4
Rotate X	-33	Rotate X	0
Rotate Y	0	Rotate Y	0
Rotate Z	0	Rotate Z	0
Scale X	1	Scale X	1
Scale Y	1	Scale Y	1
Scale Z	1	Scale Z	1
Visibility	on	Visibility	on
Ball Rotation	0	Ball Rotation	10
SHAPES		SHAPES	
l_reverseFoot_CONShap		r_reverseFoot_CONShape	
INPUTS		OUTPUTS	

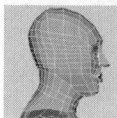

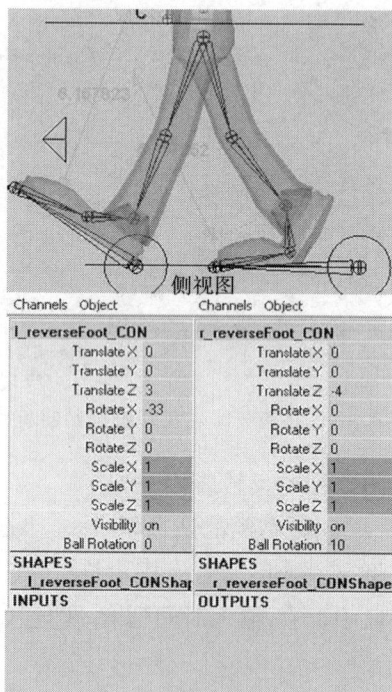

图 8.19 第 24 帧左反转脚旋转及右反转脚脚跟旋转

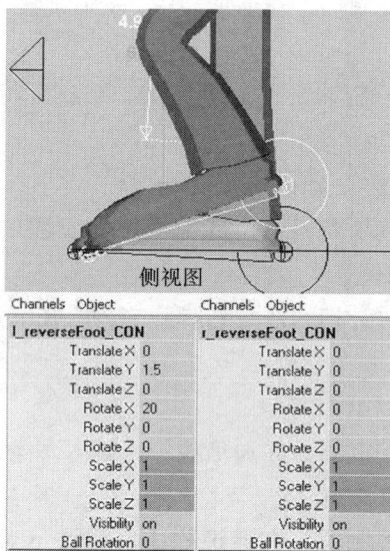

l_reverseFoot_CON		r_reverseFoot_CON	
Translate X	0	Translate X	0
Translate Y	1.5	Translate Y	0
Translate Z	0	Translate Z	0
Rotate X	20	Rotate X	0
Rotate Y	0	Rotate Y	0
Rotate Z	0	Rotate Z	0
Scale X	1	Scale X	1
Scale Y	1	Scale Y	1
Scale Z	1	Scale Z	1
Visibility	on	Visibility	on
Ball Rotation	0	Ball Rotation	0

图 8.20 第 12 帧左右脚位置

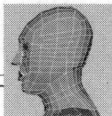

22. 选择右反转脚控制器和左反转脚控制器。

23. 按 S 键在第 12 帧为控制器设置另一关键帧。

24. 移动时间滑块到第 36 帧。

25. 选择右反转脚控制器，在通道栏中，输入 X 轴旋转 为 20，脚跟旋转 为 0。

26. 选择左反转脚控制器，在通道栏中，输入 X 轴旋转 为 0，脚跟旋转 为 0，如图 8.21 所示。

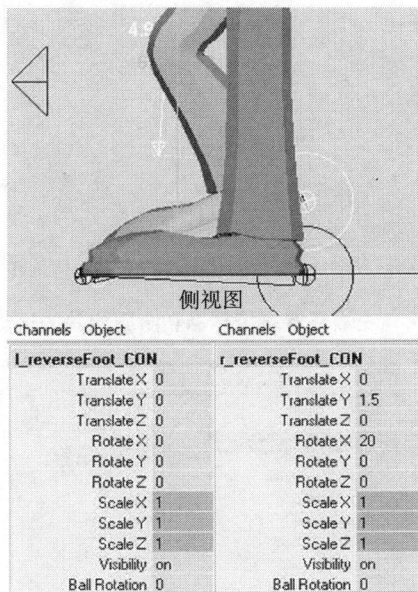

图 8.21 第 36 帧左右脚位置

27. 在第 36 帧选中右反转脚控制器和左反转脚控制器，按 S 键设置另一个关键帧。

28. 左右反转脚控制器和左右脚跟旋转的运动曲线应看起来如图 8.22 所示。

29. 选择左反转脚控制器和右反转脚控制器。

30. 打开图形编辑器。

31. 在图形编辑器中，选择 显示→所有帧，你会看到所有运动曲线。

32. 选择 曲线→向后无限→循环，如图 8.23 所示，这会通过按顺序重复前面曲线上已有的关键帧，延伸动画曲线的长度。在这里，这会无限继续走路的运动，让对它进行视觉判断比只看一次单独的动作要容易得多。

Chapter 8 The Art and Science of Animation

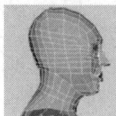
左反转脚控制器的X轴旋转　　　右反转脚控制器的X轴旋转

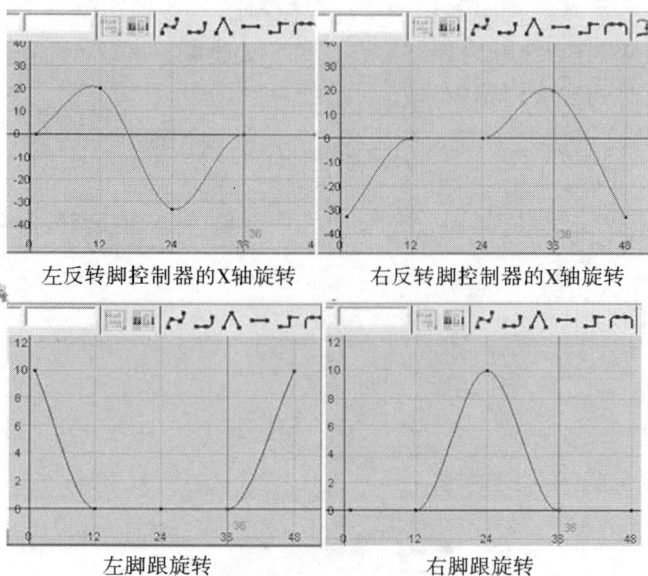
左脚跟旋转　　　　　　右脚跟旋转

图8.22　左右反转脚控制器和脚跟旋转的运动曲线

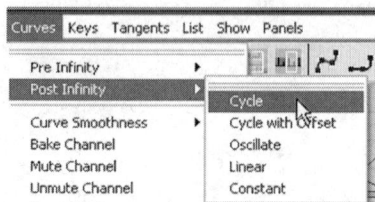

图8.23　向后无限循环菜单

33. 在图形编辑器窗口中，选择 显示→无限 ，无限曲线将显示为如图8.24所示的虚线。

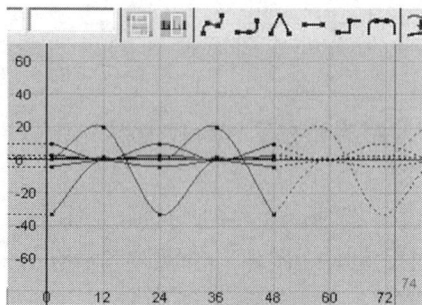

图8.24　图形编辑器里的向后无限的曲线

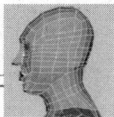

设置臀部和肩部的动画

臀部是身体的重心以及平衡轴心。在走路循环中，臀部和肩部的运动方向正好相反以保持平衡。当右臀向前摆动，右肩就向后，反之亦然。当右臀向上摇，右肩就向下，反之亦然。

开始制作臀部和肩部的动画。

1. 将时间线设置到第 1 帧。

2. 选择臀部控制器（m_ 臀_ 控制 节点），并在通道栏中找到 Y 轴旋转输入 13，Z 轴旋转输入 9，这会将臀部向前或向后旋转和上下扭动，左臀应比右臀高一点。

3. 选择胸部控制器（m_ 胸_ 控制 节点），在通道栏中，找到 Y 轴旋转输入 –13，Z 轴旋转 输入 –9，注意肩膀是按反方向旋转和扭动的，如图 8.25 所示。

图 8.25　第 1 帧中臀部和肩部的旋转和扭动的相反方向

4. 将时间线向前到第 24 帧。

5. 选择臀部控制器，在通道栏中，Y 轴旋转 输入 –13，Z 轴旋转输入 –9。

6. 选择胸部控制器，在通道栏中，Y 轴旋转 输入 13，Z 轴旋转输入 9，如图 8.26 所示。

图 8.26　第 24 帧臀部和肩部的旋转和扭动的相反方向

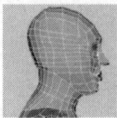

7. 选择 动画→设置关键帧 右侧的选项栏，将 设置帧于 改为 当前时间 。

8. 点击 设置帧 按钮。

9. 选择 臀部和胸部控制器。

10. 在图形编辑器中，选择 显示→所有帧。

11. 在图像编辑器中，选择 曲线→向后无限→循环 。

12. 播放动画。

设置臀部高低运动的动画

按如下步骤设置。

1. 选择臀部控制器。

2. 在通道栏中，到 Y 轴平移 通道输入数值 −0.2。

3. 在臀部控制器仍被选中时，按 W 键切换到移动工具，你会看到移动工具在臀部中间。

4. 点击选择移动工具的绿色箭头（Y 轴向），绿色箭头变为黄色表示被选中了，如图 8.27 所示。

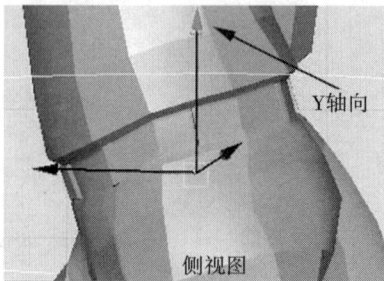

图 8.27　移动工具的绿色箭头（Y 轴向）被选中

5. 选择 动画→设置关键帧 右侧的选项栏。

6. 在选项窗口中，在 设置帧打开 部分勾选 当前控制手柄 ，在 设置帧于 部分，选择 提示符。

7. 点击 设置帧 按钮，设置帧窗口打开。

8. 在 时间列表 区，输入 "1、24、48"，如图 8.28 所示。

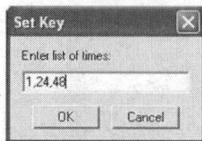

图 8.28　时间列表

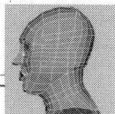

9. 点击 确定 按钮。

10. 在臀部控制器仍选中的情况下，在通道栏将 Y 轴平移 的数值改为 0.1。

11. 按 S 键设置帧窗口出现。

12. 在 输入时间列表 区，输入"12，36"，如图 8.29 所示。

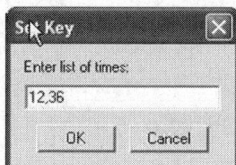

图 8.29 设置帧窗口的时间列表显示"12，36"

13. 点击 确定 按钮，在图形编辑器中，运动曲线应如图 8.30 所示。

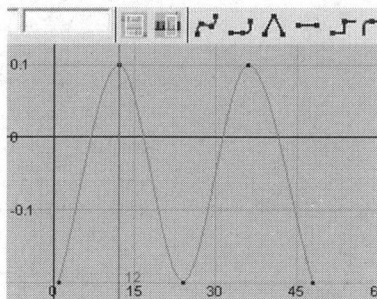

图 8.30 臀部上下运动的曲线

设置脊椎高低运动的动画

按如下步骤设置。

1. 选择胸部控制器，在通道栏中找到 Y 轴平移 通道输入数值 −0.4。

2. 设置帧于 选用 提示符，在第 1、24、48 帧处设置关键帧。

3. 在胸部控制器仍选中的情况下，将 Y 轴平移 数值改为 0.2。

4. 为第 12 和第 36 帧设置关键帧。

臂部动画

你要使用 FK 正向动力学来制作手臂的动画，以便适当地创建手臂的弧度运动。手臂不能使用 IK 反向动力学，所以要对手臂使用反向动力学手柄，就

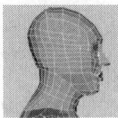

在通道栏中选中它们的 混合 数值，将其设为1。

肩部动画

按如下步骤操作。

1. 在通道栏中，确保 手臂反向动力学混合 数值设为0。

2. 选择左肩关节（老人_ 左臂01_ 关节）。

3. 在通道栏中，X 轴旋转 输入 35，Y 轴旋转 输入 –15，Z 轴旋转 输入 –62。

4. 选择右肩关节（老人_ 右臂01_ 关节）。

5. 选择左右肩部关节。

6. 选择 动画→设置关键帧，确保选项窗口中勾选了 提示符 选项。

7. 为两肩关节在第1、48 帧设置关键帧，如图8.31 所示。

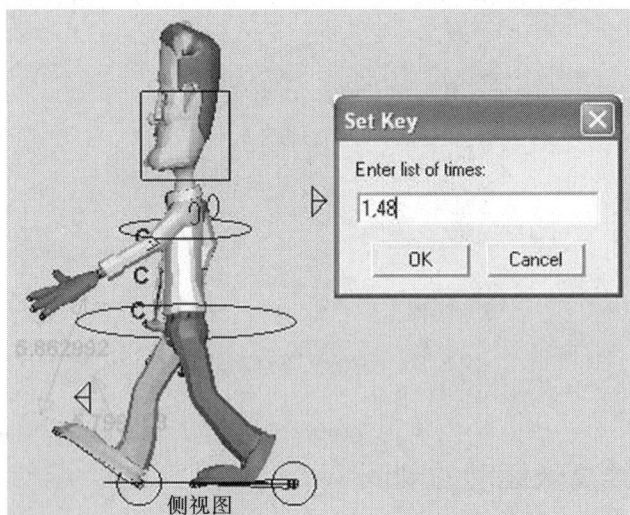

图8.31　设置关键帧窗口显示关键帧列表

8. 选择左肩关节，在通道栏中，X 轴旋转输入0，Y 轴旋转输入20，Z 轴旋转输入 –72。

9. 选择右肩关节，在通道栏中输入 X 轴旋转为35，Y 轴旋转为 –38，Z 轴旋转为 –62。

10. 选择做右肩关节，按 S 键，设置帧提示符出现。

11. 在 时间列表 区，输入24 ，如图8.32 所示，点击 确定 按钮。

肩关节的运动曲线应如图8.33 所示。

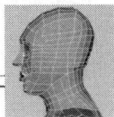

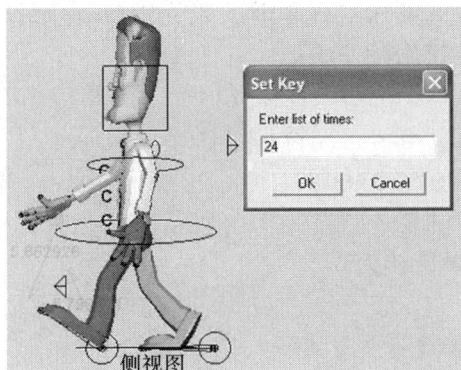

图 8.32　设置帧窗口显示数字 24

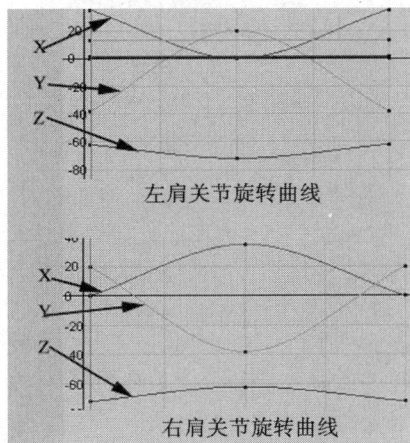

图 8.33　左右肩关节旋转曲线

肘部动画

按如下步骤操作。

1. 选择左肘关节（老人_ 左臂 02_ 关节），在通道栏的 X 轴旋转 输入 0，Y 轴旋转 为 – 20，Z 轴旋转为 0。

2. 选择右肘关节（老人_ 右臂 02_ 关节），在通道栏 X 轴旋转 输入 0，Y 轴旋转为 – 20，Z 轴旋转为 0。

3. 选择左右肘关节，使用设置帧提示符，在第 1 和第 48 帧设置关键帧。

4. 选择左肘关节（老人_ 左臂 02_ 关节），在通道栏中输入 X 轴旋转 为 0，Y 轴旋转 为 0，Z 轴旋转 为 0。

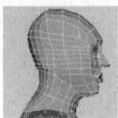

5. 选择右肘关节（老人_ 右臂02_ 关节），在通道栏中输入 X 轴旋转 为 0，Y 轴旋转 为 0，Z 轴旋转 为 0。

6. 选择左右肘关节，使用设置帧提示符，在第 12 和第 36 帧设置关键帧。

7. 选择左肘关节（老人_ 左臂02_ 关节）在通道栏的 X 轴旋转 输入 0，Y 轴旋转 为 –20，Z 轴旋转为 0。

8. 选择右肘关节（老人_ 右臂02_ 关节）在通道栏的 X 轴旋转 输入 0，Y 轴旋转为 –20，Z 轴旋转为 0。

9. 选择左右肘关节，按 S 键。在 时间列表 中输入 24，点击 确定 按钮，肘部的 Y 轴旋转 曲线看起来应如图 8.34 所示。

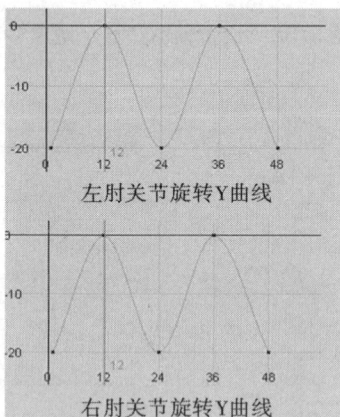

图 8.34　肘关节 Y 轴旋转曲线

锁骨动画

按如下步骤操作。

1. 选择左锁骨控制器（左_ 锁骨_ 控制）。

2. 在通道栏中的 Z 轴平移 输入 0.07。

3. 在第 1 和第 48 帧为这个数值设置关键帧。

4. 将 Z 轴平移 通道的数值改为 –0.28。

5. 在第 24 帧对这个数值设置关键帧。

6. 选择有锁骨控制器（右_ 锁骨_ 控制）。

7. 在通道栏中的 Z 轴平移 输入 –0.28。

8. 在第 1 和第 48 帧为这个数值设置关键帧。

9. 将 Z 轴平移 通道的数值改为 0.07。

10. 在第 24 帧对这个数值设置关键帧，锁骨的 Z 轴旋转 曲线应看起来类

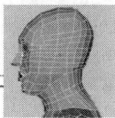

似于图 8.35 所示的效果。

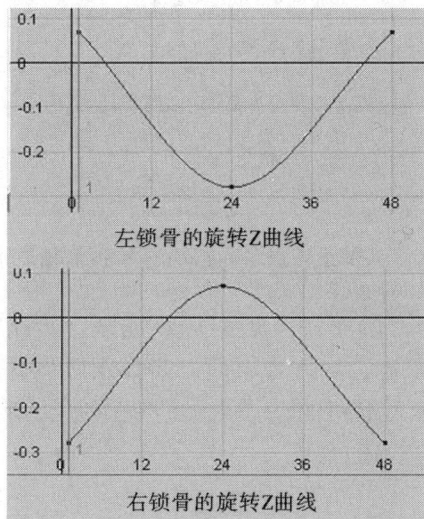

左锁骨的旋转Z曲线

右锁骨的旋转Z曲线

图 8.35　左右锁骨的 Z 轴旋转曲线

　　如果肩关节没有随着锁骨关节运动，选择左肩关节，再在通道栏中选择混合点 2 属性，右键点击选择 打断连接 。改变属性值为 1。你会看到肩关节臼迅速回到原位。

头部动画

　　头部在触地姿势的动画中有偏转和上下点动，按如下步骤制作头部上下点动的动画。

1. 选择头部控制器（m_ 头立方体_ 控制）。
2. 在通道栏中的 X 轴旋转 通道输入 10。
3. 在第 1 和第 48 帧对这一通道设置关键帧。
4. 将 X 轴旋转 数值改为 –5。
5. 在第 24 帧对这一数值设置关键帧。
6. 要做头部扭动的动画，选择头部控制器。
7. 在通道栏中的 Z 轴旋转 通道输入数值 –5。
8. 在第 1 和第 48 帧设置这个数值的关键帧。
9. 在第 24 帧将 Z 轴旋转 的数值改为 5 并设置关键帧，头部控制器的运动曲线应如图 8.36 所示。

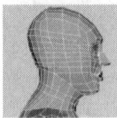

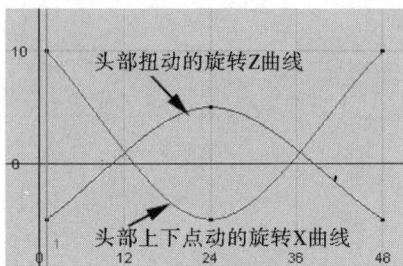

图 8.36　头部上下点动和扭动的 X 和 Z 轴旋转曲线

恭喜！你完成了自己的第一个走路循环动画。走路循环是动画中最难的类型之一，因为它涉及很多动画的原理，诸如跟随动作、重叠动作、重量和时间把握。因为我们对人走路的动作太司空见惯了，所以不用是个动画师也能挑剔评价走路循环的动画。

四、给你的走路循环动画加入情绪和特点

观察人们走路最有趣的地方之一，就是发现我们从一个角色走路的方式可以知道多少关于他的事情。首先，你可以马上判断出角色的性别、健康状况和大概年龄。在这之外，你还可以只通过观察动作节奏和身体语言就发现很多关于角色精神状态和个性的情况。例如，当角色高兴时，通常走得比平时更快，而悲伤时走得更慢。一般的，当我们走路时会尽量少地耗费体力，所以经过姿势的迈步时脚抬起只距离地面一公分。不过，一个精力旺盛或者性急的人物，会轻快地抬脚并且脚抬起的程度明显高于常人。

图 8.37 显示角色心态平静时的走路动作，图 8.38 显示角色在高兴的情绪下走路。

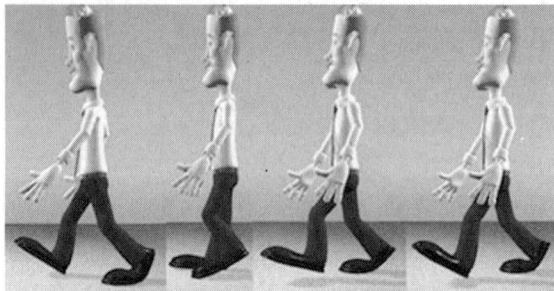

图 8.37　角色心态平静地走路

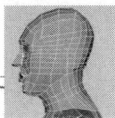

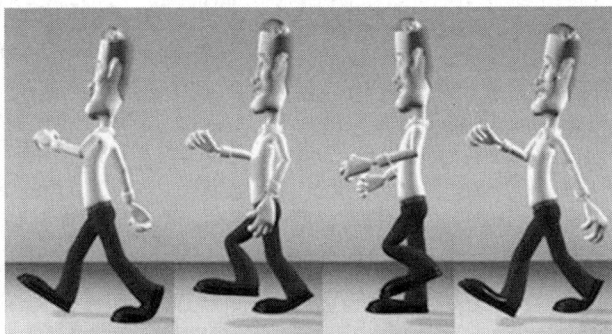

图 8.38　角色高兴地走路

注意在图 8.38 中角色走路时胸口向前，手臂前后摆动幅度较大，脚也比图 8.37 中的动作抬得更高。

当角色难过时，走路的步调和身体语言是相反的，图 8.39 显示角色在难过悲伤的情绪下走路。

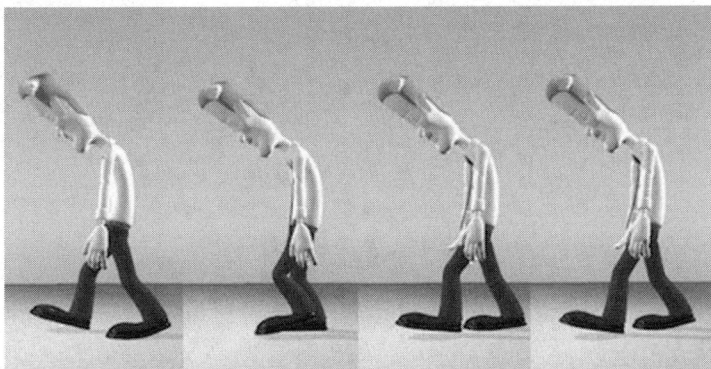

图 8.39　角色悲伤地走路

注意图 8.39 中，角色走路时头部引导整个动作，身体向前弯曲，脸向下看，肩膀蜷缩并向下耷拉。手臂几乎笔直向下，脚在移动时离地很近。

跳跃

就像走路循环一样，跳跃动作也涉及一些动画原理：在这个实例的情况里是准备动作、挤压、拉伸、重量、重叠动作和跟随动作。

在图 8.40 和图 8.41 中你可以分别看到角色跳上和跳下一个箱子。图 8.40 显示了跳跃动作的第一部分。首先，你看到角色站立并看着箱子，然后

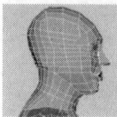

他做起跳准备，通过将身体向跳跃的相反方向收缩，做准备动作。在准备动作之后，他向上抬起身体到箱子上方，将手臂放到身前保持平衡直到脚碰到箱子。当他站到箱子上时，身体再次蜷缩吸收脚从箱子受到的冲力。在缩回动作后，他在箱子上平衡地站直。

图 8.40　角色跳上箱子
（承蒙 Aaron Walsman 惠赠）

图 8.41　角色跳下箱子
（承蒙 Aaron Walsman 惠赠）

图 8.41 显示了跳跃的第二部分。角色移动到箱子边缘，推动身体跳下箱子。他伸出左腿为着地做准备。当他落到地面上时，将右腿向前迈到左腿前来保持着地平衡。他缩腿以吸收地面对脚的冲击力，随着身体的惯性，他将左脚移到右脚边，然后平稳地站直。注意落地时头部的回缩以及跳跃中身体始终保持平衡。

角色向水平方向施加力

在电脑动画中，物体的重量通过角色的准备和动作表现出来。例如，在图 8.42 中，角色站立时用右手放在下巴上，左手放在臀部上，看着大盒子。基于她的姿势，你可以知道她的想法。然后她走近盒子，尝试推动它。基于角色的准备动作，你知道她明显是要试图移动盒子。

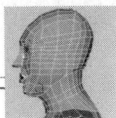

图 8.42　角色在思考

（推动重物的角色动画和图像承蒙 Marcos Romero 惠赠）

在图 8.43 中，你看到角色抬起她的手臂做准备，她将对盒子施加一个很强的力。但你也看到推动时有很大的反作用力。反作用通过角色的身体语言表现出来。她两手都放到盒子上，头在两手之间，右膝弯曲，左腿向后撑直。她的身体不再平衡，将全身的重量都压到盒子上用来推动它。

图 8.43　角色的准备和动作

（推动重物的角色动画和图像承蒙 Marcos Romero 惠赠）

角色向垂直方向施加力：举重物

当角色施加垂直方向的力时，比如说举重，全身都会参与到动作中来。有两个基本的举重方法：靠腿的力量和靠背的力量。背比腿的力道要小得多，所以通常背大部分是用来提轻的东西出力。有些提举重物的动作混合了两种出力方式，例如，在图 8.44 中，角色以俯身提杠铃开始，然后改为以脊椎用力姿势尝试，最后用腿使力。这种方法的变换强调了所举东西的重量。

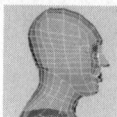

图8.44　角色举重物

（承蒙 David Suroviec 惠赠）

　　当重量达到胸部的高度，角色再次改变举重方式，手的抓握和脊椎的方向都反转过来。从一个腹部肌肉紧张用力的提拉动作，将身体的轴心沿新的运动曲线变化，将重量向上推，再说一次，再次将单个动作划分为多个变换的姿势强调了物体的沉重。我们"感觉"到了物体的重量，因为每次变换动作开始得相对迟缓，也因为我们看到了准备动作和对抗动作。

五、小结

　　本章介绍了两足角色移动的过程，你学到了循环走路和跳跃时最关键的身体姿势，以及悲伤和高兴的情绪下走路动作的身体语言表现。最后，还学到了如何创建涉及物理力学的动画以及如何通过角色表现这些力。

六、挑战作业

走路循环

第一部分　创建普通循环走路

使用你在第七章绑定的角色，创建一个普通的走路循环。

第二部分　表现情绪

将普通的走路循环改变添加两个情绪表现：高兴和悲伤。

Maya Character Modeling and Animation

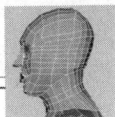

跳跃

制作 Henry 跳上一个箱子然后再跳下的动画。确保箱子至少到膝盖的高度，并且他在落地后保持了平衡。

举重物

制作 Henry 把一个 100 磅重的箱子举在头顶上的动画。使他看起来承受了很大的重量。

推和拉

制作 Henry 推动一个几乎推不动的重物或者拖重物上楼的动画。最好能制作他行动时尝试失败之后反复尝试的动作。

第九章

面部表情

本章内容

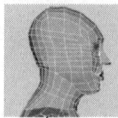

在角色建模与动画的过程中，面部表情动画是最难但同时也最出成效的部分之一。制作面部表情动画之所以困难，是因为人类的各种表情之间的细微差别极其微妙，也因为我们中的大多数人都没意识到自己露出表情或对表情有所反应时所发出的信号。如同建模和动画的其他部分，观察参考资料以及制作效果是最有帮助的，尤其是对慢放动作进行研究推敲。制作面部表情动画的成效回报就是如果你的动画做得漂亮，观看时会带给你极大的乐趣和成就感。

因为这个题目非常复杂和高难度，单是为它就足以写本厚书了。所以本章中只对其中的主要概念和设置技术作个介绍，也就是说，我们不会详尽地讲述口型声画同步的内容。如果对这部分内容感兴趣并且希望深入学习的话，我们力推杰森·欧思帕的《面部建模和表情动画》（*Facial Modeling And Animation Done Right*，Sybex，2007）。好在对我们来说完成绝大部分工作只需要掌握一些基本技术便足矣，口型同步和额外的表情同样主要通过用这里讲到的技术作添加和表现。

一、面部解剖学（人的面相）

对人面部的研究涉及艺术、科学领域甚至伪科学（它有一段悠久而丰富多彩的历史，在19世纪末20世纪初时，几个从医人员宣称他们可以仅凭面相学辨识出罪犯的特征）。

在创建可设动画的模型的面部时，艺术家有很大的自由度。面部特征可以被高度概括，它们能通过绘制纹理、几何体、置换凹凸贴图或者甚至是分离的漂浮几何体等来表现。不过，甚至是包括某些特征的简单表现形式也常出于强调而夸张特点。例如，这些可以包括巨大而明显的特点比如鼻子，也可还包括较细微的部分，比如不对称的眉毛。

大多数情绪强烈的表情通过脸的上半部来实现：眼睛、眼睑、眉毛。前额和颧骨也会有参与作用，就像在所有其他动画中一样，动作的准备和交叠很重要。例如，在表情丰富的会话情景中，这意味着情绪表现在台词之前变换。

眉毛有两组肌肉控制，一组延伸跨过前额，可以提升眉毛的任何部分。第二组从眉毛的斜对角到鼻梁，挤缩这些肌肉会导致眉毛间的皮肤上有明显的皱纹——"皱眉头"。整个眉毛的垂直位置通常指示出警惕程度或情绪的大

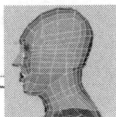

体程度。焦虑或咄咄逼人的表情比如角色正在大吼大叫的时候，通常会抬眉。而几乎所有的表情里都涉及一定程度的皱眉，通常这会显示出思虑和专心的程度（如图9.1所示）。

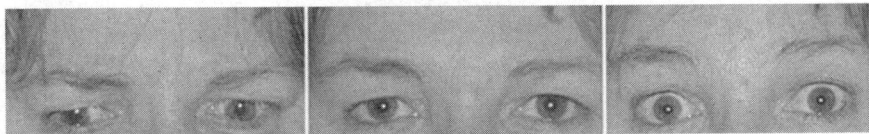

图9.1　三种表情下的脸的上半部分：厌憎、无表情、惊讶

当然，眼睑可以呈各种程度的张开或闭合。在判断眼睑这个重要的表现部分所示的情绪时，更多的是与眼睛的瞳孔和虹膜情况联系起来判断而不只是基于眼睑的位置。一个警惕的表情会让眼睑张得更大，露出虹膜上下更多的眼白部分。而相反地，昏昏欲睡的表情将会让眼睑半遮盖住虹膜部分。

总的来说，挤眼（或眯眼）会加强任何表情的程度（如图9.2所示）。例如，愠怒和大怒之间的区别由此可见。

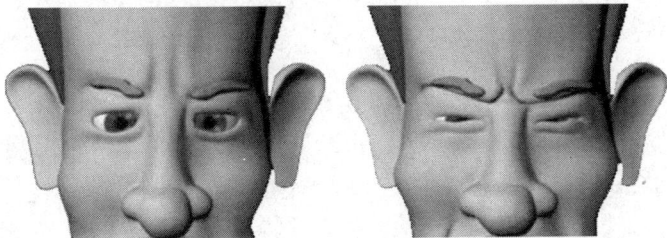

图9.2　挤眼动作

二、人类情绪和身体语言的普遍表现

人面部最有趣的事实之一就是，我们可以表达至少六种普遍通用的表情。心理学研究者已经凭经验度量出了它们，并发现人们在很年幼的时候就已可以辨别出这些表情，且对它们的认知是超越各种不同人类文化和习俗之上的。如果你在世界上任何地方迷路并感到害怕，即使与当地人没有共通的语言基础，也不论社会和文化差异，都可以轻易领会你这些表情的含义。即使是在不同光线、不同距离或者是一瞥之间，这些面部表情也能被辨识和归类。

以下就是这六种基本表情（如图9.3所示）。

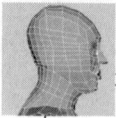

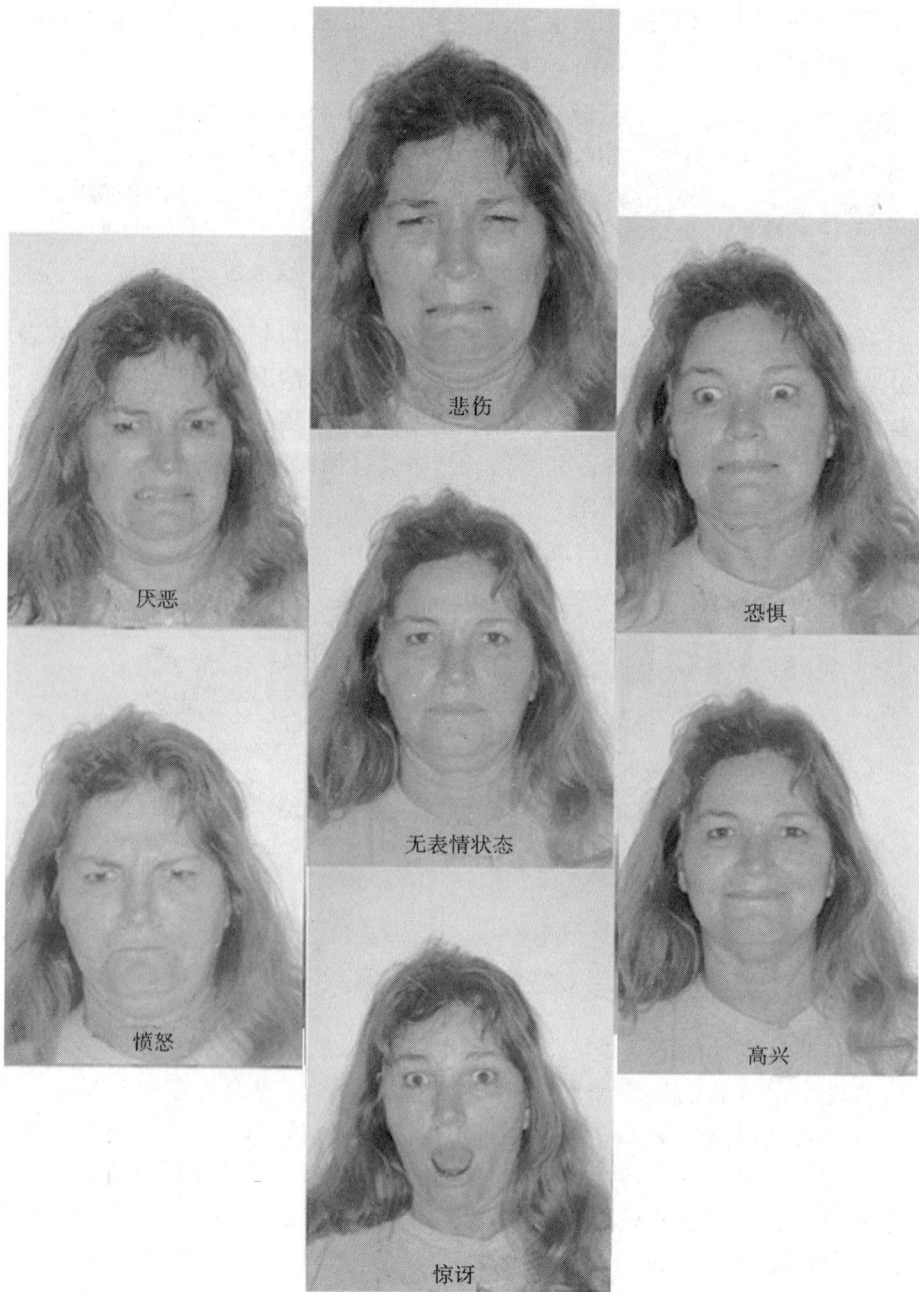

图 9.3　人脸的无表情状态和六个基本情绪表现状态的照片对比

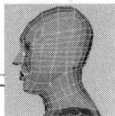

高兴：嘴部会典型地半张开，嘴角向耳朵处后拉（不是简单地垂直上提），眉毛放松。

悲伤：嘴巴从嘴角处放松，或平直或下垂，眼睛半闭，内眉角上弯。

惊讶：上眼睑大睁，下眼睑放松，下巴张开，眉毛上抬。

愤怒：眼睛大睁，内眉角向下挤在一起，在鼻子上方造成清楚的皱纹，嘴巴张开露出牙齿，或嘴角紧压闭合。

恐惧：眼睛张开，紧张警觉，眉毛上抬并向上挤向一起。

厌恶：眉毛和眼睑放松，上唇抬起并扭曲（通常是不对称的）。

高兴

有时候大部分人以为他们了解高兴的表情，即使不是艺术家小时候总也画过"笑脸"。不过，3D中的真实笑容和2D中的线条画之间有着一些重要的区别（如图9.4所示）。

首先最重要的是人在笑的时候嘴角向上提的同时也在向后拉，这可以从脸的侧面角度最清楚地看出来。对于一个照片级精度的角色，首要规则就是笑容是相对于无表情状态第三强烈、第三深刻的表情。

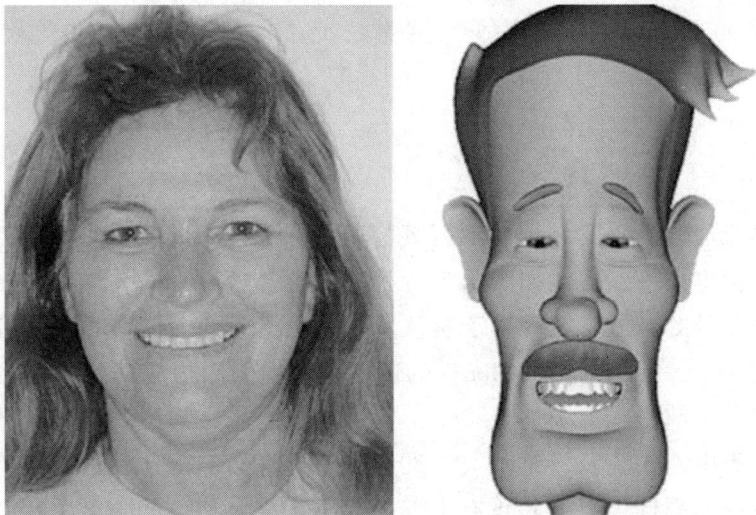

图9.4 高兴时的脸

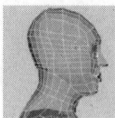

对于 Henry 这个角色，基本表情起始于略带笑意的状态，这是因为 Henry 这个角色被设定为内心无忧无虑且乐天，他的下巴还比真实的人更向前突出一些，实际上比他的球状鼻子还前凸。因此就不可能把他的嘴向后拉开太多。而在比例方面更接近于真实的脸上，笑容中的嘴角向后拉的距离近似于垂直上提的距离。

在 3D 中，你必须同样考虑到嘴唇张开的程度。一个简要的规则是上下唇都移动一片嘴唇的高度。在 Henry 这个例子中，上唇移动到八字胡的遮挡下恰好能看见的程度。

笑容还会露出角色的牙齿，不过一个清楚的笑容最重要的部分不是嘴本身，而是它所造成的双颊上的皱折。这在年轻女孩脸上最不易察觉，在一个老人的脸上则最明显。在我们的角色 Henry 的脸上，脸颊的上的皱折要足够强烈，即使用卡通材质渲染也能识别出来。这些皱折是皮肤张力形成的，从下巴中间的皱折之下开始，沿脸颊肌肉的形状改变方向，终结于鼻子两侧附近。

脸颊的变形是要考虑的第三个问题。这里主要是关注如何在保持脸颊的大小不变的情况下沿着颅骨形状向着耳朵的方向轻微向外移动脸颊肌肉。

接着对脸上部继续工作，我们会注意到因为脸颊的运动，笑容会挤压眼睛。而取决于所设计角色的年龄，挤压可以表现为眼角的鱼尾纹，以及朝向耳朵的下眼睑的轻微拉伸。通常情况下，眉毛在人露出笑容时是放松的。

悲伤

皱眉难过的表情就是简单地把笑脸表情颠倒过来的结果吗？呃，虽然不太确切，但也差不多是（如图 9.5 所示）。悲伤确实是向下和向后拉拽嘴角，并确实因脸颊的皱折而显得易于辨认。不过现实中的皱眉伤心会是嘴唇紧闭的，嘴的中心保持不动。在 Henry 的例子里，我们用嘴唇微张来夸张这个表情，上唇的中部实际上还向上提，下唇则向下耷拉，露出两边的下牙，可是在现实世界中，除了罗特维尔犬，谁的脸上也不会出现这种情况。但这样做的表情很有戏剧性，为了防止有人漏过它，在这个角色的脸上，我们对嘴和胡子使用镜射。

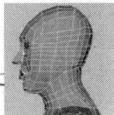

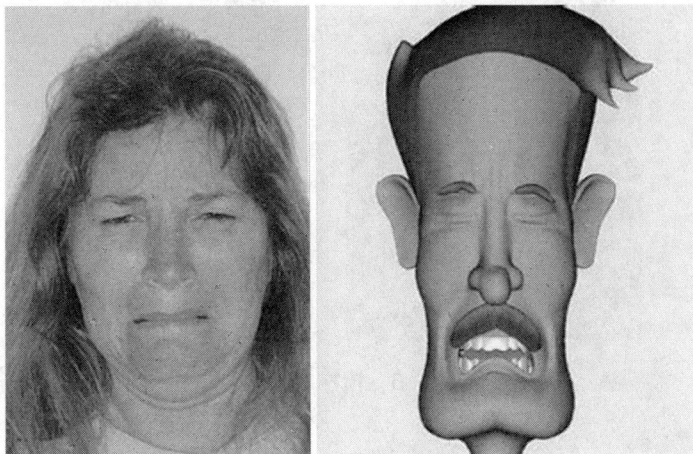

图 9.5　悲伤时的脸

半边脸上，皱眉难过时的次要效果比笑容的要细微些。脸颊处的皱折要垂直且更轻微些，有点趋向于聚在一起，经常导致多条皱纹。脸颊平板的程度要多过向下拉的程度。

在脸的上半部分，皱眉难过的次要动作要比笑容的更强烈些，眼睛向下挤压，在 Henry 这个例子里，挤压得更接近、更明显，眉毛压到了可能达到的最低程度，向下压时连带到前额的主要部分。有时，眉毛中部也会略提高些，在紧张悲伤的时候也会有全眉部的挤压。

愤怒

愤怒的表情中，我们会露出尽可能多的犬齿，导致一个相当特殊的上唇位置（如图 9.6 所示）。我们也可能会向前倾身或向后仰，显示出更多的眼白。有时我们还会鼓起鼻孔。

因为愤怒是一个紧张的表情，所以可能作出很多挤压和眉部动作是意料之中的。

混合的动作比如眉毛下压而眼睛却相对睁大是愤怒时特有的。即使是对真实的人物，眉毛可以很清楚地向内倾斜——这是常用来夸张效果的特征动作。

不同于悲伤的表情，眼睛并不闭上，当处于高度紧张的状态挤压眼周围的肌肉时，它们也保持睁开的状态。

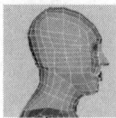

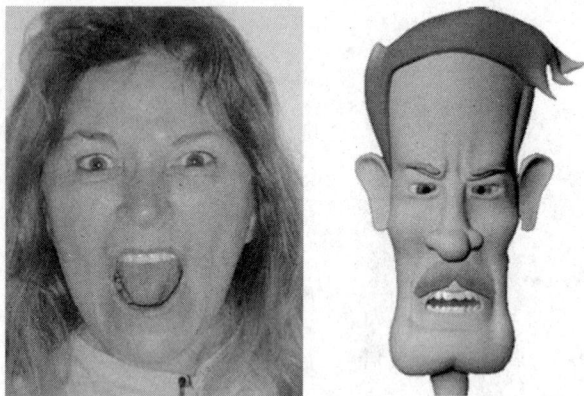

图9.6　愤怒时的脸

厌恶

厌恶是所有表情中最不对称的表情（如图9.7所示）。嘴部扭向一侧，上唇上提仿佛在嘲笑，眉眼部分的动作不像之前提到的强烈情绪那样明显，而眉毛中心通常轻微向下。厌恶的表情有很多因人而异之处，不过通常都趋向于绷紧整个面部，并以向内的挤压影响夸张表现面部的不对称。

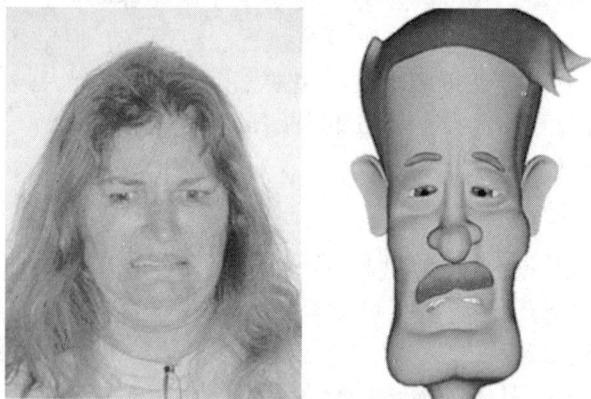

图9.7　厌恶时的脸

惊讶

惊讶是以尽可能睁大眼睛为特征的（如图9.8所示）。眉毛间则不论如何也没有皱折。

Maya Character Modeling and Animation

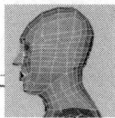

细微的惊讶可以仅通过上半张脸就表现出来。不过这表情也可以通过下半张脸上的下巴向下掉以及左右收窄上下拉长张开的嘴得以加大和强调。

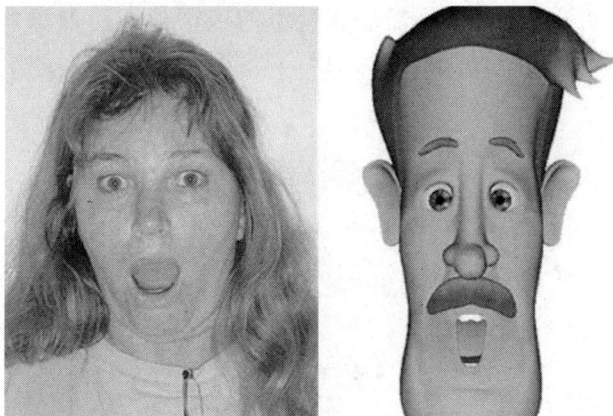

图 9.8 惊讶时的脸

恐惧

恐惧和惊讶很相似，有时会混合交织出现（如图 9.9 所示）。两种表情的眼睛和眉毛很相似——大大睁开的眼睛。不过嘴部的张开程度是区别两者的关键。恐惧的表情中，嘴角向后拉，嘴通常呈半张或完全张开状。

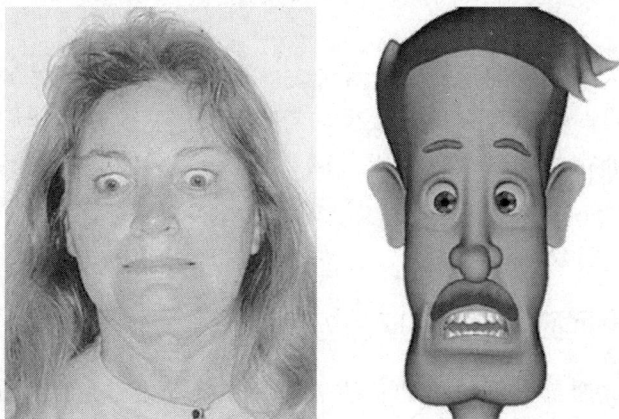

图 9.9 恐惧时的脸

交织的表情

不出所料，这些表情总可以互相交织，而且简单的交织混合可以很容易地识别。例如，一个惊讶和愤怒相交织的表情很容易理解（如图9.10所示）。不过，相反的表情的混合，比如高兴和悲伤，可能导致含糊不清的表现结果。

图9.10　惊讶与愤怒相交织的表情

要注意的第二个问题是，有些情绪表现是超越这六个简单表情的，在某些文化里，它们也可以被很好地辨别，但也可能会在其他文化世界中有歧义。这些误解的情况在之前的身体语言部分的内容中已经讨论过，例如，轻蔑可以通过表情来反映，但不是总能向六种基本表情那样被正确辨别。

还有个不太明显的问题，大量情绪表现都有结合转头动作的特点，例如，在愤怒中我们有时会抬起头，把双颊向上提，而在悲伤时，我们会低头等等。这些头部转动通常是相对于头部先前位置状态的，可以通过恰当的拍摄方式进行强调和强化。

三、头和面部动画的其他方面

人类的头部通常不停地活动。动画师必须要注意这些基本的运动。为了让角色看起来更逼真生动，有三种主要要考虑的运动——头部转动、眼部动作以及呼吸。

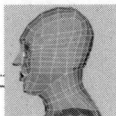

　　如果你从参考素材中的某个有角色对话的场景中观看头部运动，你会注意到两个角色的头在不断轻微地向着不同位置转动。说话的角色的头部运动会和谈话的方式，特别是声调等相协调。对于积极倾听的角色，运动通常会包括点头、表示赞同或不赞同。

　　两个角色间的眼神接触是很显而易见的。不过有时候如果倾听的一方心不在焉或者感到厌烦时，他和说话的一方就很少眼神交流。但在一般的典型对话中，角色都会花大量时间对视，包括各种简短的瞥视。表现这种情况最直观的方式，是将两个角色完全面对面地放置，这样他们就会集中注视着对面的另一方。不过不幸的是，这样会因为太过明显而导致情景看起来很快变得乏味。

　　然而，尽力布局角色使互相间成一定角度相对，甚至在他们间放置一个道具，比如桌子。然后让他们互相对视，这会略微偏离中心，导致在镜头画面中形成有趣的横贯"视线"（让一个角色在另一个角色讲话时有个地方可看或者摆弄东西也是很有效的）。

　　眨眼是另一个重要的生命表现。且眨眼的节奏和时间长度与谈话方式、头的位置、情绪状态都有关系。平均的情况下眨眼的间隔是每六秒一次。当情绪激动时，角色可能每两秒就眨一次眼，当非常镇定时，可能每 8 秒眨一次眼。

　　而眨眼持续的时间也要考虑到。典型情况下，警醒的角色会在眨眼时用两帧闭眼三帧睁眼，而当角色昏昏欲睡时，就可能用四帧闭眼五帧才睁开。我们经常把眨眼动作用在一句话结束时，这可以作为一个信号，表示角色给对方答话的机会。

　　大多数时候，我们轻微快速地转动头部，保持眼睛锁定在关注对象上。不过，当有些感兴趣的事物出现在眼睛视中心 20°以上的地方时，我们会改变视线。

　　行为的特点首先是我们将目光投向新方向，然后我们快速转动头部，重新让注视的对象回到视野的正中间。如果这个变换动作超过脖子运动的小范围，它可能会呈直线运动。不过，更长时间的扭头动作会伴随着低头和抬头动作，并同时眨眼。

　　最后，我们的基本头部（和身体）经常根据我们说话和呼吸的方式同步变换位置。吸气导致略微抬头，呼气导致略微低头。然而，除非我们非常重地呼吸，否则这个动作要比说话造成的动作微小得多。

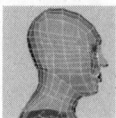

说话和口型同步

说话时的视觉表现是很重要且高度特色化的面部动画。它的基本过程如下：首先，角色的配音被以音频和视频的形式录下来，不像动画中的其他部分是在分镜脚本步骤时预先计划好的。实际上在这个阶段参考视频极其重要，这些片段给出必要的时间把握，而且视觉影像对于口型动画的其他部分也非常重要。

接着，脚本细节被仔细地分析，任何语言中的每个字都被通过使用"音素"设定基本发音组成方式。音素表示语音中一个元音和一个辅音（例如"ta"）或者两个元音（例如"oo"）所组成的音节。语言中音素的数量甚至比字母更多，不过对于动画制作师来说，好在这些音素的口型间明显差别不多，例如，试试大声念"Ta"和"Da"，注意你自己嘴的位置并无多大区别，基于这个重要的简化，口型师可立即将写好的台词翻译成"口型"表。口型表是人们讲话口型区别的组成。

在口型同步的动画中，动画师先建立一组口型的模型设定，再完成它们之间的过渡动画。虽然因为所要求的关键帧数，这是高度细致的动作，不过总的来说，所用的技术和计算面部表情时所用的相同。

面部动画的技术方法

面部动画有两种基本制作技术：使用骨骼绑定到皮肤以及混合变形。因为关节的执行限制，混合变形通常是更受欢迎的方法。不过这可能会随着时间而改变，特别是当系统开始合并肌肉质量和皮肤皱折以及滑动的运算时。不过，得到有高度表现力的面孔的最好方法是单独地建立一个基本几何体，之后做它的一系列顶点到顶点级别的变形。Maya 的混合变形执行允许多个"目标"代表不同的表情或口型。每组混合变形都可用一个滑杆来控制，可以在全时间范围内打关键帧。

四、教程 9.1：混合变形

这个教程将向你介绍 Maya 的混合变形。你将用混合变形创建一个面部绑定并计算主要面部表情。你将用设置驱动帧的方法来建立主要面部表情和次要混合变形动作之间的关系。以 Henry 为例，他有眉毛和胡子。次要混合变

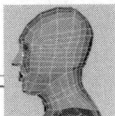

形方法在这种情况下是必须的。因为角色的眉毛和胡子是作为与头部分离的物体而建立的。

使用驱动帧让你在次要物体动作的制作上有很大的弹性，次要物体不需要与主要面部表情有直接关系，这就允许了动作的交叠。这是脸部某部分比另一部分先开始运动的情况。不过你也可以通过使用关联编辑器建立简单的关联。这是这里最好用的技术，不过也取决于你的面部模型是如何建立的。在 Henry 这个例子里，他的脸和眉毛是基于一对一的关系，所以关联编辑器可以正常使用。

混合变形的基本过程要求两个或以上的有相同顶点数目和属性的物体。以其中一个物体作为基本物体，其他的则被称为目标物体。在这个过程中，任何物体上的变形包括这些几何体的位置都可被忽略，不过，物体的选择顺序和操作的结果有很大关系。

要创建混合变形，你要先选择目标脸，最后选择基本脸（无表情的）。混合变形滑杆会被创建出现在混合变形窗口中，并按照目标物体被选择的顺序排列。对每个目标物体，Maya 创建基于目标几何体名称命名的滑杆。滑杆的数值范围是 0 到 1，0 代表基本几何体，而 1 代表 100% 变形到目标物体。数值 0.5 则使你的几何体每个顶点都处于恰好是相应的基本体顶点和目标体顶点之间一半处的位置。通过将目标混合到一起，你就得到了作为结果的表情阵列。

创建混合变形

创建混合变形时困难的地方在于建模（在这个例子里，我们已经替你完成了），在你整理好你的模型后，就这项技术所达到的强大效果而言，生成混合变形的过程是惊人的简单。

头部混合变形

按如下步骤创建头部混合变形。

1. 按 F2 切换到动画模式。
2. 打开随书光盘中，"第九章混合变形"文件夹里"面部_练习.mb"文件。
3. 在超图窗口中，按住 Shift 键，按顺序选择高兴的脸、悲伤的脸、恐惧的脸、愤怒的脸、惊讶的脸、厌恶的脸和基本脸。

4. 选择变形→创建混合变形右侧的选项栏。

5. 在混合变形节点栏中，输入头部形状。

6. 点击创建按钮，混合变形将被创建，但仍不可见。

7. 选择窗口→动画编辑器→混合变形（如图 9.11 所示）。混合变形窗口被打开，显示出 6 个滑杆。

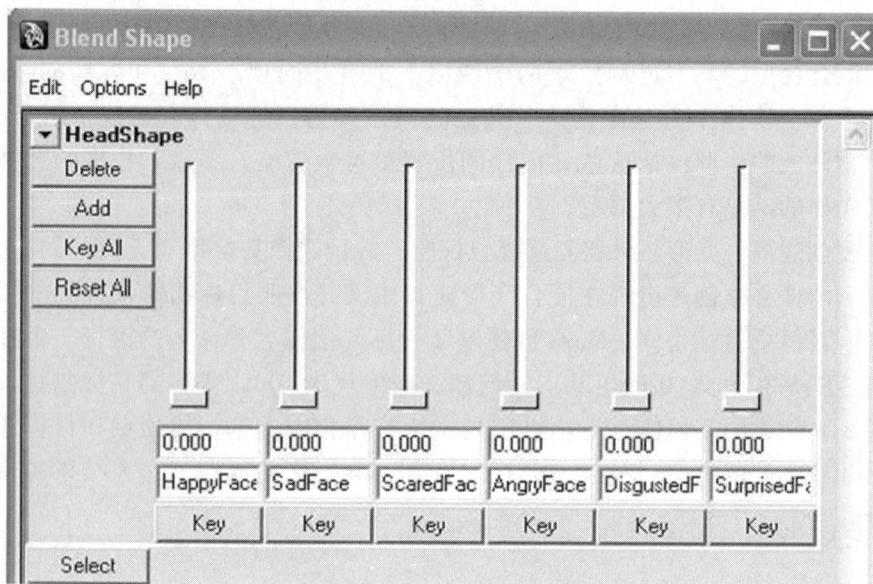

图 9.11 有 6 个滑杆的混合变形窗口

左眉混合变形

按如下步骤创建左眉毛的混合变形。

1. 在超图窗口中，按住 Shift 键，按顺序选择高兴眉毛左、悲伤眉毛左、恐惧眉毛左、愤怒眉毛左、惊讶眉毛左、厌恶眉毛左以及眉毛左。

2. 选择变形→创建混合变形右侧的选项栏。

3. 在混合变形节点区，输入左眉。

4. 看混合变形编辑器（从窗口菜单里找），你会看到 6 个滑杆（图 9.12 所示）。

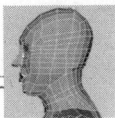

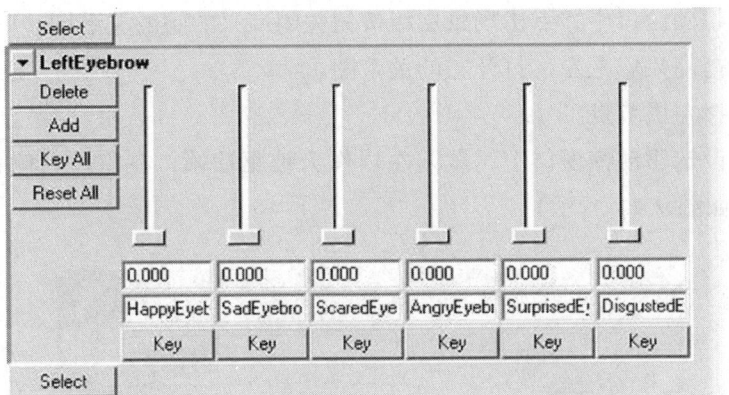

图 9.12　有 6 个眉毛控制滑杆的混合变形窗口

5. 在超图窗口中，按住 Shift 键，按顺序选择高兴眉毛右、悲伤眉毛右、恐惧眉毛右、愤怒眉毛右、惊讶眉毛右、厌恶眉毛右以及眉毛右。

6. 选择变形→建混合变形右侧的选项栏。

7. 在混合变形节点区中，输入右眉。

8. 点击创建按钮，在混合变形编辑器里，会看到 9 个滑杆。

为眉毛设置驱动帧

按如下步骤为眉毛设置驱动帧。

1. 选择动画→设置驱动帧→设置。设置驱动帧窗口会打开。

2. 在超图窗口中，打开高兴的脸的关系图，选择头部形状节点。

3. 在设置驱动帧窗口中，载入头部形状作为驱动器，在右侧栏里选择高兴的脸（如图 9.13 所示）。

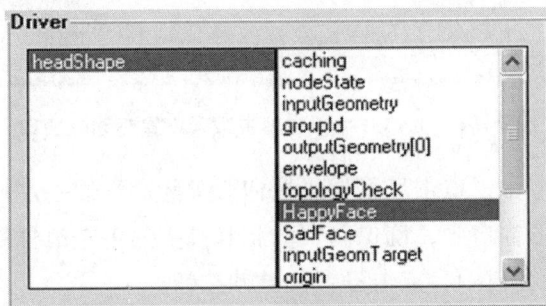

图 9.13　选中头部形状作为驱动器，并在右侧选择高兴的脸的属性

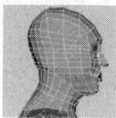

4. 在超图窗口中，点击场景层级按钮关闭高兴的脸的关系图。

5. 选择高兴眉毛左，打开它的关系图。

6. 选择左眉节点。

7. 在设定驱动帧窗口中，载入左眉作为被驱动帧，在窗口右侧选择高兴眉毛左（如图9.14所示）。

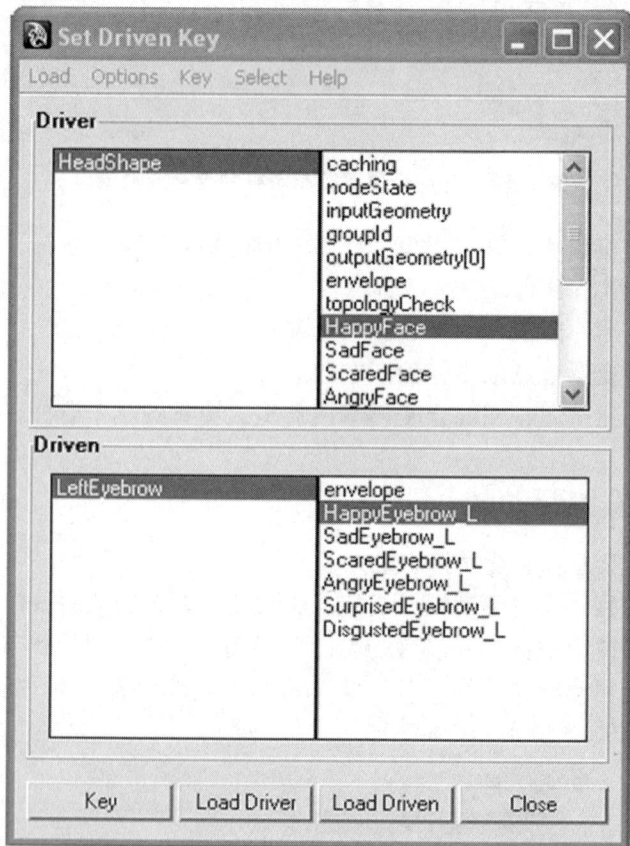

图9.14　头部形状和左眉被载入设置驱动帧窗口

8. 在超图窗口中，点击场景层级按钮，关闭高兴眉毛左的关系图。

9. 在混合变形窗口中，确保高兴的脸和高兴眉毛左滑杆数值为0。

10. 在驱动帧窗口中，点击设置关键帧按钮。

11. 在混合变形窗口中，给高兴的脸的滑杆输入数值1，给高兴眉毛左的滑杆输入数值1.0（如图9.15所示）。

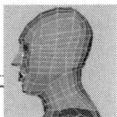

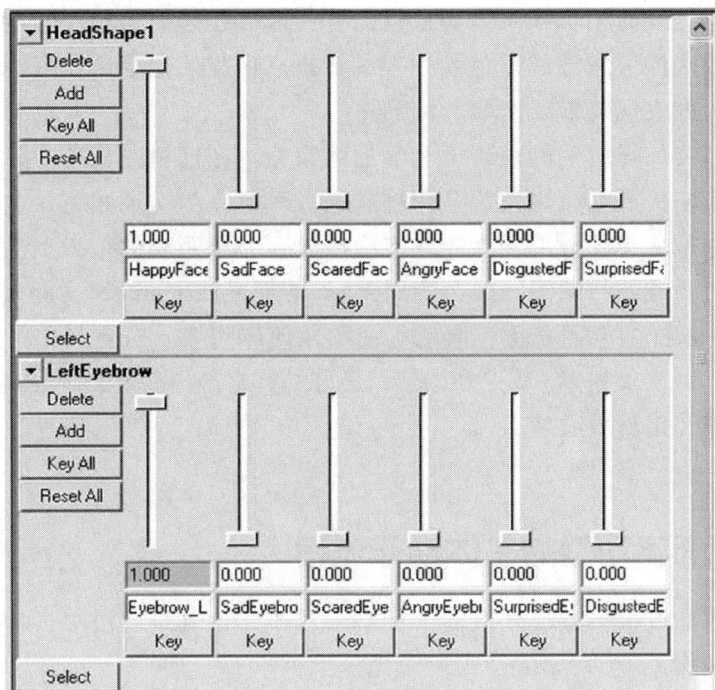

图 9.15　设置驱动帧窗口显示着高兴的脸和高兴眉毛左的数值

12. 在设置驱动帧窗口中，点击设置关键帧按钮。

13. 上下移动高兴的脸滑杆，你将注意到高兴眉毛左的滑杆跟着它移动。

14. 重复以上 5 到 12 步，设置驱动帧到悲伤眉毛左、恐惧眉毛左、愤怒眉毛左、惊讶眉毛左以及厌恶眉毛左。

15. 重复以上步骤来为右眉毛创建混合变形。命名新的混合变形为右眉，创建设置驱动帧。

对混合变形来讲最重要应该记住的事情就是你的基本模型和目标模型必须在顶点级别有同样的拓扑结构。这意味着你不能添加或删除顶点来得到目标表情效果。这也意味着创建混合变形的工作流程必须有一定的交互性。

作为起始表情必须是空白无表情的注视姿态，可能是最单调的面孔。一个好的策略是将变形的第二表情设置为戏剧化的诸如咧嘴大笑的高兴表情。这时要确认你在模型需要调整的地方设置了足够数量的顶点来得出强烈的表情。如果你发现你需要用到更多顶点，就不得不回到基本模型添加顶点。

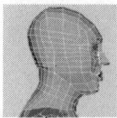

你已学过以面相学来考虑和设计，有些地方还是要格外注意的。在脸的下半部，要确保考虑你的角色脸颊上的皱折。在脸的上半部，考虑眼睑和眼周皮肤皱折的表现效果（例如，鱼尾纹）。

你还需要加强眉毛的表现力和皱眉的策略。在这里的任务中，有多种不同的技术策略，眉毛可以作为几何体建模，而且作为卡通角色，他的眉毛甚至可以整个地从头部分离，漂浮在空中略离开一段距离的地方。他们也可以通过纹理材质或凹凸贴图，甚至使用 Maya 的毛发或 PaintFX 功能来制作。更多像 Henry 这样的卡通角色，眉毛可使用几何体建模。对更具照片级精度的角色来说，则要求很多 CV 点和细节，最好的策略是当需要表现皱眉时，使用凹凸贴图或使用材质纹理。

五、面部动画的总体动作流程

你可以通过很多方法完成面部动画的制作，也就是通过很多种不同的工作流程来制作。

不过，这里推荐如下的初始工作流程。

调度和摄影机布局：如果可以，就回顾参考片段。就摄影机角度等方面设计场景规划。注意情绪分段以及视线角度。如果角色在说话，就要计划它的说话方式和反馈行动之间的关系。

同步：对于说话的角色，把脚本台词翻译成音素表和口型表。结合参考（或最终完成）的录音，制作初步的口型同步。

常规情绪：使用混合变形设置关键主要表情和它们之间的变形。

头部转动：对每个主要片段或台词段落，分析出一系列头部位置。对头部转动的时间把握大致和口型以及你想强调的情绪变换相一致。

眼睛：制作眼睛的动画，包括眼睛的朝向和眨眼。使用头部转动和情绪变化作为起始点，填补期间的空隙。

眼睑：使用瞳孔和虹膜作为参考中心点，按照表情需要调整眼睑。使用挤眼强调紧张时刻。

眉毛：如果有必要强调，就基于整体表情调整眉毛位置。利用皱眉表现高度注意力集中，反之表现放松。

策略：按照顺序制作最终细节动作，寻找机会添加准备动作和交叠动作。

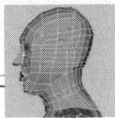

六、小结

　　虽然面部表情动画是个复杂而且有挑战性的课题，本章介绍了其中关于考虑思路以及工具和使用 Maya 混合变形制作面部动画的工作流程的关键问题。

七、挑战作业

表情

第一部分　展示表情

　　打开随书光盘中"第九章混合变形"文件夹下的"面部_变形.mb"文件，修改面部来得出以下三个表情：高兴、悲伤和恐惧。

第二部分　变形表情

创建混合变形来展示一张悲伤的脸变形为高兴的脸然后是恐惧的脸。

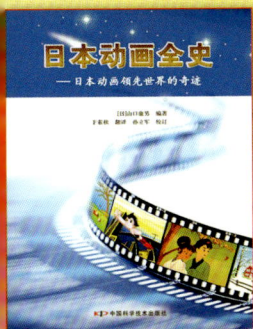

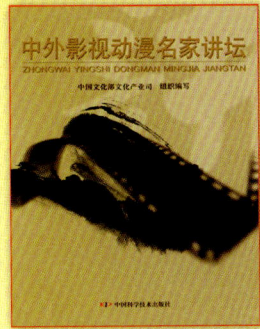

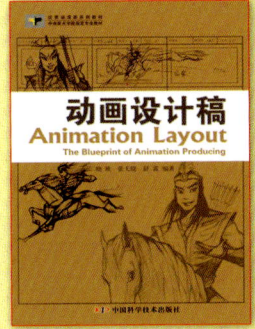

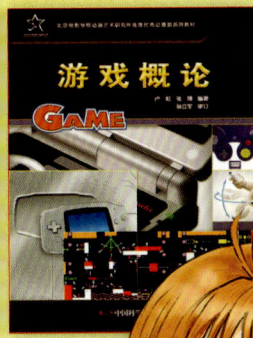

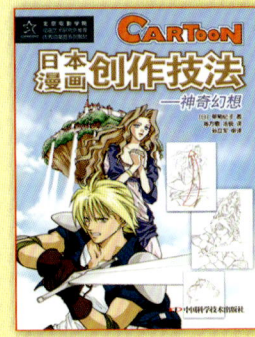

优秀动漫游系列教材

　　本系列教材中的原创版由中央美术学院、北京电影学院、中国人民大学、北京工商大学等高校的优秀教师执笔，从动漫游行业的实际需求出发，汇集国内最优秀的动漫游理念和教学经验，研发出一系列原创精品专业教材。引进版由日本、美国、英国、法国、德国、韩国、马来西亚等地的资深动漫游专业专家执笔，带来原汁原味的日式动漫及欧美卡通感觉。

　　本系列教材既包含动漫游创作基础理论知识，又融合了一线动漫游戏开发人员丰富的实战经验，以及市场最新的前沿技术知识，兼具严谨扎实的艺术专业性和贴近市场的实用性，以下为第一批推出的教材：

书 名	作 者
中外影视动漫名家讲坛	扶持动漫产业发展部际联席会议办公室 组织编写
动画电影创作——欢笑满屋	北京电影学院 孙立军
动画设计稿	中央美术学院 晓 欧 舒 霄 等
Softimage 模型制作	中央美术学院 晓 欧 舒 霄 等
Softimage 动画短片制作	中央美术学院 晓 欧 舒 霄 等
角色动画——运用2D技术完善3D效果	[英]史蒂文·罗伯特
影视动画制片法务管理	上海东海职业技术学院 韩斌生
2D与3D人物情感动画制作	[美]赖斯·帕德鲁
动画设计师手册	[美]赖斯·帕德鲁 等
Maya角色的造型与动画	[美]特瑞拉·弗拉克斯曼
Flash 动画入门	[美]埃里克·格瑞帕勒
二维手绘到3D动画	[美]安琪·琼斯 等
概念设计	[美]约瑟夫·康斯里克 等
动画专业入门1	郑俊皇 [韩]高庆日 [日]秋田孝宏
动画专业入门2	郑俊皇 [韩]高庆日 [日]秋田孝宏
动画制作流程实例	[法]卡里姆·特布日 等
动画故事板技巧	[马]史帝文·约那
Photoshop全掌握	[马]斯卡日·许 夏 娃
Illustrator动画设计	[韩]崔连植 陈数恩
Maya-Q版动画设计	中国台湾省岭东科大 苏英嘉 等
影视动画表演	北京电影学院 伍振国 齐小北
电视动画剧本创作	北京电影学院 葛 竞
日本动画全史	[日]山口康男
动画背景绘制基础	中国人民大学 赵 前
3D动画运动规律	北京工商大学 孙 进
影视动画制片	北京电影学院 卢 斌
交互式动画教程	北京工商大学 张 明 罗建勤
Flash 动画制作	北京工商大学 吴思淼
趣味机器人入门	深圳职业技术学院 仲照东
定格动画技巧	[英]苏珊娜·休

如需订购或投稿，请您填写以下信息，并按下方地址与我们联系。

联系人		联系地址	
学　校		电　话	
专　业		邮　箱	

★地　　　　址：北京市海淀区中关村南大街16号中国科学技术出版社

★邮政编码：100081　　　　　　　　　　★电　话：15010093526

★邮　　箱：dongman@vip.163.com

★http://jqts.mall.taobao.com

影视动画表演

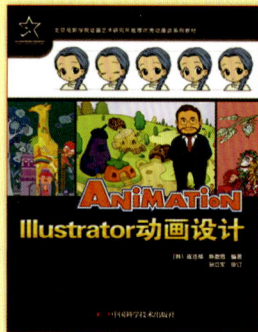

Illustrator动画设计

Maya-Q版动画设计

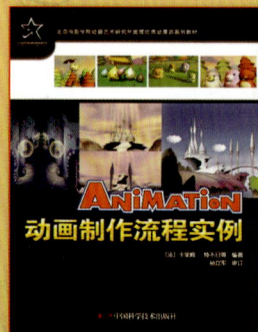

动画制作流程实例

动画电影创作
——欢笑满屋

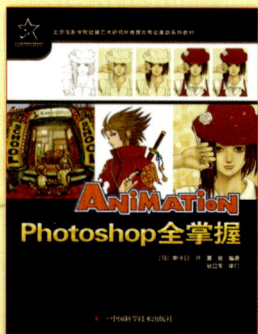

Photoshop全掌握

影视动画制片法务管理

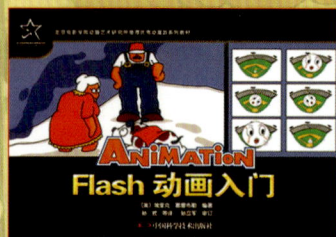

Flash 动画入门

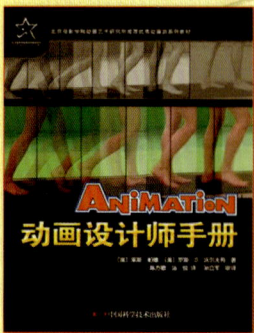

动画设计师手册

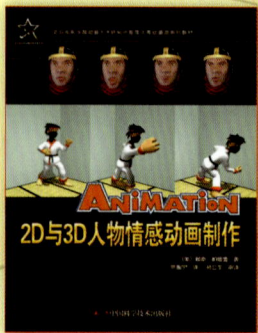

2D与3D人物情感动画制作

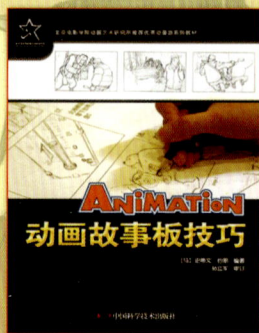

动画故事板技巧

Flash 动画制作

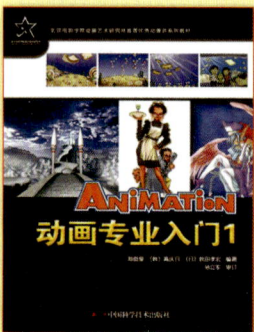

动画专业入门1

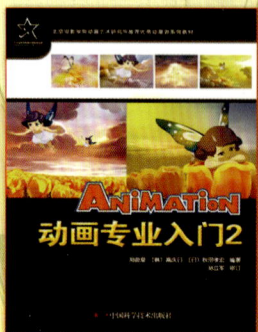

动画专业入门2

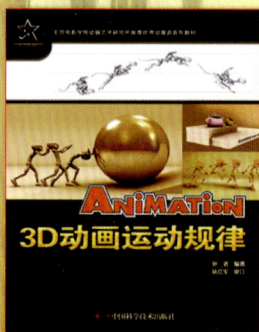

3D动画运动规律

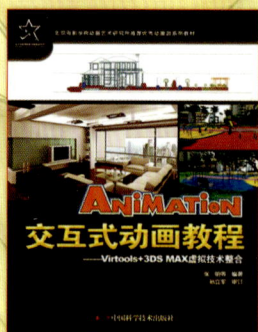

交互式动画教程
——Virtools+3DS MAX虚拟技术整合